친환경건축

임 만 택 저

普 文 堂

친환경건축

1판 1쇄 인쇄 2011년 2월 23일
1판 1쇄 발행 2011년 2월 28일

지은이 | 임만택
발행인 | 김병계
발행처 | 도서출판 보문당
등록 | 1990년 6월 15일 (제1-1066호)
주소 | 서울시 마포구 신수동 448-6 우)121-110
전화 | 704-7025 / 704-0635 FAX | 704-2324
홈페이지 | www.bomoondang.co.kr
전자우편 | bmdpub@naver.com
정가 24,000원

ISBN 978-89-8413-178-1(93530)

| 머리말 |

오늘날의 도시는 대기오염, 화학물질에 의한 건강피해의 우려 등 인간의 건강과 생활의 안전을 위협하는 직접적인 위기와 열섬·기후변동의 위기, 녹지의 감소 등 도시와 지구의 지속가능성의 위기라고 하는 환경의 위기에 직면하고 있다.

따라서 도시 또는 지역 규모에서의 환경파괴를 억제하고, 지속가능한 건축을 위하여 기획, 설계, 건설, 운영, 수선 그리고 해체라는 건축의 라이프사이클을 통하여 이산화탄소배출량의 삭감 등 환경부하의 저감에 배려하고, 자연과 친화하는 환경부하가 작은 사회의 형성에 기여하며, 지구환경의 보전을 목표로 해야 한다.

친환경건축이란 지역레벨 및 지역레벨에서 생태계의 수용력을 유지하는 범위 내에서 건축물의 라이프사이클을 통하여 에너지절약, 자원절약, 리사이클, 유해물질의 배출억제를 도모하고, 모든 측면에서 순환계의 사이클 및 자연 에너지의 활용에 배려하고, 그 지역의 문화·전통 및 사회환경과의 조화를 도모하며, 자연과 인간과의 친화의 틀을 파괴하지 않고, 변화에 대응할 수 있는 가변성을 가진 건축이다.

이와 같이 친환경건축은 환경과 건축물이 함께 공존한다는 친화의 이념에 의해 지역이 가지고 있는 자연과 경관을 중요시 하여 환경에 부담을 주지 않는 건축물이어야 한다. 친환경건축에는 환경에의 부하를 경감하고, 재생가능한 에너지를 도입하는 등 건축할 때부터 해체할 때까지 모든 자원의 재활용을 고려한 건축의 방법과 기술이 요구되고 있다.

기업 등의 조직이 법령 등의 규제를 준수하는 데에 머물지 않고, 자주적, 적극적으로 환경보전을 위하여 도모하는 행동을 환경관리를 통하여 계획·실행·평가할 필요가 있다.

바람직한 친환경건축을 위한 방법과 기술로서 계획, 관리, 이용, 창조 등의 탐구를 바탕으로 한 본서를 통하여 인간과 자연이 공존할 수 있는 풍요로운 환경을 보전하고, 창조함과 아울러 환경에의 부하가 작은 지속적인 발전이 가능한 건축의 구현이 기대된다.

2011년 2월

저자

| 차 례 |

제1장 친환경 건축의 계획방법과 기술

1-1 친환경 건축의 개념 ········ 011

1. 친환경 건축의 정의 _ 12
2. 친환경 건축의 원칙 _ 15
3. 지구환경문제 _ 18
4. 친환경건축에 관한 기술대책 _ 19
5. 친환경개발 기술시스템 _ 23
6. 환경기술개발의 전망 _ 26

1-2 친환경 건축의 설계 ········ 028

1. 친환경 건축의 설계 목표 _ 28
2. 친환경 건축의 설계기준 _ 29
3. 그린홈의 개발 _ 37
4. 친환경형 주거단지의 설계 _ 40

1-3 세계의 전통건축 ········ 048

1. 노르웨이의 잔디지붕 주택 _ 49
2. 터키 중앙부의 암굴 주택 _ 50
3. 이탈리아 남부의 석조 주택 트룰로 _ 51
4. 파키스탄의 통풍창의 주택 _ 54
5. 중국 황토고원의 수혈주거 窯洞(야오통) _ 55
6. 한국의 민가 _ 57
7. 일본의 민가 _ 58
8. 캐나다의 눈의 집 이글루 _ 60
9. 미국 중서부의 절벽 주택 _ 62
10. 남미 볼리비아의 잔디 주택 _ 64

1-4 건축물의 장수명화 ········ 065

1. 건축물의 장수명화 전략 _ 65
2. 리모델링의 개념과 성능개선 _ 73
3. 유지보전과 열화진단 _ 82
4. 장수명화의 기술동향 _ 89

1-5 친환경 건축의 입지 ······ 092

1. 지형의 입체화/수평적 확장 _ 93
2. 스킵 플로어 _ 93
3. 원형지 보존 _ 95
4. 공중가로 _ 96
5. 투수성 포장 _ 97
6. 생태면적률 _ 100

제2장 친환경 건축의 관리방법과 기술

2-1 자연 채광 ······ 106

1. 채광의 기법과 기술 _ 107
2. 자연채광의 방식 _ 108
3. 빛의 제어 _ 110
4. 자연환기와 자연채광의 방법 _ 111
5. 인공 자연채광 _ 112
6. 태양광채광시스템의 개요와 특징 _ 118

2-2 단열 공법 ······ 123

1. 단열공법의 종류 _ 123
2. 외단열공법의 개념 _ 126
3. 외단열공법의 종류 _ 127
4. 외단열의 특성 _ 128
5. 외단열과 내단열의 비교 _ 130
6. 외부단열재(Outsulation) 공법의 특징 _ 133
7. 외단열공법의 시공순서 _ 136

2-3 실내공기환경 ······ 139

1. 새집증후군과 실내환경요소 _ 140
2. 화학물질과 알레르기 _ 143
3. 건강한 실내환경 대책 _ 151
4. 다중이용시설 등의 실내공기질 관리법 _ 155
5. 다중이용시설 등의 실내공기질관리법 주요내용 _ 157
6. 실내공기질 공정 시험방법 _ 163

2-4 친환경 건축물의 유지관리 ······ 181

1. 현장 관리 _ 181
2. 건물 관리 _ 185
3. 세대 관리 _ 187
4. FM(시설계획) _ 191

5. 유지관리계획 _ 192
6. 분야별 유지관리 업무 _ 193
7. 예방보전과 사후보전 _ 195
8. 건축설비의 열화 _ 196
9. 조사·진단작업 _ 198

2-5 건축설비의 에너지 절약 ······ 203

1. 급배수설비의 에너지 절약 _ 203
2. 공조설비의 에너지 절약 _ 211

제3장 신·재생에너지의 이용방법과 기술

3-1 태양에너지 ······ 216

1. 태양열 _ 216
2. 태양광 _ 221

3-2 바이오에너지 ······ 238

1. 바이오매스의 분류 _ 239
2. 바이오에너지의 기술 _ 242

3-3 풍 력 ······ 248

1. 풍력발전의 환경영향 _ 248
2. 시스템 구성 _ 249
3. 풍력발전시스템의 분류 _ 250
4. 풍력발전의 기술개발 테마 _ 251
5. 계통연계 대책의 동향 _ 254
6. 풍력발전의 과제 _ 255
7. 풍력 자원지도 _ 256

3-4 수 력 ······ 260

1. 수력발전 _ 260
2. 소수력발전 _ 264
3. 양수발전 _ 266

3-5 연료전지 ······ 267

1. 연료전지의 특성과 구성 _ 267
2. 연료전지의 원리 및 종류 _ 271
3. 연료전지의 보급촉진 및 도입사례 _ 276

3-6 중질잔사유 ······ 279

1. 중질잔사유의 특성 _ 279
2. 중질잔사유의 시스템 구성도 _ 280
3. 중질잔사유의 기술 분류 _ 280

3-7 해양에너지 283

1. 해양에너지의 종류 _ 283
2. 조류 자원지도 _ 285
3. 조력발전 _ 286
4. 파력발전 _ 289
5. 해양온도차발전 _ 290

3-8 폐기물에너지 293

1. 폐기물의 관리 _ 293
2. 폐기물의 특성 _ 295
3. 폐기물 신·재생에너지의 종류 _ 296
4. 폐기물 고형연료(RDF) _ 296
5. 열분해 유화 _ 297
6. 가스화 _ 297
7. 소각열회수 이용 _ 299

3-9 지열에너지 301

1. 지열의 특성 _ 301
2. 지열시스템의 구조 _ 302
3. 지열시스템의 작동원리 _ 304
4. 지열발전 _ 307
5. 지열 자원지도 _ 309

3-10 수소에너지 311

1. 수소의 특성 _ 311
2. 수소생산기술 _ 313
3. 수소저장기술 _ 314
4. 수소운반 _ 315
5. 가정/상업용 연료전지 _ 315
6. 발전용 연료전지 _ 316
7. 휴대용 연료전지 _ 316

제4장 생태환경의 창조방법과 기술

4-1 생태 디자인 318

1. 생태디자인의 개념 _ 318

2. 생태디자인의 목표 _ 320
3. 생태디자인의 방법 _ 324
4. 인텔리전트 생태 디자인 _ 328
5. 지속가능한 디자인 _ 330
6. 제품사용시의 환경부하 _ 331
7. 환경배려의 기본 개념 _ 332
8. 재래설계와 생태설계의 특성 _ 333
9. 생태 디자인의 6가지 관점 _ 334
10. 생태를 배려한 계획과 디자인 _ 336

4-2 비오톱 ······ 339

1. 도시생태계와 비오톱 _ 339
2. 도시생태계에서 비오톱의 역할과 가치 _ 342
3. 비오톱 유형화의 방법 _ 343
4. 비오톱 지도화의 이용 _ 346
5. 수생비오톱(생태연못)의 개념 _ 347
6. 주거단지 내 수생비오톱의 필요성 _ 348
7. 수생비오톱 조성방법 _ 349
8. 비오톱 네트워크의 형성 목표 _ 357
9. 수변 비오톱의 시공방법 _ 358

4-3 자연환경보전 ······ 364

1. 자연환경보전의 대상 _ 365
2. 자연환경보전을 추진하는 원칙 _ 367
3. 합의형성과 제휴 _ 369
4. 생태마을의 계획 _ 372
5. 생태통로의 설치 _ 374

4-4 자연천 만들기 ······ 376

1. 하천환경의 정비와 보전 _ 376
2. 자연천 만들기의 설계원리 _ 378
3. 자연천 만들기에서 적용되는 시공기술 _ 370
4. 식생 호안 _ 382
5. 에코톤 _ 383
6. 자연천 만들기의 시공사례 _ 384

4-5 인공지반 녹화 ······ 387

1. 인공지반녹화의 정의와 분류 _ 387
2. 인공지반의 식재기반 _ 380
3. 인공지반녹화의 실현 _ 396
4. 인공지반녹화를 지원하는 기술 _ 406
5. 옥상녹화시스템의 기술 현황 _ 410
6. 벽면녹화시스템의 기술 현황 _ 413

제5장 생태환경의 관리방법과 기술

5-1 빗물과 그레이워터의 이용 ······ 416

1. 비가 되는 과정 _ 417
2. 빗물저류의 목적 및 용도 _ 417
3. 빗물·그레이워터 이용의 효과 _ 417
4. 빗물·그레이워터 이용의 형식 _ 419
5. 빗물·그레이워터 이용의 목적 _ 420
6. 빗물·그레이워터 이용의 방식 _ 420
7. 빗물저류 시스템의 흐름 _ 422
8. 주택에서의 빗물이용시스템 _ 423
9. 화장실 세척수의 사용량 _ 426

5-2 먹는물의 정수 ······ 427

1. 수질의 오염 원인 _ 427
2. 먹는물의 분류 _ 432
3. 먹는물의 정수처리 _ 439

5-3 배수의 정화 ······ 446

1. 비점오염저감 _ 447
2. 배수 정화 _ 458

5-4 토양과 지하수오염의 정화 ······ 463

1. 토양오염의 특성 _ 464
2. 토양오염의 영향 _ 465
3. 토양오염조사 _ 466
4. 오염 확산의 방지 기술 _ 473
5. 오염물질의 분해·제거 기술 _ 474

5-5 건설폐기물의 처리와 재활용 ······ 476

1. 폐기물의 분류 _ 476
2. 폐기물처리시설의 종류 _ 481
3. 건설폐기물 재활용정책 추진체계 _ 483
4. 건설폐기물의 처리체계 _ 484
5. 건설폐기물의 수집·운반·보관 _ 488
6. 건설폐기물의 중간처리 _ 489
7. 건설폐기물의 최종처분 _ 492
8. 건설단계에서의 기술 _ 493
9. 해체단계에서의 기술 _ 495
10. 처리단계에서의 기술 _ 496
11. 건설재활용기술 _ 502

1 chapter 친환경 건축의 계획방법과 기술

1-1 친환경 건축의 개념
1-2 친환경 건축의 설계
1-3 세계의 전통건축
1-4 건축물의 장수명화
1-5 친환경 건축의 입지

1-1 친환경 건축의 개념

지금 우리는 지구환경의 보전과 인간의 건강과 안전을 도모하고, 지속가능한 사회의 실현을 긴급의 과제로 인식하고 있다. 건축은 그 자체 완결한 것이 아니라 지역, 나아가 지구규모의 환경과의 관계에서 검토하여야 한다. 우리는 21세기의 목표로 건축 창조에 관한 대응책을 검토해야 하는 것이다.

현재 『친환경』이라고 하면 자원·에너지나 폐기물의 문제에만 머물지 않고, 환경과 주거·도시건설을 포함하여 종합적인 「질」에의 문제의식으로 발전하고 있다.

친환경 건축은 도시의 빌딩 난립에 의해 열섬현상 등의 문제가 분출하여 온 것을 계기로 지속가능한 사회를 목표로 하여 계획된 현재 주목되는 건축방법이다.

친환경 건축의 설계는 태양광이나 태양열을 이용한다든지, 광기전성기술과 지붕이나 정원에서 식물이나 나무를 이용하여 빗물의 유출을 감소시키는 등의 재생자원의 유효이용을 강조하고 있다. 주차장에 콘크리트 또는 아스팔트가 아니라 자갈을 사용하여 지하수의 보급을 높이는 등의 다른 많은 기술이 이용되고 있다.

1. 친환경 건축의 정의

인류의 지속가능한 개발 또는 발전을 가능케 하는 환경상태를 현실적 환경목표로 할 경우 자연계의 수용능력 범위 내의 인간활동 양식을 친환경이라고 할 수 있다.

친환경건축이란 건축물의 계획, 설계, 생산, 유지관리 그리고 폐기에 이르는 전 과정에 걸쳐 총체적으로 에너지 및 자원을 절약하고 자연경관과의 유기적 연계를 도모하여 자연환경을 보전하며 인간의 건강과 쾌적성 향상을 가능하게 하는 건축이라 할 수 있다. 친환경건축은 건물의 에너지, 물, 자재 등의 자원에 대한 사용의 효율 증가를 실행하는 것으로, 동시에 건물의 사용 기간 동안 인간의 건강과 환경에 미치는 영향을 줄일 수 있도록 설계, 건설, 운용, 보수 관리, 철거 등에 관련한다.

지속가능개발과 지속가능성과 관련된 개념은 친환경 건축에 없어서는 안될 요소이다. 효율적인 친환경 건축은, ① 보다 적은 에너지와 물을 사용하여 생산성을 높이고 결과적으로 운용 비용을 절감하여야 하고, ② 실내의 공기 질을 개선하여 공중과 주민의 건강을 개선하여야 하며, ③ 환경에의 영향을 줄여야 한다. 이는 예를 들자면, 빗물의 유출과 열섬효과를 줄이는 것이다.

이러한 개념을 통하여 지구환경을 보전하는 관점에서 에너지, 자원, 폐기물 등의 한정된 지구자원을 고려하고, 작게는 단지 주변의 자연환경과 친화하고 아름답게 조화를 이루게 하여 거주자가 생활 속에서 자연과 동화되어 체험하는 건강하고 쾌적하게 생활할 수 있는 주택 및 단지환경이라 할 수 있다.

이러한 친환경건축의 개념은 환경친화형 의미로서 그 본질적인 의미는 같으나 각기 지역에 따라 독일의 생태건축, 일본의 환경공생주택 등의 개념으로 현재 지속적인 개발이 이루어지고 있다.

생태건축은 건물 자체를 생태적인 존재로 다루고, 생태적 순환 사이클 중에서 다룬다. 사람을 생태계 중의 동물로 다루는 것과 마찬가지로 건물을 자연물의 일부로 취급하는 것이다. 독일에서 「바우비오로지」는 건축생물학 「baubiologie」의 역어이다. 「bau」는 건축·구성, 「bio」는 생물, 「~logie=~학」의 어원 「logos」는 라틴어에서 언어·정신을 의미한다. 생명체로서의 인간의 신체와 마음의 건강을 중심으로 고려하면서 자연에 적합한 건축을 목표로 하는 고려방식이다. 가능한 한 자연소재를 사용하고, 태양에너지를 활용할 것 등을 권고한다.

국토해양부에서는 1999년 12월 「친환경적 건축물의 설계요령」에서 "친환경적 건축설계"라 함은 지구환경 보전과 삶의 질 향상에 필요한 환경과 조화된 건축, 인간의 쾌적성 확보, 에너지 절약, 폐기물 발생억제, 재활용 확대 등을 극대화하기 위한 창의적이고 예술성 있는 건축설계 행위라고 정의하고 있다.

따라서 친환경건축의 기본개념을 다음과 같이 간략히 정리할 수 있다.

- 자연에너지의 효과적 이용
- 에너지 절약시스템의 채택
- 건물수명의 장기화
- 친환경형 설계의 채택
- 건물주변 환경부하의 절감
- 친환경형 자재의 채택
- 해체시 최종폐기물의 절감 및 적정 처리

또한 국토해양부·환경부에서는 친환경건축물의 건설을 유도·촉진하기 위하여 친환경건축물(Green Building) 인증제도의 운영에 필요한 세부사항을 규정함을 목적으로 「친환경건축물인증제도 세부시행지침(안)」을 2001년 12월에 마련하여 2002년 1월부터 시행하고 있다.

이 지침에서 "친환경건축물"이라 함은 지속가능한 개발의 실현을 목표로 인간과 자연이 서로 친화하며 공생할 수 있도록 계획·설계되고 에너지와 자원 절약 등을 통하여 환경오염부하를 최소화함으로써 쾌적하고 건강한 거주환경을 실현한 건축물을 말한다고 정의하고 있다.

이와 같은 친환경주택의 기획·계획에는 공급자로서의 행동과 거주자에의 동기부여의 2가지 관점의 균형이 중요하다. 공급자에게는 환경부하를 저감하는 개발·건축기법이 요구되고, 요소기술도입을 위해서는 표준화와 조건이 적합하면 가능한 한 실현해야 할 구체적인 대책방법의 제안·제시화가 요구된다. 한편 친환경주택의 프로젝트는 입지나 계획여건 등에 의한 고유의 해를 목표로 하는 것이 특징이고, 부지·조건의 잠재력을 최대한 활용하는 검토가 필요하다.[1)]

거주자에게는 환경과의 관계를 재구축하고, 새로운 거주자의 출현을 유도하는 거주방식을 전용부분·공용부분 양쪽에서 제안하는 등 상품기획적인 접근이 유효할 것이다. 또한 거주자로부터 환경에의 동기부여를 유발하기 위하여 「친환경주택」의 전체적 이미지 구축이 중요한 전략이 된다.

---

1) 住宅團地環境設計ノート編集委員會, ハウジングキート, 日本住宅協會, p.34, 1996.

2. 친환경 건축의 원칙

사람이나 동식물의 생활권은 통상 대기와 대지가 접하는 공간에 한정되고, 항상 변화하는 여러 가지 외부에서의 인자 영향을 받고 있다. 거시적 관점에서 보면 이 구조는 도시에서도 농산촌·어촌에서도 마찬가지이며, 생태환경과 생활환경의 관계는 「순환」이 기본이다. 상호 유기적으로 관련하여 어울리는 환경의 요소(바람·물·흙·푸르름 등), 그리고 사람에 의해 이와 같은 우리의 생활권에서 「친환경」은 구성되고 있다.

친환경주택은 지구환경을 보전하는 관점에서 에너지·자원·폐기물 등의 측면에서 충분한 배려가 이루어지고, 또한 주변 자연환경과 친밀하고 아름답게 조화하여 거주자가 주체적으로 관여하면서 건강하며 쾌적하게 생활할 수 있도록 도모된 주택 및 그 지역환경을 목적으로 한다(그림 1).

그림 1. 친환경 건축의 이미지

친환경주택은 「지구환경의 보전」, 「주변환경과의 친화성」, 「거주환경의 건강·쾌적성」의 3가지 원칙을 만족하는 주택인데, 이들 3가지 점은 어느 하나가 선행하는 것이 아니라 균형을 도모하는 것이다. 이들 요건은 구체적으로 다음과 같다(표 1).

표 1. 친환경주택의 계획기법

기본요건	계획테마	기 법
지구환경의 보전	에너지절감과 유효이용	• 외주벽, 바닥, 천장 등을 고단열화한다. • 개구부을 고단열, 고기밀화한다.
	자연·미이용에너지의 유효이용	• 부지의 일조, 바람 등의 자연에너지를 이용할 수 있는 배치나 외부구조체를 검토한다. • 여름의 통풍을 충분히 이용할 수 있도록 설계한다.
	내구성의 향상과 자원의 유효이용	• 구조구체에 내구성 재료를 사용한다. • 지붕, 외벽, 바닥, 개구 등에 내구성이 높은 재료·공법을 채용한다. • 내외장재에 유지관리가 용이한 재료나, 공법, 부분적인 교체가 용이한 공법 등을 채용한다. • 설비부분이나 배관배선은 유지관리가 용이하고, 장래의 갱신에 충분히 배려한 부품이나 설계를 한다.
	환경부하의 저감과 폐기물의 삭감	• 재활용, 재생산하기 용이한 공법이나 재료를 사용한다. • 쓰레기의 분리와 퇴비화
주변환경의 친화성	생태적 풍요와 순환성의 확보	• 구조구체에 충분한 내구성 재료를 사용한다. • 담이나 울타리는 산울타리로 한다. 가능한 한 완구배의 자연사면을 채용한다. • 포장하는 경우에는 투수성 포장으로 한다. • 조성이나 공사에서 벗겨낸 표토는 보존하여 되메움에 재활용한다. • 하수미정비지구에서는 오수처리시설 등에 의해 배수를 정화한다. • 집중형주차장의 마련을 검토한다.
	기후나 지역성과의 조화	• 지역의 기후나 부지의 미기상과 조화한 설계로 한다. • 대규모 조성을 피하고, 원지형을 활용한 설계로 한다. • 주변 시가지와 조화한 아름다운 디자인으로 한다.
	건물내외의 관련성 향상	• 유리부착 온실, 선룸 등 반 옥외 생활공간을 검토한다.
	거주자의 친화적 활동 지원	• 공동의 채원이나 화단을 마련하여 시민의 자급활동을 지원한다.

기본요건	계획테마	기 법
거주환경의 건강 · 쾌적성	자연의 혜택 향유	• 거실에는 겨울의 일조가 충분히 얻어지도록 한다.
	건강하며 쾌적한 실내환경	• 통풍이 양호하고, 개방감이 있는 공간을 만든다. • 조습성 내장재 등으로 쾌적한 습도환경을 만든다. • 외주벽, 간막이, 바닥 등의 차음성을 충분히 배려한다.
	안전하게 계속 거주할 수 있는 주거환경	• 지진이나 화재에 대하여 안전한 설계를 한다. • 주호내의 단차이 해소, 난간의 설치 등 고령자가 안심하고 생활할 수 있도록 설계한다. • 차의자 등에 의존한 경우에도 일부의 개조로 생활할 수 있도록 배려한다. • 고령자에게도 안심하고 사용할 수 있는 설비를 마련한다.
	풍요로운 집주성의 실현	• 보행자를 우선한 외부통로계획을 한다. • 주변 주민도 사용할 수 있는 공간이나 시설을 고려한다. • 집회소나 여가·취미를 위한 공용시설을 마련한다. • 외부의 놀이터, 광장 등 공공공간을 마련한다.

1) 지구환경의 보전(Low Impact)

주택공급의 라이프사이클에서 에너지나 자원의 소비를 삭감한다. 또한 그 소비에 의해 배출되는 CO_2에 의한 지구온난화에의 영향을 경감하는 것, 또한 폐기물을 삭감하는 것. 국산재의 적극적인 이용이나 주택수명의 장기화, 분리 재활용하기 용이한 공법 등을 채용하는 점에서 대응하는 것이 가능하다.

2) 주변환경과의 친화성(Hight Contact)

자연환경이나 생태계, 경관, 지역사회 등 주변환경과 조화가 도모된 주택으로 한다. 에어컨의 보급 이후 주거의 내부환경은 외부환경과 분리되어 조절하는 것이 일반적이었는데, 친환경주택에서는 주변 자연환경과 주거내부의 환경을 효과적으로 조화시키는 검토가 채용된다.

3) 거주환경의 건강·쾌적성(Health and Amenity)

실내외의 쾌적성이나 건강성, 안전성, 집주성 등에 배려한 양호한 거주환경을 갖춘 주택으로 한다. 친환경주택은 지구환경과 주변환경에의 배려와 쾌적한 실내환경을 양립시키는 것이다. 예를 들면 건강한 성인뿐만 아니라 유유아나 장애인, 노인에게도 안전하며 사용하기 편리한 설계를 채용한다든지, 천연소재의 사용에 의해 새집증후군을 방지한다든지, 무도장의 천연목을 사용하여 조습효과를 발휘시키는 등이 제안되고 있다.

친환경주택의 계획은 이러한 개념을 염두에 두고 부지와 그 주변지역 각각의 환경요소의 특성을 발견적으로 발굴하는 것에서 시작한다. 그리고 지역과 부지내의 자연환경특성과 이 장소에서 계속 거주하여온 사람들의 생활양식이나 거주역사 등의 인문환경특성을 바탕으로 하여 사업구조의 주어진 조건을 포함하여 계획의 개념을 적용한다.

금후, 친환경주택을 보급촉진하고, 지구환경이나 주변환경과의 조화나 거주환경에 배려한 양호한 주택스톡을 형성하기 위해서는 친환경주택의 의의를 명확히 하고, 주택소유자의 환경의식을 양성하고, 당면코스트 부담을 경감하여 친환경주택의 공급호수를 증가하는 것 등이 과제이다.

그리하여 다음의 사항을 한층 증진할 필요가 있다.

- 친환경주택의 장점/단점의 정량화, 명확화
- 상업시설, 공공시설, 학교, 공원 등과의 제휴에 의한 지역 전체에서의 환경교육 추진
- 친환경형의 민간도시개발이나 민간주택공급에 대한 보조제도 등의 확충
- 친환경주택의 모델이 되는 공공주택의 공급촉진 등

3. 지구환경문제

지구환경시대에 요구되고 있는 친환경주택은 디자인의 검토에서부터 재료, 구조방식의 선택이나 개발할 수 있는 방향성 등 크게 변할 필요가 있다. 가치관에서 변화가 필요한 이러한 상황은 건축의 세계에 한정된 것이 아니라 생활, 산업전반에 걸쳐 공통된 테마이다.

그러면 이와 같은 광범위한 영역 모두를 어떻게 변화시켜 갈 것인가에 대하여 구체적인 대책이 필요하다. 라이프사이클 어세스멘트(LCA)는 그 방법의 하나이다. 제품이 생산되기 전의 단계에서부터 폐기되어 처분되는 일련의 흐름 중에서

소비하는 에너지 또는 이산화탄소(CO_2)의 발생량 등에 의해 지구환경에 대한 영향을 평가하는 것이다.

지구환경문제란 다음의 9가지 테마로 집약할 수 있다.

① 지구온난화

② 오존층파괴

③ 산성비

④ 열대림감소 등 삼림파괴

⑤ 사막화

⑥ 해양오염

⑦ 개발도상국 공해

⑧ 유해폐기물 월경이동

⑨ 야생생물감소

그 중에서도 지구온난화는 기후변동을 수반하여 많은 심각한 문제를 일으키는 것이고, 일상생활과 밀접한 관계가 있다. CO_2를 비롯한 온실효과가스의 삭감은 이제 피할 수 없는 당면의 과제이다.

4. 친환경건축에 관한 기술대책

4.1 자연환경의 활용·유지

(1) 주변환경에의 배려

1) 필요최소한의 지형의 개변, 최대한의 기존수목의 보존 등에 의해 기존 주변환경의 보전에 배려한다.

2) 녹화율의 향상, 물순환의 구축 등에 의해 열부하의 저감, 지역생태계의 보호·육성, 도시기후의 완화 등에 배려한다.

3) 유해물질의 배출 억제 등에 의해 대기, 수질, 토양 등의 오염방지에 배려한다.

4) 주변 경관과의 조화나 통일성에 배려한다.

(2) 신·재생에너지의 이용

1) 태양광발전, 태양열온수의 이용을 도모한다.

2) 풍력발전, 지열의 이용을 도모한다.

3) 바이오매스 열이용을 도모한다.

4.2 에너지절약

(1) 부하의 저감

1) 건축물의 향, 실의 배치 등에 대하여 배려하고, 외벽을 통한 열부하의 저감을 도모한다.

2) 단열성이 높은 재료·공법의 채용 등에 의해 구조체를 통한 열부하의 저감을 도모한다.

3) 단열·일사차폐성이 높은 창호 및 유리 등의 채용에 의해 개구부를 통한 열부하의 저감을 도모한다.

4) 실내에서 발생한 열이나 오염물질의 확산을 억제하고, 공조·환기량을 저감한다.

5) 에너지 손실의 저감을 고려한 건축설비시스템으로 한다.

(2) 에너지·자원의 유효이용

1) 자연광의 활용에 의해 조명부하의 저감을 도모한다.

2) 자연통풍의 활용에 의해 냉방부하의 저감을 도모한다.

3) 열병합발전의 채용 등 에너지의 변환 및 이용이 종합적이고 효율적으로 시행되는 건축설비시스템으로 한다.

4) 전력부하의 저감 및 평준화를 도모한다.

5) 시설부위에 따른 운전제어방식에 의해 수송에너지의 최소화를 도모한다.

6) 고효율 조명기구의 사용, 시설부위에 따른 점등방식의 채용 등에 의해 조명에너지의 최소화를 도모한다.

7) 빗물 또는 배수처리수의 이용, 각종 절수시스템의 채용 등에 의해 수자원의 소비저감을 도모한다.

8) 신뢰성이 높고, 적정한 운전관리가 가능한 관리시스템의 구축에 의해 소비되는 에너지의 최소화를 도모한다.

9) 시설의 운용을 통하여 시설이용자(집무자, 학생, 일반이용자 등)에 대하여 환경교육에 활용할 수 있는 시설조성을 도모하고, 에너지절약 의식의 향상을 목표로 한다.

(3) 4R(감량, 재사용, 재활용, 에너지화)

1) 환경부하가 큰 물질을 사용한 기자재의 사용을 억제함과 아울러 그 적절한 회수에 배려한다.

2) 건축부산물 등 폐기물의 적절한 처리에 배려한다.

3) 시설운용시 폐기물의 적절한 처리에 배려한다.

4) 철거한 기자재를 그 형태에서 또 한번 사용한다.

(4) 장수명화

1) 층고·바닥면적·바닥하중 등의 여유도 및 간막이 등의 가변성에 배려하고, 내부기능의 변화에 유연하게 대응할 수 있도록 한다.

2) 구조체에 대해서는 내구성·내진성이 우수한 것으로 한다.

3) 건축비구조부재 및 건축설비에 대해서는 합리적인 내구성이 확보된 것임과 함께 갱신, 수선 및 보수가 용이한 것으로 한다.

4) 적절한 유지관리가 용이하게 이루어지고, 적절한 작업공간 등을 확보한다.

(5) 생태재료

1) 환경부하가 작은 자연재료 등을 채용한다.

2) 열대림의 감소에 배려하고, 열대재형 틀의 사용 합리화 등을 도모한다.

3) 지역 산업에서 대량 배출되는 부산물 등 폐기물의 재사용 또는 재활용한 기자재를 사용한다.

4) 부분적인 갱신이 용이하도록 분해가 용이한 기자재, 모듈 재료 등을 사용한다.

4.3 환경요소

1) 자연바람의 이용

여름철 야간이나 중간계절에 외기를 도입하여 실내를 시원하게 유지한다.

① 바람을 직접 도입하는 개구부를 설치한다.

② 바람을 도입하는 돌출창 등을 설치한다.

③ 실내외 온도차를 활발하게 하는 배기실을 설치한다.

④ 실내의 통풍경로의 개방성을 확보한다.

2) 주광이용

주간의 밝기를 실내에 도입하여 인공조명이용을 줄인다.

① 주광을 직접 도입하여 실내의 밝기를 확보할 수 있는 개구부를 설치한다(채광).

② 실내의 안쪽에 빛을 유도하는 베란다·난간·반사 가능한 처마의 하면 등을 설치한다(유도광).

3) 태양광 발전

하루 중 태양광으로 발전을 행하고, 소비하는 전력을 자체 생산한다.

① 남면 주체에 태양광 발전 패널을 설치한다.

4) 일사열의 이용

겨울철에 개구부에서 일사열을 취득하여 축열하여 야간에 이용한다.

① 취득한 일사열의 손실을 억제하는 단열성능이 높은 개구부 시방을 선택한다.

② 집열면이 되는 남향의 개구부를 증설한다.

③ 바닥·벽·천장 등에 축열효과가 있는 열용량이 큰 재료를 사용한다.

5) 태양열 온수

태양열을 이용한 급탕 시스템을 도입한다.

① 태양열로 직접 물을 데워 급탕하는 태양열온수기를 설치한다.

② 급탕기를 조합하여 온도조절이 가능한 사용하기 편리한 태양급탕시스템을 채용한다.

6) 단열외피계획

단열화를 도모하고 자연실내온도를 유지하여 적시적온을 실현한다.

① 각 부위의 단열성능 배분의 적정화 → 부위균형형·부위강화형으로 한다.

② 단열재의 적절한 시공 → 연속한 방습층, 벽 상하단부의 통기저지, 틈새방지 등을 행한다.

7) 일사 차폐기법

여름철이나 중간계절에 실내에 침입하는 일사를 자단하여 시원하게 유지한다.

① 개구부의 일사차폐에 효과적인 유리의 선택, 블라인드·발 등을 설치한다.

② 천장속 환기량 증가나 지붕의 통기를 행한다.

③ 외벽의 통기를 행한다.

④ 바닥면 등의 햇빛 반사방지나 정원수를 이용한다.

8) 물과 음식물쓰레기의 처리와 효율적 이용

물의 유효이용과 배수·음식물쓰레기의 효과적 처리를 도모한다.

① 대변기·수전 등에 절수형 기기를 채용한다.

② 빗물·배수재활용시스템을 채용한다.

③ 빗물침투포장을 채용한다.

④ 콤포스트나 디스포지 등 가정용 음식물쓰레기의 효율적 처리방식을 채용한다.

5. 친환경개발 기술시스템

자연의 혜택을 받으면서도 도시에 거주하는 사람에 따라서는 익충과 해충을 때로는 맹위를 떨치는 자연을 만나기 쉬운 것은 아니다. 그러나 자연 중에서 태어난 인간은 자연과 친숙한 성격을 계속 가지고 있어 적절하게 관리된 자연을 레크리에이션 공간으로 원한다.

하지만 자연에는 익충과 해충을 구별하는 논리는 없으므로 인간을 우선하는 자연관에 입각한 경우에도 자연의 섭리에 의해 해충의 증가를 제어하는 등 조심스러우며 소극적인 적응형, 즉 자연측의 형편에도 배려하는 친화형의 환경조성이 지지된다. 이 점에 대해서는 5개의 분야로 나누어 친화를 바탕으로 한 환경틀과 기술시스템을 그림 2에 제시한다.

여기서는 환경을 중요시하는 기술의 특성으로 친화를 중심으로 공통적으로 의미하는 점에 대하여 나타낸다. 본디 친화란 서로 종류가 다른 생물이 화합하거나 또는 화합하는 현상을 의미한다. 그것을 다음과 같이 확대하여 해석하고 있다.

① 친화의 기술이란 인간우선, 자연친화형, 세계공헌의 어느 것에서 보아도 다목적을 균형적으로 달성하는 기술체계이다. 즉 어느 기능적인 하나의 목표만을 중점으로 얻는 것을 방기하고, 다양한 감성이나 가치의식에 따라 도시건설을 추진한다든지, 그 자신이 다양화하는 점에서 안정화하는 자연과 가까워지는 것을 목표로 하고 있다. 또한 각각의 지역이나 국가의 발전과 아울러 스스로의 발전을 고려하는 것은 이해를 대립시키는 기능분화형 기술보다 오히려 종합적인 삶의 질에 최종수요로서 조화적으로 작용하는 다목적형 기술을 지향하고 있다.

② 친화의 기술이란 당초부터 목표수준을 출현시키는 사전확정형이 아니라 오히려 시간이 경과함과 아울러 기술의 자연 및 사회에의 작용 및 반작용에 의해 안정되고, 바람직한 상태로 기울어지는 형식이다. 특히 신규의 개발이나 기술도입의 초기적 효과보다 오히려 지속하여 만들어내는 효과나 라이프사이클 영향에 주의하고, 복원, 회복 그리고 재생 등의 동적 프로세스를 중요시한다.

분야	대상	내용
수변이나 수역의 친환경 도모	해안, 해역의 친환경	생물을 육성하는 해변, 호안, 간석지(干潟地)재생, 친환경항구(Eco Port)기술
	하천·소호의 친환경	생태공학적인 하천구조물, 친환경형공법
	저수지, 수로의 친환경	호안 및 물가선의 친환경화
도로와 광장의 친환경에 배려	도로, 해로의 친환경	환경시설대의 가로수의 에코로드기술
	광장, 부지의 친환경	부지녹화 및 침투촉진
	건축·구조물의 친환경	옥상녹화, 생태건축
공원, 녹지에 친환경을 도모	도시공원의 친환경	다양한 식재와 지면의 연출
	녹지, 수림의 친환경	시생복원, 생태공원
	농지, 임지(林地)의 친환경	수림, 수면의 생태환경화
지역이나 외국인과의 친화 도모	자원공급원과의 친화	자원절약, 재활용, 수원함양의 도시산촌 교류
	환경부하배출원에의 책임	공동정화
	환경적으로 약자와의 친화	환경자원봉사자지원
과거에서 미래로 인계하며 친화	조상의 유산과의 친화	전통적 문화적 풍경의 계승
	미래세대에의 책임	환경부하저감의 인프라
	세대간 차이에의 배려	환경의 혜택 공평

그림 2. 친환경을 중심으로 한 환경틀과 기술시스템

③ 스스로의 여유를 양도하는 등 레벨의 친화에서 다른 것에의 배려를 위하여 활동의 공간적 범위를 제한한다든지, 환경부하를 작게 하기 위하여 같은 서비스이너라도 코스트 부담이 큰 것에서 적정한 대체활동을 탐색하는 태도도 있을 것이다.

6. 환경기술개발의 전망

환경질 개선을 통한 국민의 삶의 질 향상을 위해서는 이에 필요한 각종 환경기준을 강화함은 물론 이를 뒷받침할 환경기술의 개발이 필수적으로 요구되고 있다. 이와 함께 21세기 국제 무역환경규제가 강화되면서 환경기술은 국내 제품의 환경요건과 그 제품의 국제경쟁력, 나아가 국가경쟁력을 좌우하는 핵심요소로 그 중요성이 대두되고 있다.

이에 따라 미국, 영국, 독일, 일본 등 선진 각국은 수년 전부터 환경기술을 21세기 국가경쟁력과 직결되는 유망산업으로 지목하여 집중 지원하고 있으며, 자국의 앞선 환경규제를 경쟁국의 추격을 따돌릴 수 있는 수단으로 활용하고 있다.

「환경기술개발 및 지원에 관한 법률」에서는 환경기술을 "환경의 자정능력을 향상시키고 사람과 자연에 대한 환경피해유발요인을 억제·제거하는 기술로서 환경오염을 사전에 예방·저감하고 오염 및 훼손된 환경을 복원하는 등 환경의 보전 및 관리에 필요한 기술"이라고 정의하고 있다.

이러한 정의를 고려할 때 환경기술은 크게 사후처리기술, 사전오염예방기술, 환경복원기술로 나눌 수 있으며, 환경기술의 개발목적은 현안환경문제의 해결이라는 수요와 이러한 환경정책의 요구에 부응하기 위한 환경산업의 발전과 상호 연관되어 있다고 할 수 있다.

21세기에 접어들면서 환경기술개발은 현안 환경오염문제 해결뿐만 아니라 점증하는 국제 무역환경규제에 대한 효과적 대응을 위해서도 그 중요성이 더욱 부각되고 있다. 이에 따라 환경부에서는 환경기술·산업(ET)을 21세기 국가전략산업으로 육성하고자 하며 이를 위해 기술개발사업에 대한 지속적인 투자, 체계적·전략적 기술개발 추진체계 마련, 개발된 기술의 홍보 및 성과확산 등을 추진해 나갈 계획이다.

따라서 ET21사업의 체계적인 추진을 위하여 "차세대 핵심환경기술개발사업 10개년 종합계획"을 수립(2002년 7월)하여 단계별 목표 및 전략을 마련하였으며, 국내 산·학·연 전문가들의 의견을 수렴하여 2010년까지의 개발대상 기술지도(Technology Road Map)를 작성하여 환경기술을 전략적으로 개발하고 있다(표 2).

표 2. 차세대 핵심환경기술개발사업 단위사업별 중점과제

단위사업(대분류)	중점분야(중분류)
1. 맑고 안전한 공기	미세먼지오염 개선기술 오존 및 스모그오염 개선기술 유해대기오염물질 관리기술
2. 친환경 소재·제품	환경오염 유발물질 대체물질(소재) 개발 오염물질 제거효율향상 소재·제품 개발
3. 친환경 공정	배출량 저감 최적화기술 유해물질제거 및 유용물질회수 공정기술
4. 토양·지하수 복원·관리	도시·산업지역 복원·관리기술 불량매립지 복원·관리기술 폐광산 주변지역 복원·관리기술
5. 생태계 복원·관리	훼손된 자연생태계 복원기술 생태환경 이용 및 관리기술
6. 만족도 높은 먹는 물	정수장 효율향상·고도처리기술 상하수도관망 최적 관리기술 양질의 상수원수 확보 및 유지관리기술
7. 하·폐수처리 고도화	하·폐수 고도처리 및 핵심요소기술 친환경 방류수 처리·관리기술
8. 환경친화적 폐기물 자원순환	폐기물 감량·재활용·관리기술 폐기물 자원화기술 유해폐기물 처리·처분기술
9. 위해성 평가·관리	위해성평가·관리·요소기술 환경관리기술의 평가기술
10. 측정분석장비·장치	고정밀 센서기술 환경오염 측정분석 장비기술 원격 모니터링기술
11. 정온한 생활환경 조성	소음·진동 배출특성 및 음질평가관리기술 소음·진동 방지 및 저감기술 차음·방진성능 향상기술
12 환경시책 효율성 제고	국제환경현안 대응·해결기술 환경교육·홍보기술

출처 : 환경부, 환경백서, 2008.

1-2 친환경 건축의 설계

오늘날 발생하고 있는 여러 가지 환경문제 중에는 지구온난화와 자원의 낭비·고갈 등의 글로벌 문제도 있고, 지역에서 전통적인 경관과 독특한 생활문화, 생태계의 소실 문제, 지역 커뮤니티의 퇴조와 소실의 문제, 새집증후군 등 주택과 그곳에 거주하는 개인 사이에서 발생하는 문제 등 여러 계층이 존재하고 있다. 환경에 관한 이러한 현대의 제문제를 주택 및 주택을 둘러싼 환경(주거환경)의 검토에 의해 해결하는 것이 일반적인 의미에서의 친환경주택이다.

친환경건축으로서 신축이나 개수를 할 때에는 환경부하 저감과 코스트의 균형에 배려한 계획을 행한다. 예를 들면 건축물의 운용 에너지 소비가 원인의 CO_2 배출은 라이프사이클 전체의 환경부하 중에서도 큰 부분을 차지하고 있다. 따라서 운용 에너지의 삭감을 하는 것은 $LCCO_2$(라이프사이클 이산화탄소배출량) 삭감에 큰 효과가 있고, 결과적으로는 운용 코스트 절감으로도 이어진다.

1. 친환경 건축의 설계 목표

(1) 환경기술의 추구

① 친환경 : 자연의 힘을 활용한 환경에의 배려

② 에너지절약·자원절약 : 부하의 억제, 자연에너지 이용, 자원의 효율적 이용

③ 장래의 용도변경에 유연하게 대응할 수 있는 Long Life 구조

④ 생태재료

⑤ 오감의 쾌적환경 : 시·음·향·맛·촉

(2) 옛날의 지혜 발굴

① 풍수를 고려한 동(棟) 분리·저층양식을 도입한 자연풍의 도입

② 안전성의 배려

③ 귀중한 물을 존중한 조형표현

④ 그늘의 창조

⑤ 지역생산재료의 활용

(3) 커뮤니티 공간의 창조

① 어린이부터 노인까지 편리하게 사용할 수 있고 열려진 시설

② 자발적인 교류를 유도하는 장의 연출

③ 큰 지붕 밑의 교류, 행사, 휴식의 반 옥외공간, 회유성의 동선계획

④ 효율적인 주차장의 배치

⑤ 지형과 바람에의 축선

2. 친환경 주택의 건설기준

국토해양부에서는 2010년 6월「주택건설기준 등에 관한 규정」을 개정하여 친환경 주택의 건설기준 및 성능을 고시하였으며, 2009년 10월 에너지소비 절감과 탄소배출량 감소를 위한 에너지절약형 친환경 주택 건설기준 및 성능을 마련해 친환경적인 주택을 건설하기 위한 제도적 기반으로서「친환경 주택의 건설기준 및 성능」을 고시하기에 이르렀다. 이 고시는「주택법」제2조제7호에 따른 사업주체가 법 제16조제1항의 주택건설사업계획의 승인을 얻어 건설하는 20세대 이상의 공동주택에 대하여 적용한다.

(1) 친환경 주택의 구성기술 요소

① 저에너지 건물 조성기술

고단열·고기능 외피구조, 기밀설계, 일조확보, 친환경자재 사용 등을 통해 건

물의 에너지 및 환경부하를 절감하는 기술

② 고효율 설비기술

고효율열원설비, 최적 제어설비, 고효율환기설비 등을 이용하여 건물에서 사용하는 에너지량을 절감하는 기술

③ 신·재생에너지 이용기술

태양열, 태양, 지열, 풍력, 바이오매스 등의 신·재생에너지를 이용하여 건물에서 필요한 에너지를 생산·이용하는 기술

④ 외부환경 조성기술

자연지반의 보존, 생태면적율의 확보, 미기후의 활용, 빗물의 순환 등 건물외부의 생태적 순환기능의 확보를 통해 건물의 에너지부하를 절감하는 기술

⑤ 녹색 IT 기술

건물에너지 정보화 기술, LED 조명, 자동제어장치 등을 이용하여 건물의 에너지를 절감하는 기술

(2) 설계방향

친환경 주택을 건설하기 위해서는 다음 각 호에 따라 설계할 것을 권장한다.

① 토지의 원형 보존 : 토지의 절·성토량을 최소화하고 토양의 특성을 고려한 계획을 수립함으로써 생태환경과 주변 생태자원들의 높은 질을 유지하기 위해 자연지반 보존율을 최대한 확보하도록 한다.

② 개발밀도 : 기존의 생태자원의 용량산정을 기반으로 대상지가 감당할 수 있는 개발밀도를 산정하여 장기적인 관점에서 인간의 개발이 적정수준을 넘어서지 않도록 한다.

③ 생태기능 확보 : 토양기능, 미기후조절 및 대기의 질 개선기능, 물순환 기능, 또는 동식물 서식처 기능 등 생태적 기능을 가지는 생태면적율을 최대한 확보하도록 한다.

④ 일사·일조 활용 : 주거단지 내의 모든 건물은 난방, 조명부하 등을 줄이기 위해 최대한 남향으로 배치하고, 세대에서의 연속일조를 최대한 확보할 수

있도록 설계한다.

⑤ 신·재생에너지 설치를 위한 주동배치 : 신·재생에너지를 설치할 경우에는 신·재생에너지 시설의 생산효율성을 높이는데 장애가 되지 않도록 최적의 위치에 설치하여야 한다.

⑥ 바람길을 고려한 주동배치 : 바람길은 단지 내의 냉방부하를 줄이기 위해 조성하며, 단지 전체에 통풍이 잘 되도록 주동을 배치한다.

⑦ 미기후의 개선 : 미기후를 최대한 개선하기 위해 단지 내 활용 가능한 수자원을 이용하여 온·습도를 유지하거나 생태녹지의 조성으로 공기를 신선하게 유지하는 기법 등을 도입하여 단지가 건강하게 숨쉴 수 있도록 계획한다.

⑧ 폐기물의 재활용 : 단지 내에서 배출되는 생활폐기물은 분리수거하여 재활용하고, 음식물쓰레기는 분리수거시설, 감량화시설, 자농집하시설 또는 에너지화시설 등을 도입하여 그 양을 줄이거나 에너지자원으로 활용하도록 한다.

⑨ 빗물의 재활용 : 빗물이용은 개발로 인해 왜곡된 물순환을 건전화하고 빗물순환을 복원하기 위한 것으로, 단지 내에서 최대한 저장하여 활용하거나 지반으로 침투시키는 방식을 도입하도록 한다.

(3) 설계조건

1) 친환경 주택은 단위 세대의 에너지 사용량 또는 이산화탄소 배출량을 전용면적이 60m^{2}를 초과하는 경우에는 20% 이상 절감할 수 있도록 설계하여야 하고, 전용면적이 60m^2 이하인 경우에는 15% 이상 절감할 수 있도록 설계하여야 한다.

2) 전용면적이 60m^{2}를 초과하는 주택은 다음 각 호의 모든 설계조건을 충족하여야 한다. 다만, 제1항의 조건을 만족하는 경우에는 그러하지 아니하다.

① 창호단열

표 1에서 정한 지역기준에 준하여 외기에 직접 면한 창호의 평균열관류율은 혹한지역 및 중부지역 1.4W/m^{2}K 이하, 남부지역 1.6W/m^{2}K 이하, 제주지역은 2.0W/m^{2}K 이하가 되도록 설계하여야 하며, 외기에 간접 면한 창호의 평균열관류율은 혹한지역 및 중부지역 2.8W/m^{2}K 이하, 남부지역 3.0W/m^{2}K 이하, 제주지역은 3.3W/m^{2}K 이하가 되도록 설계하여야 한다.

표 1. 지역별 시도분류

지역구분	해당지역
혹한지역	경기도 (강화, 문산, 동두천), 강원도 (춘천, 홍천, 원주, 영월, 인제, 대관령, 철원, 태백)
중부지역	서울특별시, 인천광역시, 경기도, 강원도 (강릉시, 동해시, 속초시, 삼척시, 고성군, 양양군 제외), 충청북도 (영동군 제외), 충청남도 (천안시), 경상북도 (청송군)
남부지역	부산광역시, 대구광역시, 광주광역시, 대전광역시, 울산광역시, 강원도 (강릉시, 동해시, 속초시, 삼척시, 고성군, 양양군), 충청북도 (영동군), 충청남도 (천안시 제외), 전라북도, 전라남도, 경상북도 (청송군 제외), 경상남도
제주지역	제주도 전역

② 벽체단열

외벽과 측벽의 평균열관류율은 표 2의 친환경 주택의 단열성능 기준을 만족하도록 설계하여야 한다.

표 2. 친환경 주택의 단열성능 기준

부 위		평균열관류율 기준 (W/m^{2}K)		
		혹한지, 중부	남부	제주
외 벽	외기 직접 면함	0.30 이하	0.37 이하	0.55 이하
	외기 간접 면함	0.40 이하	0.55 이하	0.70 이하
측 벽		0.22 이하	0.30 이하	0.37 이하

③ 열원설비

개별난방 주택은 효율이 87% 이상인 보일러를 설치하도록 설계하거나, 지역난방시설 또는 열병합발전시설에서 공급하는 열을 사용하여야 한다. 다만, 지역난방시설 또는 구역형열병합발전시설에서 공급하는 열을 사용하는 주택은 공급되는 열의 95% 이상을 난방 및 급탕 열로 사용하도록 설계하여야 하며, 소형열병합발전시설을 이용할 경우에는 전력생산과정에서 발생되는 배열로 세대에서 필요한 난방과 급탕을 합한 열량의 15% 이상을 담당할 수 있도록 설계하여야 한다.

3) 전용면적이 $60m^2$ 이하인 주택은 다음 각 호의 모든 설계조건을 충족하여야 한다. 다만, 1)항의 조건을 만족하는 경우에는 그러하지 아니하다.

① 창호단열

표 1에서 정한 지역기준에 준하여 외기에 직접 면한 창호의 평균열관류율은 혹한지역 및 중부지역 $1.7W/m^2K$ 이하, 남부지역 $2.1W/m^2K$ 이하, 제주지역 $2.5W/m^2K$ 이하가 되도록 설계하여야 하며, 외기에 간접 면한 창호의 평균열관류율은 혹한지역 및 중부지역 $2.6W/m^2K$ 이하, 남부지역 $2.9W/m^2K$ 이하, 제주지역 $3.5W/m^2K$ 이하로 설계하여야 한다.

② 벽체단열

외벽과 측벽의 평균열관류율은 표 2의 친환경 주택의 단열성능 기준을 만족하도록 설계하여야 한다.

③ 열원설비

개별난방 주택은 효율이 87% 이상인 보일러를 설치하도록 설계하거나, 지역난방시설 또는 열병합발전시설에서 공급하는 열을 사용하여야 한다. 다만, 지역난방시설 또는 구역형열병합발전시설에서 공급하는 열을 사용하는 주택은 공급되는 열의 95% 이상을 난방 및 급탕 열로 사용하도록 설계하여야 하며, 소형열병합발전시설을 이용할 경우에는 전력생산과정에서 발생되는 배열로 세대에서 필요한 난방과 급탕을 합한 열량의 15% 이상을 담당할 수 있도록 설계하여야 한다.

4) 1)항부터 3)항까지의 규정에 따라 친환경 주택으로 설계하는 경우에는 제8조(창의 기밀성능), 제9조(고효율 기자재의 사용), 제13조(대기전력자동차단장치의 설치), 제14조(일괄소등스위치의 설치), 제15조(조명) ① 및 ②, 제16조(실별 온도조절장치의 설치), 제17조(절수설비의 설치)에서 정한 의무사항을 모두 이행하여야 한다.

(4) 창의 기밀성능

외기에 직접 면한 창의 기밀성능은 KS F2292 창호의 기밀성 시험방법에 의해 그 성능이 2등급 이상을 만족하는 제품을 사용하여야 한다. 다만, 발코니의 내측에 설치되어 외기에 간접적으로 면할 수 있는 부위는 제외할 수 있다.

(5) 고효율 기자재의 사용

가정용보일러, 변압기, 전동기(단, 0.7kW 이하 전동기, 소방 및 제연송풍기용 전동기는 제외)는 지식경제부 고시 「고효율에너지기자재보급촉진에 관한 규정」에 따라 고효율에너지기자재로 인증받은 제품을 사용하여야 한다. 난방, 급탕 및 급수펌프는 그 평균 효율이 KS 규격에서 정해진 기준 효율의 1.12배 이상의 제품을 사용하여야 한다.

(6) 친환경자재의 사용

주택 내에 사용되는 건축자재는 환경표지(마크) 또는 GR마크를 획득하거나 제품의 환경성능에 대하여 인증을 받은 제품의 사용을 권장한다.

(7) 단열재의 설치

세대 내의 단열재는 「건축물에너지절약설계기준」(표 3)에 따라 설치한다.

(8) 에너지사용량 정보확인시스템 설치

친환경 주택 세대 내에는 과거에 사용하였거나 현재 사용하는 난방, 급탕, 전력 사용량 등의 에너지사용량과 사용금액정보를 거주자가 확인 및 조회할 수 있는 시스템의 설치를 권장한다.

(9) 대기전력자동차단장치의 설치

거실, 침실, 주방에는 대기전력자동차단콘센트 또는 대기전력차단스위치를 각 개소에 1개 이상 설치하여야 한다.

표 3. 창 및 문의 단열성능 (단위 : $W/m^2 \cdot K$)

창 및 문의 종류				창틀 및 문틀의 종류별 열관류율								
				금속재						플라스틱 또는 목재		
				열교차단재 미적용[1]			열교차단재 적용					
유리의 공기층 두께[mm]				6	12	16 이상	6	12	16 이상	6	12	16 이상
창	복층창		일반복층창[2]	4.0	3.7	3.6	3.7	3.4	3.3	3.1	2.8	2.7
			로이유리(하드코팅)	3.6	3.1	2.9	3.3	2.8	2.6	2.7	2.3	2.1
			로이유리(소프트코팅)	3.5	2.9	2.7	3.2	2.6	2.4	2.6	2.1	1.9
			아르곤 주입	3.8	3.6	3.5	3.5	3.3	3.2	2.9	2.7	2.6
			아르콘 주입+로이유리(하드코팅)	3.3	2.9	2.8	3.0	2.6	2.5	2.5	2.1	2.0
			아르콘 주입+로이유리(소프트코팅)	3.2	2.7	2.6	2.9	2.4	2.3	2.3	1.9	1.8
	삼중창		일반삼중창[2]	3.2	2.9	2.8	2.9	2.6	2.5	2.4	2.1	2.0
			로이유리(하드코팅)	2.9	2.1	2.3	2.6	2.1	2.0	2.1	1.7	1.6
			로이유리(소프트코팅)	2.8	2.3	2.2	2.5	2.0	1.9	2.0	1.6	1.5
			아르곤 주입	3.1	2.8	2.7	2.8	2.5	2.4	2.2	2.0	1.9
			아르콘 주입+로이유리(하드코팅)	2.6	2.3	2.2	2.3	2.0	1.9	1.9	1.6	1.5
			아르콘 주입+로이유리(소프트코팅)	2.5	2.2	2.1	2.2	1.9	1.8	1.8	1.5	1.4
	사중창		일반사중창[2]	2.8	2.5	2.4	2.5	2.2	2.1	2.1	1.8	1.7
			로이유리(하드코팅)	2.5	2.1	2.0	2.2	1.8	1.7	1.8	1.5	1.4
			로이유리(소프트코팅)	2.4	2.0	1.9	2.1	1.7	1.6	1.7	1.4	1.3
			아르곤 주입	2.7	2.5	2.4	2.4	2.2	2.1	1.9	1.7	1.6
			아르콘 주입+로이유리(하드코팅)	2.3	2.0	1.9	2.0	1.7	1.6	1.6	1.4	1.3
			아르콘 주입+로이유리(소프트코팅)	2.2	1.9	1.8	1.9	1.6	1.5	1.5	1.3	1.2
	단창			6.6			6.10			5.30		
문	일반문		단열 두께 20mm 미만	2.70			2.60			2.40		
			단열 두께 20mm 이상	1.80			1.70			1.60		
	유리문	단창문	유리비율[3] 50% 미만	4.20			4.00			3.70		
			유리비율 50% 이상	5.50			5.20			4.70		
		복층창문	유리비율 50% 미민	3.20	3.10		3.00	2.90		2.70	2.60	
			유리비율 50% 이상	3.80	3.50		3.30	3.10		3.00	2.80	
	방풍구조문			2.4								

주1) 열교차단재 : 열교 차단재라 함은 창호의 금속프레임 외부 및 내부 사이에 설치되는 폴리염화비닐 등 단열성을 가진 재료로서 외부로의 열흐름을 차단할 수 있는 재료를 말한다.
2) 복층유리는 이중창(단창+단창)을 포함한다.
3) 문의 유리비율은 문 및 문틀을 포함한 면적에 대한 유리면적의 비율을 말한다.

(10) 일괄소등스위치의 설치

세대 내에는 일괄소등스위치를 설치하여야 한다. 다만, 전용면적이 $60m^2$ 이하인 경우에는 적용하지 않을 수 있다.

(11) 조명

조명은 다음 각 호의 기준에 따라 설치한다.

① 세대 및 공용부위에 설치되는 조명기구는 지식경제부 고시「효율관리기자재의 운영에 관한 규정」및「고효율에너지기자재 보급촉진에 관한 규정」에서 고효율조명기기로 정의되는 제품 또는 동등 이상의 성능을 가진 제품을 사용하여야 한다. 단, LED는 제외한다.

② 단지 내의 공용화장실에는 화장실의 사용여부에 따라 자동으로 점멸되는 스위치를 설치하여야 한다.

③ 세대 내 조명, 공용부 보안등, 경관등 또는 지하주차장 조명등은 LED 조명으로 설치할 것을 권장한다.

(12) 실별 온도조절장치의 설치

세대 내에는 각 실별로 난방온도를 조절할 수 있는 실별 온도조절장치를 설치하여야 한다. 다만, 전용면적이 $60m^2$ 이하인 경우에는 적용하지 않을 수 있다.

(13) 절수기기의 설치

세대 내에 설치되는 수전류는「수도법」제15조 및「수도법시행규칙」제6조에 따른 절수형기기로 설치하여야 한다.

도심 인구증가로 인한 물수요의 증가는 수질 악화와 도시하수처리비용 증가 등의 문제를 발생시킨다. 생활용 상수소비는 에너지와 상수 공급, 하수 처리를 위한 설비 및 비용에 영향을 주게 된다.

절수형 수전류에는 표 4와 같은 종류가 있다.

표 4. 절수형 수전의 종류

절수형 수전방식	설 명
즉시지수 방식	즉시지수 방식이란 어떠한 기구·장치를 부착하거나 내장하여 이를 작동시킴으로써 물의 배출과 배출중지가 즉시 이루어지는 방식을 말한다. 즉시지수 방식으로는 전자감응식, 풋밸브(foot valve) 부착 방식 등이 있으며, 스위치의 개폐에 의하여 물의 배출과 배출중지가 이루어지는 방식은 제외한다.
자폐식	자폐식이란 레버·핸들 등 조작부를 작동시키면 일정 시간 물이 배출된 후 자동으로 배출이 중지되는 방식을 말한다.
정량지수 방식	정량지수 방식이란 레버·핸들 등 조작부에서 미리 설정한 양의 물만 배출된 다음 자동으로 배출의 중지가 이루어지는 방식을 말하며, 주로 물받이용으로 이용한다.

(14) 건물녹화

단지의 특성과 여건에 따라 건물의 옥상이나 벽면을 녹화하여 생태기능을 확보할 것을 권장한다.

(15) 신·재생에너지의 설치

각종 신·재생에너지 설비는 지식경제부고시 「신·재생에너지설비의 지원·설치·관리에 관한 기준」에 따라 설치하여야 한다.

3. 그린홈의 개발

국내에서 정의하고 있는 그린홈(Green Home)이란 에너지 소비를 줄이고, 사용하는 에너지도 탄소가 배출되지 않는 청정에너지를 이용하며, 친환경적으로 건설되어 지구환경에 미치는 부정적 영향을 최소화하면서 인간이 쾌적하고 편리하게 거주할 수 있는 주택으로 정의하고 있다. 현재 주택은 실내 난방 및 냉방, 급탕 등을 위해 석유, 석탄 등 화석에너지를 이용하고 있고, 주택의 단열기준이 선진국에 비하여 월등하게 낮기 때문에 많은 화석에너지가 소비되어 다량의 이산화탄소를 배출하게 되는데, 이러한 단점을 개선한 것이 그린홈이라고 할 수 있다(그림 1~2 참조).

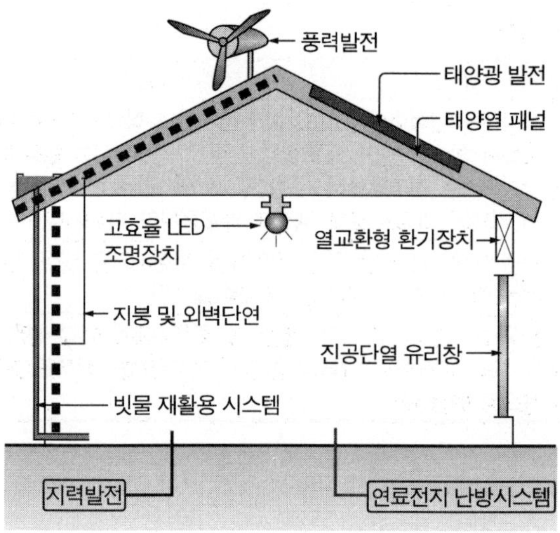

그림 1. 그린홈의 개념도

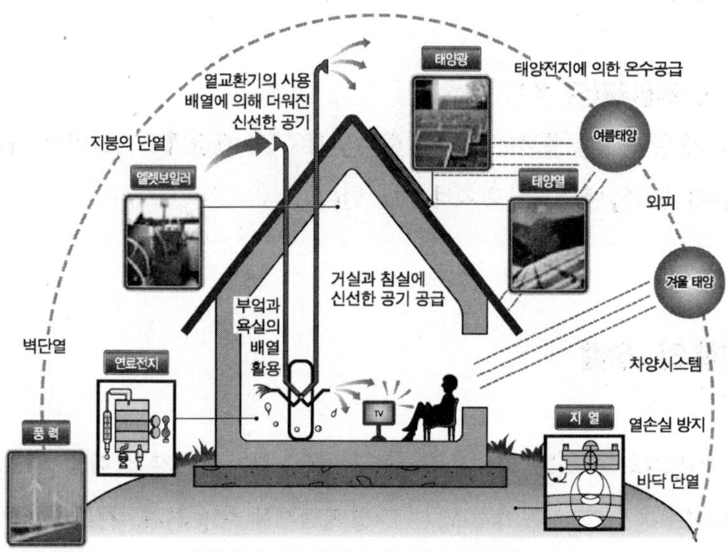

그림 2. 그린홈 제로하우스 개념도

단독 및 공동주택을 그린홈으로 건축하기 위하여 필요한 기술요소를 추출해 보면 고성능 단열재, 고단열 창호, 기밀시공, 옥상녹화 등과 같은 에너지절약적인 설계방법(Passive Design)과 폐열회수형 환기장치, LED 조명, 대기전력저감 우수제품 등과 같은 설비적 고려방법(Equipment Design), 그리고 이러한 노력에 의해 저감된 최종 부하를 감당할 신재생에너지원을 이용한 방법(Active Design) 등으로 구분할 수 있다(표 5).

표 5. 그린홈 건설요소와 기술내용

그린홈의 요소	기술 내용	
에너지·이산화탄소	• 태양광 등 자연에너지를 활용한 냉·난방 및 채광 • 고효율 조명·가전기기 • 친환경 재생에너지 시스템 • 저탄소 자재 사용	
수자원	• 빗물 재활용 시스템	• 절수기기 사용
생태계 복원	• 자연녹지보존 • 친수공간 확보	• 인공녹지조성 • 투수성 바닥 포장
폐기물	• 온실가스 발생 최소화 • 재활용 자재 사용 확대	• 건설폐기물 발생 최소화 • 생활폐기물 재활용 시스템 구축
열	• 적정 온열환경 유지	
빛	• 적정 조도 유지 및 LED 등 에너지 저감형 조명 설치	
소리	• 층간 소음 최소화	
공기	• 오염물질 저방출 자재 사용	

이와 같은 실내환경뿐만 아니라 외부환경에 대해서는 빗물에 포함된 많은 불순물로 강을 오염시킬 수 있으므로 초기 우수처리장치 및 빗물재활용시스템 등을 고려한다. 더불어 자연지반녹지, 육생비오톱 및 수생비오톱, 투수포장 등과 같은 생태환경 조성을 통하여 자연친화적인 감성, 대기오염 저감뿐만 아니라 미시기후

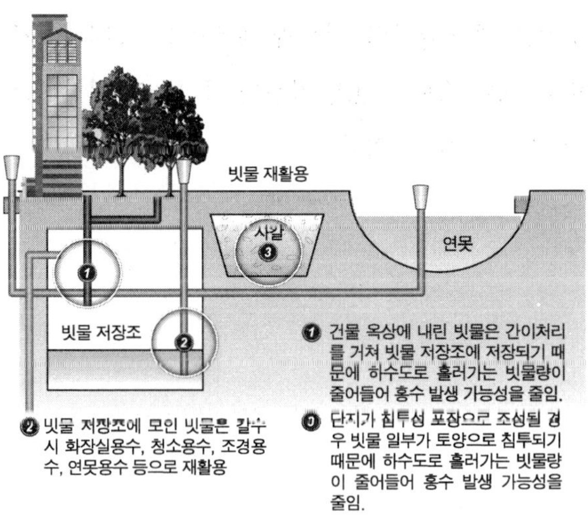

그림 3. 공동주택에서의 빗물 재활용

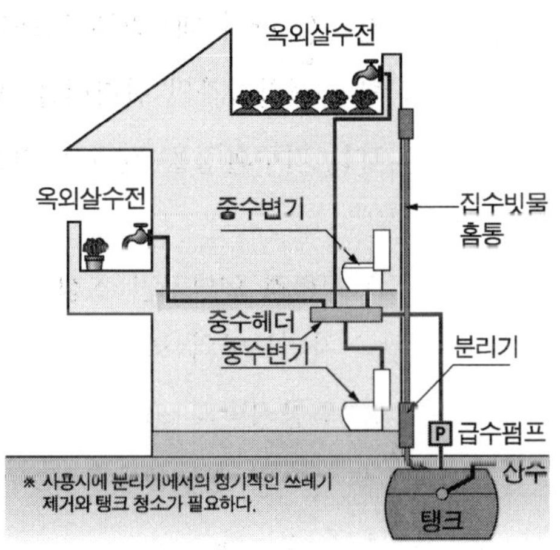

그림 4. 우수이용 옥상녹화 개념도

조절 능력까지 부가하고, 배출되는 쓰레기 최소화 또는 쓰레기 재활용 등도 고려해야 할 것이다(그림 3～4).

4. 친환경형 주거단지의 설계

4.1 친환경형 건축계획요소

(1) 자연조건의 최적활용

친환경형 주거단지는 자연의 생태계가 가지고 있는 다양성, 안정성, 순환성에 가깝게 설계를 하고 유지관리가 되도록 하는 것이 기본이므로 단지를 조성하기 위해서는 자연요소와 토지의 효율적인 이용방법에 대한 이해가 선행되어야 한다.

입지선정을 위해서는 주변의 환경이 단지에 유리한 입지를 선정하여야 하며 주거단지가 입지된 상황에서는 거주환경에 불리한 요소를 단지에 유리한 상황에 맞게 조성하는 방법이 필요하다. 이러한 방법으로는 일조와 통풍을 고려한 배치, 자연지형의 적극적인 활용, 경사지 접근성의 고려 등 쾌적한 주거환경과 프라이버시를 확보할 수 있는 건물배치가 필요하다.

(2) 친환경 내·외부공간 조성

친환경 단지 내·외부공간의 조성은 주거환경의 개선과 쾌적성을 증대시키기 위해 자연환경과의 친화력을 높이고 주호 내에 자연의 일부를 끌어들여 건강하고 쾌적한 거주환경을 갖추는 것을 목적으로 하고 있다.

1) 친환경 외부공간 조성

① 자연토양의 보존

② 인공지반의 조성

③ 우수의 침투유도

④ 단지녹화

⑤ 생물서식공간(biotope)의 조성

⑥ 쾌적성(amenity)을 고려한 친수공간 조성

⑦ 건축물 녹화 : 지붕녹화, 옥상녹화, 발코니녹화, 벽면녹화

2) 실내녹화

실내에 정원을 두어 자연을 주거 내부로 끌어들이는 것으로 실내분수 등의 설치로 실내 습도조절에도 효과적인 역할을 수행한다.

일조조건의 제약, 옥외와 다른 온도조건, 무강우, 통풍제한, 인공지반 등을 고려한 계획이 필요하며 제약조건의 극복방안으로는 음지식물 위주의 수종선택 및 적극적인 태양광 확보를 위한 채광시스템의 도입, 초경량 인공토양, 화분재배 등의 식재지반 조성방법 등이 있다.

4.2 에너지·자원의 절약 및 순환활용

(1) 에너지절약을 위한 건물형태

1) 자연형 태양열의 활용

자연형 태양열(passive solar system)을 이용하기 위해서 선룸(sunroom)공간은 대량의 일광을 실내에 도입하도록 크고 맑은 유리창을 확보하고 차양·블라인드를 설치하며, 여름철에는 개방하여 반옥외공간으로의 활용과 통풍을 고려한다.

아파트건물이나 중고층주택에서는 여러 층을 관통하는 아트리움(atrium)을 만들어 태양열 채열에 유리한 형태로 조성하고 저층부나 수직동선부에 실내정원이나 식재공간을 조성하고 지하의 공동시설 부분은 선큰가든(sunken garden)을 도입하여 쾌적한 주동 내 공유공간을 만들어 주거환경의 질을 높인다.

저층건물에서는 내부정원을 조성하여 휴식공간 마련과 함께 온실은 저층형 연립주택이나 단독주호에서 거실의 일부로 다목적 공간으로 활용할 수 있다.

2) 자연채광 및 통풍의 유도

자연채광 및 통풍의 확보를 위해서는 전면폭을 넓힘과 동시에 깊이가 깊지 않은 건물형태와 평면적으로 통풍존을 확보하기 위한 공간계획이 필요하다.

개구부는 전면창의 개방이 가능한 형태와 천장이나 측면의 창을 통한 채광 및

환기를 확보한다.

지하주차장이나 지하층의 공용공간은 천창을 설치하거나 선큰가든 형태로서 설비부하를 줄이는 자연채광이나 통풍을 유도한다.

3) 에너지사용의 최소화를 위한 건물형태

건물의 형태는 대지의 향, 일조계획, 평면 및 입면 등과 밀접한 관련이 있으며, 건물의 에너지 소비와 열성능에 중요한 변수가 된다.

건물의 형태는 건축 후 변경이 거의 불가능하며, 이와 함께 에너지절약적으로 계획된 건물형태는 건물자체가 지닌 기본적인 열성능을 향상시킬 수 있는 중요한 변수이다. 따라서 에너지를 절약하기 위한 건물형태는 합벽연립주거의 형태와 내부공간은 중층형이나 split-level 형태로서 정방형에 가까운 건물형태를 조성한다.

4) 열완충공간의 조성

열완충공간은 실내의 열손실을 적게 하기 위한 방법으로 실내의 온도위계를 고려한 평면이나 단면을 고려하여 수평적으로는 난방공간을 주변의 열적 위계에 따라 실을 배치하고 수직적으로는 거주 1층, 침실 2층의 수직열위계를 고려하여 배치한다. 온실이나 현관 등은 방풍공간으로 활용한다.

5) 고단열·고기밀

에너지손실을 적게 하기 위해서 주택의 각부를 고단열화함과 아울러 기밀성을 높인다.

(2) 건축설비시스템

1) 설비형 태양열 이용기법

태양에너지의 이용은 크게 태양복사에너지를 열이나 전기로 변환시켜 사용하는 경우와 자연채광을 목적으로 사용하는 경우로 나눌 수 있다.

태양열의 이용은 그 자원이 무한하기 때문에 초기투자비는 많이 드나 효과적인 활용기술을 갖춘다면 장기적인 안목에서 적용가능성이 매우 높다.

① 태양전지의 이용

태양전지의 발전원리는 반도체의 광전효과를 이용한 것이다. 따라서 태양전지를 이용한 태양광 발전은 태양에너지를 직접 전기로 변환하기 때문에 가동부분이 없고 보수도 비교적 용이하다. 또한 규모에 관계없이 일정한 발전효율을 얻을 수 있기 때문에 설치개소에 따라 모듈화된 배치가 가능하다.

태양전지와 조합된 기기로는 일부에서 보급되고 있는 솔라가로등, 솔라시계 외에 태양전지 환기시스템, 솔라에어컨태양전지 등이다.

② 패시브솔라시스템

패시브 솔라시스템의 계획목적은 대상지역의 자연환경이 지닌 잠재력을 최대한 끌어내어 쾌적한 실내환경을 형성하고자 하는 것으로 지역의 기후특성에 맞는 건축설계상의 연구가 중요하다.

③ 지열

지열은 무한한 열원이자 이용가능성이 매우 큰 에너지 자원이다. 대기온도의 변화에도 불구하고 지중온도는 일정하게 유지되고 있으며, 지하 8m 깊이에서 약 9℃ 정도의 온도를 항상 유지하고 있다. 지열은 어떠한 부산물도 없으므로 친환경적인 에너지원이며, 기후생태적으로도 매우 안전하다. 지열은 지역 냉·난방이나 열펌프의 원리와 통합적으로 적용할 경우 그 효과를 극대화할 수 있다.

2) 고효율·고성능 기기의 사용

① 절수형 설비기기

절수형 변기, 샤워기, 스톱부착샤워기 등

② 고효율 기기의 사용

- 고효율보일러 : 기존 난방시스템의 환경부하량을 줄이며 환경개선 대안기술이 될 수 있다.
- 콘덴싱보일러 : 태양열 축열난방시스템의 축열조에 연계되어 보일러의 효율을 높이고 연료비가 절약되는 효과가 있다.

③ 코제너레이션(co-generation), 기타 제어설비

중앙집중식 제어장치를 사용하여 건물에 효율적인 에너지공급

3) 냉난방·공기조화

4) 미이용에너지의 이용

하천수, 해수, 하수풍력, 지열, 폐열(쓰레기소각열) 등 자연자원의 미이용에너지를 활용

5) 우수의 순환에 활용

6) 중수의 활용

중수도는 음료수와 같은 반드시 청정도를 요하지 않는 용도에 대하여 적당한 수질의 용수를 공급하는 것으로 생활용수 중 수세식 화장실용수, 살수용수, 조경용수, 그리고 도시의 환경용수로 국한한다.

7) 오수정화시설

오수정화시설은 식물에 의한 수처리로 경비가 저렴하며 국내에서도 점차 도입이 증가하고 있다. 오수정화시설 중 오수정화 인공연못이 많이 사용되고 있는데 이는 오수정화시설이 강화된 규제를 받게 되자 수질이 향상된 오수정화시설의 방류수를 사용하여 인공연못을 조성하고 친수공간으로 활용한다.

8) 쓰레기 처리시스템

① 생활쓰레기 퇴비화를 위한 단지 내 퇴비장

② 쓰레기 분리 시스템

(3) 건축재료시스템

건축재료의 사용에 있어서는 우선적으로 자연분배가 가능한 천연재료의 사용을 고려하여야 하며 지역성을 고려하여 그 지역에서 생산되는 재료를 선택하여야 한다. 이는 지역의 기후조건에 양호하고 경제성을 가지며, 지역재료를 현재에 맞게 개발하고, 사용부위에 있어서도 건물 내·외부뿐 아니라 단지외부공간까지 폭넓게 사용되며, 거주자에게 건축환경의 쾌적성을 느끼게 해주고 전통성의 표현이나 주변환경경관에 이룰 수 있다.

내부재료의 사용에 있어서는 인체에 유익한 성능을 가진 재료를 선택하여야 하며 폐자재를 재생·재활용하는 방안이 필요하다.

4.3 친환경건축의 설계원칙

국토해양부에 의하여 1999년 12월 「친환경적 건축물의 설계요령」에서 제시한 친환경적 건축의 설계요소는 다음과 같다.

(1) 설계의 일반원칙

1) 국제환경협약 등 지구환경 변화에 적극 대처하기 위하여 이산화탄소 등의 배출이 낮도록 하고, 오존층을 파괴하는 물질을 배출하지 않는 재료를 사용한다.

2) 대지의 오염요소를 최대한 제거하고, 생태학적 가치를 유지하기 위하여 생태적으로 피해를 최소화하는 배치계획과 생태적으로 향상된 설계기법을 강구한다.

3) 건축물의 설계에 있어 안전성, 환경성, 경제성이 가미되도록 하여야 한다.

4) 인공에너지의 투입을 감소시키고, 자연에너지를 활용할 수 있는 설계와 사용된 에너지를 순환하여 재활용할 수 있는 설계기법을 검토한다.

5) 인간생활의 쾌적성 확보에 필요한 다음 각호의 시설 등을 적절히 계획한다.

① 환기시설은 자연환기 시스템이 유리하며, 열회수 기능을 가진 기계환기시스템, 주방 등의 환기설비를 갖추도록 한다.

② 실내오염의 최소화를 위하여 우레아 포름알데히드폼과 콜타르, 석면, 납성분 자재 등의 사용을 억제하며 무기섬유질 사용수준(비율)을 높이고, 천연 도장재를 사용하는 등 실내공기 질 향상에 노력하여야 한다.

③ 조명시설은 저에너지 조명, 진자식 안전기, 재실자 감지센서, 외부조명 등으로 계획하고, 주광과 인공조명 사이의 상호작용을 검토한다.

④ 안전시설인 화재경보기, 위험물보관, 약품 및 청소용재보관 공간을 설치한다.

6) 건축물의 내·외벽, 지붕 등에 재활용 목재 등의 자재사용 비율을 높이고, 쓰레기의 효율적인 관리와 재활용이 극대화 되도록 한다.

7) 건축물의 배치는 방위, 지형, 미기후 등과 형태를 최적화해야 한다.

8) 보수유지를 쉽게 하기 위한 시스템과 구성요소를 검토·계획한다.

9) 지붕, 녹지 등의 우수를 모아서 활용할 수 있도록 계획한다.

(2) 설계기본요소

1) 지구환경 및 자원이용 요소

① 화석에너지 사용으로 인한 탄산가스의 방출

② 산성비

③ 프레온가스(CFCs, HCFCs) 및 하론가스에 의한 오존층의 파괴

④ 천연자료 및 재생재료의 사용

⑤ 재생가능한 재료의 사용

2) 지역환경 요소

① 냉각탑에서 생기는 레지오넬라균

② 바람·햇빛·그늘·기온 등의 미기후

③ 소음·진동

④ 이웃 건축 및 지형에 대한 과다음영

⑤ 기존 수목·지하수·개울·표토 등

⑥ 절수계획

⑦ 대지의 생태학적 가치

⑧ 태양, 바람, 우수 등의 자연에너지 활용계획

⑨ 차량동선의 최소화 계획

⑩ 자전거 이용자의 각종시설 설치

⑪ 유해전자파 영향

3) 실내 환경요소

① 환기, 간접흡연 및 습도

② 유해물질

③ 조명

④ 실내 소음

⑤ 열쾌적과 과열

⑥ 실내의 자연요소의 환경적 역할

(3) 친환경적 건축의 요소기술 및 기법

친환경적 건축의 요소기술 및 기법을 보면 표 6과 같다.

표 6. 친환경적 건축의 요소기술 및 기법

항 목	요소기술 및 기법
1. 토지이용 및 배치기법	생태계 및 자연경관을 고려한 배치
	일조 및 일사를 고려한 배치
	미기후를 고려한 배치
	지형 및 지세의 활용
	지역성의 고려
	공간의 성격구분 및 연계
	보도 및 차도의 분리
	open space의 최대화
2. 친환경 외부공간 조성기법	자연 토양의 보전
	수림대 등 기존 식생의 보존 및 활용
	인공지반의 조성
	빗물의 침투유도 및 재활용
	생태적 식재
	Biotop의 조성 및 연계
	친수공간 조성
	물순환체계
	건물외벽의 녹화(벽면, 옥상)
3. 건물형태·구조결정기법	자연형 태양열 이용
	자연채광, 통풍의 유도
	연면적 대 외벽면적비를 최소화
	열 완충공간의 조성
	고단열·고기밀
4. 쾌적한 실내환경 조성기법	조명설비시스템
	실내정원조성
	환기유도 시스템
	단열 및 축열기능 내장재
	방음 및 차음 시설
	전 자기장의 차단
5. 공급처리 시스템	배선 및 배관망 최소화
	고효율·고성능 기계 또는 전기설비
	중앙·지역냉난방
	열동력 연계시스템
	설비형 태양열 활용
	태양광 발전
	미이용 에너지 활용
	폐열(쓰레기소각열)회수시설
	위생적 상수공급
	생활하수 순환활용
	우수차집 및 순환활용
	유기폐기물 속성발효
	자연발효식 화장실
6. 건축공사 및 유지관리	환경부하 저감 건설공법
	해체나 수선이 용이한 구조
	원에너지 저소비 소재사용
	내구성이 우수한 자재·공법선택
	자연, 재생·재활용소재 이용
	건설자재의 유효이용
	건축부품 및 소재 재활용
7. 지하저수조 및 지하정화조의 건축물 외부 배치	동력비의 증가 최소화
	청소 등 유지관리 편리

1-3 세계의 전통건축

세계에는 여러 가지 기후의 국가나 지역이 있다. 사람들은 오랜 역사 속에서 지역 특성에 적합한 주택을 건축하여 생활하여 왔다. 세계의 전통적인 민가는 환경과 친화하는 사람들의 지혜의 결정이다.

우리나라를 비롯한 세계 각지에서의 전통건축에서 본 친환경요소는 그 지역의 기후에 순응하면서 그 지역에서 생산되는 건축재료를 주로 이용하고, 자연에너지를 활용하면서 그 지역 특성에 따른 형태를 구성하고, 지금도 그 흔적이 남아있고, 그 주거형식에서 계속 생활하고 있다. 지역에서 생산되는 건축재료는 나무, 흙, 돌 등이고, 자연에너지는 태양, 지열, 바람, 빗물 등이다.

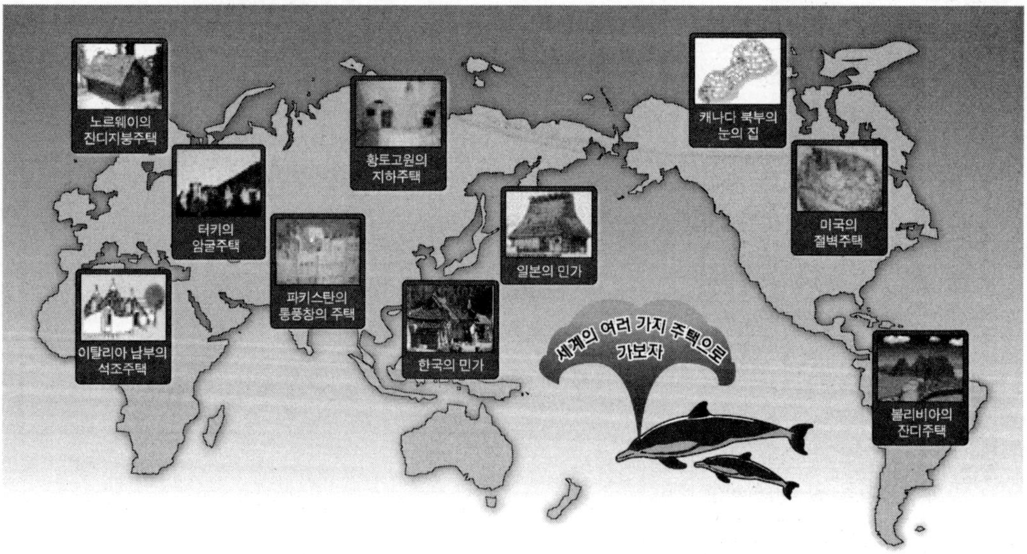

그림 1. 세계의 전통주택

출처 : 日本大和ハウス工業

이와 같이 그 지역의 혹독한 기후에도 순응하면서 삶을 영위하기 위하여 지혜를 모아 자연지형을 고려하여 건축한 거주공간으로서 친환경주택의 특성에 대하여 살펴본다.

1. 노르웨이의 잔디지붕 주택

북유럽 스칸디나비아 반도의 서쪽 반 정도를 차지하고, 국토의 3분의 1이 북극권에 속하고 있는 노르웨이는 1,000m를 넘는 두꺼운 빙하에 침식되어 이루어진 피오르드(fjord) 지형이 특징이다. 연안부에서는 여름에 시원하고, 겨울에도 멕시코만류(난류)의 영향으로 온화한 기후이지만, 내륙부나 북부는 겨울의 추위도 여름의 더위도 혹독한 기후이다.

그림 2. 잔디지붕의 주택

노르웨이는 국토의 90% 이상이 산지이며 풍부한 삼림자원에 혜택받고 있다. 민가는 통나무 또는 큰 단면의 세모난 긴 목재를 '井' 모양으로 수평으로 쌓아올려 벽면을 만든 구조이다.

열전도율이 낮고 단열성이 우수한 목재는 여름에 시원하고, 겨울에는 따뜻하게 한다. 또한 목재는 습도가 높을 때에는 흡습하고, 습도가 낮아지면 방습하는 조습성능을 지니고 있기 때문에 온도습도와 함께 쾌적한 환경을 유지할 수 있다.

지붕에는 잔디가 자라고 있다. 잔디지붕의 주택은 주변 경관에 어울리고, 아름다운 조망을 형성할 뿐 아니라 천연의 에어컨 역할을 담당하고 있다.

노르웨이에서는 잔디지붕이 단열성과 내구성을 높이는 지붕재로서 옛부터 사용되고 있었다. 잔디지붕은 자작나무 등의 나무껍질 위에 흙을 입혀 잔디를 심은 것으로 단열성이 높은 지붕이 된다.

여름에는 풀의 증산작용(식물이 수분을 방출하는 것. 수분을 수증기로 방산하기 때문에 수분이 기화할 때에 주변의 열을 빼앗는다.)에 의해 실내를 시원하게 하고, 겨울에는 혹독한 추위를 완화하는 단열재가 된다. 또한 잔디지붕은 벌레 등의 작은 생물의 서식장소가 되고, 자연환경의 보전에 도움되고 있다.

최근 한국에서도 도시의 열섬현상 완화 등을 목적으로 「옥상녹화」가 추진되고 있는데, 노르웨이에서는 전통 민가에서 이미 옥상녹화가 도입되어 있던 것이다. 단열효과가 우수하고, 에너지절약 효과가 높은 잔디지붕의 주택은 훌륭한 외관을 형성하여 노르웨이에서 지금도 인기를 모으고 있다.

2. 터키 중앙부의 암굴 주택

그림 3. 버섯모양의 바위

카파토시아(Cappadocia)란 터키의 수도 앙카라 남동에 위치한 아나토리아 고원의 화산에 의해 이루어진 넓고 평평한 고지대를 말한다. 이 고지대에는 첨탑과 같은 모양의 바위나 버섯과 같은 모양의 바위 등 기묘한 모양의 바위가 무수히 우뚝 솟아 있다.

이것은 약 6,000만년 전의 엘제스산 등의 대분화에 의해 화산재나 용암이 몇 층에 걸쳐 쌓인 고지대가 오랜 세월의 풍우에 의해 침식된 것이다. 버섯모양의 기묘한 모양의 바위는 버섯의 우산에 해당하는 부분이 현무암 등 단단한 바위이며, 그 아래는 부드러운 응회암으로 이루어져 있다. 부드러운 부분만이 깎여지고, 버섯모양이나 원추형의 기이한 형태의 산이 만들어진 것이다.

그림 4. 동굴주거지

석기시대부터 청동기시대에 걸쳐 이 지방의 사람들은 부드러운 응회암을 파서 그 안에서 생활하였다. 또한 3세기가 되어 로마제국의 크리스트교에의 박해가 심해지자 그 박해를 피하기 위하여 다수의 크리스트교도도 이곳에 거주하게 되었다.

그들은 지역 주민과 마찬가지로 우뚝 솟은 바위를 파서 거기에 주거나 성당을 만들었다. 카파토시아의 고레메 계곡에는 360 이상의 암굴성당이나 암굴수도원이 지금도 보존상태가 양호하게 남아있다.

11세기경부터 이 지방에서 이슬람화가 진행되어 이 지방의 크리스트교도는 이슬람교도의 박해로부터 피하기 위하여 지하에 숨어 생활하기 시작하였다. 지하에 만들어진 주거는 점차 확대되어 거대한 지하도시가 되었다.

지하도시는 깊숙이 통로가 마련되고, 도시와 도시를 연결하는 통로도 만들어졌다. 통로에는 큰 원반 모양의 문이 발견되어 있고, 적이 침입하여 온 경우에 문을 통로를 막는 구조로 되어 있었다. 카파토시아에는 유명한 카이마크리(Kaymakli)를 비롯하여 36개소의 지하도시가 발견되어 있다.

그림 5. 지하도시

현존하는 지하도시 중에서 최대 규모는 「카이마크리 지하도시」라고 하며, 지하 8층(약 70~80m의 깊이)까지 있다. 개미집과 같이 파들어간 지하도시는 1년을 통하여 실온이 15℃ 전후로 유지되고 있기 때문에 음식물을 보존하기 용이하고 쾌적하게 지낼 수 있다. 또한 내부에는 부엌이나 식당, 포도주 저장고, 학교, 교회 등이 있고, 각각 좁은 터널로 연결되어 있다.

이들의 지하도시에서는 내부에 외기를 도입하기 때문에 도시의 중심을 지상에서 최하층까지 통기공이 마련되어 있다. 그리고 최하층의 지하수로 연결되어 우물물로서도 이용되고 있다.

3. 이탈리아 남부의 석조 주택 트룰로

이탈리아 남부의 풀리아(아풀리아) 지방과 특히 알베로벨로에서 주거용으로 사용된다. 회반죽을 칠한 원통형 벽 위에 회색돌을 원형으로 배열하는데, 측면의 저항과 중력을 이용해 모르타르를 쓰지 않고 뾰족탑 모양으로 쌓아올린다. 지역적인 석기시대 문화에서 유래한 것으로 보이는 트룰로(Trullo)는 민속 전통으로서 존속되어왔는데, 이것은 목재가 부족하고 경작지를 만들기 위해 제거해야 하는 돌조각들이 풍부하기 때문에 가능했을 것이다. 1996년에는 세계문화유산에 등록된 알베

그림 6. 트룰로의 외관

로벨로는 트룰로가 다수 모여 이루어진 거리이다. 여기서는 각호가 벽을 공유하면서 도로에 면하여 정연하게 연속적으로 건축되어 독특한 경관을 창출하고 있다.

「트룰로」라 불리는 이 뾰쪽지붕의 주택은 벽도 지붕도 돌을 쌓아 축조한 세계에서도 드문 완전한 조적조 건축이다. 여기서는 올리브나 포도의 재배가 활발한 지방이다. 그러나 그 토양은 부식토의 바로 아래에 석회암의 성층이 있고, 돌멩이 투성이어서 농업에는 부적당한 토지이다. 이 황폐한 토지를 농지로 할 때 파낸 불필요해진 석회석이 트룰로의 건축재료가 된다.

이 황폐한 토지에서는 건축재료가 되는 나무가 전혀 자랄 수 없는 것도 원인이지만, 토지를 농경에 적합하게 바꾸게 된 것이 양호한 건축재료를 얻게 되었다.

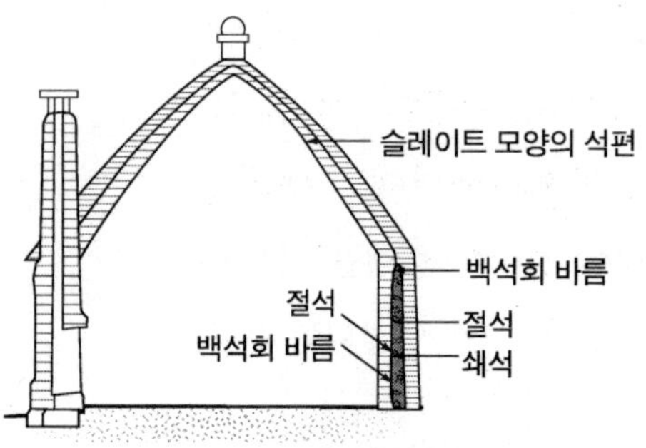

그림 7. 트룰로의 단면도

사람들은 이 석회석에서 절석, 슬레이트 모양 석편, 쇄석의 3종류의 다른 형상의 부재를 만들어 이것만의 재료로 트룰로를 축조하고 있다.

벽은 내측과 외측의 2개 벽체가 쇄석을 샌드위치와 같이 쌓아올려져 있다. 내측은 모두 절석이며, 벽체에서 상부의 돔으로 원형 모양으로 쌓는다.

외측은 벽의 부분은 절석이지만, 지붕이 되는 원추형의 부분은 빗물이 들어오지 않도록 얇은 슬레이트 모양의 석편을 몇층 겹쳐 쌓는다. 안팎을 만드는 이중의 벽 사이에는 가느다란 쇄석이 채워지고, 벽의 두께는 전체적으로 80~200cm가 된다.

판판하게 가공한 석회암을 쌓고 벽은 석회를 바른다. 지붕은 원추형이다. 처음의 하얀 지붕은 세월을 지남에 따라 남 이탈리아 특유의 강한 자외선을 쬐어 서서히 검은 빛을 띤다. 흰벽에는 자외선을 방어하는 외에 외기를 차단하여 보온효과를 높이고, 실내를 넓고 밝게 보이는 효과가 있다.

방 하나에 대하여 지붕도 하나이고, 이 집합체가 한 채의 트룰로가 된다. 방 사이에는 벽이 없으므로 커튼 등으로 분할된다. 이 구조에는 여러 설이 있는데, 이

지방을 통치한 귀족이 왕으로부터의 가옥에 부과되는 세금을 면하기 위하여 조사 시에 지붕을 파괴하여 「주택이 없다」고 주장할 수 있도록 파괴하기 용이한 주택을 시공하였다는 설이 유력하다.

트룰로는 돌을 쌓아올려 축조하기 때문에 큰 창을 만들 수 없어 내벽에 백석회를 바르고 입구나 작은 창에서 들어오는 빛을 반사시켜 밝은 공간을 만들고 있다. 또한 트룰로는 조적조의 돌의 구조상 특징에서 대공간을 만들기 어려워 몇 개의 트룰로를 조합하여 하나의 주거를 구성하고 있다.

그림 8. 트룰로의 지붕장식

지붕의 도로측에는 흰색 모양이 그려져 있는데, 주술적인 의미를 지닌다고도 하고, 유사한 형상의 다른 주택과의 구별을 위해서라고도 한다. 지붕의 정상에는 장식이 있는 경우가 있는데, 이것도 종교적인 의미와 구별하기 위한 것이라고 한다. 사람들은 전통의 트룰로를 복원하면서 소중하게 여겨왔다. 재료는 모두 석회암이다. 19세기 반까지는 이음을 전혀 사용하지 않았다. 석회암을 장소에 맞는 형태로 잘라 그것을 틈새없이 쌓아올린다. 지붕의 돌을 원형으로 쌓는 것은 그 강도를 높이기 위함이다.

그림 9. 트룰로의 구조를 이해할 수 있는 모형

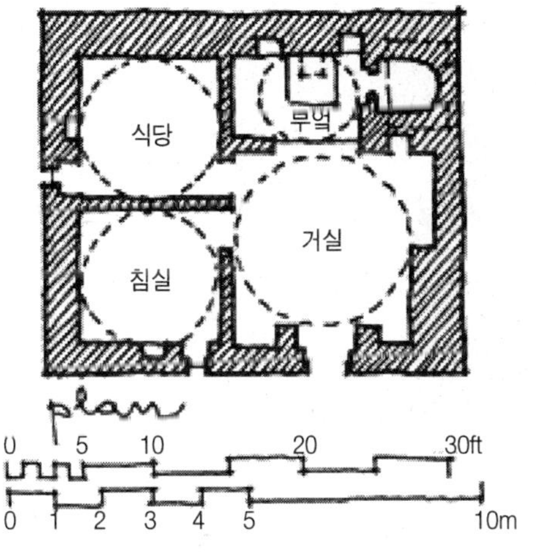

그림 10. 트룰로의 평면도

또한 이 주변에는 강이나 호수가 없고, 강수량도 약간이다. 얇은 토양 밑은 거대한 암반으로 되어 있어 우물을 팔 수 없으므로 원추형의 지붕에서 받은 빗물은 경사에 의해 모으고, 수로를 통하여 바닥밑의 저수조에 저장하여 생활용수로 사용하고 있다.

4. 파키스탄의 통풍창의 주택

인도의 동쪽에 인접한 나라, 파키스탄은 남북으로 1,500km의 길이이고, 지역에 따라 기후가 크게 다르다. 인도와의 국경에 가까운 남동부는 4월부터 6월에 걸쳐 주간의 기온이 연일 40℃를 넘는 혹독한 기후이다. 이 지역에서는 주거에 독특한 더위에 대한 대책이 도입되어 있다.

집집마다 지붕에는 연돌과 같은 형태의 통풍창(바도기아)이 숲의 나무처럼 죽 늘어서 있다. 통풍창은 시멘트와 판자만으로 만들어진 간단한 장치이지만, 저녁부터 밤에 걸쳐 아리비아해에서 불어오는 바람을 막아내고, 집안으로 유도하는 것이다. 그 효과는 크고, 밤이 되면 뚜껑을 닫지 않으면 추울 정도라고 한다.

그림 11. 파키스탄의 신드(Sindh) 주 하이데라바드(Hyderabad)에 입지한 통풍창의 주거군

일정방향에서 불어오는 바람을 도입하는 통풍창은 모두 같은 방향을 향하고 있다. 하나의 방에 하나의 통풍창을 설치하기 때문에 지붕 위에 헤아릴 수 없을 정도의 통풍창이 같은 방향을 향하여 늘어서 있어 독특한 경관을 연출하고 있다.

이 통풍창은 언제 누가 고안한 것인가는 불분명하지만, 500년 이상 전부터 사용되고 있었다고 한다. 파키스탄 남동부뿐만 아니라 이란 등의 더운 지역에서도 마찬가지 장치가 사용되고 있다.

5. 중국 황토고원의 수혈주거 窯洞(야오통)

중국 중앙부의 넓은 황토고원은 서쪽의 고비사막에서 바람에 의해 이동해온 황토가 퇴적하여 형성된 1,000m를 넘는 고지대이다. 연간강수량이 약 400mm로 적고, 내륙에 위치하기 때문에 여름은 35℃를 넘는 혹서, 겨울은 영하 20℃를 넘는 혹한이라는 혹독한 자연조건이다.

우량이 적기 때문에 건축재료가 되는 수목이 자라지 못하고, 사람들은 지면을 파내려가 지하주거 「야오통(Yao Tong)」을 만들었다. 지하수의 온도가 일년을 통하여 그다지 변하지 않는 것처럼 지하의 주거는 여름에 시원하고, 겨울은 따뜻하여 황토고원의 혹독한 자연으로부터 사람들을 지켜준다. 혹독한 자연조건에 적합한 야오통에는 현재 4,000만의 사람들이 거주하고 있다고 한다.

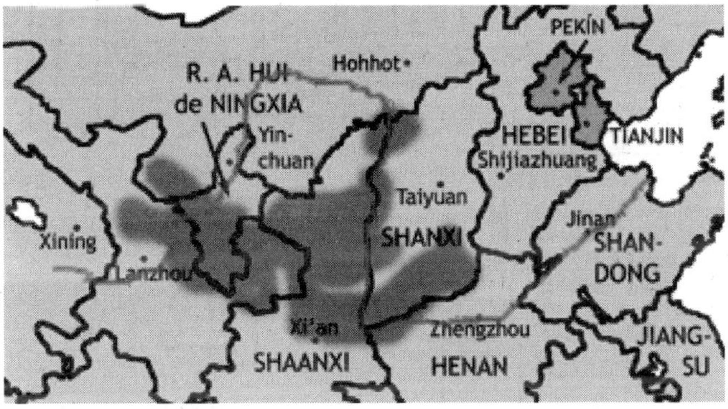

그림 12. 황토고원의 규모(그늘진 부분)

황토는 건조하면 강도가 증가하고, 굴삭에 적합한 재료이다. 야오통은 황토를 파서 만들고, 건구 등에 소량의 목재를 이용하는 것만으로 건축재료를 거의 사용하지 않은 자원절약주택이다.

야오통에는 벼랑에 축조되는 횡혈식(橫穴式)과 지면을 파내려가 축조되는 하침식(下沈式)이 있다. 山西省에 많이 보이는 下沈式 야오통은 지면에 큰 사가 동굴을 파서, 이것을 중정으로, 여기에서 사방에 수평 동굴을 파서 거실 등을 만든다. 중정이 되는 동굴의 크기는 그곳에 거주하는 가족·일족의 수에 의해 변한다. 햇

그림 13. 야오퉁의 입구

그림 14. 야오퉁의 중정

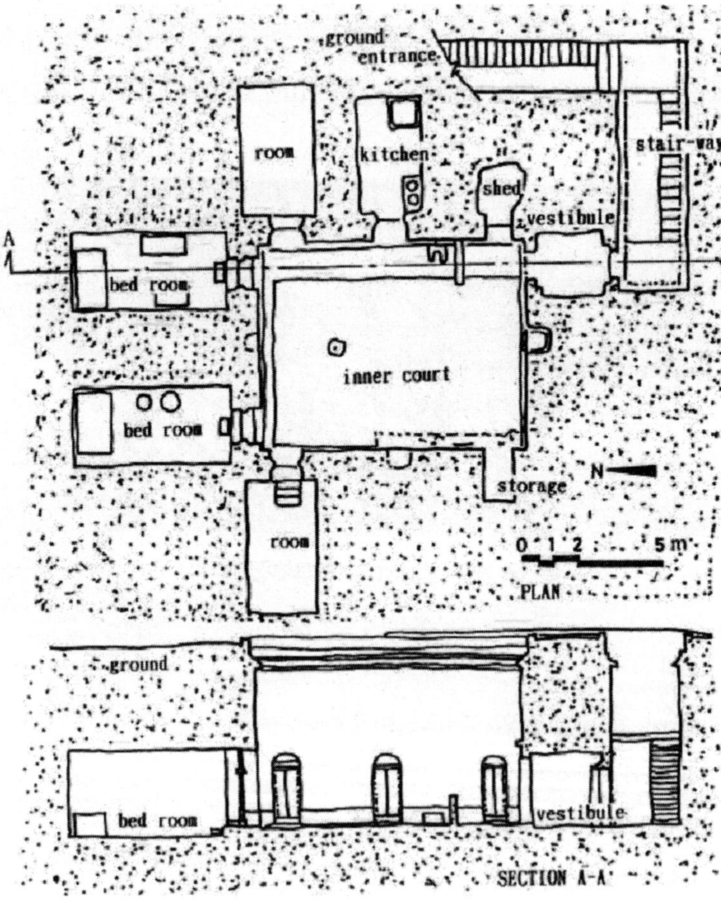

그림 15. 중국의 지하주거 야오퉁(下沈式)의 평면도, 단면도

빛이 양호한 북측을 중심으로 거실이, 햇빛이 좋지 않은 남측에는 창고나 가축 우리로 이용하는 수평동굴이 축조된다.

야오통에서는 중정을 둘러싸는 형태에서 거실이 만들어진다. 햇빛이 양호한 황토고원 특유의 강풍을 피할 수 있는 지하의 중정은 농작업이나 세탁 등의 일상작업이 이루어지는 생활의 장이 되고 있다.

햇빛이 양호한 입구 옆에는 한 단계 높아진 칸이라고 하는 침대겸 식사공간이 있다. 칸에 인접하여 아궁이가 설치되어 있고, 칸의 아래는 조리의 배열과 연기가 흐르는 동굴로 되어 있다. 칸은 축열성에 뛰어난 햇볕에 말린 벽돌로 축조되어 있기 때문에 배열을 저장하여 온기가 지속한다.

6. 한국의 민가

강원도 고성군의 왕곡마을은 14세기 경부터 강릉 함씨와 강릉 최씨, 용궁 김씨 등이 모여 사는 집성촌이다. 고려 말에 함부열이 조선의 건국에 반대하여 은거한 데서 비롯되며, 임진왜란으로 폐허화된 후 150여년에 걸쳐 형성된 마을이다.

그림 16. 왕곡마을의 주택

19세기를 전후하여 지어진 기와집들은 모두 강원도 북부지방에서만 볼 수 있는 양통집이다. 가옥구조는 안방과 사랑방, 마루와 부엌을 20~30평 규모를 한 건물에 수용하고 부엌에 마구간을 덧붙여 ㄱ자형으로 추운 지방에서 생활하기 편리하게 만든 기와집이다(그림 16).

안마루는 부엌을 비롯한 안방과 사랑방을 실내에서 서로 소통할 수 있는 통로 기능을 갖는 공간으로서, 안방과 사랑방과의 거리를 두어 상호의 기밀성을 유지해 주는 공간으로서 가족의 단란·식사·휴식·작업 등으로 이용되는 다목적 공간으로 사용된다.

부엌과 안마루 사이에는 벽이 없이 개방되어 있는 대신 안마루 전면은 다른 방의 외벽과 같이 가는 나무나 수수깡 따위로 가로 세로 얽은 외(椳)로 안팎에서 진흙으로 맞벽치기하여 만든 토벽으로 구획되어 있다. 이에 따라 부엌과 외양간, 안마루는 공간적으로 서로 연결되어 있는데, 이는 부엌의 아궁이에서 발생하는 온기를 외양간과 안마루까지에도 자연대류시킴으로써 겨울철 외양간의 가축을 추위로부터 보호하고, 차가운 외기에 직접 접하지 않도록 하기 위한 완충 효과를 얻기 위한 것이다.

그림 17. 항아리가 얹어진 굴뚝

안방의 난방을 위해서 부엌의 각 아궁이와 굴뚝 사이의 구들바닥은 나란히 고래로 만들어 불기운이 효과적으로 전달되고, 배연이 쉽게 되도록 하였다. 굴뚝 위에는 항아리를 얹어 놓았는데 그 이유는 굴뚝을 통한 열손실방지를 위해서이다(그림 17). 이는 긴 겨울의 추위를 견디기 위한 구조로, 특히 부엌 앞 처마에 외양간이 있는 것이 특징이다.

기와집이 많은 것은 인근 마을에 기와굽는 가마가 있었다고 한다. 또 하나의 특징은 마을에 우물이 없다는 점인데, 마을 모양이 배의 형국이어서 우물을 파면 마을이 망한다는 전설 때문이라고 한다.

7. 일본의 민가

전통적인 일본의 민가는 목조, 토벽, 억새나 띠로 인 지붕과 주변에 풍부한 재료를 효과적으로 이용한 주거이다.

이들의 재료는 습도가 높을 때에는 습기를 흡수하고, 습도가 낮아지면 방출하는 「흡방습성」을 지니고 있고, 온난습윤한 일본의 기후에 적합하다. 이들의 재료는 축열성·단열성에도 뛰어나고, 쾌적한 환경을 만들어낸다. 특히 억새나 띠로 인 지붕은 60cm 정도 두께이고, 공기를 많이 함유하기 때문에 강한 햇볕을 받더라도 실내 온도에 거의 영향을 주지 않는다.

기둥과 보에 의한 축조구조는 개구부를 많이 만들 수 있어 개방적이며, 통풍이

그림 18. 일본의 전통주택

양호하게 설계되어 있다. 맹장지나 미닫이는 개방, 떼어내기 용이한 문짝이다. 구조재인 기둥이나 보를 짜 맞추어져 있어 해체, 재이용이 가능하다. 마룻바닥을 사각형으로 도려 파고 방한용·취사용으로 불을 피워 그 연기로 그을려진 기둥이나 보, 천장은 내구성이 높고, 주택의 수명이 다하더라도 또 다음의 주택에 반복하여 이용된다.

높은 바닥은 마루밑의 통기가 양호하여 지면에서의 습기 영향을 받기 어렵다. 여름의 일사는 발로 차폐한다. 태양이 낮은 겨울에는 일사가 실내 깊숙이 도입된다. 또한 비가 외벽에 흡수되기 어려워 비에 의한 외벽의 열화가 경감된다.

일본의 전통 민가의 방배치에 가장 많은 형태는 「田의 자형」이라고 하는 4개의 거실과 부엌이나 실내작업을 위한 토방으로 구성된 것이다. 田의 모양을 구성하는 4개의 거실은 보통 각각 식사나 단란의 방, 다다미방으로 이용되지만, 관혼상제 등으로 많은 사람들이 모이는 때에는 간막이인 맹장지나 미닫이를 떼어 내어 큰 공간으로 사용할 수 있다. 또한 다다미방은 고정적인 가구를 배치하지 않고, 주간은 단란이나 휴식으로 야간에는 이부자리를 깔아 침실로 하는 등 여러 가지 용도에 대응할 수 있는 가변적인 공간이다.

토방은 옥외와 옥내의 중간적인 장소에 해당하고, 일본 가옥에서는 「옥내에서는 신발을 벗는」 생활습관이 있지만, 토방에 한정해서는 신을 신어도 상관없다. 토방은 기본적으로 옥외와 같이 다루기 때문에 일시적으로 토방에 내려가는 경우에도 신발을 아무렇게나 신는 등 편리하게 신발을 신는다.

그림 19. 토방

다다미는 볏짚의 바닥과 골풀로 만든 겉돗자리로 이루어지고, 흡방습성능, 보온성능을 가진 건재이다. 피부 촉감이 양호하고, 부드럽기 때문에 직접 눕거나 눕는 일본의 생활양식에 적합한 바닥재이다.

8. 캐나다의 눈의 집 이글루

세계에서 가장 추운 곳에 거주하고 있는 사람은 아마 캐나다 북부에서 북극해 연안에 거주하는 「이뉴잇(Inuit)」이라고 하는 민족일 것이다. 이뉴잇은 캐나다 북부 등의 빙설지대에 거주하는 원주민의 에스키모계 제민족의 하나이며, 인종적으로는 몽골 인종(Mongoloid)이다. 에스키모 최대의 민족이다.

이뉴잇이 생활하고 있는 곳은 여름에 지표가 약간 녹아 이끼가 사는 이외는 1년 중 거의 눈과 얼음으로 뒤덮혀진 툰드라(Tundra) 지대이다. 툰드라 지대에는 나무나 풀은 없다. 이뉴잇은 북극해에 서식하는 바다표범 등을 포획하여 그 고기를 주식으로 생활하고 있다. 바다표범은 고기를 음식으로 할 뿐 아니라 지방은 연료로, 모피는 의복이나 신발로 이용된다.

그들은 눈의 대지에 풍부한 눈을 사용하여 집을 짓는다. 눈의 집이어서 무척 추울 것으로 느껴지지만, 사실은 외부의 찬 바람을 확실히 차단하여 단열성이 매우 높은 재료이다. 이 눈의 집은 「이글루(Igloo)」라고 한다. 이글루는 눈을 블록과 같이 잘라 내어 돔 모양으로 쌓아올려 축조한다. 이 형태는 역학적으로 매우 안정되어 있고, 표면적을 가장 작게 할 수 있는 반구형이므로 외부의 혹독한 기후의 영향을 받기 어렵게 된다.

이글루는 주공간과 예비공간, 그 2개를 연결하는 통로, 식용육의 장기저장고, 일상의 고기나 지방을 두는 곳, 의류나 도구의 창고와 입구 부분의 바람막이 벽으로 이루어져 있다. 차가운 바람이 실내에 들어오지 않도록 통로의 바닥은 주공간

그림 20. 눈으로 만든 블록의 이글루(Igloo)의 외관

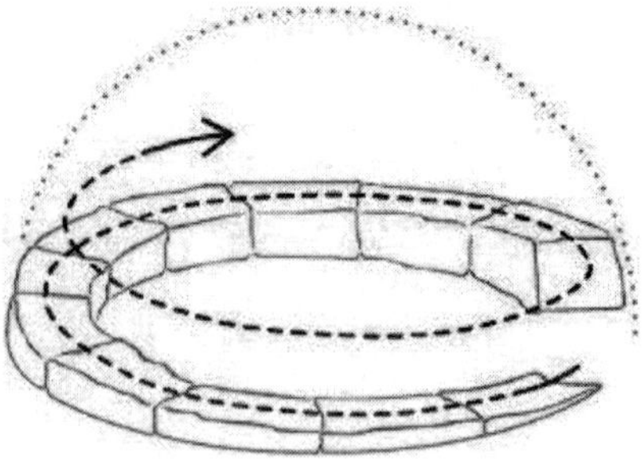

그림 21. 블록을 쌓아올리는 이미지

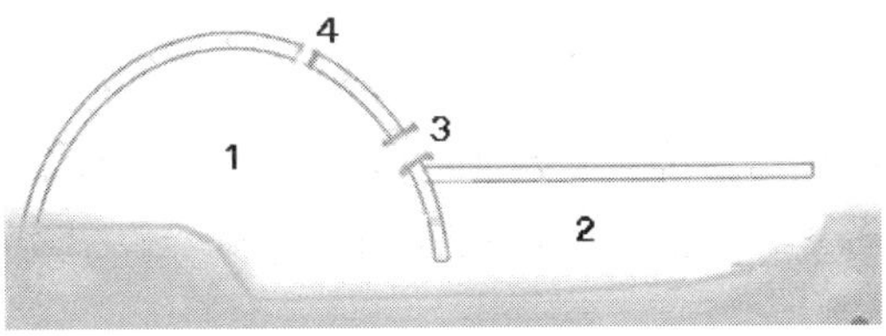

1. 주공간 2. 통로와 저장고 3. 창 4. 환기구멍

그림 22. 옆에서 본 단면도

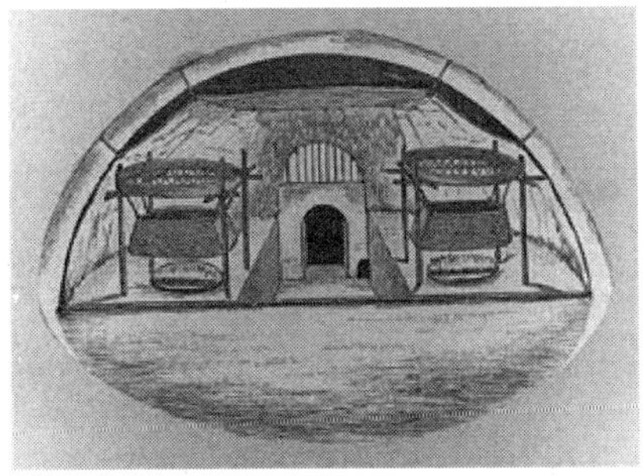

그림 23. 주공간을 그린 삽화

의 바닥보다 30cm 정도 낮게 만드는 등 혹독한 추위에의 대비가 곳곳에 보인다.

주공간의 내부는 바다표범의 모피로 마감한다. 모피와 눈의 벽 사이의 공기에 의해 단열성과 보온성을 높이기 위함이다. 채광을 위해 얇은 판자모양의 얼음이나 바다표범 내장의 반투명의 막으로 만들어진 창이 입구의 상부에 설치되고, 창의 위에는 환기용의 작은 창이 만들어진다.

이와 같이 축조된 이글루의 내부는 바다표범의 지방을 연료로 하는 오일램프

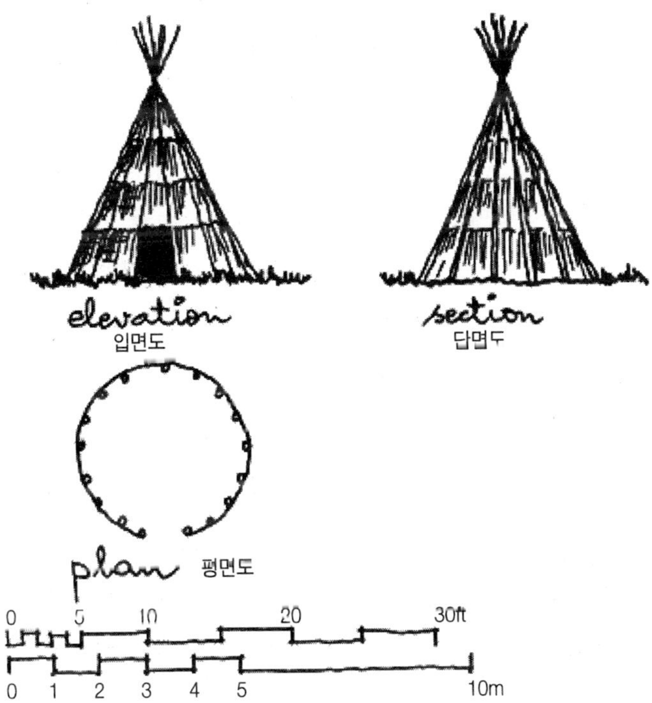

그림 24. 투피그의 텐트

하나로 충분히 따뜻해진다는 것이다. 돔형이므로 따뜻해져 상승한 공기는 벽을 따라 밑으로 내려오고, 매우 효율적으로 난방할 수 있는 것이다.

이뉴잇은 태양이 이글루를 녹일 정도로 따뜻해지는 봄에는 이글루를 떠나 봄과 여름의 수렵지역으로 이동한다. 그곳에서의 주거는 이동에 적합한 바다표범의 가죽으로 만들어진 텐트 「투피그(Tupig)」이다.

투피그는 많은 나무조각을 솜씨가 좋게 연결시켜 만든 기둥으로 골조가 구성되고, 그 위에 바다표범의 가죽이 견고하게 붙여지고, 주위는 무거운 돌로 눌러진다. 입구에는 바람이 들이치지 않도록 바다표범의 가죽을 겹쳐 문이 만들어진다.

9. 미국 중서부의 절벽 주택

미국 중서부의 콜로라도(Colorado)주는 록키산맥의 기슭에 위치하기 때문에 표고가 높고, 또한 건조대 사막기후이기 때문에 비가 매우 적어 낮과 밤의 온도에 큰 차이가 있다. 이 장소는 그랜드캐니언(Grand Canyon)과 같은 바위나 흙만의 대지가 이어진다든지, 때로는 미국 원주민이 성지로 여기고 있는 4,000m급의 산들이 우뚝 솟은 광경이 펼쳐져 있는 독특한 풍경이 보인다.

이와 같은 콜로라도주의 남서에 스페인어로 「녹색의 고지대」를 의미하는 메사 베르데(Mesa Verde)라고 하는 유네스코의 세계유산에 등록된 국립공원이 있다. 이 메사 베르데 국립공원은 미국에서 유일의 자연유산 이외의 국립공원이며, 고도한 문명을 가지고 번영한 미국 원주민의 아나사지족에 의해 건립된 낭떠러지 주거 등의 유적이 다수 보존되어 있다.

1100～1300년경 아나사지족은 수직으로 깎아지른 듯이 솟은 사암의 절벽 중턱에 위치한 우묵한 곳에 「푸에블로(Pueblo)」라고 하는 집락을 형성하여 대평원의 강풍이나 적의 공격으로부터 몸을 보호하면서 거주하였다.

그들은 주거를 남향의 절벽의 우묵한 곳에 축조하였다. 따라서 겨울의 햇볕은 우묵한 곳의 가장 깊숙이 도입되고, 반대로 태양이 높은 여름의 햇볕은 자연의 바위에 차단되도록 설계되어 있다.

또한 절벽주거의 외벽에는 단열성이 높은 어도비(Adobe)라고 하는 햇볕에 말린 벽돌을 사용하였다. 이 벽돌은 낮에는 태양열을 흡수하여 실내를 시원하게 하고, 기온이 낮아지는 밤에는 흡수한 열을 실내에 방출시켜 따뜻하게 한다.

푸에블로의 내부는 필요에 따라 종횡으로 건립되어 늘어났기 때문에 방이 계층상이 되어 뒤얽혀있다. 그 중에 "키바(Kiva)"라고 하는 종교의식이나 집회소 등에 사용한 것으로 보이는 교회와 같은 장소가 있다. 키바는 유대나 합의의 의미이다.

그림 25. 푸에블로의 유적

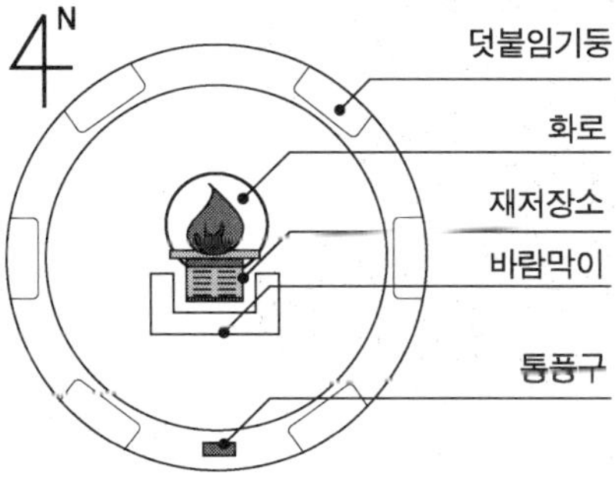

그림 26. 「키바」의 내부

"키바"는 일반적으로 상층에 위치한 광장의 지하에 축조되었다. 왜냐하면 종교적 관점에서 지하에 내려가는 것이 중요하다고 생각되었기 때문이다. 또한 "키바"의 지붕은 평평하며 지면보다 약간 높은 위치에 있다. 이 지붕의 한 가운데에는 사각 구멍이 개방되어 있고, 아나사지족은 이 구멍에서 사다리를 이용하여 출입하였다.

사다리를 내려오면 방의 중심에 화로(爐)가 설치되고, 남측의 벽에는 통풍구가 설치되어 있다. 통풍구가 설치된 것은 의식의 때 등에 실내에서 불을 사용한 경우 지붕에 있는 구멍만으로는 산소 부족이 되므로 환기를 돕기 위한 것으로 보인다.

또한 통풍구와 화로(爐)의 사이에는 재를 모아두는 재저장소나 통풍구에서의 바람에 의해 불이 꺼지지 않도록 화로와 통풍구의 사이에 돌 등을 쌓아 「바람막이」가 만들어지는 등 여러 가지 고안이 되어 있다.

10. 남미 볼리비아의 잔디 주택

볼리비아 남부 고도 약 4,000m의 안데스고원에 치파야(Chipaya)족이 거주하는 마을이 있다. 이 지역에는 세계에서 드문 염호나 염습지가 있다. 토양은 염분을 다량 함유하기 때문에 농경에는 부적당하다. 치파야족은 여기서 알파카(alpaca)나 라마(llama) 등을 방목한다든지, 염호에 서식하는 물새를 잡아 생활하고 있다.

그림 27. 잔디 주택

나무가 살지 못하는 이 지역에서 치파야족은 염습지에 단단히 뿌리를 내리고 사는 잔디를 건축재료에 사용하고 있다. 지면에 단단하게 뿌리를 내린 잔디를 흙이 붙은 채 블록 모양의 떼로 잘라내어 건조시킨 「소드(Sod)」라는 블록을 만든다. 이 때 「소드」는 열용량이 크고, 축열성·단열성이 우수하고, 잔디의 뿌리가 단단히 붙어있으므로 매우 견고한 건축재료이다. 20년도 허물어지지 않는다고 한다. 주택을 건축하는 장소에서 잘라내므로 재료를 멀리서 운반하는 것도 아니어서 매우 합리적인 시공방법이다.

치파야족의 주택은 이 「소드」를 원추형으로 쌓아올린 것이므로 그 밖의 재료는 전혀 사용하지 않는다. 원추형의 형태는 최소의 재료로 최대의 공간을 가장 간단하게 만들 수 있는 형태이다. 또한 표면적이 작으므로 외부환경의 영향도 받기 어렵고, 혹독한 안데스고원의 기후에 적합하다. 이 지역에는 강한 모래바람이 덮치지만, 원추형의 주택은 강풍을 받아 흘려보내는 형태이다.

치파야족의 주택은 이 원추형 건물 3개(부엌, 거실겸 침실, 창고)로 구성되어 있다. 침실의 중앙에는 화로(爐)가 있고, 밤에는 가족이 화로에 발을 향하여 방사상으로 잔다. 고지대이며 건조가 심하고, 밤에는 기온이 상당히 내려가지만, 원추형의 주택에서는 중앙의 화로에 의해 따뜻해진 공기가 효율적으로 순환한다. 치파야마을의 사람들은 혹독한 환경에서 주변 재료를 가장 잘 이용하여 가장 간단하게 이 혹독한 기후에 가장 어울리는 주택을 축조한 것이다.

1-4 건축물의 장수명화

건물을 단기간에 재건축하는 것은 그만큼 에너지를 낭비하게 된다. 건물구조체의 내구년한을 충분히 활용하고, 리모델링에 의하여 필요한 기능을 확보하는 것은 자원의 유효활용이고, 환경오염을 방지하는 일조가 된다. 건물의 장수명화, 안전성, 쾌적성, 한경에 대한 배려 등 자산 가지를 높이기 위한 리모델링이 요구되고 있다.

주택의 경우 사회 자본의 하나로 종래의 Scrap and Build로부터 건축 리모델링 시대로 사고방식이 전환되고 있다. 리모델링을 배려한 구조물(skeleton)과 내장·설비(infill)를 분리한 SI(skeleton · infill) 주택은 이러한 사고방식에 대응한 것이다.

설비시스템의 물리적인 내구년한에 비하여 리모델링의 발생시기가 점점 빨라지는 인상을 받는다. 이것은 초기비용(initial cost)을 중시한 설계자에 의한 것이거나, 기능성을 중시한 최근의 설비시스템의 특성에 의한 것이거나 또는 상대적으로 운전시간수가 늘어나기 때문인가는 확실하지 않다. 다만 요구기능의 열화가 빠른 템포로 나타나고 있고, 시대적 열화(기술혁신에 의한 진부화, 요구기능의 고도화·다양화 등에 의한 현재 설비의 상대적인 가치저하)가 지금까지 이상의 속도로 진행하고 있는 것은 사실이다.

1. 건축물의 장수명화 전략

1.1 장수명화의 범위

Scrap and Build의 검토는 건물의 물리적인 수명보다 기능적인 수명에서 개축이 이루어지는 경우가 많았다. 이것은 급속한 공업화에 수반하는 생활양식의 변화에 대응하고 있는데, 자원소비와 폐기물의 증대로 이어졌다. 그러나 지구환경문제가 강하게 의식되고, 지금까지의「사용하고 버리는」생활양식을 바꾸어 고기능성·고유연성·고내구성을 지닌「양질의 사회자산」으로서의 건물을 오래 사용하는 것이 요구되고 있다(표 1).

표 1. 건축물의 장수명화를 위한 요점

• 물리적인 의미에서의 장수명화 외장재, 구체의 내구성 향상 • 기능적, 사회적인 의미에서의 장수명화 유연한 공간구성, 하중에 대한 여유, 예비 스페이스 시스템 천장·접근이 편리한 건물 등 Skeleton과 Infill(구조체와 내장·설비를 분리하여 재생을 용이하게 한다) • 예방보전 유지관리가 용이한 스페이스, 고장예측, 자동점검 • 재생(renewal)에 의한 연명 재생 진단기술 호환성이 높은 재료구성·공법 개수, 증설 가능한 설비 시스템

역설적이지만 박람회에 대표되는 것과 같은 어느 일정 기간만 기능하는 건물이 있다. 이 경우에는 그「유기한성」을 고려하여 내용년수에 걸맞는 설계에 의하여 헛된 자원투자를 피한다든지, 해체가 용이한 설계나 다른 건물로의 용도변경 등에 의해 재활용의 추진·폐기물의 삭감 등에 배려할 필요가 있다.

일부의 생산시설이나 상업시설도 투자효율이나 욕구의 급속한 변화에서「유기한 건축」으로 하지 않을 수 없는 경우가 있어 마찬가지로 검토가 중요하다.

장수명 건축의 설계사례는 다음과 같다.

① 매력적인 건축 : 가로환경과 조화한 매력있는 건축

② 진부화를 막는 여유와 융통성 : 확장이 용이한 코어 외부에 면한 설비 샤프트 계획, 가변성 있는 실배치를 가능하게 하는 대스팬 구조계획, 장래 샤프트 증설에 용이하게 대응할 수 있는 코어

③ 장수명 건축을 지지하는 환경설비 기술 : 장래의 설비갱신배려

④ 안전성, 내구성 향상

⑤ 에너지절약계획

1.2 신축과 리모델링의 판단기준

철근콘크리트조 건물의 내용년수는 일반적으로 60년 정도라고 한다. 이것은 콘크리트의 중성화(알칼리성에서 중성으로 변화하는)가 진행하여 철근이 부식하게 되는 속도에서 환산한 일반적인 값이다. 지속적인 유지관리를 시행하여 균열이나 중성화를 억제하면 내용년수가 연장된다.

균열이나 박리가 심한 것은 철근의 부식이 진행하고 있는 점도 고려한다. 그 경우 다만 표면의 보수뿐만 아니라 철근 부식부분의 교체나 녹이 발생하지 않도록 방청처리를 할 필요가 있다.

주택이 오래되었을 때 신축할 것인가, 리모델링할 것인가, 고민하는 경우가 있다. 건축 후 연수나 손상의 정도에 따라 다르겠지만, 전체적으로 강도를 잃고 전면 개축하게 되는 경우에는 재축이나 재건축이 좋다고 할 수 있다.

단독주택의 경우 건축 후 20년 전후가 되면 연수에 수반하는 노후화의 문제가 일어나 대규모 리모델링이 필요하다.

리모델링이 좋은 이유로서는,

1) 임시 거처를 마련하지 않는 경우가 많다.

2) 이주에 따른 가구류의 손상이 적다.

3) 재건축 정도로 비용이 소요되지 않으므로 리모델링 융자를 이용하여도 부담이 적다.

4) 자금력에 따라 필요한 공사를 순조로이 진행할 수 있다.

반대로 재건축이 좋은 경우는,

1) 흰개미 등의 피해에 따라 기둥·보 등이 부분적 또는 전체적으로 강도를 잃는 경우

2) 리모델링하더라도 거의 전면 개장이 되는 경우

등을 들 수 있다.

일반적으로 급배수관은 15~20년에 교체 시기에 들어가므로 부엌 등을 리모델

링하는 경우에는 배관의 교체도 아울러 권해진다.

유지관리의 상태에 따라서는 25년 경과하더라도 리모델링을 통하여 오래 거주할 수 있는 예도 많다.

어느 쪽이 유리한 가는 손상의 상태나 공사의 범위에 따라 다르므로 일률적으로 말할 수는 없지만 리모델링과 신축의 견적을 비교하여 금액에 따라 어느 쪽을 선택할 것인가를 판단한다.

1.3 건축의 라이프사이클

(1) 건축의 라이프사이클 7과정

건축의 라이프사이클은 일반 상품이나 내구소비재와는 크게 다르고, 토목구조물과도 일부 다르다. 그 차이점의 최대는 사용되는 기간이 수 십년으로 장기에 이르고, 사용단계에서 다량의 에너지 투입이 필요하며 때로는 대규모로 개수할 필요가 있는 점일 것이다.

이와 같은 건축특유의 점에 배려하여 건축의 수명기간을 아래의 7과정으로 구분하여 각각의 과정에서 환경부하의 배출량, 특히 CO_2 배출량에 초점을 두고 추정하여 그 합계를 라이프사이클배출량으로 하는 것이 일반적이다.

1) 건설자재생산과정 : 철강이나 시멘트 등이 각 공장 내에서 생산되는 과정

2) 자재운반과정 : 건설자재가 각종 공장 간을 시공을 위하여 운반되고, 최종적으로 건설현장에 이르기까지의 운반과정

3) 건설현장시공과정 : 시공현장에서 소비되는 에너지에 수반하는 배출과정

4) 건축물운용과정 : 준공한 건물의 냉난방이나 조명용 에너지 소비에 수반하는 배출과정

5) 건축물보수과정 : 일상적인 소모품 보충이나 보수관리, 수선에 수반하는 배출과정

6) 대규모갱신과정 : 열화한 설비나 내외장재의 20～30년마다의 전면 교환과정

7) 해체철거과정 : 건축물을 해체하는 곳에서 해체폐기물을 운반하여 처분하는 과정

(2) 건축자재생산과정배출량

건물의 구조체에 대해서는 S, RC, SRC의 3종류에 대하여 미리 건축면적당의 표준적 기초자재사용량을 준다. 흙에 접한 지하의 벽이나 바닥에 대해서는 단위면적당의 기초자재사용량을 준다. 또한 내장 및 외장부분에 대해서는 미리 표준적인 몇 가지의 벽체나 천장, 바닥, 유리 시방에 대하여 단위면적당의 기초자재사용량을 준다.

건물의 평면형식, 층수, 방위, 구조형식, 외장이나 내장의 시방이 주어지면 건축면적이나 부재면적이 산출되고, 상기의 순서로 건축자재중량이 구해진다. 이 값에 CO_2배출량원단위를 곱하면 배출총량이 구해진다.

(3) 건축자재수송과정배출량

건축자재의 생산과정에서 산업간 운반이나 건축현장까지의 운반, 또한 신축 시의 현장에서의 잔재나 폐기물반출을 합하여 건물의 지상부분은 연면적당의 중량을 구하고, 지하부분에 대해서는 지하벽이나 지하바닥면적당의 자재중량을 산출하여 상기 원단위를 곱한다.

(4) 건설현장시공과정배출량

건설업이 현장에서 소비되는 에너지 종별마다의 수량은 매년 발행되는 에너지관련 통계에 표시되어 있다. 여기에서 시공현장에서의 연간배출CO_2량이 산출가능하다.

검토대상건물에 대하여 상기의 시공과정의 배출량을 구체, 내외장, 설비 등의 각각에 표준적 사용자재중량비로 안분하여 바다면적을 곱하여 각각 구한다.

(5) 건물운용과정배출량

건물의 준공 후 건물을 사용하기 위해서는 냉난방이나 조명용에 에너지를 사용하게 되는데, 일반적으로 이 운용과정에서의 배출량은 라이프사이클배출량의 과반을 차지한다. 그 정도로 이 과정에 대해서는 정밀도가 높은 추정법이 요구된다.

건물운용의 에너지 구성을 보면 일반적으로 공조용에는 대체로 50%, 조명·콘센트용에 30%, 급배수위생·승강기·주방·주차장환기 등에 20%가 사용되고 있다.

공조용은 연간을 통하여 변동이 크므로 정밀도가 높은 예측을 위해서는 상당한 계산이 필요하다. 시각단위로 동적열부하계산과 시스템시뮬레이션을 실시하고, 기타 용도에 대해서는 시각별부하율을 주어 연간집계한다.

이와 같은 방법에서 건물운용을 위한 각종 에너지 사용량이 구해진다. 각각의 에너지원에 대해서는 단위소비량당의 CO_2배출량원단위가 주어지고, 이 원단위를 곱하는 것에서 운용과정 전체의 배출량이 구해진다.

(6) 건물보수과정배출량

건물의 기능을 준공시점과 동등하게 유지하기 위하여 일상적으로 소모품의 보충이나 고장부품의 교환·수선, 열화부재의 교환, 도장의 덧칠 등이 필요하다. 이와 같은 보수활동을 위하여 자재가 소비되어 소규모 공사가 실시되고, 거기에 수반하여 CO_2의 배출이 이루어진다.

보수활동의 상세한 구성은 건물의 종류나 보수관리자의 작업표준에 따라 대폭적인 차이가 예측되지만, 계통에 따른 해석사례는 없다. 그러나 일반적인 경우 연간보수비예산은 건물건축비용의 1～2% 정도이다.

(7) 대규모갱신과정배출량

건축물의 구체는 일반적으로 수명기간을 통하여 대규모로 갱신되는 경우는 적지만, 외장재는 방수의 열화나 외장표면의 부식·균열, 또는 디자인의 유행뒤처짐 등에서 때로는 전면적으로 교체할 필요가 발생한다. 내장재에 대해서는 표면의 오염이나 마모, 또는 실배치 변경에 의한 변형 등이 원인이며, 설비기기는 가동부분의 재료마모에 의한 성능저하나 배관부식에 의한 누수 등에서 이것도 때로는 대규모로 갱신하는 것이 필요하다.

대규모 갱신에 있어서는 당해부위의 모든 자재나 기기는 교환되는 것으로 보고, 신축시와 같은 양의 기초자재소비, 이를 위한 운송, 현장시공, 그리고 폐기물의 수송에 의한 배출을 각각 계산한다.

(8) 해체철거과정배출량

해체에 있어서는 사용된 자재의 전량이 폐기되는 것으로 고려하여 건축자재생산과정에서 추정한 전수량을 대상으로 해체시공분과 폐기물운송분을 계산한다. 또한 중간처분장이나 최종처분장에서의 에너지소비량은 비교적 적으면 무시하여도 지장이 없다. 또한 최종처분장인 매립지에서는 혐기성분해에 의한 메탄가스의 발생도 예측되고, 폐목재나 폐지류는 현재 재활용되는 비율이 높고, 장래에는 이 비율이 더욱 높아져 최종처분장에 반입되는 양은 매우 적어질 것으로 예상하여 발생메탄가스에 의한 온난화작용은 무시하여 계산할 수 있다.

1.4 장수명화 기술

건축물의 단수명화는 건물의 물리적인 열화보다 기능 등이 사회정세의 변화에 대응할 수 없게 되거나 소유자의 경제력, 심리적 만족도 등의 변화가 요인으로 나타난다. 앞으로 경제의 성장둔화의 지속이나 고령사회에 의한 경제활동의 둔화에 수반하여 신축공사의 감소, 스크랩과 빌드(Scrap and Build)가 허용되지 않은 사회상황의 도래가 예상되기 때문에 건축물을 양호한 사회자산으로 검토하고, 그것을 설정된 계획년수까지 이용하는 것은 자원의 유효이용이나 건설폐기물의 삭감 및 환경보호의 관점에서 중요한 과제라고 할 수 있다.

기존 건축물이나 신축 건축물을 장수명화하기 위해서는 기존 건축물의 물리적 노후화와 사회적 진부화를 회복시킬 수 있는 개·보수 기술개발이 필요하며, 신축 건축물에 대해서도 내부 공간을 가변적으로 사용할 수 있도록 허용하는 것이다.[1)]

1) 구조체 부분

① 설계 성능

품질확보 : 공장 생산품을 많이 사용하도록 하여 일정한 품질을 확보할 수 있도록 한다.

설계의 합리화 : 수작업 단순작업의 컴퓨터화 보다는 라이브러리(Library)를 적극적으로 활용할 수 있는 설계시스템을 구축한다.

시공 합리화 : 인력절감 및 정보화가 가능하도록 설계한다.

리모델링의 용이성 : 평면적 교환 용이성을 확보하기 위해서는 내부에 요철

1) 이현수, 건축성능 향상을 위한 기술정책 방향 모색, 건축(대한건축학회지), 2003.03.

을 없애거나 고강도를 사용하여 구조체의 단면을 줄이는 방법을 검토한다. 수직적 교환성을 확보하기 위해서는 높은 층고를 확보하는 방법을 검토한다.

② 재료 성능

완충 기능 : 설계상 요구되는 품질을 만족시키기 위해서는 인간적 요소(Human Factor)에 의한 품질저하를 최소화하여야 한다. 이를 위해서는 각각의 구조체 재료가 인간 잘못(Human Error)을 완충할 수 있는 성능을 가지고 있어야 한다. 예를 들어 콘크리트의 경우 Self-Leveling과 같은 성능을 가지고 있는 경우 특별한 공정을 거치지 않고도 바닥고르기(Leveling)가 이루어진다.

내구성 : 구조체로 사용되는 재료는 콘크리트와 강재가 주류를 이룬다. 콘크리트의 경우 중성화 깊이는 사용년한 동안 25mm 이하가 되도록 해야 하며, 염화물이온량은 $0.3kg/m^3$ 이하를 유지하도록 하여 철근부식을 최대한 방지하여야 한다. 강재의 경우에는 충분한 두께 확보와 부식방지 능력을 확보하여야 한다.

③ 시공기술

공장생산 : 고품질을 확보하기 위해서는 현장작업의 효율화보다는 공장생산을 통해 발생될 수 있는 품질저하를 최소화한다.

관리 기술 : 시공상 불합리한 요인의 제어를 통하여 작업효율을 향상시킨다. 예를 들어 지나치게 세분화된 작업을 그룹 단위로 관리하거나, 직종을 통합하거나 재편성하여 작업효율성을 높인다.

건설자동화 : 작업의 표준화 및 단순화를 통해 건설 자동화가 가능하게 되며, 결과적으로 적절한 품질을 확보할 수 있다.

2) 내부 구성재

① 설계 성능

규격화 : 모양이나 크기가 고정된 구조체 부분에 삽입되는 내부 구성재는 사용자의 요구사항을 수용하기 위하여 계속해서 변화되어야 하지만 일정부분은 규격화시켜 어느 구조체에도 적용이 가능하도록 한다.

설계의 합리화 : 규격화된 제품이 사용될 수 있도록 범용 모듈을 정비하고,

이를 설계에 반영한다.

리모델링의 용이성 : 구조체에 탈부착이 용이하도록 시공용이성을 확보하여야 하며, 사용자가 직접 교체할 수 있도록 배려한다.

② 재료 성능

내구성 : 사용자에 따라 내부 구성재에 대한 내용년수가 다를 수 있지만, 보편적으로 사용가능한 내구년수는 확보하여야 한다.

안전성 : 내화성, 구조안전성, 방범성 등과 같은 성능을 확보하여야 한다.

거주성 : 1차적으로 구조체에서 거주성이 어느 정도 확보되지만 쾌적한 생활을 위해서는 차음성, 단열성, 위생 등과 같은 거주성과 시각적인 요인인 의장성도 갖추어져야 한다.

2. 리모델링의 개념과 성능개선

2.1 리모델링의 개념

주택법에서 리모델링이라 함은 "건축물의 노후화 억제 또는 기능향상 등을 위하여 증축·개축 또는 대수선을 하는 행위를 말한다"라고 정의하고 있다.

이와 같이 리모델링은 건물의 노후화 및 성능저하에 따른 유지관리 및 보수, 교체의 의미와 더불어 건축물의 용도변경, 사회적 요구의 변화, 건물의 가치향상 요구의 증대 등에 따른 개수 및 성능향상을 시키는 것이다.

리모델링은 건축물의 유지관리의 신상에서 이루어지는 것으로 건축물 또는 외부 공간의 성능 및 기능의 노후화나 진부화에 대응하여 보수, 수선, 개수, 부분증축 및 개축, 제거, 새로운 기능추가 및 용도변경 등의 행위를 통하여 이를 유지 또는 향상, 개량하여 건축물 및 외부공간의 성능을 유지 또는 향상시키는 건축활동이다.

2.2 리모델링의 목적

건축물은 유지관리를 소홀히 하면 여러 가지 경년열화가 발생하고, 쾌적한 거주환경을 저해한다. 리모델링은 다만 어느 한 부위만 개선하는 것이 아니라 쾌적한 거주환경을 위하여 건축물을 건전한 상태로 되돌리고, 재산가치를 유지하기 위한 공사이다.

1) 구체기능의 회복

안전의 확보 : 외벽의 낙하방지, 난간 등의 안전확보 보호기능의 회복을 통하여 옥상·외벽 등의 방수기능의 회복, 도장 등의 보호기능을 회복시킨다.

2) 미관의 회복

열화현상(균열, 도막박리, 비에 의한 오염)은 보기에도 초라하게 하고, 근린환경을 파괴하며, 재산가치도 저하시킨다.

3) 거주환경의 향상

건축설비의 경년열화나 생활양식의 변화에 의한 진부화한 기능을 회복 개선하여 쾌적한 거주환경을 유지한다.

4) 재산가치의 유지·향상

각각의 공사 목적을 달성시켜 재산으로서의 가치를 유지, 향상시킨다.

2.3 리모델링의 성능개선

리모델링의 성능개선의 종류는 다음과 같이 5가지로 분류할 수 있다.

1) 구조적 성능개선

건축물의 구조적 성능은 건물의 안전을 위하여 가장 우선적으로 고려해야 할 사항이다. 건축물은 시간이 지남에 따라 구조체가 노후화되고 구조적 성능저하, 기능변화, 사용패턴의 변화 및 주변환경의 변화 등에 대응하기 위한 구조성능의 개선이 필요하다. 또한 지진이나 화재 등 재해에 대비하기 위해서도 구조적 성능개선이 요구되기도 한다.

2) 기능적 성능개선

건축물의 각종 기능은 건축물이 노후화되면서 함께 저하된다. 특히, 건축설비시스템은 다른 건축요소에 비해 성능저하가 빠르게 진행된다. 또한 건축물에 요구되는 기능적 성능은 사회구조의 변화와 기술 발달에 따라 빠르게 변화하고 있다. 이에 시대적, 사회적 변화에 따른 기능적 열화 및 진부화를 극복하여 높은 기능상태 수준으로 향상하기 위한 성능개선이 요구된다. 또한 사회적 환경변화에 따른 건물의 용도변경에 의한 기능적 성능개선이 요구되기도 한다.

3) 미관적 성능개선

건물의 미관적 성능은 건축물의 가치를 판단하는 일차적 요소로서 재료의 노후화에 따른 질적 저하뿐만 아니라 시대적 성향의 변화에 따른 사용자, 건축주의 선호가 바뀜에 따라 요구되기도 한다. 미관적 성능에는 건물의 외관뿐만 아니라 건물내부의 형태 및 마감상태 등이 포함된다.

4) 환경적 성능개선

건축물에 있어서 열환경, 빛환경, 공기환경 및 음환경 개선은 사용자의 생산성을 크게 향상시킬 뿐 아니라 에너지 절약에도 기여하게 된다. 건축물의 환경 성능개선은 건축물의 내·외부 환경개선은 물론 지역환경이나 지구환경의 개선과도 연관된다.

5) 에너지 성능개선

에너지 소비는 건축물의 생애비용(LCC : Life Cycle Cost)을 결정하는 가장 중요한 요소가 되므로 건축물의 에너지 성능개선은 건물성능개선의 분야 중에서 가장 비중이 큰 분야이다.

2.4 균열발생과 성능저하

균열발생은 콘크리트의 체적변화와 구속조건에 기인하지만, 그 원인은 매우 많기 때문에 여러 가지 측면에서 그 원인을 조사할 필요가 있다. 또한, 균열 중에서도 성능저하에 유해한 균열의 조사가 중요하다. 유해한 균열이란, 부재의 과도한 처짐의 원인이 되는 균열, 내부철근의 녹 발생을 촉진하는 균열, 구조물의 내력저하를 일으키는 균열, 누수현상을 일으키는 균열, 외관을 현저하게 손상시키는 균열 등을 들 수 있다.

콘크리트의 균열발생 원인은, ① 설계에 관한 것 ② 하중에 관한 것 ③ 외적요인에 관한 것 ④ 콘크리트 재료성질에 관한 것 ⑤ 시공에 관계 되는 것 등 구조물 전체 생산과정에서 일어나며, 특히 건물완성 후의, ① 건조수축, 온도변화에 기인한 균열 ② 구조상의 균열 ③ 경년변화에 따른 균열 등에 대해서는 반드시 보수를 실시해야 한다.

한편, 균열이 발생한 경우, ① 내구성 및 구조내력의 저하 ② 방수성능의 저하 ③ 미관성의 저하가 발생하며, 특히, 슬래브와 같이 얇은 부재는 기둥·보와 비교하여 건조하기 쉬워 매우 큰 건조수축이 발생하므로 결과적으로 기둥과 보에 의해 구속된 슬래브에 균열발생이 많다.

슬래브에는 균열에 의해 크게 처짐 및 진동이 문제가 된다. 처짐이 발생하면 불안감, 건구의 개폐불량, 슬래브에 연결된 비구조벽체의 손상 및 그에 따른 방수성, 차음성, 단열성의 저하 등 건물의 거주성능에 크게 영향을 미친다. 또한, 슬래브 균열에 의한 진동장애란 슬래브의 고유진동수가 작게 되어 슬래브 위를 보행하는 경우에 인간에게 불쾌감을 주는 것을 말한다. 이와 같은 진동에 의한 장애가 발생하는 슬래브의 대부분은 매우 큰 처짐이 발생하고 있다.

균열보수에 있어 가장 중요한 것은 균열보수의 목적을 명확히 하는 것이다. 균열보수는 일시적인 성능회복을 목표로 하는 것이 아니고 균열에 의해 손상된 건물의 성능이 지속적으로 회복된 상태로 되는 것을 확인하는 것이 필요하다. 이를 위해서는 보수재료·공법의 내구성이 보수설계의 단계에서 충분히 검토되어야 한다.

일반적인 균열조사는 균열의 폭, 길이, 깊이 등을 측정함과 아울러 건물로서의 기능·성능을 확보하는 것이 중요하다. 그러므로, 균열발생의 원인 특정, 보수대책의 여부, 보수방법의 제안(설계) 등이 필요하며, 이 범위를 조사·진단업무라 한다.

2.5 건축과 설비의 차이

건축은 철근, 콘크리트 등으로 구조체를 구성하고, 새시, 패널 등으로 벽면을 만들어 그 공간을 이용하고 있다. 한편 건축설비는 열교환기류(냉열원장비 등도 포함)나 반송용의 회전기기류와 배관, 덕트 등으로 하나의 시스템(계)을 구성하여 그 2차적 기능(물이 나오는, 냉풍이 나오는)을 이용하고 있다. 즉 전기를 빛으로, 온도차이를 냉풍으로 변환하는 등 에너지변환을 행한 결과를 이용하고 있는 것이다.

이와 같이 건축은 정(靜), 건축설비는 동(動)이라고 할 수 있는 것이 첫 번째의 차이이다. 그리고 그 두 번째의 차이는 건축의 경우에는 틈새바람으로 춥고, 누수가 있는 등 원인과 결과의 진단을 간단히 행할 수 있지만, 건축설비의 경우에는 춥고, 덥고, 밝고, 어두운 등의 최종결과의 판단이나 진단은 간단히 할 수 있더라도 시스템 내에서 이루어지고 있는 변환효율이나 기기류의 운전상태 등은 직접 피부로 느낄 수 없기 때문에 예를 들어 쓸데 없거나 무리가 있더라도 현상으로 취하기 어렵기 때문에 오랜 세월에 걸쳐 쓸데 없는 낭비를 강요하는 케이스도 나타날 수 있다. 표 2에 건축과 설비의 차이의 주된 점을 나타낸다.

표 2. 건축과 설비의 차이

건 축		설 비
부동산	공 통	부동산
60년(콘크리트조)	내구년수 (법정)	15년(모두)
움직임이 없고, 마모, 감모가 적다.	성 질	회전체가 많고, 마모, 감모가 많다.
공간 이용	기 능	시스템 기능의 결과를 이용
저층→고층 공간이용의 기본기능 소규모→대규모 는 변하지 않는다.	역 사	건축의 발전, 냉방의 보급, 기술혁신의 결과 시스템이 복잡해졌다.
넓고, 좁고, 높고, 낮은 치수로 확인 (열화진단에는 진단기술이 필요)	기능·성능의 확인법	춥고, 덥고, 밝고, 어둡다→온도계, 조도계로 확인 다만, 시스템 기능은 계측·진단장치·기술이 필요

2.6 리모델링의 법적용

1) 리모델링 행위에 대한 건축기준의 적용완화

리모델링을 활성화하기 위해 건축법시행령(일부개정 2001.9.15 대통령령 제17365호)과 건축법시행규칙(일부개정 2001.9.28 건설교통부령 제298호)을 일부 개정하였다. 20년 이상 경과된 건축물에 대하여 노후화 억제 및 기능개선을 촉진하기 위해 증·개축 등의 리모델링을 실시하는 경우에는 건폐율·높이제한 등의 건축 기준을 완화하여 적용할 수 있도록 하는 등 현행 제도의 운영과정에서 나타난 일부 미비점을 개선·보완하였다.

리모델링은 주택법 제42조제2항 및 제3항의 규정에 의하여 '건축물의 노후화 억제 또는 기능 향상 등을 위하여 증축·개축 또는 대수선하는 행위'로 정의하였다.

2) 공동주택의 리모델링 관련규제의 완화

기존 공동주택의 리모델링을 활성화하기 위하여 공동주택관리령(일부개정 2002.3.25 대통령령 제17554호)과 공동주택관리규칙(일부개정 2002.4.18 건설교통부령 제311호)를 일부 개정을 하였다.

사용검사 후 10년 이상 경과된 공동주택에 한하여 리모델링(증축은 제외) 허가기준을 마련하고, 사용검사 후 20년 이상 경과된 공동주택의 단지 내 부대시설 및 복리시설 중 일부 시설에 대한 시·도지사의 상호간 용도변경 허가기준을 마련하며, 그 밖에 현행 제도의 운영과정에서 나타난 일부 미비점을 개선·보완하였다.

입주자대표회의가 그 구성원 과반수의 찬성으로 리모델링을 제안할 수 있다.

공동주택 리모델링기준은 사용검사 후 10년 이상이 경과(증축은 사용검사 후 20년 경과), 동 또는 단지 전체 소유자의 동의를 얻은 후 구조안전에 지장이 없다고 시장 등이 인정하는 때로 한다. 다만, 별도의 동의 증축 등에 의하여 세대를 증가시키는 행위가 아니고 내력벽의 철거에 의하여 세대를 합치는 행위가 아니어야 한다.

절차에 있어서 재건축은 각종 인허가가 복잡한 데 비해 리모델링은 간단한 편이다. 사업이 순탄하게 진행될 경우 리모델링의 소요기간은 3년 반 정도, 재건축은 이보다 2년 이상 길어진다(표 3).

표 3. 리모델링과 재건축의 비교

구 분	리모델링	재건축
근거	주택법	도시및주거환경정비법
목적 및 성격	• 건축물의 노후화억제, 기능향상	• 노후·불량구조물밀집지역주거환경개선 • 주택공급
지정요건	• 사용검사를 받은 후 10년 이상의 기간이 경과된 공동주택을 동 또는 주택단지 단위로 리모델링(증축의 경우는 20년 이상 경과된 공동주택) • 동 또는 단지 전체 소유자의 동의를 얻은 후, 구조안전에 지장이 없다고 시장 등이 인정하는 때	• 준공 후 20년(시·도의 조례가 20년 이상으로 정하는)이 경과되어 재건축 효용 증가가 예상되는 지역 • 건물이 훼손·일부 멸실되어 안전사고의 우려가 있는 주택 • 재건축이 불가피하다고 시장 등이 인정하는 주택
시행주체	• 입주자대표회의(주택소유자전원동의) • 리모델링주택조합	• 재건축주택조합
개발방식	증축·대수선 등 기능향상	철거
사업계획방식	행위허가	사업계획승인
제출서류	• 건축계획서·설계설명서, 구조계획서·지질조사서, 시방서 • 기본설계도서(건축)·투시도 또는 농사진·평면도(주요층, 기준층)·주차장평면도 등 • 기본설계도서(설비)·건축설비도·소방설비도·상·하수도계통도	• 건축계획서·설계설명서, 구조계획서·지질조사서, 시방서 • 기본설계도서(건축)·투시도 또는 동사진·평면도(주요층, 기준층)·주차장평면도 등 • 기본설계도서(설비)·건축설비도·소방설비도·상·하수도계통도
시행절차	• 소유자 2/3 이상 동의→건축심의→조합설립인가→행위허가신청→구조안전확인→이주 및 착공→사용검사→입주→조합해산인가	• 기본계획수립→구역지정(정비계획수립)→추진위원회(안전진단)→조합설립→사업시행인가→착공, 공사→관리처분계획→분양, 처분
구조안전진단 실시여부	행위허가내용을 검토하여 구조안전에 이상이 있다고 판단하여 시장 등이 그 보완을 요구한 경우	사업계획승인신청 시 구조기술사 확인서 첨부
시공사 선정	규정 없음	사업시행인가 후 경쟁입찰
규제사항	건축기준적용완화(용적률, 건폐율, 건축선, 대지안의조경, 공개공지확보, 높이제한, 일조권) 등 규제 완화	소형주택공급의무, 임대주택공급의무화 등 재건축규제강화

2.7 친환경 리모델링의 실현

건축물의 리모델링에 제안된 다양한 기술들의 적합성과 타당성 평가에는 일반적으로 경제성과 사업성이 중요한 척도로 고려되지만 친환경 리모델링을 위해서는 다음과 같은 사항이 통합적으로 고려되어야 할 것이다.

(1) 부지계획

- 일사, 바람과 같은 자연에너지를 최대한 이용
- 주변건물에 대한 고려와 건물의 접근 및 교통수단과의 연결
- 리모델링 공사 중 발생하는 폐기물의 회수, 처리방안
- 지표면의 강우처리 및 부식에 대한 고려
- 대지, 물, 공기, 바람과 같은 자연환경의 보전

(2) 에너지원

- 태양열, 풍력, 지열과 같은 자연에너지의 적극적인 활용
- 이산화탄소와 같은 지구 온난화가스 방출이 적은 천연가스 등을 에너지원으로 사용
- 축열을 이용한 에너지 절감

(3) 건물외피 및 실내 공간의 리모델링

- 자연통풍, 자연채광의 이용
- 에너지 효율성/고단열
- 주변 환경과의 조화
- 재활용 및 재사용이 가능한 실내 칸막이 벽체와 가구사용
- 실내 공기환경의 질, 실내 흡연에 대한 대책

(4) 기계설비의 리모델링

- 고효율 설비기기 및 고효율 조명기기의 사용
- 물 소비를 절감할 수 있는 설비계획
- 에너지 절약을 위한 설비계획
- 거주자 건강과 쾌적을 위한 충분한 환기량과 실내공기환경의 질 고려
- 열회수 장치를 비롯한 폐열의 재활용

(5) 건축재료 및 제품의 선택

- 에너지 효율이 좋은 OA, 가전제품의 선택

- 제품의 생산, 운송, 사용에 필요한 내재 에너지가 적은 건축재료
- 수명이 긴 제품, 재료 유해성분이 방출되지 않는 지방 토속재료
- 재활용, 재생이 가능한 재료
- 폐기 과정에서 환경에 대한 영향이 적은 제품

(6) 유지관리 및 제어 방법

- 리모델링으로 인해 향상된 건물성능을 유지, 관리할 수 있는 기술
- 에너지소비량을 제어, 감시할 수 있는 시스템
- 재활용품의 분리 수거 및 유기폐기물의 분리 처리

2.8 리모델링공사의 순서

리모델링공사의 순서는 기획, 자금계획, 설계, 시공, 완공으로 진행된다.

1) 기획

- 법적 규제의 확인, 주변환경의 체크
  특히 단독주택의 증축 등은 법규제나 인접지와의 관계를 체크한다.
- 아파트의 관리규약이나 리모델링협정의 체크
- 가족의 협의, 요망사항의 정리
- 실배치 계획의 작성
  먼저 어느 부분의 리모델링을 최우선시킬 것인가 상담한다. 장래의 생활이나 가족구성의 변화도 상정하는 것이 중요하다.

2) 자금계획

- 공적자금의 활용여부 확인
  리모델링에서도 주택융자 등을 받을 수 있으므로 이용 여부를 확인한다.
- 민간융자의 체크
- 세금의 체크

3) 설계

- 업체의 선택
- 설계자와의 협의
- 공사내용의 결정
- 견적서의 의뢰
- 예산편성
- 공사일정의 협의
- 건축허가 등의 각종 서류 제출

4) 시공

- 근린에의 이주
- 공사내용의 현장확인
  설계도·견적서에 의한 공사가 진행되고 있는가, 가능하면 매일 체크.
- 공사기간의 체크

5) 완공

- 공사내용의 최종체크
- 사후서비스의 확인
- 공사완료에 수반하는 각종 서류 제출

3. 유지보전과 열화진단

3.1 정형적인 관리업무의 내용

1) 유지관리업무의 내용과 목적

정형적인 유지보전업무는 일반적으로 다음 3종류의 업무로 구성되어 실시되고 있다(표 4).

- 일상의 유지관리담당자에 의한 점검작업(일상점검과 중점점검)

- 정기적인 유지관리에 의한 점검작업(일정주기에 의한 점검)
- 법규에서 지정된 기기나 부위에 대한 검사적업(일정주기에 의한 검사)

표 4. 유지보전작업의 내용

업무구분		일상 업무	중장기 업무
환경·기능 유지관리	환경감시	조도확보(비상조명) 소음진동방지 급배수의 수질관리, 양의 확보 공기의 질 확보(온도, 습도, 청정도, 기류)	유지관리 공간의 청소, 정돈 법정환경계측 온도, 습도, 기류, 분진, CO, CO_2, 수질(잔류염소)
	청소작업	청소, 유해충·동물의 구제 폐기물 철거반출	특정부위의 청소·보수 바닥, 부속철물, 유리, 외벽, 조명 환기구, 블라인드, 카펫, 저수조, 고가수조 등의 법정청소, 해충구제
기능 유지·운전 관리	동선관리	엘리베이터, 에스컬레이터, 주차장관리	승강기의 법정점검
	운전업무	정상운선확보, 운전조작(제어), 운전계획작성(스케줄운전), 긴급시운전, (비상감시), 민원접수처리	기말계획점검 운전불량의 진단
	점검업무	점검(조정, 정비), 순회감시, 계량, 점검기록작성	설비기기의 법정점검 장기기능점검
	수리업무	응급처리, 기능회복, 부품교환, 급유조절, 수리기록작성	중간수리
보안·방재 관리	보안관리	출입구, 방범시설의 정비, 잠금장치관리, 제3자위해방지, 경찰서와의 연락업무, 순회·원격경비	
	방재관리	방재시설의 정비, 방재계획작성 소방서와의 연락업무	방재훈련의 실시 법정점검
보전 운용 관리	예방처리	계획수선 (건축·설비의 정비와 기능유지) (점검, 보수, 수선) 사용법에 관한 교육훈련 (거주자에의 설명, 지도) (관리요원의 감독지도)	건물전체의 진단 모양교체, 개량, 갱신
	관리사무	관리계약, 관리회계, 임대료징수 장기관리계획서 작성과 예산관리	
	임대서비스	통신설비관리(전화, TV, 인터폰) 물품제공, 사무기능대행, 우편물관리, 방문자안내, 거주자에의 홍보작업	

상기의 작업에 의한 상황의 파악과 처리(조정, 청소, 교환, 보수)가 업무의 주된 내용이고, 이들의 정상적인 관리업무는 건축당초의 기능유지를 목적으로 하고

있다.

유지보전작업은 건물이 존재하는 한 필요한 작업이고, 작업에 필요한 경비는 건축비에 비하여 막대한 것이 되는 것은 라이프사이클의 계산결과를 보아도 분명하다. 따라서 그 내용을 엄격히 분석하여 합리적인 라이프사이클의 집행을 고려하여야 한다.

2) 유지관리의 업무형태

현재 건축물의 유지보전 상황은 건축물의 규모나 용도에 의하여 다종다양하다. 소형규모의 건축물에서는 건축주의 직접적인 관리가 이루어지지만, 대형규모에서는 업무를 건축주로부터 분리하는 경우가 많고, 관리운영의 회사에 업무위탁을 행하고 있다.

또한 실제의 관리는 건축물의 건축주 또는 관리회사의 직영형의 경우와 외주하는 경우로 대별된다. 외주의 경우에 유지관리업무를 청소, 설비의 운전, 경비 등으로 분할하여 발주하는 경우도 생긴다.

3.2 유지보전업무에 있어 진단작업

설비기기의 진단은 유지보전작업 중에서 얻어지는 정보를 활용하고, 장래 채택해야 할 대처를 판단하는 작업이다. 따라서 유지보전작업의 각 단계에서 행하는 점검, 기록작업의 데이터는 넓은 의미에서의 진단작업의 계측, 데이터 수집에 관

표 5. 1차·2차·3차진단의 상위점

진단 레벨	목적·내용		행위자	방 법		조사결과표시	적 용
1차 진단	개황진단 보전진단	총괄적 내용의 진단	일반건축 기술자*	목시 체감 문진	발판준비없이 마감재파손없이	기술 및 계수	각열화현상 공통의 진단
2차 진단	열화 진단	중정도 진단	전문기술자	비파괴 시험중심	접사다리 정도의 발판 마감재 파손	계량	각열화현상 개별진단
3차 진단	열화 진단	상세 진단	고도전문 기술자	파괴시험 포함	대규모 발판 구조체의 선별	계량	각열화현상 개별진단

* 학교교육에서 건축을 전공하고, 계속 건축관계의 실무에 종사하고 있는 자로서 소정의 강습 등의 수료자

련된 것이다.

건축물의 내구성 향상기술의 개발에서는 1차, 2차, 3차를 일상감시, 비파괴검사, 파괴검사의 범주로 분류한다(표 5).

1) 1차진단

1차진단은 일상의 점검업무에서 필요로 하는 진단작업이다. 이 단계에서의 진단 목적은 기능정지·위험발생방지 등에 관한 판단이 주가 되고, 이어서 시스템 기능의 저하에 관한 판단이 생긴다.

판단의 바탕이 되는 정보는 유지보전을 담당하는 기술자 자신이 알 수 있는 현상, 즉 기기의 운전상황의 상태와는 다른 변화이다. 설치한 계측의 지시치, 순회시점에서 오감에 의한 상태이고, 이들의 정보를 확보하기 위한 일상적 점검이 필요하다.

제2의 정보는 부하측에서의 정보, 즉 사용자·관리지로부터 빌신되는 클레임으로서의 정보이다. 통상의 설비기기에 관한 운전 데이터는 중앙감시장치에 전달되지만, 전면에 걸친 것은 아니고, 세부의 정보는 클레임으로 전해져 인간센서정보의 활용을 중시해야 할 것이다.

이 외에 법정점검이나 정기점검에서의 열화에 관한 정보 등 크게 활용해야 한다.

이들 정보의 파악과 분석·판단의 능력이 일상의 운전관리기술자에게 요구되는 주된 능력이고, 유지보전업무의 합리화에 도움되는 점이 많다.

1차진단의 단계에서도 장기적인 관점에서의 장치의 열화징조를 발견하는 능력이 요구된다. 이 때문에 기기의 이상에 관한 징소, 관리기록의 해석, 통상의 운전형태의 파악 및 이상의 인식능력 등의 훈련이 필요하다.

2) 2차진단

2차진단은 1차진단의 결과를 바탕으로 전문기술사에 의한 조사 및 판단으로 검토되고 있다. 정기점검, 법정점검은 작업내용이 전문기술자 레벨의 항목도 있고, 이 단계의 조사로서 취급하는 것으로 한다.

정기점검은 메이커 등에 의한 작업이고, 열화진단을 목적으로 하지 않기 때문에 상세한 조사를 필요로 하는 경우가 발생한다. 법정점검의 주된 목적의 하나에 사용자나 제3자의 안전을 확보하는 것이 있다. 한편 개방검사 등 그 작업내용에 의하여 직접 기기의 열화판단에 사용할 수 있는 것도 있다.

3) 3차진단

3차진단의 목적은 개수의 범위, 정도, 부위 등의 확인이고, 개선대책의 자료제공이 주된 내용이다.

현지작업이 바람직하지만, 공장이나 시험장에 반입하여 조사가 되는 것도 있다. 이와 같은 작업은 원인추구형 조사의 경우가 많고, 통상의 유지보전에서는 특수한 케이스로 고려할 수 있다. 조사수단이나 내용에 대해서는 충분한 조정과 합의가 필요하다.

3.3 상태진단

여기에서의 진단작업은 대상이 되는 기기에 정통한 기술자의 작업범위이다. 일상의 업무에서는 외주의 진단업무로 발주하는 것이 많고, 기기류의 보수방법을 확정하는 것이 목적이다. 기기를 사용한 상태에서 진단결과를 요구하는 케이스가 많고, 비파괴검사를 주체로 한 현지작업이 될 것이다. 관련 기기나 배관 등도 동시에 조사하는 것이 요구되기 때문에 작업은 조직적인 형태에서 실시된다. 대부분의 유지보전상의 트러블은 이 단계에서 해결되어야 한다. 일상의 유지관리의 상태에서 조사진단을 행하는 데에는 많은 곤란이 있기 때문에 사용년수를 중심으로 한 판단방법이 개수판정의 하나의 기법으로 사용되고 있다.

3.4 종합기능진단

일상의 유지보전작업이 실시되더라도 경과년수에 의한 열화는 진행되기 때문에 경년열화의 조사·진단이 필요하다.

진단범위로서 기기류의 부적합뿐만 아니라 기능·성능 등의 저하 등 경제적 판단이 요구되는 진단이 많아진다. 오래된 건축물에서의 민원은 건설시의 기능레벨과 측정시점의 기능레벨에 시대적인 차이가 발생하는 경우가 많다. 요구내용을 정리하면 표 6과 같다.

표 6. 진단작업의 동기와 요구 내용

동기의 제공자	요구의 내용, 동기가 되는 현상
건물소유자	재산가치, 수익성(집세), 사회적진부화
건물관리자	안전성, 유지관리의 경제성(LCC)
운전작업자	안전성, 작업의 용이성, 기능의 신뢰성, 성능부족
거주자·사용자	환경제어의 가변성, 편리성, 쾌적성
감독관청	안전성, 시가지경관, 공해, 신법규의 소급 또는 적용

진단에 요구되는 보고내용을 크게 분류하면 표 7과 같다.

보고내용에 의하여 조사할 대상이나 수단 및 정도가 다르기 때문에 진단작업을 발주·수주하는 쌍방과 사전에 충분한 협의를 할 필요가 있다.

표 7. 진단의 보고내용

현상의 파악	부적합 현상의 조사(개선대책의 여부, 부위·범위, 시기)
원인계의 조사	개선책을 입안하기 위한 부적합개소의 특정(개선할 부적합개소, 기기 전체인가 부품인가, 존 전체인가 부분인가)
개선대책의 제안	개선목표를 달성할 대책의 제안(구체적인 개선기획·설계의 실시)
부적합순위의 결정	관리대상의 개수순위결정의 자료작성(비교개소와 진단방법의 특정)

3.5 리모델링의 시기

주택의 리모델링 시기는 입지나 구조 등의 조건에 따라 달라질 수 있으므로 다음은 하나의 기준이 된다.

1) 건축 후 5~10년

주택의 작은 부분의 파손이나 더러워짐이 눈에 띈다. 빠른 대응이 중요한 시기이다.

예를 들면 외벽의 도장이나 베란다·발코니의 도장이 벗겨진다. 거실에서는 카펫의 더러워짐이나 감모, 주택설비에서는 소형급탕기 등의 교체가 필요하다.

<수선 포인트>

- 물 사용 주변

  소형급탕기 등의 가스기기의 고장, 욕실 도어의 부식

- 거실

  카펫의 더러워짐이나 감모, 천장이나 벽의 더러워짐이나 벗겨짐.

- 외관

  외벽의 더러워짐이나 벗겨짐, 베란다·발코니 도장의 벗겨짐.

2) 건축 후 10~15년

부엌·화장실·욕실 등의 물 사용 공간의 설비가 고장이 발생하기 시작하는 시기이다.

특히 욕실은 일상생활 중에서 가장 사용빈도가 높고, 습기도 많기 때문에 손상이 큰 것이 특징이다. 주택전체의 수선사이클을 30년으로 고려하면, 욕실의 설비기기 경신은 2회 정도(15년에 1회의 비율) 필요하다.

<수선 포인트>

- 물 사용 공간

  욕실의 바닥재(바닥재와 바닥틀)의 부식이나 파손, 더러워짐, 욕실의 설비기기 고장

- 거실

  반침·미닫이·알루미늄 새시 등의 더러워짐이나 파손, 목제 바닥의 더러워짐이나 부식, 박리

- 외관

  지붕재의 파손이나 어긋남, 우수홈통의 녹슬음, 일그러짐, 파손, 외벽의 균열

3) 건축 후 15~20년

바닥밑이나 급배수배관 등 주택의 보이지 않는 부분에 부식, 파손이 나타나는 시기이다.

예를 들면 구체의 바닥밑 주변이 부후하기 시작한다. 바닥밑 주변의 부후 원인은 물의 침식이나 습기에 의한 것과, 흰개미나 부후균 등의 충해가 주된 원인이다.

또한 부엌이나 욕실 등의 물 사용 공간은 설비를 비롯하여 바닥이나 급배수관의 파손이 나타나는 시기이므로 대폭적인 개조가 필요하다.

<수선 포인트>

- 물 사용 공간

  주방설비의 고장, 급배수관의 파손, 주방공간 전체의 노후화, 욕실설비의 고장, 급배수관의 파손, 욕실공간 전체의 노후화

- 거실

  바닥재와 바닥틀의 어긋남, 현관문이나 정첩의 부후·파손

- 외관

  지붕의 파손·어긋난 지붕틀의 부후, 마루밑 주변의 부후·흰개미의 피해

4) 건축 후 20~30년

주택의 내용년수나 가족구성의 변화에서 증개축레벨의 선택이 필요한 시기이다.

주택의 내용년수는 구조에 따라서도 다르지만 일반적으로 30년이라고 한다. 또한 이 시기는 가족구성이나 라이프스타일의 변화가 나타나는 시기이다. 실배치의 변경이나 고령자대응의 검토에 입각하여 증개축레벨의 주택 개선이 필요하다.

4. 장수명화의 기술동향

(1) 계획·설계

계획·설계단계에서는 다양한 거주방식에 유연하게 대응할 수 있는 디자인이나 건축물의 라이프사이클 전체를 통한 환경부하경감 등에의 배려가 중요하다.

1) 스켈톤·인필주택(SI주택)

세대를 초월하여 오래 거주할 수 있는 주택형태의 하나로서 「스켈톤·인필주택(SI주택)」을 늘 수 있다. SI주택이란 장기간에 걸쳐 내구성을 갖춘 건물의 골격(Skeleton) 부분과 거주방식의 변화에 따라 자유로이 변경할 수 있는 간막이나 내장(Infill) 부분으로 분리한 주택이다(그림 1).

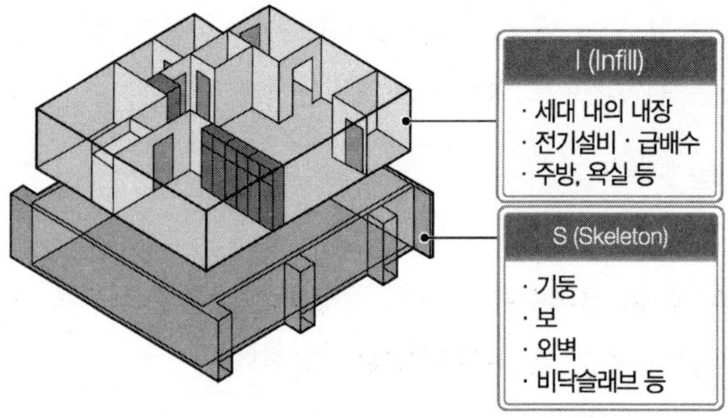

그림 1. SI주택의 이미지

출처 : 日本住宅パネル工業協同組合ホームページ「SI住宅」
출처URL : http://www.panekyo.or.jp/si_jutaku.htm

지금까지 대부분의 공동주택에서는 각 세대 내에 공용설비(배관·배선)가 장착되는 등 전용과 공용 부분이 물리적·공간적으로 얽히어 있었기 때문에 건물 전체의 유지관리가 효율적이지 못하고, 각 세대의 레이아웃 변경 등도 곤란한 상태

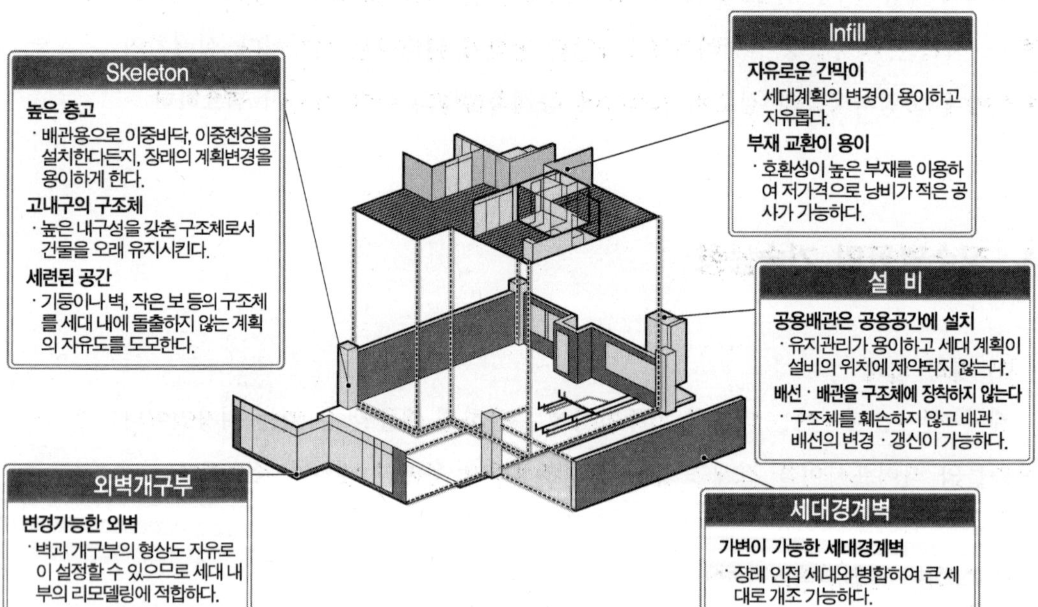

그림 2. SI주택의 계획기술

출처 : (獨)建築研究所「建築物の長期耐用化を考える[1]」
출처 URL : http://www.kenken.go.jp/japanese/research/lecture/h14/txt/txt_02.html

이었다. SI주택에서는 배관 등의 수리·교환이 용이할 수 있도록 이중바닥이나 이중천장 등의 공간을 확보함과 아울러 노후화나 거주방식의 변화에 대응하여 골격을 바꾸지 않고 배장과 설비만을 리모델링할 수 있어 결과적으로 건물 전체의 장수명화를 가능하게 한다.

SI주택의 골격과 내장·설비의 각각에 대하여 계획기술을 정리한 것이 그림 2이다.

2) 라이프사이클에의 배려

건축의 계획·설계에서는 시공·운용·해체시에 건설폐기물의 배출량이나 에너지 소비, 온실효과가스의 발생을 어떻게 저감할 것인가라는 관점이 결여될 수 없다. 그리하여 건축물의 라이프사이클에서 CO_2($LCCO_2$)와 폐기물배출량(LCW)을 산출하는 방법 등의 연구가 이루어지고, 여기서도 건축물의 장수명화가 폐기물발생량의 억제에 유효함을 제시하고 있다.

또한, 라이프사이클을 통한 환경영향평가기법으로서 「라이프사이클 평가(LCA)」가 있는데, 여기에 경제적 관점을 첨가한 「라이프사이클 코스팅(LCC)」에 관한 연구도 활발하게 이루어지고, 최근 LCA와 LCC을 동시에 평가하는 기법의 개발이 이루어지고 있는 것이 보고되고 있다.

이 외에 건축물의 환경성능에서 평가하여 신용등급을 부여하는 기법인 건축물 환경평가시스템에서도 장수명화가 평가 대상에 포함되고 있다.

1-5 친환경 건축의 입지

친환경건축에서 자연환경의 활용·유지를 위해 주변환경에의 배려 측면에서는, ① 지형개변을 가능한 한 피하고, 기존 자연환경에 미치는 영향을 최소한으로 하여 계획한다. ② 녹화의 추진, 지하수계의 보전 등에 의해 열부하의 저감, 지역생태계의 보호·육성, 도시기후의 완화를 도모한다. ③ 주변경관과의 조화, 보전을 기본으로 주변의 시가지나 자연에 배려한다.

부하의 억제를 위해서는 각 지역에서 건축물의 설계에 있어서는 지역의 기후특성을 고려하여 가장 효과적인 기법을 검토한다. ① 건설부지의 입지조건을 바탕으로 일사와 실내외의 온도차 등이 저감되는 건물배치, 건물형상으로 한다. ② 일사와 실내외의 온도차에 의한 구조체에서의 열손실·열취득을 저감하여 냉난방부하를 삭감한다. 외주부의 열부하를 저감하기 위하여 외기와 흙에 접하는 벽, 지붕, 바닥 등 단열의 충실을 도모한다. ③ 국소공조, 국소배기에 의한 공조부하의 저감이나 송풍기동력의 저감을 검토한다. ④ 배관·덕트에서의 열손실을 저감하도록 기계실의 배치 등을 검토한다.

에너지 및 자원의 유효이용을 위해서는, ① 자연광을 적극적으로 활용하는 기법을 검토한다. ② 건축물의 입지에 의한 풍향이나 풍속을 고려하여 개구부의 형상, 방향 등을 검토한다. ③ 에너지의 유효하고 효율적 이용을 검토한다. ④ 건물규모, 건물용도, 지역성 등을 고려하여 배수재이용시스템 및 빗물이용시스템의 채용을 검토하고, 물사용량의 삭감을 도모하기 위하여 절수시스템의 채용을 검토한다. ⑤ 자연에너지 이용의 경우 태양열(광), 풍력, 지열 등은 지역의 일조량, 풍력자원, 지열자원 등을 검토하여 채용한다.

1. 지형의 입체화/수평적 확장

지형의 입체화 및 수평적 확장(Deck System & Stacking)은 단일화된 매스가 아닌 역동적인 지형에 순차적으로 적응하며, 분절된 형태는 지형의 흐름에 따른 다양하며 연속적인 시각적 효과를 연출한다. Layering 공간 구성방법과 지형적 건축(Topographical)에서 검토할 수 있다.

(1) Layering 공간 구성방법

① 100% 지하주차장 : 보행녹지 중심의 지상공간율을 실현한다.

② Deck 시스템 : 인공 대지의 친환경적 활용을 도모한다.

③ 입체가로계획 : 그린 네트워크 공간의 활성화를 도모한다.

이를 통하여 지반의 입체화를 통한 녹지공간의 극대화로 미기후의 완화 및 개선과 방풍효과를 기대하고, 쾌적한 보행공간의 형성 및 보행자 안전을 확보하며, 주변 환경과의 연계성을 강화할 수 있다. 하지만 단조로운 녹지공간이 조성될 가능성이 있다.

(2) 지형적 건축

단순히 건축행위가 이루어지는 상황이 아니라 대지의 속성을 파악하고 공간을 구축하기 위한 작업으로서 빈 공간을 창출해내는 가장 건축적인 방법이다.

2. 스킵 플로어

(1) 스킵플로어의 원리와 유형

스킵플로어(skip-floor)는 교대로 한쪽 발로 뛰어 빨리 걷는 것인데, 거기에서 옮겨 계단을 통하여 반층씩 바닥높이가 어긋나는 건물의 입체적 구성을 말한다. 건물의 단면도에서 A의 방에서는 반층 어긋난 B와 C의 방으로 용이하게 오고갈 수 있고, 또한 C의 방에서 A와 D의 방에 대해서도 마찬가지가 되고, 인테리어의 공간이 넓어져 상하층에 연속감이나 입체적인 유동감을 느끼게 하는 효과가

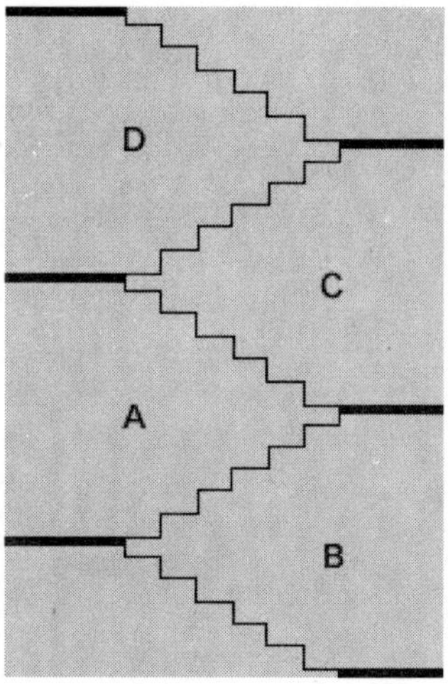

그림 1. 스킵플로어의 단면도

있다(그림 1).

건축은 일반적으로 다층화·고층화할 때에도 하나의 층고를 가능한 한 넓게 설정하여 평면방향에서만의 이동을 많도록 고려한다. 이 결과 동일 평면형이 상하로 겹쳐지는 빌딩 형태의 건물이 이루어지는데, 스킵플로어는 하나의 건축평면을 동일 높이에 갖추지 않고, 방마다 구획하여 높이를 바꾸고, 또한 그 높이가 다른 층을 이으면서 서서히 상층으로 연결한다.

이와 같은 방법을 채용하는 이유는 여러 가지인데, 건축부지에 기울기가 있고, 어느 정도 어긋남에 따라 건축한 경우 어긋남의 흡수나 방에 따라 천장높이의 변경에 의한 단차이의 해소 등에도 이용된다. 단층건물에서도 장소에 따라 레벨이 다른 구성도 스킵플로어라고 하는 경우가 있다.

주거단위의 단면을 단층과 복층형의 동일층을 택하지 않고 반층씩 어긋나게 배치하는 형식으로 2층, 4층마다 복도를 설치하여 엘리베이터는 격층 운행된다.

한 개 층의 층고를 높게 잡고 중층을 만드는 형태인 메자닌층(mezzanine)은 중층의 슬래브는 부분적 바닥면을 형성하여 일부 공간은 개방된다. 메자닌층의 용도는 건축물의 1층 로비, 극장, 박물관 등이다.

(2) 특성

① 기존 지형의 파괴를 최소화하여 생태환경을 보호

② 성·절토량의 감소

③ 적절한 규모와 형태의 주거지를 조성하여 주변의 자연환경과 물리적 환경과 경관적으로 일체감 부여

④ 커뮤니티와 프라이버시의 균형

⑤ 용적률보다 더 넓은 공간을 합법적으로 얻을 수 있음

⑥ 실내공간의 개방성, 조망권의 확보

3. 원형지 보존

원형지 보존(Topography Preservation)은 원형 토지 상태에서 토지이용계획과 건축계획을 세워 절토(땅깎기), 성토(흙쌓기)를 최소화하면서 자연친화적으로 개발하는 것이다. 토지이용계획과 친환경적 요소와의 관계에서 원형지 보존을 통하여 조망권이나 일조권이 향상되고, 바람길 형성에 유리하여 자연환경뿐만 아니라 주거환경도 개선되며, 공급 비용이 절감되는 효과가 있다.

(1) 토지이용계획과 친환경적 요소와의 연관 관계

1) 환경생태적인 계획

① 도시생태계 발전을 위하여 인공화된 환경에서 가급적 인공적 요소를 배제하고 자연성을 강화하는 측면에서 접근한다.

② 개발계획수립에 있어 지속가능한 개발을 지향한다.

2) 토지이용계획에서 공원과 녹지의 의의

① 도시 내의 자연환경 보전과 개선, 공해나 재해를 방지한다.

② 도시민의 건강과 휴양, 정서함양, 자연경관의 보호 및 생태계를 유지한다.

3) 도시구성요소로서의 공원·녹지

경제적 기능, 생태계 유지 기능, 여가활동 기능, 사회적 교류의 공간 제공 및 시각적 개방감과 녹음 제공을 통한 도시 경관 향상을 도모한다.

(2) 지형의 역동적 흐름에 순응

1) 건축을 유기체적인 존재로 여겨 다양한 주변환경에 적극적이며 유동적으로 대응

2) 넓은 지역에 수동적으로 적응하는 포괄적 구축체계 확립

3) 지형의 흐름을 적극적으로 인지하고 순응해가는 현상이 자연 파괴를 최소화

4. 공중가로

(1) 공중가로의 등장 배경

공중가로(Street in the Air)는 입체화된 보행가로를 의미한다. 주거가 고층화되면서 필연적으로 야기되는 접지성의 부족에 대응하기 위한 계획기법이다. 커뮤니티의 문제와 직결되는데, 고층화가 지속되는 국내 주거 현실에 적용 가능성 모색이 필요하다. 적층된 주거공간에 단순히 인공적인 가로를 상층에 만든다는 개념과 차별적으로 도시가로의 성격변화와 이에 따른 도시·주거동의 관계변화에 대한 이해가 필요하다. 자동차로부터 기존의 보행공간을 격리하기 위한 수단이 된다. 녹지 위의 고층건물(tower in the park)과 가로로서의 건물(building as street)의 유형으로 분류할 수 있다.

공중가로의 접근유형별 계획특성은 표 1과 같다.

표 1. 공중가로의 접근유형별 계획특성

구분유형	계획개념	계획개념의 특성		
			도시공간과의 관계	단위주택과의 관계
자동차와 보행 공간 완전분리	보차 분리개념 지상가로의 대체	별도 공간 체계로서의 공중가로	도시공간 및 단위주택과 별도 공간체계로서 공중가로 형성	고려 없음
연계시스템으로 공중가로	도시공간과 분리 공중가로 상호관계		도시가로의 상호연계특성을 공중에서 재현, 공중가로를 커뮤니티 공간으로 정의	단위주택과 동선연결 정도의 고려로 국한
도시공간과 공중가로의 유기적 융합	공중가로와 도시가로의 동선적, 시각적 상호연결	공중가로와 지상공간의 연계성 주목	네트워크로서의 공중가로와 지상공간의 연계성 강조	공중가로를 통해 단위주택 상호간의 동선 연결 강조
			도시공간과 시각적 연결을 중심으로 하는 연계	단위주택과의 관계에 상대적으로 소홀
적층 집주 질서의 재편	인공토지개념, 공중가로를 도시공간의 공적 공간으로 대체	공중가로와 단위주택의 연계에 주목	실재하는 도시공간과의 관계 불명확, 도시공간의 대체개념 우세	단위주택의 공중가로의 직접 연결 강조
공중가로와 단위주택의 결합	단위주택과 개방적 관계형성		도시공간과 연계성 배제	공중가로에 대하여 적극적인 개방 관계 구축

(2) 특성

1) 장점

① 공중가로의 네트워크 구성으로 상호연계성 확보

② 일상생활공간화 가능성 보유

③ 단위세대, 도시공간과 별도의 독립적 공간체계의 성격 보유

④ 도시공간의 일상생활화 유리

⑤ 공중가로 자체가 커뮤니티 공간으로 기능

2) 단점

① 단위세대와의 연계성 문제 소홀

② 단위세대, 도시공간과의 연계를 위한 구체적 계획기법의 제안 미흡

③ 지상공간과의 연계를 위한 실제 계획기법 빈약

5. 투수성 포장

투수성 포장(Permeable Paving)은 포장체를 통하여 빗물을 노상에 침투시켜 흙 속으로 환원시키는 기능을 갖는 포장으로서 보도와 승용차 등의 중량이 가벼운 차량이 통과하는 차도 및 주차장, 구내포장 등에 이용된다(그림 2 참조).

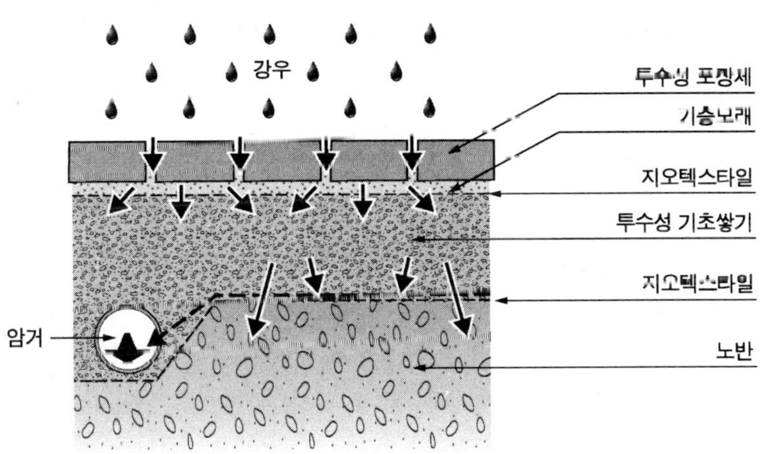

그림 2. 투수성 포장의 전형적인 시스템

(1) 투수성 포장의 구성 요소

① 표층 : 골재의 가열 및 혼합 온도, 재료 분리에 주의한다. 다짐 시에는 포장 표면의 구멍 막힘이 발생하지 않도록 시공한다. 줄눈부와 구조물 접속부는 충분히 밀착시켜 다진다.

② 입상재료기층 : 재료분리가 발생하지 않도록 유의하며, 적절한 밀도와 투수 기능이 얻어지도록 최적 함수비 부근에서 다짐을 실시한다.

③ 필터층 : 두께가 동일하게 포설하여 다진다. 노상토와 섞이지 않도록 한다.

④ 노상 : 과전압이 되지 않도록 주의한다. 강우시의 배수를 충분히 고려한다. 절토부의 포장은 배수능 향상을 위하여 노상에 맹암거를 설치하기도 한다.

(2) 특성

1) 장점

① 지하수 저장으로 물 부족 현상 감소

② 노면 배수시설의 경감이나 생략

③ 식생 등 지중 생태 개선

④ 하수도 부담 경감, 공공 수역의 오염 경감과 도시하천의 범람 방지

⑤ 소음 감소 및 미끄럼 저항의 증대와 보행성 개선

⑥ 우천시 난반사에 의한 시력보호

2) 단점

① 잔골재가 생략된 혼합물이므로 역학적 문제가 있어 차도 사용시 유의

② 포설 후의 온도저하속도가 빠르므로 혼합, 운반, 포설에 있어 엄격한 온도관리가 필요

③ 공극률이 크고 물과 공기가 쉽게 통하여 아스팔트 노화가 용이

(3) 투수성 포장체(Permeable Paver)의 유형

1) 다공성 아스팔트와 콘크리트

기존의 아스팔트나 콘크리트 포장과 같은 것처럼 보인다. 적은 양의 고운 모래와 뒤섞여 빈 공간은 10~25% 정도이고, 유거수(流去水, runoff · 지표의 하천으로 운반되는 물의 양) 계수가 거의 제로에 가깝다.

2) Paving stones(unit paver)

벽돌, 석재나 콘크리트로 된 불투수성 블록이다. 블록 사이에 모래나 잔골재로 차 있어서 물이 여과될 수 있다. 유거수 계수의 범위는 0.1～0.7이고, 강우량, 이음새 너비와 재료에 따라 달라진다. 일부 콘크리트 포장체는 투수성을 향상시키기 위해 오픈 셀 형태를 가진다.

3) 잔디블록

셀이 흙으로 차 있고, 잔디가 심어진다. 콘크리트나 합성 섬유로 만든다. 차량 무게를 분배하고, 기초 토양의 압축을 방지한다. 유거수 계수 범위는 0.15～0.6으로 잔디와 비슷하다.

(4) 투수성 포장의 시공순서

투수성 포장의 시공순서는 그림 3과 같다.

1. geotextile(침투방법) 또는 geo-membrane에 의한 땅 파기	2. 4/20mm의 거친 장소는 땅파기에서 집적된 roadbase를 등급 분류한다.	3. 평탄한 표면을 만들기 위하여 Roll(진동 없음)로 작업한다.

4. 표면을 geotextile로 덮는다.	5. 2/6mm 모래의 기초를 형성한다.	6. 2/6mm 모래를 약 65mm의 두께로 깐다.

7. 투수성 포장체를 필요한 패턴으로 깔고, 모서리는 조각으로 채운다.	8. 조인트 안에 2/6mm 모래로 솔질한다.	9. 평판다짐기로 2~3번 투수성 포장체를 압축한다. 조인트 속에 모래를 반복하여 솔질한다.

그림 3. 투수성 포장의 시공순서

출처 : http://www.htw.co.uk/permeable-paving

6. 생태면적률

(1) 생태면적률의 개념

도시 개발에 따른 자연의 파괴와 생태적 기능의 훼손으로 도시는 건축 및 도로 포장에 의해 도시사막화와 홍수, 열섬현상과 같은 도시 기후변화의 가속화로 생태적인 문제에 직면하고 있다. 이러한 상황에서 계획지표로 활용되고 있는 기존의 건폐율이나 용적률은 개발의 한계만을 규정하고 있을 뿐 개발공간의 생태적 가치, 즉 환경의 질을 제어하고 있지 못하고 있는 현실이다. 이런 관점에서 도시공간의 생태적 기능유지와 개선을 종합적으로 유도할 수 있는 공간계획 차원의 지표 개발과 활용이 요구되고 있는 상황이 생태면적률(Natural Soil Rate)의 개발 배경이라고 할 수 있다.

따라서 생태면적률은 공간계획 대상지 면적(건축 대지면적) 중에서 자연의 순환기능(증발산 기능, 미세분진 흡착기능, 우수투수 및 저장기능, 토양기능, 동·식물서식처 기능)의 유지와 개선을 정량적으로 유도할 수 있는 환경계획 지표이다.

(2) 생태면적률의 적용 대상

생태면적률은 사전환경검토 및 환경영향평가 대상 중 '택지개발이나 공동주택

건설과 관련되는 개발사업'에 우선 적용하고, 이후 단계별로 확대 적용한다. 생태면적률은 원칙적으로 녹지, 하천, 근린공원, 어린이공원 등 공원녹지를 제외한 나머지 가용지를 대상으로 적용한다.

(3) 공간유형의 구분 및 평가

생태면적률 산정을 위한 공간유형 구분은 공간의 생태적 가치를 기준으로 한다. 생태적 기능이 온전한 '자연지반녹지(가중치 1)'와 생태적 기능이 전무한 '포장면(가중치 0)'을 기준으로 지역의 개발 특성에 맞게 공간유형을 구분한다.

공간의 생태적 가치를 정량적으로 평가하기 위해 자연의 순환 기능(생태적 기능)을 동등한 가치로 구분한 다음 5개 매개변수를 사용한다.

① 우수의 증발 및 냉각작용으로 인한 도시기후 조절 기능
② 대기 중의 미세분진 및 오염물질 흡착 기능
③ 우수투수, 지징 및 지하수 함양 기능
④ 유기토양층 생성 및 오염물질 분해 기능
⑤ 식물이나 동물의 서식처 제공 기능

(4) 공간유형별 가중치 설정

공간유형별 가중치는 동등한 가치의 5개 매개변수별로 각각 5등급의 평가를 수행한 결과를 종합하여 구한다. 각 매개변수별 공간유형의 가치는 자연지반녹지의 생태적 기능을 기준(100%)으로 하여 20% 단위의 5단계(매우우수, 우수, 보통, 미흡, 매우미흡) 평가를 실시한다. 5개 매개변수별 5등급 평가의 결과를 종합하여 자연지반녹지의 가중치 1에 대한 각 공간유형의 상대적 가중치를 설정한다.

수공간의 경우 미세분진 흡착기능과 토양기능을 가지지 못하는 것을 고려하여 3가지 매개변수만 적용하도록 차별화한다.

(5) 공간유형 구분 및 가중치

본 지침에서 제안하는 생태면적률 공간유형 구분 및 가중치는 표 2와 같다.

표 2. 생태면적률 공간유형 구분 및 가중치

공간유형			가중치	설 명	사 례
1		자연지반녹지	1.0	• 자연지반이 손상되지 않은 녹지 • 식물상과 동물상의 발생 잠재력 내재 온전한 토양 및 지하수 함양 기능	• 자연지반에 자생한 녹지 • 자연지반과 연속성을 가지는 절성토 지반에 조성된 녹지
2		수공간 (투수기능)	1.0	• 자연지반과 연속성을 가지며 지하수 함양 기능을 가지는 수공간	• 하천, 연못, 호수 등 자연상태의 수공간 • 지하수 함양 기능을 가지는 인공연못
3		수공간 (차수)	0.7	• 지하수 함양 기능이 없는 수공간	• 자연지반 위 차수 처리된 수공간 • 인공지반 위 차수 처리된 수공간
4		인공지반녹지 ≥90cm	0.7	• 토심이 90cm 이상인 인공지반 상부 녹지	• 지하주차장 상부 녹지 • 지하구조물 상부 녹지
5		옥상녹화 ≥20cm	0.6	• 토심이 20cm 이상인 녹화옥상시스템이 적용된 공간	• 혼합형 녹화옥상시스템 • 중량형 녹화옥상시스템
6	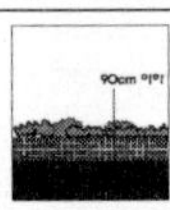	인공지반녹지 <90cm	0.5	• 토심이 90cm 미만인 인공지반 상부 녹지	• 지하주차장 상부 녹지 • 지하구조물 상부 녹지
7	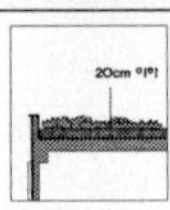	옥상녹화 <20cm	0.5	• 토심이 20cm 미만인 녹화옥상시스템이 적용된 공간	• 저관리 경량형 녹화옥상시스템
8	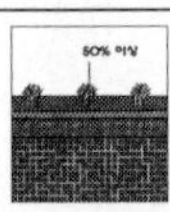	부분포장	0.5	• 자연지반과 연속성을 가지며 공기와 물이 투과되는 포장면, 50% 이상 식재면적	• 잔디블록, 식생블록 등 • 녹지 위에 목판 또는 판석으로 표면 일부만 포장한 경우
9		벽면녹화	0.4	• 벽면이나 옹벽(담장)의 녹화, 등반형의 경우 최대 10m 높이까지만 산정	• 벽면이나 옹벽녹화 공간 • 녹화벽면시스템을 적용한 공간
10		전면 투수포장	0.3	• 공기와 물이 투과되는 전면투수 포장면, 식물생장 불가능	• 자연지반위에 시공된 마사토, 자갈, 모래포장 등
11		틈새 투수포장	0.2	• 포장재의 틈새를 통해 공기와 물이 투과되는 포장면	• 틈새를 시공한 바닥 포장 • 사고석 틈새포장 등
12		저류·침투 시설 연계면	0.2	• 지하수 함양을 위한 우수침투시설 또는 저류시설과 연계된 포장면	• 침투, 저류시설과 연계된 옥상면 • 침투, 저류시설과 연계된 도로면
13		포장면	0.0	• 공기와 물이 투과되지 않는 포장, 식물생장이 없음	• 인터락킹 블록, 콘크리트 아스팔트 포장, • 불투수 기반에 시공된 투수 포장

(6) 산정방법

생태면적률을 산정하기 위해서는 먼저 대상지를 정해진 공간유형으로 구분한다. 구분된 공간유형별 면적에 정해진 가중치를 곱하여 생태적 기능을 온전히 가지는 자연순환 기능 면적(생태면적)을 환산한다. 자연의 순환기능을 온전하게 가지는 생태면적으로 환산된 면적의 합을 전체 대상지 면적으로 나누어 생태면적률을 산정한다.

$$\text{생태면적률} = \frac{\text{자연순환 기능 면적}}{\text{전체 대상지 면적}} = \frac{\Sigma(\text{공간유형별면적} \times \text{가중치})}{\text{전체 대상지 면적}} \times 100(\%)$$

인공지반 위에 공간유형(부분포장, 전면투수포장, 틈새투수포장)이 중복되는 경우, 표면의 공간유형 가중치에 해당 인공지반의 가중치(토심에 따라 0.7 또는 0.5)를 곱한 값을 가중치로 산정한다.

수공간의 경우 지하수 함양 기능이 있는 경우와 없는 경우로 구분하여 가중치를 판별한다. 자연지반 위에 지하수 함양 기능을 가지는 수공간은 가중치 1, 인공지반 위에 조성된 수공간이라도 지하수 함양 기능을 가질 경우 가중치 1, 자연지반이나 인공지반에 상관없이 지하수 함양 기능이 없을 경우 가중치 0.7로 한다.

(7) 생태면적률 적용 목표치 설정

생태면적률 적용 목표는 토지이용 유형에 따라 구분하여 설정한다. 최소 적용 목표는 20%로 한다. 현황 분석 결과(토양포장율 분석도, 비오톱평가도)와 함께 대상공간의 건폐율과 배치형태를 고려하여 생태면적률 목표를 설정한다. 대상공간의 생태적 가치는 3단계(상, 중, 하)로 구분한다(표 3).

현장조사 결과 비오톱평가 1, 2등급에 해당하고, 도양포장율이 30% 미만인 경우 생태적 가치 상에 해당하는 기준을 적용한다. 현장조사 결과 비오톱평가 4, 5등급에 해당하고, 토양포장율이 70% 이상인 경우 생태적 가치 하에 해당하는 기준을 적용한다. 현장조사 결과 비오톱평가 3등급에 해당하고, 토장포장율이 30~70% 미만인 경우와 위의 두 경우에 해당하지 않는 경우 생태적 가치 중에 해당하는 기준을 적용한다.

표 3. 토지이용 유형에 따른 생태면적률 적용

<table>
<tr><th colspan="2" rowspan="2">구 분</th><th rowspan="2">적용 목표
범주</th><th colspan="3">적용 목표</th></tr>
<tr><th>생태적 가치 하</th><th>생태적 가치 중</th><th>생태적 가치 상</th></tr>
<tr><td rowspan="2">공동주택지</td><td>저층연립</td><td>30~40</td><td>30 이상</td><td>35 이상</td><td>40 이상</td></tr>
<tr><td>아파트단지</td><td>30~50</td><td>30 이상</td><td>40 이상</td><td>50 이상</td></tr>
<tr><td colspan="2">단독주택지</td><td>30~50</td><td>30 이상</td><td>40 이상</td><td>50 이상</td></tr>
<tr><td rowspan="3">상업지</td><td>일반상업지구</td><td rowspan="3">20~40</td><td rowspan="3">20 이상</td><td rowspan="3">30 이상</td><td rowspan="3">40 이상</td></tr>
<tr><td>근린상업지역</td></tr>
<tr><td>중심상업지역</td></tr>
<tr><td>교육시설</td><td>초등학교 / 중학교
고등학교 / 대학교</td><td>40~60</td><td>40 이상</td><td>50 이상</td><td>60 이상</td></tr>
<tr><td colspan="2">공공건물</td><td>30~50</td><td>30 이상</td><td>40 이상</td><td>50 이상</td></tr>
<tr><td colspan="2">기 타 (최소 행정목표)</td><td>20</td><td colspan="3">20 이상</td></tr>
</table>

[주] 생태적 가치 上 : 비오톱 평가등급 1, 2등급/토양포장율 0~30% 미만
생태적 가치 中 : 비오톱 평가등급 3등급/토양포장율 30~70% 미만
생태적 가치 下 : 비오톱 평가등급 4, 5등급/토양포장율 70~100%

2 chapter 친환경 건축의 관리방법과 기술

2-1 자연 채광
2-2 단열 공법
2-3 실내공기환경
2-4 친환경 건축물의 유지관리
2-5 건축설비의 에너지절약

2-1 자연 채광

자연에너지는 고갈하고 있는 화석에너지를 대체함과 아울러 지구온난화의 대책으로도 기대되고 있다. 자연채광이나 자연환기를 행하는 것에서 에너지 소비를 저감하고, 환경에 우수한 건축이 요구되고 있다.

사람이 건강한 생활을 하기 위해서는 자연채광이 필요하다. 채광이란 건축물의 실내 환경을 조절하기 위하여 외부에서 자연광을 도입하는 것이다. 주광조명이라고도 한다. 환기와 아울러 실내의 위생환경유지에 결여할 수 없는 행위이고, 창이 설치되는 목적의 하나는 채광이다. 채광의 효용이 얻어지는 것은 태양이 비추는 시간뿐이기 때문에 현대 건축에서는 야간에 인간이 활동하는 것도 고려하여 인공조명과 병용하는 것이 일반적이다.

자연채광은 풍토와 지역뿐만 아니라 끊임없는 변화의 과정 속에 있으며, 강도와 질은 자연조건에 의해 항상 변화한다. 건축공간에서 변화하는 자연채광의 질은 공간의 질을 변화시켜 주며 이들 변화 단계를 건축내부공간에 어떻게 적용시키는가 하는 것이 과제이다.

자연채광은 맑은 날에 태양으로부터 반사되어 지구에 도달하는 대부분은 직사일광과 직사일광의 일부가 대기층에서 산란, 복사, 반사된 천공광으로 구분되며, 이 둘을 합한 것을 주광(Day Light)이라 하고, 주광을 이용하여 물체나 그 주변을 조명하는 것을 주광조명(Day Lighting)이라고 한다.

1. 채광의 기법과 기술

채광에는 옛부터 창이 이용되어 왔지만, 최근에는 거울·유리 등의 반사를 교묘하게 이용하여 깊숙한 곳에 빛을 도입하는 기술도 개발되어 있다.

1) 창

가장 일반적인 기법이다. 벽에 개구를 설치하여 실내에 태양광을 도입한다. 천장에 만든 개구를 천창(톱라이트, 정광채광)이라고 한다. 천창은 벽에 설치한 창보다 채광 효율이 높아진다. 천장 부근의 높은 위치에 연직방향으로 설치한 창을 하이사이드라이트(정측광채광)이라 하고, 방의 깊숙한 곳까지 빛이 들어오기 용이하게 된다는 이점이 있다. 창유리로 이용되는 「젖빛유리」는 시선을 자단하면서도 빛을 통하는 채광이 가능한 재료이고, 또한 개폐할 수 없는 붙박이창은 채광이나 시선의 확보만을 목적으로 한 것이다

2) 톱라이트

지하실에서 채광·통풍을 가능하게 하기 위해 설치하는 개구이다. 톱라이트의 종류에는 독립형 톱라이트와 연속형 톱라이트가 있다. 또한 지붕형상에 의한 채광에서는 다음의 방법이 있다(그림 1).

① 톱날지붕의 북측창에 의한 안정된 채광
② 솟을지붕에 의한 벽면채광
③ 평지붕의 지붕면 채광
④ Dormer에 의한 채광

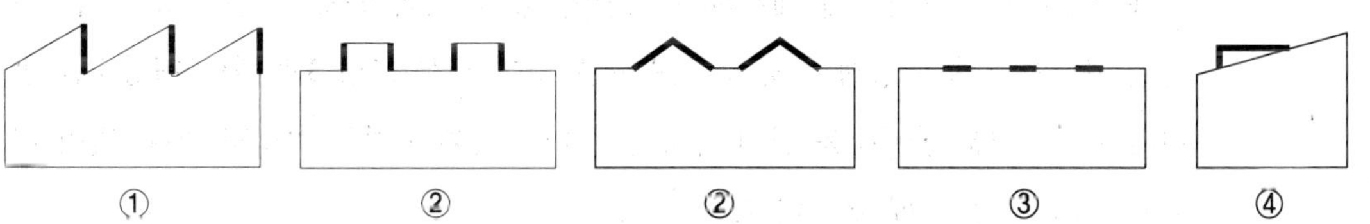

그림 1. 지붕형상에 의한 톱라이트 채광방법

3) 광정

Courtyard라고도 한다. 건축물 내부에 채광목적에서 설치한 중정을 특별히 이렇게 부른다. 평면적으로 규모가 큰 건축물에서는 내측의 자연채광이 곤란해지는 문제를 해소하는 방안의 하나이다.

4) Prism light guide

미소한 프리즘을 조합시킨 형상의 배관을 통하여 빛을 도입하는 기술이다. 1990년대에 개발된 기술이다.

5) 광파이버 등에 의한 도입

지붕 등 태양광을 받기 용이한 장소에 집광장치를 설치하여 수광을 빛을 광파이버 등으로 실내에 전달하는 기법이 있다. 유도된 빛은 조명기구에 준한 형태의 장치에서 실내에 확산된다. 창에서 빛을 얻기 어려운 실내 깊숙한 곳에 위치한 방이나 채광이 곤란한 지하실에도 전기 등의 에너지를 사용하지 않고 채광효과를 가져올 수 있다.

2. 자연채광의 방식

자연광을 건물 내에 도입하는 것은 조명부하의 저감으로 이어진다. 또한 자연광에는 인간의 생체리듬을 조절하는 기능이 있고, 실내환경의 쾌적성을 향상시키는 효과도 있다. 반면, 일사열에 의한 공조부하 등 단점도 고려되기 때문에 균형 있는 계획이 필요하다.

채광이용에는 그림 2에 제시하는 기법이 있다. 톱라이트, 하이사이드라이트는 일조 저해를 받을 가능성이 낮고, 채광량은 많다. 또한 그림 3과 같이 태양광을 반사시켜 부드러운 반사광을 실의 깊숙한 곳까지 비추게 하는 기법도 있다. 빛이 비추기 어려운 큰 실에 유효하다.

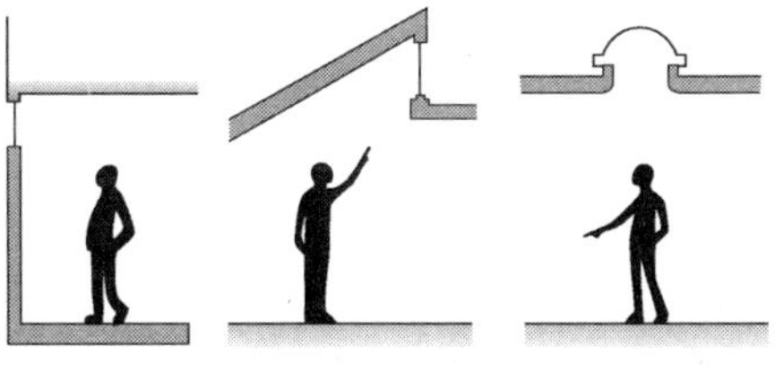

그림 2. 난간창·하이사이드라이트·톱라이트

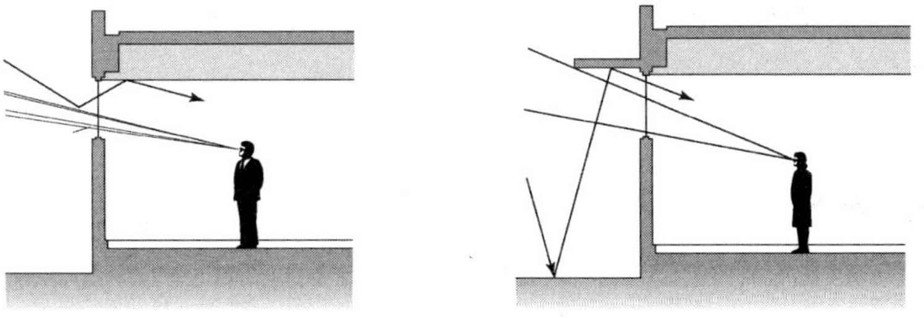

그림 3. 발, 루버의 활용

자연채광의 방식은 다음과 같다.

① 측창채광

벽면에 대하여 일반적으로 수직인 창에 의한 채광을 측창채광이라 한다. 장점으로서는, 개폐·구조·시공이 용이하고, 청소 보수가 간단하며, 통풍·차열에 유리하다 등이다. 단점으로서는, 편측채광의 경우에는 조도분포가 불균일하며 실 안쪽의 조도가 부족하는 경향이 많고, 근린의 상황에 의한 채광 방해 등이 있다.

② 천창채광

지붕면에 있는 수평 또는 수평에 가까운 창을 천창이라 하고, 그것에 의한 채광을 천창채광이라 한다. 천창채광에서는 편측채광의 문제점인 방구석의 저조도, 조도분포의 불균형, 방구석의 주광선 방향의 저각도 등은 해소된다. 그 대신 시야가 차단되므로 폐쇄된 분위기가 되기 쉽다. 또한 평면계획이 어렵고 구조시공이 어려운 것이 단점이다.

③ 정측창 채광

천창채광과 측창채광의 효과를 얻기 위해 지붕면에 수직이나 수직에 가까운 창에 의한 채광을 정측창 채광이라고 한다. 대체로 미술관이나 공장에 많이 쓰인다.

④ 반사 채광방식

반사판을 사용하여 주광을 실내 깊숙이 입사시킬 수 있다. 창을 사람이 앉은 눈 높이와 일치시키면, 수평면과 지면에 대한 시야가 확보될 뿐 아니라 천공글레어와 직사일광 글레어를 대부분 시야로부터 보호할 수 있다.

3. 빛의 제어

자연채광, 특히 창을 이용한 원시적인 채광방법에서는 지나치게 강한 빛, 원하지 않은 방향의 빛 또는 자외선 등 원하지 않은 파장의 빛을 제어하는 수단을 갖추고, 조절의 여지를 갖게 하는 것이 많다. 몹시 강렬한 빛은 실내에서 작업하는 사람의 눈에 주는 부담이 강하다. 또한 강한 자외선이나 열선에 의해 이용자의 피부나 실내의 가구·내장이 훼손되는 경우도 발생한다. 태양의 방향은 시각이나 계절, 천후 등의 조건에서 여러 가지로 변화하기 때문에 항상 쾌적한 빛이 얻어진다고는 할 수 없는 것이다. 다음에 자연채광과 조합시켜 이용되는 장치를 들어본다.

1) 루버

수평으로 가늘고 긴 판을 평행 또는 격자상으로 조합시킨 것으로 핸들 등에 의해 그 방향을 바꿀 수 있다. 루버 자체는 빛에 한정하지 않고, 바람·비의 제어 등 여러 가지 용도에 이용된다.

2) 커튼

일부의 빛을 통하는 레이스(lace) 커튼에서 빛을 거의 통하지 않은 차광커튼까지 여러 가지 두께의 직물을 창변에 드리워 빛을 조절한다. 발이나 블라인드도 유사한 기능을 지니고 있다.

3) 특수 유리

열선흡수유리, 열선반사유리 등은 열선(적외선)을 특별히 커트하여 실내가 과잉으로 따뜻해지는 것을 방지할 목적에서 사용한다. 또한 젖빛유리는 투과광을 균등하게 확산시키는 점에서 실내의 프라이버시를 보호할 뿐 아니라 실내의 조도분포를 완만하게 하는 효용이 있다.

4. 자연환기와 자연채광의 방법

자연환기의 방법으로는 온도차환기와 풍력환기의 2가지가 있고, 이들을 병용하는 것에서 보다 큰 효과를 발휘한다.

온도차환기는 따뜻해진 공기가 가벼워져 상승하는 원리를 이용하는 것으로「연돌효과」라고도 한다. 주로 계단실이나 아트리움, 통풍 등 상하의 연속한 공간을 활용한다.

풍력환기는 실내의 다른 면의 2개의 창을 개방하여 행하는 환기가 된다. 계절풍 등 일정방향의 바람을 기대할 수 있는 경우에는 풍향에 따른「바람길」을 설정하여 적극적으로 외기를 도입하는 건축계획으로 한다.

자연채광을 고려할 때에는 실내의 안쪽이나 석양의 방지 등에 배려할 필요가 있다. 실내에서 유효하게 이용할 수 있는 범위는 창면에서 4～6m 정도까지이고, 주광 이용에 유리한 고창을 확보하면서 실내의 온도상승을 억제하는 이중구조(Double Skin)라고 하는 이중의 유리 외벽 등을 채용한다.

이중구조는 이중피복 또는 미주보는 2개의 벽이나 바나 사이의 공간을 의미한다. 외벽내부에 중간공기층을 마련한 이중벽구조는 에너지절약, 생태 측면 등 건축의 하드측면에서 중요하다(그림 4～5).

건축물의 외벽 외측의 일부 또는 전면을 다시 유리로 피복하고, 외벽과 유리 사이에 마련된 공간을 환기한다. 외측의 유리면 상하에 개구부를 설치하고, 하부에서 도입된 공기를 일사열에 의해 생기는 부력을 이용하여 상부에서 배기하는 시스템이 된다.

계절에 따라 환기된 공간은 하계에는 일사열을 경감시키고, 동계에는 보온에 효과를 발휘한다. 그러므로 페리미터존(외벽의 중심선에서 5m 이내나 지붕의 직하층 옥내부분 등)의 온열환경이 향상하여 에너지절약에 유효한 것이다.

그 공간은 유지관리나 기기의 설치 스페이스에도 이용할 수 있고, 개수시에 더블스킨공법을 채용하면 건물의 표정을 효과적으로 바꿀 수도 있다.

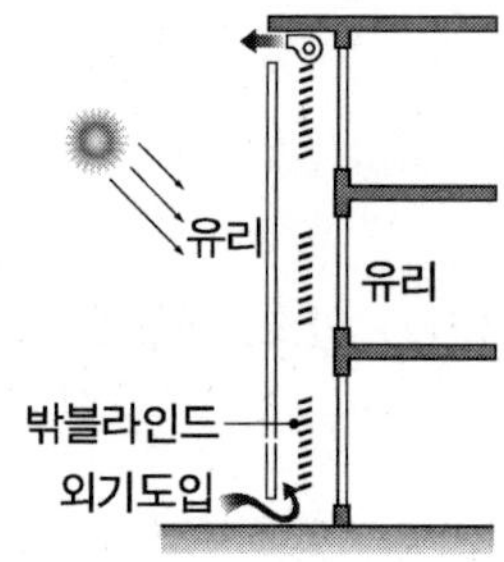

그림 4. 더블스킨

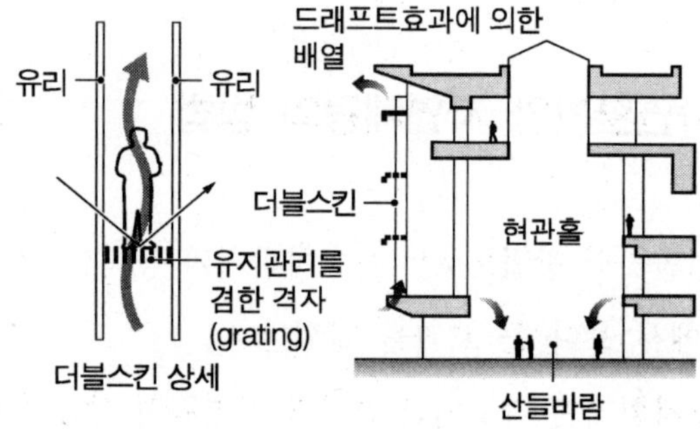

그림 5. 더블스킨 시스템 개요도

5. 인공 자연채광

(1) 인공 자연채광의 목적과 방법

태양의 자연광을 실내에 도입하기 위한 장치이다. 창만으로는 자연채광이 불충분한 곳에 태양광을 들여보내는 장치이다. 거울의 반사를 이용하여 태양광의 각도를 조절하여 조사(照射)하는 형식과 렌즈에서 모인 자연광을 광파이버로 보내어 조사하는 형식이 있다.

최근에는 태양을 자동적으로 추적하는 구동 시스템을 구성한 장치가 많다. 주택에서는 솔라시스템이나 태양광발전시스템 등과 조합시킨 환경에 우수한 솔라하우스 등도 있다.

건축물이 고층화 대규모화하면서 주변환경에 의해 자연채광이나 통풍에서 여러가지 제약이 발생하고 있다. 그 제약에 대하여 건축설계 측면에서의 대응의 어려움에서 자연채광을 위하여 태양광을 강제적 수단에 의해 도입하는 방법이 고안되어 있다. 빌딩의 고층화나 과밀화가 진행된 도시환경에서는 북측의 실이나 지하실 외에 빌딩의 보이드부분, 중정, 아트리움 등이 그늘이 되는 경우도 있고, 이와 같은 곳에 쾌적한 자연광을 보내기 위하여 이용되고 있는 것이다(표 1).

태양광을 도입하는 것이 요구되는 장소에 따라 그 방법은 크게 3가지로 분류된다.

① 건물의 일영부분에 태양광의 도입

주변환경에 배려하여 일조를 확보하는 수단으로 인공적인 방법에서 자연채광을 보완한다.

② 건물의 중정·보이드부분에 태양광의 도입

태양이 비추지 않은 중정에 식재를 배치하여 커뮤니티 스페이스로서 휴식의

표 1. 인공 자연광의 목적과 방법

채광의 목적	채광방법	특 성	효과		유효채광 시간
			맑은날	흐린날	
 1. 건물의 일영 부분에 도입	A. 태양광자동 추적방식채광장치 (반사이용) 남면설치형식	태양의 위치변화에 따라 반사경을 제어하여 태양직사광을 도입하는 방식이다. 태양광을 임의의 위치에 조사(照射)할 수 있어 고층건물에 적합하다.	○	×	8-12시간
	B. 태양광수동 추적방식채광장치 (반사이용)	반사경 각도를 미리 설정하여 3개월에 한번 수동으로 움직여 태양직사관을 도입하는 방식이다. 저층건물에 적합하다.	○	×	2-3시간
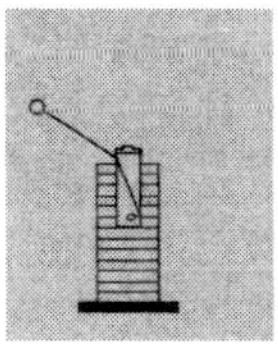 2. 건물의 중정·보이드부분에 도입	C. 태양광자동 추적방식채광장치 (반사이용) 북면설치형식	태양의 위치변화에 따라 반사경을 제어하여 태양광을 도입하는 방식이다. 임의의 장소에 조사할 수 있어 고층건물에 적합하다.	○	×	8-12시간
	D. 블록경방식 채광장치 방사배치	건물 상부에 일정 각도의 기울기를 가진 반사거울을 방사상으로 배치하여 태양직사광을 도입하는 방식이다. 중층건물에 적합하다.	○	×	8-12시간
	E. 건축화덕트방식 채광장치 (반사이용)	건물의 내벽에 고반사체를 부착하여 상호반사에 의해 유도하는 방식이다. 건축과 일체로 구성하는 경우에 적합하다.	○	○	8-12시간

채광의 목적	채광방법	특 성	효과		유효채광 시간
			맑은날	흐린날	
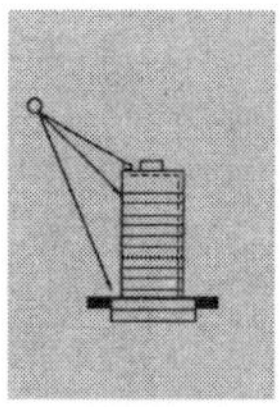 3. 건물의 내부, 아트리움에 도입	F. 톱라이트방식 채광장치 (투과이용)	지붕에 설치한 투명의 돔에 의해 천공광을 도입한다. 직상층에 사용하는 경우에 적합하다.	○	○	8-12시간
	G. 덕트방식 채광장치 (반사이용)	채광구에서 입사한 빛을 고반사체에서 형성한 도광덕트에서 실내에 도입하는 방식이다. 지하실에 적합하다.	○	○	8-12시간
	H. 태양광자동 추적방식채광덕트 (집광·반사이용)	태양의 위치변화에 따라 반사거울을 제어하여 도광덕트를 이용하여 실내에 도입하는 방식이다. 아파트, 병원의 거실 채광에 적합하다.	○	×	8-12시간
	I. 광파이버방식 채광장치 (집광·광파이버 전송)	태양광을 집광하여 광파이버케이블에 의해 도입하는 방식이다. 지하실 등에 적합하다.	○	×	8-12시간
	J. 굴절방식 채광장치 (굴절이용)	태양직사광을 창면에서 렌즈, 블라인드의 굴절반사를 이용하여 도입하는 방식이다. 오피스 빌딩 등의 실내 채광에 적합하다.	○	×	8-12시간
	K. 건축화방식 채광장치 (투과이용)	건축구조적으로 태양광을 도입하는 방식이다. 가장 다이나믹한 방식이며, 오피스 빌딩 등의 아트리움, 보이드부분 등에 적합하다.	○	○	8-12시간

장을 제공함과 아울러 빌딩의 이미지 포인트를 연출한다.

③ 건물의 내부나 지하실에 태양광의 도입

자연광이 들어오지 않은 장소에 태양광을 도입하여 활기가 있는 공간을 제공한다.

(2) 태양광의 도입방식

태양광의 내, 태양직사광을 도입하는 방식과 천공산란광을 도입하는 방식의 2가지로 대별된다.

1) 태양광 자동추적방식 채광장치

태양직사광을 도입하는 방식은 태양위치를 정확히 추적하는 것이 요구되고, 센서를 이용하는 방법과 태양궤도를 마이크로 컴퓨터에서 계산하는 방법이 있는데, 여기서는 범용성이고, 날씨의 변화에 좌우되지 않고 정밀도가 높은 태양궤도 추적 방식에 대하여 설명한다.

① 구성과 추적원리

태양위치의 변화(태양방위각, 태양고도각)를 시각을 파라미터로 연산하여 건물의 조사 위치에 따라 반사거울을 구동시킨다(그림 6).

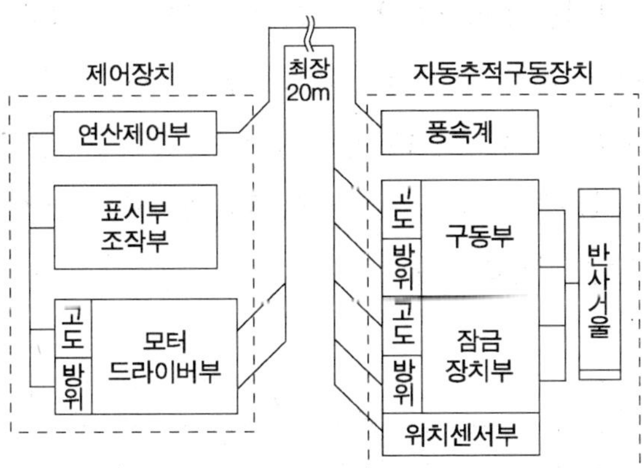

그림 6. 시스템 구성도

② 추적원리

태양위치는 다음 식에서 구할 수 있다.

[태양방위의 계산]

태양의 방위는 방위각 A와 고도 h에서 나타난다. A와 h는 그 지역의 위도(Φ), 일적위(δ), 시각(t)에서 계산한다.

$$\sin h = \sin \Phi \cdot \sin \delta + \cos \Phi \cdot \cos \delta \cdot \cos t$$

$$\sin A = \cos \delta \cdot \sin t \sec h$$

[일적위]

태양궤도의 적도면에서의 고도이며, 월일의 변수이다.

[시각]

시각을 각도로 나타낸 양이다. 1일을 360°에 대응시켜 정오를 0°, 오전을 −,

오후를 +로 한다.

$$시각=[(시각-12)/24]\times 360$$

여기서 시각을 계산하는 시각은 진태양시이고, 표준시를 진태양시로 변환할 필요가 있다. 태양이 자오선상에 왔을 때를 남중이라고 한다. 남중에서 다음의 남중까지를 진태양시라 하고, 그 24분의 1을 진태양시라고 한다. 진태양일을 1년을 통하여 평균한 것을 평균태양일이라 하고, 그 24분의 1을 평균태양시라고 한다. 시각 15°가 1시간에 상당한다. 진태양시와 평균태양시와의 차이를 균시차라고 한다. 진태양시에서는 남중시를 0시로 하므로 시각은 관측점의 경도에 의해 차이가 발생한다. 그 차이는 15°에 대하여 1시간이다(그림 7). 우리나라에서는 동경 135°를 기준으로 하고, 여기서의 평균태양시를 한국표준시라고 한다. 일본 표준시와 같은 시간대이다.

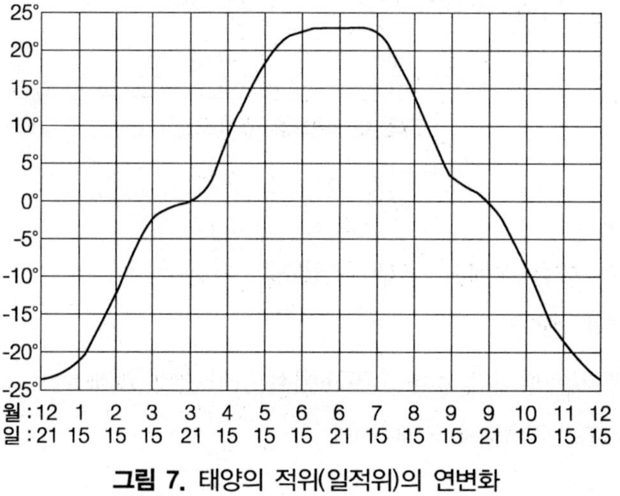

그림 7. 태양의 적위(일적위)의 연변화

동경 L도 지점의 평균태양시를 Tm, 진태양시를 T, 한국표준시를 Ts, 균시차를 e로 하면 다음과 같은 관계가 있다(그림 8).

$$T-Tm=e$$

$$Tm=Ts+(L-135°)/15°$$

$$T=Ts+[(L-135°)/15°]+e$$

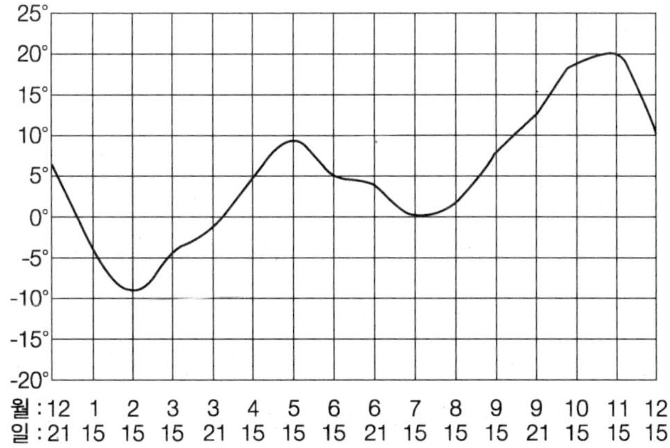

그림 8. 균시차의 연변화

③ 태양직사광의 조도예측

태양직사광의 조도예측은 장치의 설치대수, 설치위치를 결정하는 중요한 요소이고, 컴퓨터에서 광로추적법을 이용하여 이루어지고 있다(그림 9).

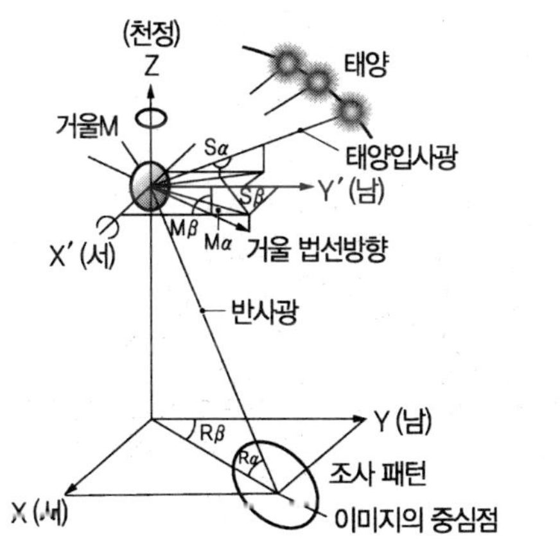

Sα : 태양고도각, Mα : 거울고도각, Rα : 반사고도각
Sβ : 태양방위각, Mβ : 거울방위각, Rβ : 반사방위각

그림 9. 동작 모델

직사일광의 법선조도 En은 다음 식에서 구한다.

$$En = Eo \cdot P^{n}\ (lx)$$

여기서, Eo : 대기외 일광법선조도 126,800 lx

p : 대기투과율

n : 광학적 공기량

2) 덕트방식 채광장치

고반사율의 박판경을 사용한 도광덕트에 의해 주로 천공산란광을 효율적으로 실내로 유도하는 장치이며, 수평형과 수직형의 2가지가 있다(그림 10).

채광부(採光部)·도광부(導光部)·방광부(放光部)의 3가지 유닛에 의해 구성된다. 야간·우천시에는 인공조명에 의해 조명한다. 덕트의 실용적인 길이는 10m 정도이다.

수평형 채광덕트의 전 길이는 약 10m까지 연결가능하다. 우천시, 야간에는 조명스위치를 켜면 모터에 의해 가동반사판이 회전하여 형광등(20W 5등 또는 32W 6등)이 점등한다. 설치방향은 남 또는 동면(태양광을 차폐하는 것이 없을 것)이다.

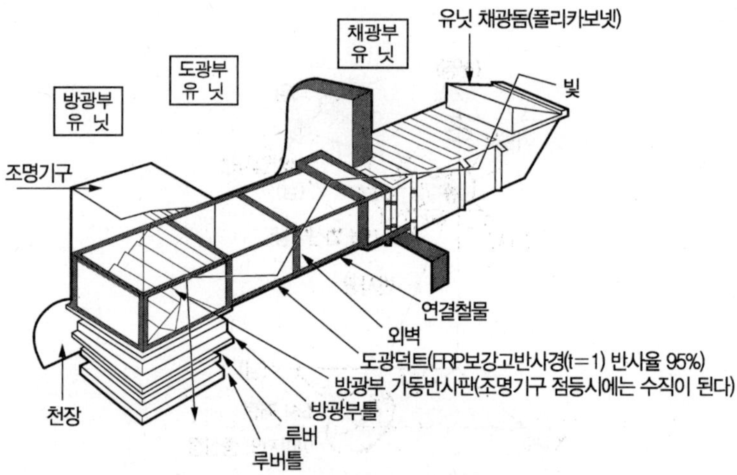

그림 10. 덕트방식 채광장치의 구성

6. 태양광채광시스템의 개요와 특징

태양광채광시스템은 채광부와 거기에 부수하는 태양추적장치, 전송부, 조사부의 3부분으로 구성되어 있다.

(1) 채광부

채광부에는 반사경, 프리즘 또는 렌즈의 어느 것이 사용된다.

1) 반사경방식

이 방식은 평면경이나 곡면경을 이용하여 태양광을 반사하고, 필요에 따라 이차 반사경 등을 사용하여 소정의 장소에 태양광을 들여보내는 방식이다.

빛의 전송은 공기중을 통하여 직접 이루어진다. 비교적 장거리의 조사도 가능하다.

집광부와 조사면과의 거리는 30m 이내가 바람직하다고 한다. 또한 장거리가 되는 경우에는 조사하고자 하는 장소에 빛을 정확히 유도하는 설치 정밀도가 시공의 포인트가 된다.

반사경의 원리상 태양고도가 높으면 거울의 수광면적이 작아지기 때문에 태양고도가 높은 하계나 남중시의 채광량은 저하한다.

2) 프리즘방식

반사경방식에서 태양고도에 의해 채광량에 변화가 나오는 것을 보완하기 위하여 2매의 평판프리즘을 조합시켜 그것을 별도로 제어하는 것이며, 많은 빛을 바로 아래에 굴절시키는 방식으로 규격품이 천창용의 틀에 부착된다. 비교적 채광량은 크고, 리모컨 조절에 의한 2단계 전환·조광기구 딸림이다.

3) 프리즘·반사경병용방식

전 반사 프리즘 시트에서 입사한 태양광을 시트면의 프리즘에서 식하방향으로 전송하고, 수평방향의 빛은 평면반사경에 의해 직하에 반사하는 방식이다. 이 방식은 반사경방식에서 태양고도에 의한 채광량의 변화가 적고, 대용량의 광량을 전송할 수 있고, 직선적인 장거리조사·단거리조사의 어느 것이나 가능하다.

4) 렌즈방식

凸렌즈를 사용하여 빛을 농축하여 집광한다. 렌즈는 항상 태양에 정면으로 향하도록 제어되므로 태양고도의 영향은 받지 않는다. 또한 렌즈는 빛의 파장에 의해 결합하는 초점위치가 다르므로 그 성질을 이용하고, 녹색을 중심으로 한 가시광만이 초점을 연결하도록 조절하여 자외선이나 적외선을 미리 배제할 수 있다. 그런 까닭에 반대로 고려하면 자외선이나 적외선을 모으는 기술도 가능성이 있는 것이다.

또한 전송로나 전송거리의 제약이 거의 없어 설계의 자유도가 높아지는 것도 이 방식의 특징이다.

(2) 추적제어장치

태양광채광 시스템은 채광방식의 다름은 있지만, 모두 태양의 자동추적장치를 갖추고 있고, 태양의 방위, 고도를 정확히 포착하여 태양의 위치에 관계없이 채광하도록 고안되어 있다. 태양의 추적제어장치에는 다음의 방식이 있다.

① 광센서에 의해 태양의 위치를 확인하면서 제어하는 형식
② 설치장소의 위도·경도와 시각에서 컴퓨터에서 태양위치를 산출하는 프로그램방식
③ 상기 2가지 방식을 병용하는 형식

①의 센서방식에서는 태양이 구름에 가리워지면 그 위치에서 정지하고, 다시 태양이 나타난 시점에서 추적을 재개하기 때문에 다소의 시간적 손실이 발생한다.

이 점에서, ②의 프로그램방식과 ③의 병용방식은 태양이 가리워지는 동안도 추적을 계속하고 있으므로 다시 태양이 나타난 곳에서 곧 채광을 재개한다. 또한 일몰 후에는 자동적으로 다음날의 일출에 대비하여 채광부의 방향을 변경하도록 되어 있기 때문에 일단 설치하면 인간의 조작은 불필요하게 된다. 다만, 프로그램방식은 태양의 위치를 항상 계산할 필요가 있고, 정전에 대비한 백업 전원의 축전지도 필요하다. 추적을 위한 채광부의 구동방법은 어느 방식에서도 에너지 절약적인 설계가 이루어지고, 소형 모터를 사용하여 AC 220V에서 수 와트정도의 작은 동력으로 작동하고, 그 중에는 태양전지를 이용한 것도 있다.

(3) 전송부

채광한 태양광은 공기중 또는 케이블 등의 매체중을 전송한다.

① 공중전송방식에서는 채광부의 단면적과 같은 정도의 단면적으로 차단되지 않는 직선로가 필요하다.

② 광파이버 케이블을 사용하는 방식에서 전송로는 곡선에도 양호하고, 기둥이나 보에 방해되지 않는다. 케이블이 통하는 가는 관로가 확보된다면 OK이다.

광파이버 케이블을 사용하는 방식에서는 미리 건물 내부에 배관하는 편이 시공에 편리하다. 그 점에서 공중전송식은 특별 공사의 필요는 없으나 빛의 조사하는 방향을 변경하는 경우에는 반사경을 부착할 필요가 있다.

(4) 조사부

산광부에 많은 종류가 있는 것은 광파이버를 전송로로 사용한 것이며, 스폿라이트(천장매입형, 스탠드형)에서, 다운라이트, 천장부착형으로 방 전체를 조명하는 벌집형의 조사기구 등이 있다. 공중전송식의 것은 일반적으로 특별 조사기구를 이용하지 않지만, 배광판에 의해 빛을 확산시키고 있는 것도 있다.

(5) 도입의 포인트

태양광채광시스템은 자연의 혜택인 태양광을 간단히 전송하여 실내나 그늘에서도 태양광을 즐기는 것에서 이용범위는 매우 크다고 할 수 있다. 그러나, 「태양이 나와 있을 때」에 한정된 장치이고, 야간, 흐린날, 비오는 때에는 기능하지 않는다. 따라서 건물 내에서의 생활이나 이동, 집무 등을 위한 통상의 조명계획과는 전혀 별개로 고려하거나, 병용시키든가, 명확히 하여 사용하는 설비라는 것이 전제가 된다. 또한 태양광채광시스템을 규제하는 법규는 현재 없다.

도입의 검도에 있어 포인트가 될 수 있는 사항을 아래에 든다.

- 채광부에서 일조와 전송로의 확보
- 전송로에이 제한 여부
- 조사 범위 주변의 빛환경 조사
- 조사되는 빛의 질에의 요구
- 조사부의 디자인이나 기능에의 요구

- 어느 정도의 예산 확보
- 광량과 조사면적

엄밀한 빛의 질과 조사부 기기의 디자인을 요구하지 않고, 거실이나 아트리움 등에 햇볕이 요구되는 경우, 직선적인 전송로가 얻어지면 반사경방식 및 프리즘, 반사경병용방식이 공사도 간단하다. 또한 프리즘방식은 종래의 톱라이트 감각에서 설치할 수 있고, 실내에 밝은 태양광을 얻고 싶은 경우에 적합하다.

한편, 전송로의 구부러짐이 많고, 차폐물이 있는 등 공중전송로의 확보가 어려우면 렌즈집광의 광파이버방식을 선택할 수밖에 없다. 또한 예를 들어 전송로를 용이하게 확보할 수 있더라도, 스폿라이트나 다운라이트 등 조사부의 디자인이나 조사배광을 고안하고자 하는 경우에는 광파이버방식으로 한다. 어느 것이나 목적과 설치조건에 따라 결정하지만, 각각 방식의 특징을 활용하여 검토하여 케이스마다 선택한다.

2-2 단열 공법

건축물의 구조체, 간막이벽, 바닥, 가구 등은 온도의 상승과 하강에 따라 흡열, 방열을 할 능력이 있다. 건물을 외부에서 모두 피복하면 건축물의 열손실이 대폭적으로 줄어들어 상대적으로 열용량이 두드러지게 커져 난방을 멈춘 후에도 건축물의 구조체나 간막이벽, 바닥이나 가구 등에서 방열, 방랭하여 복사난방효과로 실온이 장시간에 걸쳐 유지되는 것이다. 단열재는 열을 차단하는 능력은 있지만, 열용량은 거의 없다. 건축물에 두꺼운 단열재를 충전하여 시공되었다고 하더라도 건축물의 열용량이 증가하는 것은 기대할 수 없다. 오히려 단열결손부분을 만들지 않는 것이 중요하다. 단열결손부분(단열재를 충전하지 않은 부분)이 많은 건축물에서는 그 부분에서 일어나는 열손실에 의해 상대적으로 실내 각부의 열용량이 감소하고, 난방을 멈추면 실온이 급격히 내려가게 된다.

최근의 유행으로 도심지역에서는 외피에 유리벽면을 다용하는 건물이 증가하고, 가로에 투명감이 있는 현대적인 경관을 창출하고 있다. 이와 같은 유리벽면의 증가는 경관 변화뿐만 아니라 가로공간의 열환경에도 변화를 가져온다. 건물외피는 경관디자인 또는 외계의 부석설한 기후조건에서 건물 내부를 유지하는 역할을 담당하도록 설계되지만, 가로공간에 대한 이 열적 영향력을 계획하면 가로의 열환경을 적절한 방향으로 조절하는 기능을 담당할 수 있을 것이다.

1. 단열공법의 종류

쾌적한 주거환경을 확보하는 데에는 추위나 더위의 침입을 차단하기 위하여 내부와 외부를 구분하는 명확한 단열구획이 중요하다. 기둥이나 보에서 단열재가 분단되는 부분이나 상하 환기구에서 냉기나 습기가 바닥밑으로 침입하는 주택, 바닥밑 통기불가로 시공되지 않은 주택에서는 바닥밑에 침입한 냉기는 바닥면을 차갑게 할 뿐 아니라 간막이벽의 안을 전도하여 실내에도 침입한다. 여름에 50～60℃로 상승하는 천장속의 열은 복사열이 되어 2층의 거실에 전달된다. 단열구획이 애매한 단열공법에서는 단열재를 두껍게 충전하더라도 큰 단열효과는 기대할 수 없다. 하나의 주택 안에 외부 환경의 영향으로 실내 온도가 고르지 못하고, 단열재가 분단되는 부분은 국소적으로 단열성능이 현저히 저하하여 벽내부 결로를 유발하는 큰 원인이 된다. 에너지 절약적인 쾌적한 주택을 만들기 위해서는 명확한 단열구획을 시공할 수 있는 공법이 유리하다.

건축물의 단열공법에는 대별하여 「내단열공법(충전공법)」과 「외단열공법(외장단열공법)」, 외단열(이중단열)공법의 3가지 공법이 있다. 외단열의 경우에 단열재로 피복된 콘크리트 구조체는 콘크리트의 큰 축열성이 활용되어 1년을 통하여 실온에 가까운 안정된 상태를 유지하여 콘크리트의 온도변화는 작다. 이 축열된 콘크리트가 실온에 크게 기여하여 에너지의 유지관리비를 억제한다.

한편 내단열의 경우에 콘크리트 구조체는 외기온의 영향으로 여름과 겨울, 아침과 저녁의 온도차를 정면으로 받아 콘크리트가 팽창·수축을 반복한다. 그 결과 콘크리트의 열화가 진행한다.

① 내단열공법 : 기둥이나 사잇기둥, 보, 가로재 등의 구조체 사이에 단열재를 충전하는 것으로 단열재가 분단되어 단열구획이 애매하게 되기 쉬워 단열재의 결손부분을 만들고, 건물의 열용량이 상대적으로 저하하여 기밀성이 높은 주택으로 시공하여도 기둥이나 보에서 단열재가 분단되는 부분에서 겨울의 냉기나 여름의 더위가 전해지기 쉬워 단열효과가 낮아지고, 벽내부에 결로를 유발할 위험성도 있다. 또한 바닥이나 천장에 단열하여 바닥밑이나 천장속은 외부환경으로 단열구획한다.

② 외단열공법 : 기둥이나 보 등의 구조재 외측에서 기초, 외벽, 지붕과 틈새없이 연속하여 단열재로 피복하는 단열구획을 만드는 것으로, 단열재의 결손부분을 만들지 않는 것에서 건물의 열손실이 감소하고, 상대적으로 건물의

열용량이 커지는 공법이다. 기초의 외주나 지붕을 단열재로 피복하고, 천장 속도 바닥밑도 방의 일부로 고려하여 단열을 구획한다.

③ 이중외단열공법 : 단열재를 충전하여 외벽을 유지하는 외단열공법에서는 외벽을 안전하게 유지하기 위하여 사용할 수 있는 단열재의 두께는 5cm 정도로 한계의 두께가 있다. 이 이상 두꺼운 단열재를 사용할 수 없어 단열성능에도 한계가 있다. 또한 쾌적성능의 주택을 위해서는 단열재를 추가할 수 있는 부분은 벽내부의 공간이다. 이중외단열은 이 공간에 단열재를 추가하여 외단열공법의 약점을 보완하여 단열성능을 향상시킨 공법이다. 성능이 높고 에너지절약성이 높은 쾌적한 주택을 실현할 수 있다.

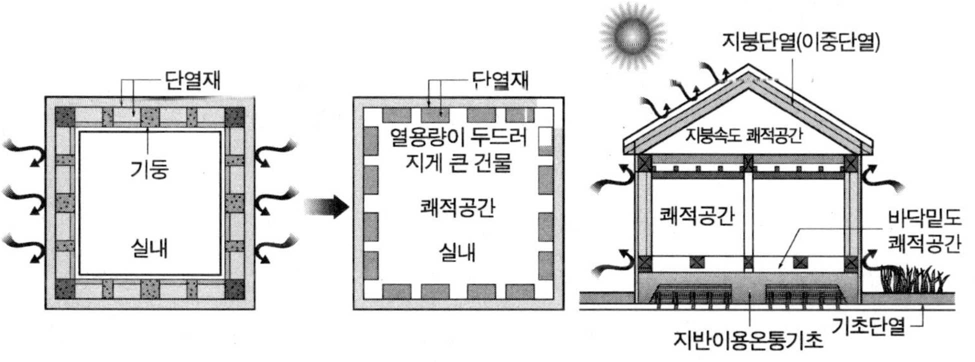

그림 1. 기둥의 외측에서 단열재로 피복하고, 벽내에 단열재를 충전하는 공법

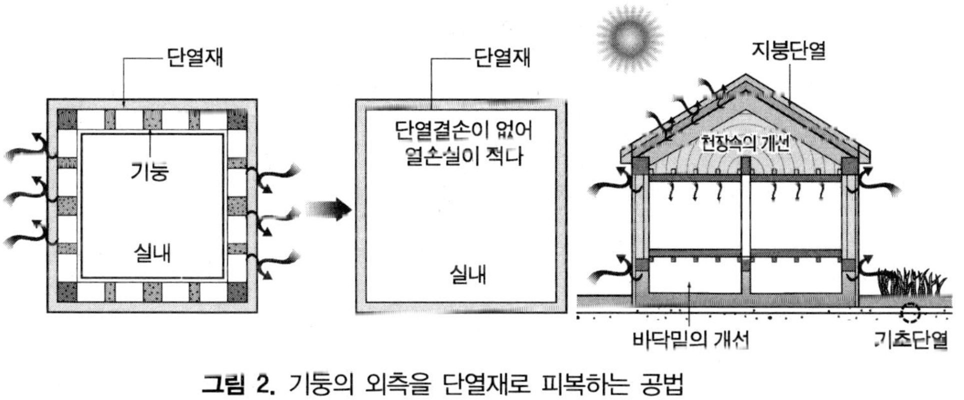

그림 2. 기둥의 외측을 단열재로 피복하는 공법

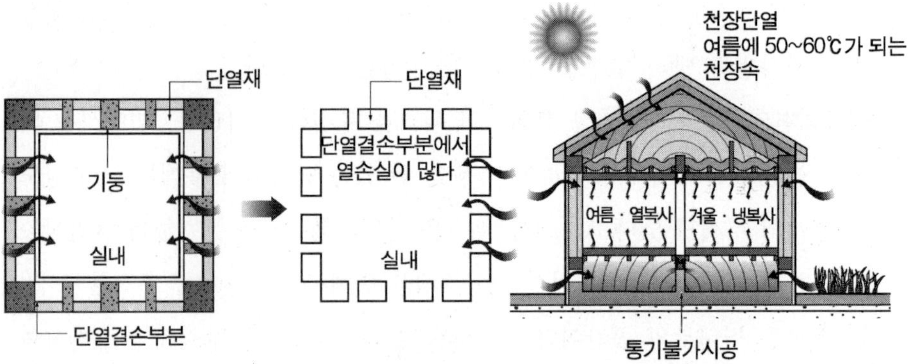

그림 3. 기둥과 기둥 사이에 단열재를 충전하는 공법

2. 외단열공법의 개념

건축물에 사용되는 막대한 양의 건자재는 그 외측을 단열하는 것이며, 매우 큰 에너지를 가진 축열재로 본 것이다.

외단열(External wall insulation)은 건물 단열층의 위치 또는 그 공법을 가리킨다. 주로 콘크리트 구조물 등 열용량이 큰 건물의 외측에 단열층을 설치하고, 건물을 외기로부터 단열하여 건물에 저장된 열(또는 냉각한 상태)을 손실되지 않도록 하는 방식이다. 이와 같이 외단열공법이란 콘크리트조나 석조와 같이 중량이 있고 열용량이 큰 건축물의 외측에 연속하여 두꺼운 단열재로 피복하는 공법이다. 결국 콘크리트의 건축물을 「단열재로 전체를 피복하는 공법」이다.

축열성이 있는 콘크리트의 구조체가 실내측의 온도변화를 작게 하기 위하여 겨울의 추위나 여름의 더위로부터 거주자를 지킨다.

단열재뿐만 아니라 고성능 창유리나 새시 그리고 환기시스템과 조합시켜 사람도 건물도 「건강·쾌적·에너지절약·장수」의 이상적인 거주공간을 창출할 수 있다.

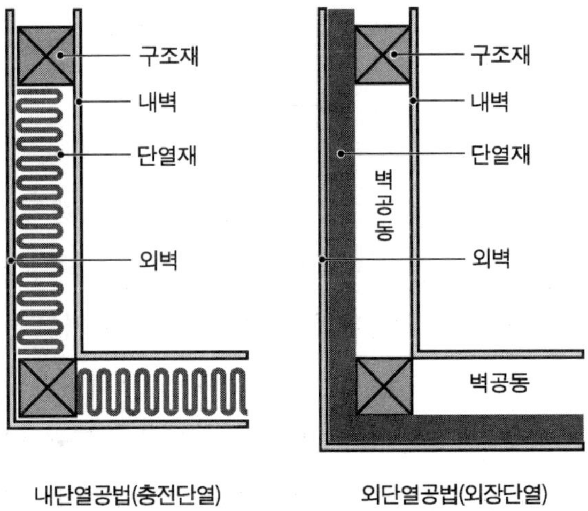

그림 4. 내단열공법과 외단열공법

3. 외단열공법의 종류

외단열공법에는 대별하여 2종류의 공법이 있다.

1) 습식공법

콘크리트 구조체에 단열재를 장착하는 공법이다. 외벽을 단열재로 지지하게 되기 때문에 외벽재에는 경량인 것이 요구된다. 또한, 통기층이 없으므로 단열재, 외벽재에는 투습성을 지닌 소재가 필요하다. 외단열 선진국의 독일에서 가장 많이 채용되고 있다. 드라이비트공법, 시트공법 등이 있다.

2) 건식공법

콘크리트 구조체에서 지주를 돌출하여 외벽을 지지하는 공법이다. 습식공법과 비교하여 외벽재와 단열재에 제한이 작은 반면, 초기비용이 올라가는 경향이 있다. 또한 형상이 복잡한 건물에서는 철저한 단열시공이 어렵고, 디자인적 제약이 비교적 크다. EV외단열공법 등이 있다.

4. 외단열의 특성

건물이 단열재에 에워싸이기 때문에 구조체가 외기의 한란으로부터 지켜지는 동시에 큰 열용량에 의해 건물의 온도변동이 줄어들고, 실온이 쾌적한 환경으로 유지된다. 동계에도 외벽은 실온에 따라 높은 온도로 유지되기 때문에 동계에 발생하는 벽에서의 결로가 일어나기 어렵고, 곰팡이나 진드기의 발생을 방지할 수 있다. 또한, 일사열에 의한 콘크리트의 팽창수축이 감소하여 구조체의 열화 방지가 약해지거나, 풍우에 직접 부딪치지 않으므로 빗방울의 콘크리트에의 침입을 막아 철근의 부식방지에도 이어진다. 이 결과 내단열건물에 비하여 건강하고 쾌적하며 장수명의 건물을 용이하게 시공할 수 있다. 다만 일반적으로 외단열은 내단열보다 훨씬 고단열 건물이고, 외단열의 특징 대부분은 고단열에 의한 점이 많다.

내단열공법에서는 실내 수증기가 내단열재 내부에 투습할 때 실온보다 낮은 콘크리트 부분에 접한 단열재에서 노점온도가 되었을 때 수증기는 물로 변하여 결로한다. 또한 결로가 발생하더라도 벽의 표면습도가 80% 이상의 상태가 3시간 이상 계속하면 곰팡이가 발생한다. 결로는 곰팡이·진드기의 발생을 조장하여 아토피나 천식 등 알레르기 원인의 하나가 되고 있다.

따라서 「겨울은 실내의 습기가 많기 때문에 결로를 일으킨다.」가 아니라 실제는 실내가 건조함에도 불구하고 외벽측의 온도가 낮아 외벽내측의 상대습도가 높아져 있기 때문에 결로가 일어난다. 결로의 원인은 거주자의 거주방식이 아니라 오히려 건물에 있고, 그 건물의 단열방법의 잘못에 의한 것이다.

외단열공법은 구조체의 외측에 단열재를 배치하는 단열공법이다. 유럽과 미국에서는 콘크리트 건조물의 표준적인 단열공법으로 독일·북유럽을 중심으로 석유위기를 계기로 수십년 전부터 사용되고 있다. 한국에서는 내단열공법이 표준적으로 사용되어 왔는데, 최근 외단열공법에의 주목이 높아지고 있다.

외단열공법에서는 실내의 수증기가 외측으로 향하여 이동하지만, 투습저항이 큰 콘크리트의 벽이 있기 때문에 실내측의 수증기는 그곳에서 흐름을 멈춘다. 이 때 콘크리트의 온도는 실내온도의 영향으로 결로는 발생하지 않는다.

외단열공법의 건물은 내단열공법의 건물에 비하여 내부결로가 발생하기 어려운 구조가 된다. 또한 내장은 불필요하며 그 때문에 VOC(휘발성유기화합물) 등을 발생시키는 원인이 없다. 일단 결로가 발생하면(벽의 내부나 장롱의 뒤 등 눈에 보이지 않는 경우에는 문제이다) 공중에 부유하는 균이 수분을 영양으로 번식한다. 그 균이 증식하여 곰팡이가 되고, 이 곰팡이를 매개로 하여 진드기가 번식한다. 이 진드기는 뛰어난 알레르겐(Allergen)이다.

결로장소를 닦은다든지, 환기하는 것은 대처요법이지 근본치료는 아니다. 근본적으로는 건물을 결로하기 어려운 구조로 하는 것이 중요하다. 거기에는 외단열공법의 건물이 최적으로 검토된다.

외단열공법의 건물에 거주하는 것은 결로와는 거의 관련 없는 생활을 보장한다. 결국 체질적으로 아토피 소인이 있는 사람에 대해서도 아토피성 피부염에는 관련 없는 생활을 할 수 있다는 것이다.

알레르기성 질환은 그 이외에 예를 들면 음식물이나 유전저 요소기 직용한다. 또한 온도나 습도나 환기량 등 거주환경의 상태에서 건강이 좌우된다. 어느 경우에도 건강하게 생활할 수 있는 최적 거주환경의 조건으로 외단열공법의 건물은 유효하다는 인식이 중요하다.

내단열의 벽은 외기온의 영향을 받아 바닥 콘크리트에서 열교가 나타난다든지 결로의 원인이 되어 발코니 바닥에서 열교에 의하여 실내에 결로가 발생한다. 외단열에서는 발코니와 건물을 분리시켜 열손실을 최소로 하고 있다(그림 5~6).

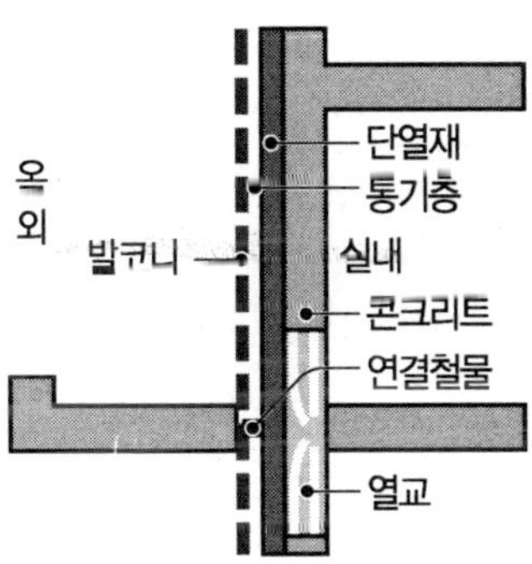

그림 5. 외단열의 발코니

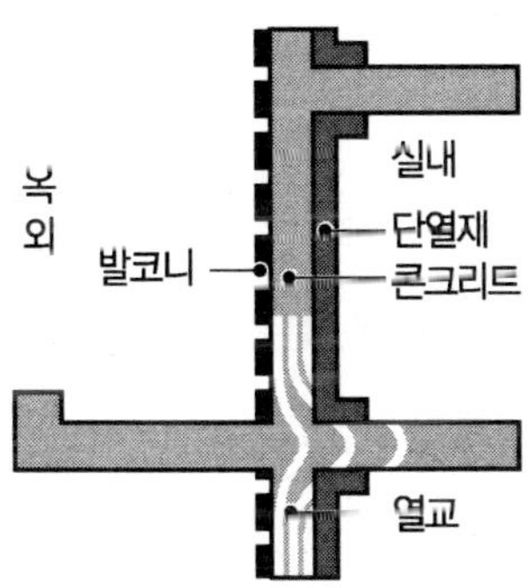

그림 6. 내단열의 발코니

5. 외단열과 내단열의 비교

건물에 사용되는 글라스울이나 로크울 등 섬유상의 단열재를 기둥과 기둥 사이에 충전하는「내단열(충전단열)」공법은 현재에도 신축주택의 대부분에 채용되고 있다. 이에 대하여 벽공동을 남긴 채로 기둥의 외측에 판상의 단열재를 중단하지 않고 붙이는「외단열(외장단열)」공법이 있다.

외단열과 내단열을 비교하면 다음과 같은 특성이 있다.

① 단열성능

단열성능은 어디까지나 단열재의 종류와 두께에 의해 결정된다. 다만 단열재를 두껍게 하여 고단열화를 계획한 경우 내단열으로는 실내가 좁아지는 등의 물리적 한계나 시공방법의 문제가 있고, 결과적으로 고단열=외단열이 된다.

② 열용량

내단열과 비교하면 열용량이 커서 온도변동이 어렵다고 하는 경우가 많은데, 콘크리트조건물을 예로 들면, 열용량은 지붕, 바닥, 내벽, 외벽이 지니고 있지만, 지붕은 외단열로 하는 경우가 많고, 단열층의 위치가 다른 것은 외벽뿐이고, 외벽도 실제에는 대부분이 개구부이기 때문에 열용량의 차이는 개구부를 제외하고 외벽부분만으로 보는 것이 옳다. 다만, 외벽에서는 콘크리트의 열용량 크기가 건물 내부에 영향을 주기 때문에 내측에 단열을 하는 경우 그 악영향을 고려할 필요가 있다.

③ 실온

외단열이라기 보다 실제에는 고단열인 것이 이유이지만, 실온 변동이 작고, 또한 동계에도 높은 실온을 확보할 수 있어 매우 쾌적한 환경이 유지된다. 다만, 실온이 높다는 것은 습도가 낮아져 건조하기 쉽기 때문에 적절히 가습을 할 필요가 있다.

④ 결로

내단열로 이루어진 건물에서도 24시간 상시 환기를 하는 등의 배려를 하여 결로를 억제할 수 있으나, 외단열의 경우 단열층이 구조체 외측에 있으므로 벽의 온도가 실온에 가까워지고, 이론적으로도 동계의 결로발생은 매우 일어나기 어렵다.

⑤ 건물의 장수명화

일반적으로 구조체의 팽창수축이 감소하고, 구조체가 장수명화된다고 하는데, 실제 비교된 데이터는 적다. 또한 건물의 사회적 수명에서 지금까지는 훨씬 짧았으므로 장점을 느끼기 어려운 측면도 있지만, scrap and build가 개선되고, 스톡형 사회의 이행을 추진하고 있는 가운데 금후의 기대는 크다. 다만 구조체의 장수명화는 진행되는 한편, 외장재의 팽창수축은 반대로 커지기 때문에 기후변화에 순응성이 높은 외장재를 이용하는 등의 처치는 필요하다.

목조 재래축조공법의 경우 내단열과 외단열을 비교하면 표 1과 같다.

표 1. 목조 재래축조공법의 경우 내단열과 외단열의 비교

	내단열공법(충전단열)	외단열공법(외장단열)
단열부 (바닥·벽)	 기둥과 기둥 사이에 충전한다 (벽의 내부에 단열한다)	 기둥의 외측에 붙인다 (벽의 내부는 비어있다)
단열부 (지붕)	 천장 (지붕속은 실외로 취급한다)	 지붕 (지붕속도 실내공간이 된다)

	내단열공법(충전단열)	외단열공법(외장단열)
단열부 (기초)	 바닥 (바닥밑은 실외로 보고 환기한다)	 기초 (바닥밑도 실내로 본다)
단열재	글라스울 로크울 (섬유상 단열재)	폴리스틸렌폼·우레탄 외 (판상 단열재)
단열의 연속성	기둥이나 토태 등의 구조체로 중단된다	기초에서 지붕까지 중단하지 않고 계속해서 단열한다
내벽벽체내 통기	 취급하기 어렵다 (단열재가 막고 있기 때문이다)	 취급하기 용이하다 (벽의 내부에 공동이 만들어진다)
단열성능	확보하기 어렵다 (섬유상 단열재의 열전도율이 높기 때문이다)	확보하기 용이하다 (판상 단열재의 열전도율이 낮기 때문)
기밀성능	확보하기 어렵다 (단열재의 실내측에서 기밀층을 설치할 필요가 있는데 시공이 어렵다)	확보하기 용이하다 (기둥보다 외측에서 기밀층이 만들어 지기 때문에 시공하기 용이하다)
축열성능	낮다	높다
장마시 실내습도	습도가 높아지기 용이하다	저습도를 유지하기 용이하다
장마시 목조부 습도	높다 (외기에 면하여 있기 때문이다)	낮다 (외기에 면하지 않는다)
동계실내습도	정상 (기밀성이 높고 건조)	건조하기 쉽다
동계목조부 습도	정상	건조하기 쉽다
환기효율	낮다	높다
쾌적온도대	하계 낮고, 동계 높다	하계 높고, 동계 낮다

	내단열공법(충전단열)	외단열공법(외장단열)
지중온도이용	불가능 (바닥밑은 실외로서 외부에 개방되어 있기 때문에 지중열을 실내에 도입하지 못한다)	가능 (기초 외측에서 단열되어 있기 때문에 지중열을 실내에 도입한다)
실내온도차	크다	작다
에너지절약성	낮아지기 쉽다	높다
시공성	문제 없다	숙련이 필요하다

6. 외부단열재(Outsulation) 공법의 특징

습식외난열공법(EIFS)에 대하여 세계적으로 가장 보급된 미국 Dryvit社의 외부단열재(Outsulation)공법의 예이다. 「Outsulation」이란 단열재를 나타내는 「Insulation」을 외측단열재라는 의미에서 표현한 조어로 미국 Dryvit社의 상품명이다. 단열재, 보강섬유, 초벌재, 마감재들로 구성된 것으로 영어 'dry'와 불어 'vit(quick)'의 합성어로 '빨리 마른다'란 뜻을 지닌 현대식 '외벽단열 및 마감공법'의 대명사로 현장에서 시공한다. 또한 영어에서는 외단열공법을 EIFS(Exterior Insulation and Finish Systems)이라 하고, 표준적인 건축용어로 사용되고 있다.

1970년대부터 미국에서의 건축시장에서는 건물의 고층화 그리고 사회 인프라의 증대와 아울러 많은 현실적인 문제도 부상하여왔다. 즉 토지취득비용, 건설코스트, 건물운영비용, 인건비, 에너지비용, 유지관리비용 등이다. 그와 같은 시대요구에 부응하는 Dryvit社의 Outsulation공법은 「저코스트」, 「경량」 「용이한 건축공법」으로서 신축뿐만 아니라 오래된 건물의 개수에 적극적으로 이용되고, 현재에는 가장 보급된 빌딩외벽공법이 되었다(기본공법은 1950년대에 독일에서 개발되었지만, 1969년에 Dryvit社가 미국에 도입했을 때 지진이나 태풍 그리고 혹독한 한파나 자외선 등 광대한 미국권이 건축요구에 부응하여 대폭 개량되어 현재에 이르고 있다).

동 공법은, ① 단열 EPS(발포폴리스틸렌 보드) 자체와, ② 단열재의 밑바탕 구조체에의 접착층, ③ 단열재 보호를 위한 수지접착 모르터(유리섬유보강메시 일체

구조), ④ 미장과 내후성 보호를 위한 방호형 마감도장재의 4가지 공법부재에 의해 구성되어 있다. 건축현장에서 상기 4부재를 시공·형성하는 현장시공이 공법의 주류인데, 공장에서 프리훼브 패널이나 프리훼브 외벽(창 부착 벽패널)을 생산하여 건식으로 시공하는 공법이고, 고층화 대응이나 동계 대책·공기단축 등으로 이용되고 있다.

Outsulation의 특징은 다음과 같다.

투습형 접착모르터를 통하여 투습형 EPS단열재「드라이비트 보드」를 콘크리트 구조체를 포함하여 방내화구조로 인정된 각종의 밑바탕 구조체에 부착하여 보드 표면을 standard mesh로 보강한 투습접착 모르터로 피복한다. 수증기를 투과시키는 Finish coat로 마감하는「수증기 투과형」의 경제적인 외단열공법이다.

디자인 표현의 자유도의 높음이나 유지관리 부담의 경감 등의 특징 외에 세계적인 방화기준인 북미의 다층계방화시험을 통과한 높은 안전성을 갖추고 있다. 또한 경량이기 때문에 구조부담을 경감할 수 있고, 리모델링에도 유연하게 대응할 수 있다.

콘크리트 구조체를 축열체로 하는 에너지 절약 특성이나 결로방지에 의한 곰팡이나 진드기를 발생시키지 않는 건강한 실내환경의 유지, 외벽의 열화방지에 의한 건물의 내용년수 연장 등 외단열건축의 장점도 갖추고 있다.

1) 자유로운 디자인과 우수한 시공성

EPS단열재「드라이비트 보드」는 Cutter나 Hot Wires 등에 의한 절단가공이 간단하게 이루어질 수 있다. 또한 몰딩이나 눈금 가공 등 입체 가공도 가능하므로 설계자의 이미지를 그대로 형상화할 수 있다. 또한 시공성에서도 복잡한 현장조건에도 대응이 가능하다는 습식공법의 특장을 활용하여 디자인 측면이나 의장면에서의 고도한 요구에도 비교적 용이하게 대응할 수 있다.

2) 유지관리 비용의 경감

표면의 마감재는 얇은 도장으로도 충격에 강하고, 방화성, 내후성에 뛰어난 특수한 탄성수지 모르터를 채용하고 있다. 방진성능(DPR)과 곰팡이방지 기능(PRM)을 갖추고 있으므로 장기간에 걸쳐 아름다움을 유지한다. 지역성이나 주변환경의 차이에 상관없이 유지관리 비용이 그다지 소요되지 않으며, 장기간 미관이 확보된다.

3) 구조에의 하중부하를 경감

우수한 단열성능, 투습성능, 내후성을 갖추어 매우 경량으로 이루어져 있다. 두께 50mm, $1m^2$에서 약 5kg(구조체와의 접착수지 모르터의 중량은 포함하지 않고)이다. 또한 직접 구조체에 부착하는 공법이므로 외장을 위하여 특별한 가공도 불필요하며, 구조체에의 하중부하도 매우 작아진다.

4) 개장에의 대응이 용이

기존벽면에 직접 부착이 가능하므로 오래된 건물에도 간단히 단기간에 「외단열 리모델링」이 이루어진다. 공사는 기본적으로 실외에서만 이루어지고, 전동 드릴이나 전동 커트와 같은 소음을 발생하는 공구도 사용하지 않으므로 공사 중에도 건물은 외부 비계와 개구부의 공사양생 정도의 제한을 제외하고, 사용할 수 있다.

5) 통기층 수평재가 불필요

직접 부착하는 공법이므로 구조체와 외장재 사이에 통기층이 불필요하다. 수평재(벽을 부착하기 위하여 바닥과 수평방향에 들어가는 부재)나 외장재 부착을 위한 철물 등도 필요 없으므로 코스트의 삭감이나 공기 단축이 도모된다.

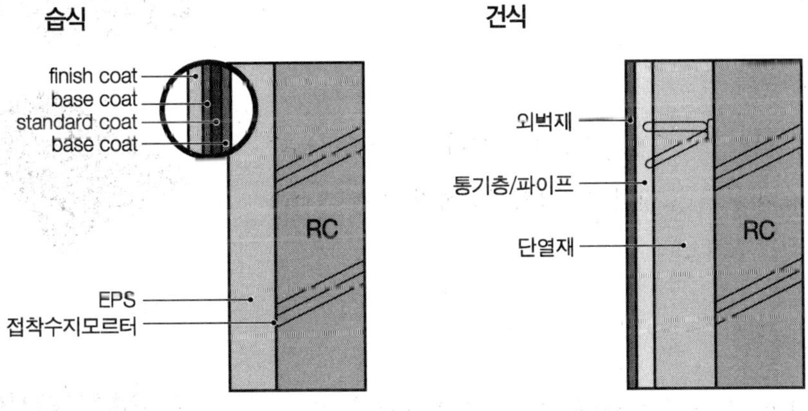

그림 7. 외단열의 습식과 건식 공법

6) 단열성과 투습성이 우수한 드라이비트보드

단열성이 높고 투습저항이 작은 고성능 EPS를 구조체의 외측에 부착하여 구조체(콘크리트)가 외기온의 변화에 좌우되기 어렵고, 콘크리트의 축열성능을 효과적으로 이용할 수 있다. 특히 동계에는 실내온도가 적온으로 안정하여 쾌적한 거주공간이 실현된다. 하계에는 차양 등을 설치하여 직사일광을 방지하여 냉방효과가 비약적으로 향상하고, 에너지절약의 건물이 실현된다. 또한 건물의 내부에서 외기로 향하는 수증기를 적절하게 배출하면서 외부에서의 빗물 등의 침입은 방지할 수 있으므로 결로 발생이 억제되는 동시에 건물의 수명도 연장할 수 있다.

7. 외단열공법의 시공순서

순서 1

플라스틱 용기에 Genesis(유연접착제)를 붓고, 시멘트와 혼합하여 접착 모르터를 만든다.

순서 2

최하단부나 처마안쪽부분, 개구부 주변 등에 Genesis 접착 모르터를 바르고, 보강용의 표준 메시의 단부를 부착한다.

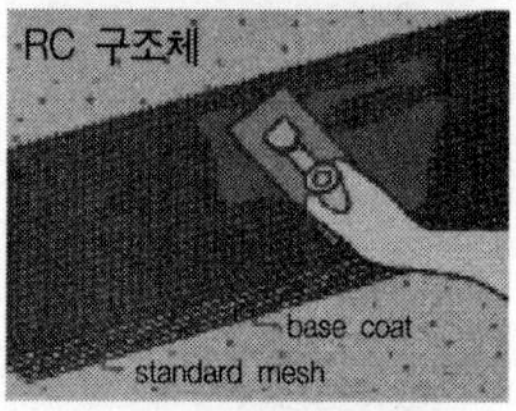

순서 3

드라이보드의 뒷면 전체에 빗살자국이 있는 쇠손을 이용하여 빗살자국 모양(가지런하지 않은 3 mm 미만)으로 바른다.

순서 4

드라이보드를 연속하여 수평으로 부착한다.

1) 평면부에는 벽돌 눈금 모양으로 부착한다.

2) 모서리 부분의 수직 조인트는 조인트 부분이 겹치지 않도록 한다.

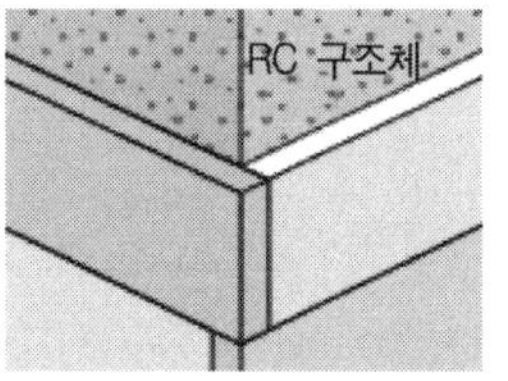

순서 5

드라이비트보드를 부착한 후 자(尺)(2~4열의 보드 길이)를 이용하여 벽 전체 표면이 평활한가를 확인한다(보드 부착 후 완전히 경화하기까지 최저 24시간의 양생기간이 필요하다).

순서 6

접합부에 틈새가 있는 경우에는 보드의 작은 조각을 매입하여 틈새를 없앤다.

EPS의 표면을 선팅하여 보드 전 표면을 평활하게 한다.

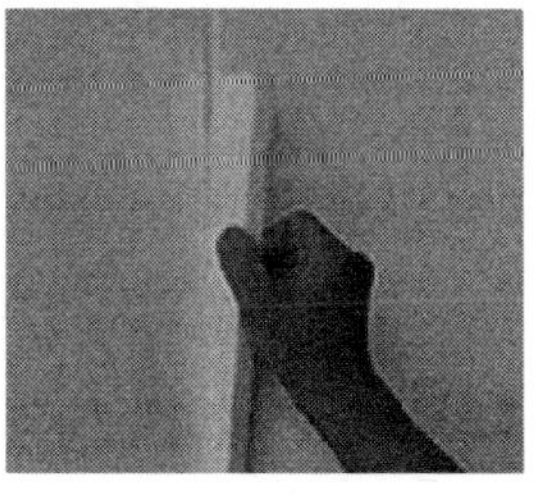

순서 7

표준 메시를 필요한 길이로 자른다. 드라이비트보드의 표면에 기본 개소를 쇠손으로 바른다. 이 때 기본 개소는 표준 메시의 크기보다 약간 넓게 바른다.

표준 메시는 각각 64mm 정도 겹치도록 한다. 다만 보상메시는 겹치지 않도록 한다.

표준 메시는 모서리까지 주름이 만들어지지 않도록 부착하여 완전히 바른다(표준 메시에 바른 후 완전히 경화·건조하기까지 최저 24시간의 양생기간이 필요하다).

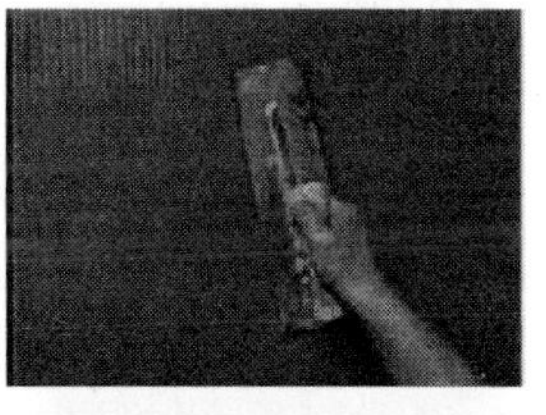

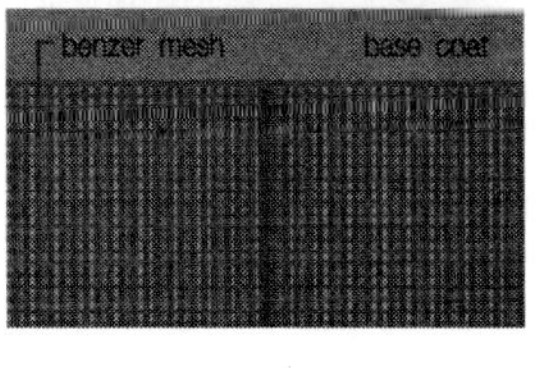

순서 8

기본 개소의 위에 쇠손을 사용하여 마감 개소를 시공한다.

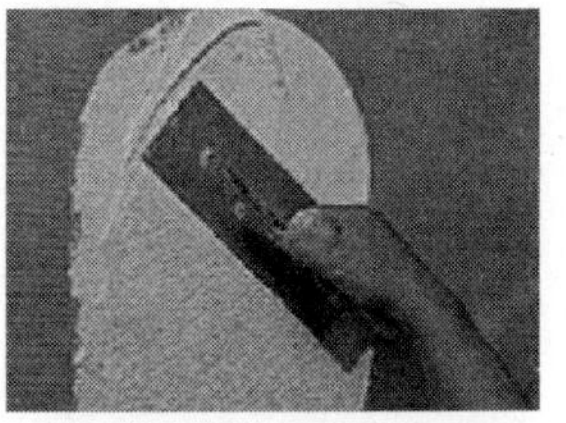

순서 9

쇠손과 같은 도구를 사용하여 균일한 표면 마감을 한다.

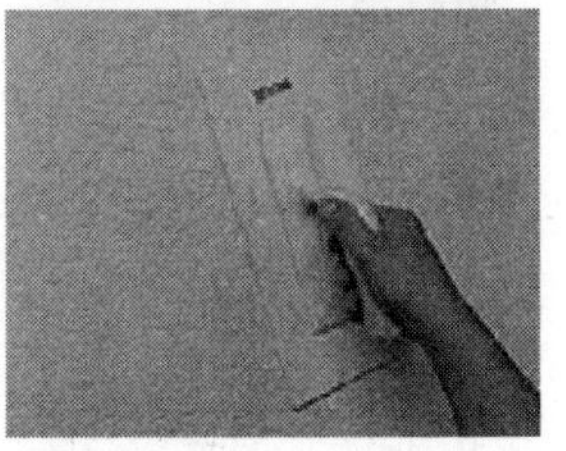

[주의사항]

① 기본 개소 및 마감 개소는 직사일광을 피하고, 기온+4℃ 이상으로 보존한다.

② 시공시의 기온이 +4℃를 하회하면 기본 개소가 경화 불량을 일으킨다. 기온이 +4℃를 하회할 때에는 즉시 시공을 중지한다.
시공 후에도 24시간 이상 또는 재료가 건조할 때까지 표면온도는 +4℃ 이상을 유지하도록 한다.

③ 24 시간 이내에 비나 눈이 내릴 가능성이 있는 경우에는 시공을 살피거나 시트로 양생하여 시공면을 보호한다.

2-3 실내공기환경

우리는 일상 주거나 직장생활 또는 통근·통학의 차량 등 실로 많은 시간을 실내공간에서 보내고 있다. 특히 식사나 수면, 가족과 함께 지내는 주거의 공기 질(IAQ : Indoor Air Quality)을 양호하게 유지하는 것은 건강하며 안전하게 생활하기 위한 중요한 요소이다.

최근 사람들이 실내에서 생활하는 시간이 많아지고 있으나, 환기부족, 실내오염물질 발생원 증가 등으로 실내공기오염이 심화되고 있다. 실내의 공기에는 인체에 유해한 오염물질이 포함되어 있어 "새집증후군" 및 "화학물질과민증" 등을 유발시켜 신체적·정신적 고통을 주거나 위해요소로 작용하고 있어 실내공기의 적정관리에 대한 요구가 점차 높아지고 있다.

실내공기오염은 건축물 내에 다양한 오염원(sources)과 VOCs, HCHO, 라돈, 석면, CO, CO_2, NO_2, O_3, 미세먼지(PM10), 병원성세균 등 유해한 오염물질(contaminants)이 존재하며, 각 오염원에서의 유해오염물질 방산정도(emission rate)가 실내외 환경조건, 적용 건축자재의 종류 및 공법, 환기설비의 특성 및 유형 등에 따라 큰 차이를 나타낸다.

화학물질은 그 편리성 때문에 우리의 일상생활 중에서 매우 널리 이용되고 있다. 화학물질의 사용은 건물의 품질을 크게 향상시키고, 거주환경의 대폭적인 개선에도 크게 공헌하였다. 그러나 약간의 부주의로 화학물질을 환경 중에 배출하면 화학물질에 의한 오염문제를 일으킨다. 현재 새집증후군 문제는 편리성에서 많이 이용된 화학물질이 초래한 부작용이라고 할 수 있다.

1. 새집증후군과 실내환경요소

(1) 새집증후군의 기원

1970년대 전반에 발생한 석유위기는 세계에 충격을 줌과 아울러 화석연료에 대표되는 지구자원에는 한계가 있음을 통감케 하였다. 그리고 이 사회적 사건을 계기로 에너지절약 사상이 선진제국을 중심으로 대두하기 시작하였다. 이 에너지절약 사상은 건축·주택분야에서 기밀·단열구조로 구현화하여 보급을 개시하였다.

그런데 건물은 기밀·단열이 되지만, 방의 내부에 사용되는 건자재·내장재의 상품설계는 구태의연한 채 에너지절약이라는 대의명분에서 환기장치를 떼어낸다든지, 설치하지 않았으니 그 결과는 어떠하겠는가.

1980년대에 들어설 무렵 구미 각지에서 사무소 근무자를 중심으로 신체에 이상을 호소하는 사람들이 발생하였다. 증상은 현기증이나 두통, 구역질, 어깨결림, 눈·코·목의 이상을 호소하는 등 여러 가지인데, 공통점은 사무소에 들어서면 증상이 발생하고, 밖으로 나가면 증상이 어느 새 없어지는 것이다. 이들 증상은「건물이 초래하는 질병과 같은 증상」이라는 점에서「새집증후군」(SHS : Sick House Syndrome),「새빌딩증후군」(SBS : Sick Building Syndrome)이라 불리게 되었다.

새집증후군의 원인으로는 2가지가 고려된다.

1) 환기장치 부재에 의한 실내의 환기량 부족

2) 호흡작용에 의한 실내의 일산화탄소의 농도상승 및 사무소 가구·건자재에서의 휘발성유기화합물 등의 화학물질발산

세계적인 진단기준으로 세계보건기구(WHO)에서 정한 새집증후군의 진단기준의 내용은 다음과 같다.

1) 눈, 코, 목의 자극증상, 점막의 건조감

2) 피부의 홍반, 가려움

3) 피로하기 쉬움, 두통, 신경성피로, 집중력저하, 현기증, 구토

4) 취각, 미각의 이상

5) 과민성의 반응(분비항진 등)

미국의 흉부의학학회의 연구 결과에 의하면 가슴의 작열감·압박감, 담배에 반응하기 쉬움 등도 추가하고 있다.

(2) 새집증후군의 배경

종래의 목조주택에서는 목재와 종이를 건축재료로 사용하였으나 신건자재가 많이 사용되는 현대주택에서는 특히 석유화학제품에서 새집증후군의 원인이 되는 인체에 유해한 오염화학물질이 대량으로 발생하고 있다. 이와 같이 폐쇄형 주택에서는 개방형 주택에 비하여 실내에서 발생하는 오염물질의 양이 증대하고, 자연환기량이 감소함에 따라 실내의 유해물질의 농도가 대폭적으로 높아지고 있다.

또한 건자재 이외에 생활용품에도 오염화학물질이 많이 사용되고 있다. 예를 들면 가구에도 대량의 접착제가 사용되고 있고, 방향제나 방취제, 방충제에는 인체에 유해한 오염화학물질을 발생시키는 성분이 함유되어 있다. 화장품이나 헤어스프레이도 예외가 아니다. 이러한 실내에서의 생활환경도 새집증후군 원인의 하나로 검토된다.

그런데 환기로 실내의 공기를 청정하게 한다는 고려는 실내의 공기에 비하여 외부의 공기가 청정하다는 전제에서 유효하다. 따라서 청정한 대기를 유지하기 위하여 세심한 주의를 기울일 필요가 있다. 외부에서 오염물질의 확산에 의한 농도의 저하는 매우 빠르고, 반대로 실내에는 많은 오염물질의 발생원이 있으므로 대개의 지역에서는 실내에 비하여 외기는 청정하다고 본다. 그러나 간선도로변이나 공장지대에서는 외기가 청정하다고 볼 수 없다.

화학물질과민증의 원인은 호흡이나 음식물을 통하여 체내에 축적되는 오염화학물질의 양은 사람에 따라 다르다고 한다. 체내에 축적된 오염화학물질은 세대간에서 농축되는 것으로 보고 있다. 결국 모친의 체내에 축적된 오염화학물질이 자녀에게 이어지고, 자녀는 살아가면서 어느 정도 오염화학물질을 축적한다면 최근 알레르기 체질의 사람이 증가하고 있는 것은 당연한 현상이라고 할 수 있다. 결국 알레르기 체질이 세대간에서 계승되고, 나중의 세대일수록 작은 양에서 알레르기 증상을 나타내게 될 가능성이 커진다.

(3) 실내환경요소

실내 환경에는 여러 가지 요소가 있다. 온도와 습도는 그 대표적인 요소이지만 이 외에 소음이나 밝기, 색채 등이 있다. 새집증후군에 가장 관련이 깊은 것은 공기질이다. 사람은 온도에 매우 민감하며 더울 때에는 냉방기를 사용하고, 추울 때에는 난방을 한다. 그렇지만 실내의 공기 질이나 오염에 대해서는 비교적 둔감하며, 공기가 상당히 더러워질 때까지 주의하지 않는다. 최근에는 끽연에 대한 규제가 강화되고 있다. 담배의 연기에는 2,000종류 이상의 화학물질이 함유되어 있다고 하는데, 담배에서 발생하는 오염물질에는 냄새도 포함되어 있으므로 사람이 비교적 지각하기 쉬워 고충의 기본이 된다. 한편 새집증후군의 원인이 되는 오염화학물질에는 무취의 것도 있어 신경 쓰지 않는 가운데 유해한 화학물질을 흡입하므로 주의가 필요하다.

단열성이나 기밀성능이 향상된 주택에서는 실내의 상하 온도차이나 실 사이의 온도차이는 줄어들어 쾌적한 온열환경을 이룰 수 있다. 적절한 환기를 행하지 않으면 실내의 공기는 오염되어 새집증후군의 원인이 된다.

실내 환경은 자연환경에서부터 사회·경제환경까지 여러 외적 요인의 영향을 받는다. 물론 주택의 성능이나 설비기기, 생활양식에 의해서도 환경은 변화하지만, 양호한 실내환경을 이룩하기 위해서는 외적인 요인을 포함한 다각적인 검토가 필요하다.

표 1은 실내에서 발생하는 오염물질과 주된 발생원을 나타낸다. 실내에서는 최근 문제가 되고 있는 휘발성유기화합물(VOC : Volatile Organic Compound)이나 포름알데히드(Formaldehyde) 이외에도 담배연기, 가스레인지나 스토브 등에서 발생하는 연소배기가스나 수증기가 발생한다. 실내에서는 다종다양한 오염물질이 발생하여 실내 공기를 더럽히고 있다. 인간도 실내환경을 악화시키는 대표적인 오

표 1. 실내공기오염에 관한 주요 오염요인

환경인자	오염요인
습기와 생물 (곰팡이, 진드기)	고습도상태, 저습도상태, 유지관리가 불량한 가습기나 에어컨, 환기부족, 동물의 인비늘(동물의 깃털, 피부, 털 등에서의 떨어지는 매우 작은 조각) 등
연소물 (일산화탄소 등)	개방형의 화석연료계 실내난방기(석탄스토브, 석유스토브 등), 가스스토브, 가스오븐, 곤로나 탕비기에서의 가스 누설

환경인자	오염요인
포름알데히드	형상기억셔츠 등에 사용되는 옷감, 캐비닛이나 조립가구 등의 파티클보드제품, 접착제
라돈	토양, 돌, 건물의 기초 주변, 지하수, 건자재에서 방산되는 방사성 가스
가정용품, 가구	도료, 용제, 공기청정스프레이, 드라이클리닝 후의 의류, 에어로졸분무기, 접착제, 가정용목공용품, 카펫이나 가구에 사용되는 각종 첨가제에서 방산하는 휘발성유기화합물(VOCs)
석면	건축 20년 이상 주택의 대부분은 석면이 사용되었을 가능성이 있다. 열화나 파손된 배관의 단열재, 내화피복재, 방음재, 바닥타일
연	연 함유도료(유화용 그림물감 등)를 연마한다든지, 문질러 떨어지게 한다든지, 불태우는 것에서 발생하는 분말이나 매우 작은 조각
미립자	난로, 장작스토브, 석유스토브, 석유팬히터, 개방형가스팬히터, 담배연기, 집먼지, 꽃가루
개축시의 부산물	석면, 연, 포름알데히드 등의 유해물질을 방출하는 것으로 개축에 의해 나타나는 장애
간접끽연(ETS)	끽연자로부터 토출된 「담배연기」, 담배의 연소부에서 피어오르는 「부류(副流)연기」(부류연기는 알칼리성으로 눈이나 코의 점막을 자극한다)

염원이다.

2. 화학물질과 알레르기

(1) 실내의 공기오염원

실내의 공기를 더럽히는 오염물질원은 외부와 실내의 2가지로 대별할 수 있다. 자동차의 배기가스 등으로 더러워진 외부의 공기가 환기에 의하여 실내에 들어와 실내공기오염의 원인이 된다.

실내에서 발생하는 오염물질은 거주자의 활동에 의하여 발생하는 오염물질과 거주자의 행동에 관계없이 발생하는 오염물질의 2종류로 분류할 수 있다(표 2).

표 2. 실내오염물질원

거주자의 활동	오염물질
거주자의 행동에 의해 발생하는 것	배기가스, 방충스프레이, 모기향, 전기모기향, 조리기구, 장롱방충제, 접착제, 도료
거주자의 행동에 관계없이 발생하는 것	건자재, 가구, 벽지, 커튼, 도장

가스를 사용하여 끓인다든지, 볶는다든지 하면 눈에 보이는 연기 이외에도 보이지 않더라도 연소에 의하여 생성한 여러 가지 화학물질이 실내에 방출된다. 모기향이나 전기모기향을 사용한다든지, 방충스프레이를 살포한다든지 하면 방충제에 의하여 실내공기는 오염된다. 또한 양복장에 걸어둔 고체의 방충제는 기화하여 실내공기에 섞이므로 이것도 오염원의 하나이다. 접착제나 도료 등의 액체인 물체가 부주의하게 뚜껑을 닫으면 불안전한 경우 용제가 기화하여 실내 공기가 오염된다. 이와 같이 우리의 행위에 의하여 실내에 배출되는 오염물질이 있다.

한편 거주자의 행위에 관계없이 배출되는 오염물질은 건자재나 가구, 벽지, 커튼 및 도장 등 발생속도에 다소 차이는 있으나 건물안에 있는 모든 물체에서 발생한다. 나무의 향기는 목재에서 배출되는 화학물질이 향기의 근원이 된다. 이 화학물질은 농도가 엷으면 기분 좋은 나무의 향기이지만, 매우 진하면 유독성을 나타낸다. 이와 같이 농도에 의하여 오염물질로 분류되는 화학물질도 있다.

(2) 실내에서 발생하는 오염화학물질

일반주택을 건축할 때에는 물통 2통 정도의 접착제가 사용된다고 한다. 특히 합성고무계, 용제계 접착제나 초산비닐수지계 접착제에서는 대량의 VOC가 발생한다. 목재의 보존제, 벽재, 바닥재에는 DOP, DEP라고 불리는 가소제가 함유되어 있다. 또한 거주자가 사용하는 여러 가지 생활용품에서도 오염화학물질이 발생하

표 3. 대표적인 화학물질을 포함할 가능성이 있는 건자재, 시공재의 예

건자재, 시공재료	함유가능성이 있는 화학물질
비닐크로스(염화비닐제품)	가소제(DOP, DEP, DBP, DMP 등)
복합플로링재	포름알데히드
합판, 파티클보드	포름알데히드
집성재, 미장합판	포름알데히드
목재보존제(가압주입)	톨루엔, 자이렌
목재보존제(표면처리)	톨루엔, 자이렌, 유기린계
유성페인트	자이렌
목공용접착제	가소제
에폭시수지계접착제	자이렌, 가소제

[주] 대표적인 가소제에는 DOP(프탈산디옥틸), DEP(프탈산디에틸), DEP(프탈산디부틸), DMP(프탈산디메틸) 등이 있다.

고 있다. 표 3에 대표적인 실내공기오염의 원인이 될 가능성이 있는 건자재, 시공재를 나타낸다.

실내 화학물질오염을 일으키는 대표적인 오염화학물질이 포름알데히드와 VOC이다. 포름알데히드는 상온에서 무색이며 강한 자극취가 있는 가연성의 기체이다. 합판은 엷은 판을 접착제로 붙여 제작하는 데, 합판을 만들 때에 사용되는 접착제에는 페놀수시, 다가알코올 등이 함유되어 있다. 고농도에서는 발암성이 우려되는 오염화학물질의 하나이다.

VOC의 대표적인 오염화학물질은 톨루엔, 자이렌이다. 톨루엔은 벤젠과 같은 냄새를 지니는 무색의 가연성 액체이고, 페인트의 유기용제, 향료, 합성섬유의 원료로 사용되고 있다. 자이렌은 무색투명의 액체이며 자극치를 지니고 있다. 용제, 염료, 합성섬유, 가소제, 의약품의 원료로 사용되고 있다.

1) 포름알데히드

건재에 사용되는 유해물질의 하나가 포름알데히드이다. 주로 합성수지나 접착제에 함유되어 있다. 그 때문에 접착제를 다량으로 사용하는 합판에는 다량 함유되어 있고, 벽지나 카펫을 붙이기 위한 접착제에도 함유되어 있는 것이 있다.

포름알데히드는 자극취가 있는 무색의 기체이다. 물에 녹고, 37%의 포름알데히드와 메타놀 9～13%의 수용액이 포르말린이며, 방균·방충제로서 널리 사용되고 있다.

포름알데히드가 함유된 접착제에는 유리아수지계(urea resin), 멜라민수지계(melamine resin), 페놀수지계(phenol resin) 등이 있고, 나중의 것일수록 함유량이 많아진다.

2) 휘발성유기화합물

대기 중에서 질소산화물과 공존하면 햇빛의 작용으로 광화학반응을 일으켜 오존 및 퍼옥시아세틸 나이트레이트(PAN : peroxyacetyl nitrate) 등 광하하 산화성 물실을 생성시켜 광화학스모그를 유발하는 물질을 통틀어 일컫는 말이다. 대기오염물질이며 발암성을 지닌 독성 화학물질로서 광화학산화물의 전구물질이기도 하다. 또한 지구온난화의 원인물질이며 악취를 일으키기도 한다. 건재의 주된 유해

유기화합물은 표 4와 같은 것이 있다.

표 4. 유해유기화합물의 종류

재 료	유해유기화합물
페인트의 용제	톨루엔, 크실렌, 트리메틸벤젠, 노난, 데칸
수성니스의 용제	아세톤, ISO프로파놀알코올, n부타놀
라카의 용제	톨루엔, 크실렌, 초산부틸, n부타놀
비닐크로스(벽지)의 가소제	프탈산에스텔계(DBP, DOP), 인산토레크레실(TOP)
벽지류의 난연가공재	인산트리에스텔계(TBP,TCEP)
벽지류의 접착제용제	초산부틸, n부타놀, 톨루엔, 크실렌
목공용 접착제용제	초산메틸, 초산비닐, 초산에틸
바닥왁스	트리메틸벤젠, 부틸벤젠, 데칸, 에틸톨루엔, 크실렌
목재, 토양의 방의제	Chlorpyrifos, S421, PHOXIM, 기타

3) 석면

광물 조성상 크게 두 가지로 나뉘는데, 크리소타일(chrysotile)을 주성분으로 하는 석면(asbestos)은 온석면(溫石綿)이라 하여 질이 좋은 것은 실이나 직물로 이용된다. 다른 하나는 각섬석질(角閃石質) 석면이며, 섬유는 약하지만, 화학약품에는 강하다. 크리소타일도 각섬석질 석면도 사문암(蛇紋岩) 중에 맥상(脈狀)을 이루어 산출된다.

밀보드·석면 슬레이트 등의 건축자재, 방화재·내화재·보온재·단열재·전기절연재·전해막용재(電解膜用材), 브레이크라이닝 용재 등 그 용도가 넓다.

석면은 견고하며 변화하기 어렵기 때문에 흡입으로 폐 안에 들어가면 조직에 자극을 주고, 15～40년의 잠복기간을 거쳐 폐암, 악성중피종(中皮腫·악성의 종양) 등의 질병을 일으킬 우려가 있다. 눈에 띄기 어려운 가는 섬유이기 때문에 무의식 중에 흡입할 가능성이 있다.

20세기에 들어서 건물 등의 단열재나 방화재, 기계 등의 마찰방지용 등에 대량으로 사용되는데, 1970년대에 인체나 환경에의 유해성이 문제가 되었다. 우리나라에서는 2009년부터 모든 석면 함유제품의 제조·수입·사용이 전면 금지되고 있다. 석면은 '70～'90년대에 집중 수입, 인체 잠복기간(약 30년) 등을 감안할 때 건축물 해체 및 수입된 석면함유제품 사용과정에서 석면으로 인한 직업병 급증이 우려되고 있다.

4) 라돈

라돈(Radon, 원소기호는 Rn)은 Radium에서 나오는 기체라는 의미에서 라틴어의 radius가 어원이다. 라돈은 무색무취의 기체이며 비활성 기체(noble gas) 중에서 가장 무거운 원소이다. 안정동위체는 존재하지 않고, 모두 방사성동위체이다. 융점은 −71℃, 비점은 −61.8℃이다. 비활성 기체 원소이므로 불활성이지만, 불소와의 화합물이 존재한다.

라돈(Radium 226의 낭핵종)은 실내공기오염원의 하나가 되는 화학물질이며, 자연계에 존재하는 자연방사성핵종의 하나이다. 기체이므로 항상 표면에서 대기 중으로 방출되고 있고, 그 농도는 옥외대기 중에서 1입방미터 중 약 5베크렐(becquerel)(5Bq/m^3) 정도라고 한다. 토양, 암석 등에서 생성되어 공기 중에 존재하므로 주택의 창이나 문을 닫고 있으면 라돈농도가 높아진다.

라돈은 우리생활 주변 어디서나 존재하는 방사성물질이다. 라돈은 암석이나 토양 등에 자연적으로 존재하는 우라늄이 방사성 붕괴를 하면서 생성된다. 라돈은 공기보다 9배 정도 무겁기 때문에 지표 가까이에 존재하고 인체에 쉽게 흡입될 수 있으며, 흡입된 후 여러 물질로 붕괴하면서 알파선을 방출, 폐조직을 파괴하며 폐암을 유발하는 것으로 알려져 있다. 세계보건기구(WHO)는 전세계 폐암발생의 6~15%가 라돈에 기인하는 것으로 평가하고 있다.

전통적인 한국의 목조주택은 구미의 주택에 비하여 라돈농도는 낮아 문제가 되지 않았는데, 최근의 주택은 알루미늄 새시의 보급 등에 의해 기밀성이 높아지고 있다. 또한 에너지절약 대책으로 더욱 기밀성이 높은 주택이 개발되고 있다. 그리하여 주택 부지의 지하토양이나, 건재(콘크리트, 돌, 흙 등) 등의 건축재료에서 방출되어 실내에 체류하는 라돈농도는 통상 옥외의 약 수배에서 많은 곳에서는 수십배 높아지고 있다고 한다. 따라서 한국의 주택에서의 라돈농도도 구미처럼 높아지고 있다고 한다.

고농도의 라돈을 함유한 공기를 흡수한 경우 그 낭핵종이 기관지의 분기점이나 폐의 내부에 부착하여 거기에서 붕괴하면서 α선(방사선)을 방출하는 것에서 폐암을 일으킬 가능성이 있다고 한다. 다만 자연의 옥외농도(5레벨 정도)에서는 거의 문제가 없다고 한다.

옥내 공기중의 세계평균치는 40Bq/m^3(1988년 유엔과학위원회보고서)이라고 한다.

5) 농약을 주체로 한 방부, 방충제

건축재료 등에서 방부, 방충제가 사용되고 있는 것은 토대 등의 목재의 방부, 방충제나 바닥이나 바닥밑의 토양처리용 방의제이다.

(3) 화학물질과민증

화학물질과민증(MCS : Multiple Chemical Sensitivity)은 1980년대 중반 미국 예일대 마크 컬렌 교수가 처음 명명한 것으로 샴푸, 세제, 향수, 책, 신문 등의 냄새만 맡아도 구토, 발열, 두드러기 등의 증상이 나타나 평생 격리된 채 살아야 하는 질병이다.

화학물질과민증은 새집증후군의 극단적인 현상으로 볼 수 있다. 새집증후군은 주거 내에서의 지각증상이 많은 데 대하여 화학물질과민증은 모든 환경에서 화학물질에 과민하게 반응하고, 배기가스나 담배연기 등 대기 중의 화학물질을 비롯하여 화장품이나 세제 등에 함유된 미량의 화학물질에도 반응하고 있다.

(4) 화학물질의 건강에의 영향

화학물질에 의한 공기오염은 건물이나 가구 등의 집기에 의한 것뿐만 아니라 일상생활에서 사용되는 살충제, 방충제, 화장품, 세제, 왁스 등에 의해서도 발생된다.

인간의 건강에 영향을 미치는 화학물질은 신경이나 호르몬 등 체내의 정보전달을 교란하는 신경독과 세포의 활동을 저해하는 생물독의 2종류가 있다. 비교적 저농도에서도 약효가 있는 살충제나 방충제 등 주로 곤충을 구제하는 약제는 곤충의 체내에서 이루어지는 신경 등의 정보전달을 저해하는 신경독이 많이 사용되고 있다. 곤충의 신경 정보전달과 인간의 그것과는 상위점이 있으나 유사점도 많다. 곤충의 독은 신경 등에 의한 정보전달이 체내에서 이루어지지 않는 식물에 문제가 없지도 않지만 인간에게도 기본적으로 독이 된다. 살충제, 방충제 가운데 인간의 건강에의 영향이 전혀 없는 것을 탐구하기란 대단히 어렵다.

이와 같은 살충제, 방충제의 사용은 인간의 건강에 위해성을 높인다. 살충제, 방충제에서도 그 약효의 기본원리가 화학적으로 합성된 것과 같기 때문에 건강영향의 위해성은 같다. 파리잡이종이로 파리를 구제하는 약제가 아니라 물리적으로 구제하는 방법이 인간에의 건강영향 위해성을 저감한다.

왁스나 세제, 화장품 등도 여러 가지 휘발성유기화합물을 함유하고, 농도에 따라서는 건강에의 영향 위해성이 높다.

실내에서 발생빈도가 높은 화학물질에 관하여 발생원과 건강에의 영향을 보면 표 5~6과 같다. 제거대책 대상의 주된 물질은, ① 포름알데히드, ② 톨루엔, ③ 자이렌이다.

표 5. 실내의 주된 휘발성화학물질과 건강피해

화학물질	발생원	증 상
톨루엔	세제, 락카, 도료, 접착제	피로, 현기증, 체력감퇴, 불면, 호흡기질환의 악화, 특히 천식
자이렌	도료, 방향제, 풀	눈, 코, 목을 자극하고, 균형감각을 잃케 한다.
페니트로치온(스미치온)	가정용 살충제	시력이나 면역 저하, 자율신경장애
테트라클로로에칠렌	카펫용세제, 얼룩제거제, 드라이클리닝의 용제	두통, 피부의 염증, 마비
펜타클로로페놀	흰개미구제제의 성분	눈이나 목이나 코의 자극
파라디클로로벤젠	방충제, 방취제	현기증, 두통, 신장염, 발암성
포름알데히드	접착제, 곰팡이방지제	눈·목의 통증, 두통, 취각둔화
염화메틸	살충스프레이, 헤어스프레이, 방향제, 구두약	현기증, 두통, 초조
스틸렌	접착제, 주방랩, 플라스틱제품, 필름	점막염증
벤젠	살충제, 세제, 왁스, 인공피혁, 인공수지	점막자극, 피부염증
메틸에틸게톤	락카, 니스, 플라스틱, 합성피혁, 화장품	눈이나 피부의 염증, 목의 통증, 두통
인프로비어알코올	방향제, 속건성잉크	현기증, 두통, 구역질, 우울상대
초산부틸	락카, 플라스틱, 인공피혁	결막염

표 6. 유해물질과 인체 영향

<table>
<tr><th>발생 장소</th><th colspan="2">유해 물질</th><th>인체 영향</th><th>각국 권고치</th></tr>
<tr><td>합판, 단열재, 건축내장재</td><td colspan="2">포름알데히드</td><td>발암성물질, 두통, 기억상실, 눈·목 자극</td><td>0.08ppm(일본)
0.1ppm(독일)</td></tr>
<tr><td>접착제</td><td rowspan="3">휘발성 유기화합물 (VOCs)</td><td>벤 젠</td><td>발암성, 호흡기 자극, 백혈병, 빈혈증</td><td rowspan="3">VOCs 0.4mg/m^3
(일본)
0.2mg/m^3
(북유럽공조학회)</td></tr>
<tr><td>페인트, 벽지, 니스, 왁스</td><td>톨루엔</td><td>마취성, 정신착란, 혈액, 신경 등에 독성</td></tr>
<tr><td>PVC, 타일, 단열재</td><td>크실렌</td><td>신경계에 대한 독성이 강함</td></tr>
<tr><td>석고보드, 흙</td><td colspan="2">라돈</td><td>폐암 유발</td><td>100Bq/m^3(일본)
250Bq/m^3(독일)</td></tr>
<tr><td>콘크리트, 모르타르</td><td colspan="2">암모니아</td><td colspan="2">미술품 변색</td></tr>
<tr><td>통신장비</td><td colspan="2">전자파</td><td colspan="2">백혈병, 기형아 발생, 면역체계 파괴</td></tr>
</table>

(5) 일상생활에서의 화학물질 폭로량

우리는 식생활에서 1일 2kg 정도의 음식물, 2kg 정도의 물, 2kg 정도의 공기를 체내에 받아들이고 있다. 체내에 들어가는 가장 많은 양은 가장 가벼운 공기인데 호흡은 낮에도 밤에도 계속하고 있는 데에도 이와 같은 결과이다.

1kg의 물은 1ℓ이므로 음료수 1ℓ중에 함유되어 있는 화학물질의 양의 약 2배 정도를 매일 체내에 받아들이는 계산이 된다. 공기중의 화학물질은 공기 1m^3당 무게로 표현되는 것이 많으므로 무게를 체적으로 환산하면 1kg의 공기는 약 1m^3이므로 1일에 약 20m^3의 공기를 흡입하는 계산이 된다. 포름알데히드의 실내공기 지침치는 공기 1m^3당 포름알데히드 10μg(80ppb)이므로 80ppb의 주거에서 1일 생활하면 100μg의 20배의 2,000μg, 결국 2mg의 포름알데히드를 몸속에 받아들이는 계산이 된다. 체내에는 입과 폐를 주된 입구로 여러 가지 화학물질을 받아들이는 것인데, 그 외에 피부에서 받아들이는 화학물질에도 관심을 기울이는 것이 중요하다. 피부에서 어느 정도의 화학물질이 받아들여지고 있는데 화장품 등은 매일 사용하므로 정확한 양을 아는 것은 상당히 어렵지만 어떤 성분이 함유되어 있는가 주의 깊이 검토하는 것도 중요하다.

3. 건강한 실내환경 대책

(1) 건자재

내장재 등에 사용되는 건자재에는 포름알데히드, 톨루엔, 자이렌, 살충제 등의 화학물질이 사용된다(표 7).

눈이 따끔거린다든지, 목이 마르는 등의 증상을 일으키는 대표적 화학물질인 포름알데히드에 대해서는 저감화대책이 추진되고 있다.

표 7. 주된 건자재

종 류		용도, 특성, 성분 등
무 후 재		벽, 천장 및 바닥재에 삼나무, 소나무, 노송나무 등이 이용된다. 휘어짐이 생기는 경우도 있다.
접착제 사용	합 판	엷은 판을 접착제로 몇 장을 붙인 판
	플로링재	합판 위에 졸참나무 등의 얇은 판을 붙인 것이 많이 사용된다.
	파티클보드	목재 등의 작은 조각을 주된 원료로 형성한 판으로 접착제를 사용한다.
	섬유판(HDF)	목재 등의 식물섬유를 형성한 판으로 접착제를 사용한다.
바 닥 재		흰개미 구제제(유기린계 살충제 등)나 목재보존제(포름알데히드)의 사용이 고려된다.

(2) 벽 지

벽지에는 화학물질을 함유하지 않은 제품도 있다. 사용하는 장소나 손질하기 편리함 등을 고려하여 선정한다(표 8).

표 8. 주된 벽지

종 류	용도, 특성, 성분 등
비닐크로스	내구성이 우수하고 손질이 용이하다. 소재를 부드럽게 하기 위하여 가소제(프탈산에스텔 등)를 함유한 제품이 있다.
종이·포 등	곰팡이방지제 등을 함유한 제품이 있다. 더러워지기 쉽고 습기가 생기가 쉬우므로 어린이방이나 욕실 등의 사용에는 주의가 필요하다.
기 타	부직포나 화학물질을 거의 함유하지 않는 제품도 있다.

(3) 접착제

벽지나 건자재에 사용되는 접착제는 용도나 사용장소에 따라 많은 종류가 있다

(표 9).

표 9. 주된 접착제

종 류	용도, 특성, 성분 등
전분계	방부제로 포름알데하이드를 함유하지만 최근에는 포름알데하이히드가 함유되지 않은 제품도 증가하고 있다.
요소수지계	포름알데하이드와 요소를 원료로 만들어 내장재나 가구 등에 사용된다. 약간씩 분해하여 휘발하므로 장기간 실내를 오염하는 경우가 있다.
초산비닐계	가구나 벽 등 목질재료에 사용되고, 용제로 톨루엔 등이 사용된다. 또한 프탈산에스텔 등의 가소제를 함유한다.
합성고무계	목재 이외의 미장판이나 카펫 등에 흔히 사용된다. 용제로 아세톤이나 톨루엔 등이 사용된다.
기 타	에폭시수지계, 실리콘수지계, 우레탄수지계 등이 있고, 가소제나 유기용제를 함유한 제품이 있다.

(4) 가 구

장시간 사용하는 침실이나 어린이방 등은 건자재나 벽지뿐만 아니라 가구 등에도 배려하여 화학물질의 영향(폭로)을 가능한 한 적은 것으로 한다(표 10).

표 10. 화학물질을 함유한 가정용품 등의 예

	사용목적	주된 화학물질
목제가구	도료, 방부제, 접착제	포름알데히드, 유기용제(톨루엔, 자이렌 등)
커 튼	난연, 발수	난연제, 발수제
소 파	합성피혁첨가제	가소제

가구나 커튼 등의 가정용품도 화학물질의 발생원으로 고려하여 약제처리의 유무나 재질을 확인하여 선택한다.

(5) 난방기구

난방기구나 조리기구에서도 화학물질은 발생한다. 배기 등으로 실내가 오염되지 않도록 검토한다. 석유팬히터 등은 간단히 재빠르게 방을 따뜻하게 하는 편리한 개방형 난방기구인데, 여러 가지 화학물질을 함유한 배기를 실내에 방출한다. 또한 바닥난방은 직접공기를 더러워지게 하지 않으나 플로링 바닥을 따뜻하게 하는 점에서 바닥재에 함유된 화학물질의 방산을 돕는다(표 11).

각각의 기능을 고려하여 그 방에 적합한 기구를 선정하고, 환기방법에 대하여 검토한다.

표 11. 난방기구와 화학물질

난방기구의 종류	화학물질에 관계하는 사항
석유(가스)스토브 팬 히터 (개방형난방기구)	실내공기로 연소하여 실내에 배기한다. 배기에는 일산화탄소, 질소산화물(NOx), 포름알데히드 등이 함유되고, 특히 석유팬히터는 다량의 NOx를 배출한다. 환기설비나 환기계획을 검토하여 사용상의 주의를 확인한다.
FF식 히터 (밀폐형난방기구)	외부 공기로 연소하여 밖으로 배기하므로 실내를 오염시키지 않는다. 벽에 구멍을 뚫어 급배기하기 때문에 방의 용도 등에 적합하게 계획적으로 설치할 필요가 있다.
전기스토브	공기를 오염하는 경우는 없으나 공기의 건조에 주의한다.
바닥난방	기구의 내부에서 발생한 열로 상부의 플로링바닥을 따뜻하게 한다. 바닥재나 접착제의 성분에 배려한다.
석유히터	기구의 내부에서 발생한 열이 직접공기를 따뜻하게 하므로 화학물질이 발생하는 경우는 없다.

(6) 환기계획

실내에는 여러 가지 오염발생원이 있다. 발생한 오염물질은 실내의 기류로 운반되고, 최종적으로는 배기구나 틈새 또는 창 등에서 배출된다. 새집증후군을 방지하는데 가장 중요한 것은 실내에 체재하고 있는 거주자가 호흡함에 따라 체내에 들어가는 오염물질의 양을 최소한으로 하는 것이다. 따라서 실내의 환기계획은 사람이 호흡하는 장소에 오염물질이 가능한 한 체류하지 않도록 신속하게 밖으로 배출되도록 하는 것이 중요하다.

환기에는 자연환기와 기계환기의 2가지 방법이 있고, 조합시킬 수도 있다. 화학물질이 적은 실내환경을 목표로 하는 데에는 입지나 실배치에서 주택의 전체 공기흐름을 고려하여 모든 방에서 환기할 수 있도록 최적 방법을 채용한다.

자연환기는 창이나 환기구에서의 자연의 풍력이나 외부와의 온도차이를 이용한 환기방법이다. 입지나 실배치는 물론 풍향 등 기상조건도 검토하여 실 전체의 환기가 가능한 배치를 계획한다. 기계환기는 실내의 화학물질을 유효하게 배출할 수 있는데 필터의 교환이나 기계의 관리가 용이한 위치에 설치한다든지, 배기음이나 역류대책 등을 고려해야 한다.

특히 틈새를 적게 한 기밀주택에서는 기계환기설비를 이용한다. 개방형 주택과 같이 틈새가 많아 실내의 오염물질 농도를 충분히 낮출 수 있는 환기량을 확보할 수 있는 경우에는 부엌이나 욕실 등을 제외하고, 특히 기계환기를 이용할 필요는 없으나 기밀주택에서는 거실이나 침실에 기계환기가 필요하다. 특정 장소에서 오염물질이 발생하는 경우에는 발생한 오염물질이 실내에 확산되기 전에 배기한다면 효율적으로 실내오염을 방지할 수 있다. 그러나 바닥이나 벽에서 발생하는 포름알데히드 등의 경우에는 거주자가 장시간 체재하는 장소에 외기를 공급하는 방법이 유효하다.

어느 경우에도 실내의 오염물질 농도는 실내에서 발생하는 오염물질의 양과 깨끗한 외기의 공급량에서 결정되므로 공급하는 외기의 양과 그것을 어디에 공급하는 가가 중요하다.

(7) 새집증후군의 방지 대책

1) 친환경건재 사용

새집증후군을 방지하기 위해서는 화학물질의 사용을 적극적으로 억제한 건재나 접착제를 사용한 주택을 선택하는 것이 중요하다. 최근에는 포름알데히드를 사용하지 않은 접착제로 벽지를 바른다든지, 포름알데히드의 사용을 억제한 플로링을 사용하는 등 건강에 배려한 주택도 등장하고 있다.

2) 입주 시기 조절

신축주택에 입주하는 경우에는 완공에서 잠시 기다렸다가 입주하기를 권한다. 약 3개월 후에는 포름알데히드와 톨루엔의 농도가 상당히 감소한다는 보고가 있다. 물론 그 동안에 환기를 하는 것이 필요하다.

3) 환기

입주 후에 행하는 가장 유효한 대책은 환기이다. 환기를 하는 경우에는 공기의 통로를 만들어주어야 한다. 구체적으로는 열린 창과 반대측의 창이나 문도 열어 공기의 흐름을 원활하게 한다. 또한 부엌의 환기팬이나 선풍기 등으로 강제적으로 공기의 흐름을 만드는 것도 효과적이다. 실내의 포름알데히드 농도는 온도·습도가 높은 여름에 상승하는 경향이 있으므로 여름에는 특히 환기를 충실히 하는 것이 필요하다. 다만 겨울에 장시간 닫혀진 상태에서 난방을 하면 실내의 온도가 상승하여 포름알데히드의 방산이 많아지므로 겨울에도 환기가 필요하다.

4) 화학물질의 사용 억제

의류에 방충제를 사용하는 경우에는 제품에 표시되어 있는 표준사용량을 준수하도록 한다. 이 외에도 우리의 주변에는 여러 가지 화학물질이 있다. 화학물질은 건재뿐만 아니라 가구, 커튼, 일용품(방향제, 살충제) 등에서도 방산한다. 화학물질을 가능한 한 실내에 반입하지 않도록 주의하는 것이 필요하다.

5) 베이크아웃(Bakeout)

화학물질은 온도가 높으면 방산량이 많아지는 점을 이용하여 실온을 30～40℃ 정도로 유지하면서 때때로 환기한다. 이것을 3일 정도 행한다. 도료에 대하여 효과가 있다고 한다.

6) 유해물질 흡착제 및 분해제 사용

실내 벽, 바닥, 가구 등에 분무하거나 도포하는 화학 흡착 및 분해제는 시중에 약물제재 형태로 시판되고 있으며, 흡착이나 분해시키는 종류로는 흡착시키는 방식, 고분자계 약물로서 분해하는 방식, 특수가공수(水)를 실내에 분무하여 건자재 내의 화학물질을 안정화시키는 방식, 노송나무유(油), 아미노산 등 천연성분을 주성분으로 하는 분무 도포형 방식, 특수산소의 변화를 이용한 도포액 등이 있다.

4. 다중이용시설 등의 실내공기질 관리법

환경부에서는 「다중이용시설 등의 실내공기질관리법」에 의해 다중이용시설(17개 시설군) 및 신축공동주택의 실내공기질을 관리한다. 그 외 교육인적자원부, 노동부, 보건복지부, 국토해양부 등 여러 부처가 개별법에 의해 학교, 사무실, 공중이용시설 등에 대한 실내공기질을 관리한다(표 12, 13).

표 12. 각 부처별 실내공기질 관리현황

관리대상	소관부처	근거법령	법 목 적
다중이용시설, 신축공동주택	환 경 부	다중이용시설 등의 실내 공기질관리법	지하역사 등 17개 시설군 관리
사무실, 작업장	노 동 부	산업안전보건법 산업보건기준에관한규칙	작업장과 사무실의 실내 공기질 관리
학 교	교육인적 자원부	학교보건법	학교의 실내공기질 관리
공중이용시설	보건복지부	공중위생관리법	업무시설, 공연장 등 공중이용시설관리
주차장 (2,000m^2 이하)	국토해양부	주차장법	다중법에 포함되지 않은 주차장

표 13. 각 부처별 실내공기질 관리기준물질

담당부처 / 기준물질	환경부	보건복지부	노동부	교육인적자원부
적용대상	다중이용시설 (지하역사 등 17개 시설군)	공중이용시설 (학원, 공연장, 업무시설 등)	사무실, 작업장	학교
근거법	다중이용시설 등의 실내공기질관리법	공중위생관리법	산업안전기준에 관한규칙	학교보건법
미세먼지	100～200 $\mu g/m^3$	150 $\mu g/m^3$	150 $\mu g/m^3$	100 $\mu g/m^3$
CO	10～25ppm	25ppm	10ppm	10
CO_2	1,000ppm	1,000ppm	1,000ppm	1,000ppm
NO_2	0.05～0.3ppm	-	-	0.05ppm
HCHO	120 $\mu g/m^3$	120 $\mu g/m^3$	0.1ppm	100 $\mu g/m^3$
총부유세균	800CFU/m^3	-	-	800
라돈	4pCi/L	-	-	4.0pCi/L
휘발성 유기화합물	400～1,000 $\mu g/m^3$	-	-	400 $\mu g/m^3$
석면	0.01개/cc	-	-	0.01개/cc
오존	0.06～0.08ppm	-	-	0.06ppm
진드기	-	-	-	100마리/m^3
낙하세균	-	-	-	10CFU/실당

5. 다중이용시설 등의 실내공기질관리법 주요내용

(1) 서론

1) 목적(제1조)

다중이용시설과 신축 공동주택 실내공기질 적정관리를 통해 국민 건강을 보호하고 환경상의 위해 예방한다.

2) 용어의 정의(제2조)

① 다중이용시설 : 불특정 다수인이 이용하는 시설

② 공동주택 : 건축법 제2조제2항제2호의 규정에 의한 공동주택

※100세대 이상 신축되는 아파드, 연립주택, 기숙사

③ 오염물질 : 실내공간의 공기오염의 원인이 되는 가스와 떠다니는 입자상물실 능으로서 환경부령이 정하는 것－미세먼지(PM10), 이산화탄소(CO_2), 포름알데히드(HCHO), 총부유세균, 일산화탄소(CO), 이산화질소(NO_2), 라돈(Rn), 휘발성유기화합물(TVOC), 석면, 오존 등 10종

④ 환기설비 : 오염된 실내공기를 밖으로 내보내고 신선한 바깥공기를 실내로 끌어들여 실내공간의 공기를 쾌적한 상태로 유지시키는 설비

⑤ 공기정화설비 : 실내공간의 오염물질을 없애거나 줄이는 설비로서 환기설비의 안에 설치되거나 환기설비와는 따로 설치된 것

3) 실내공기질 공정시험방법(제4조)

오염물질을 측정할 때 정확하고 통일된 측정을 위하여 실내공기질 공정시험방법을 고시하였다－공동주택·다중이용시설 실내공기질 시험방법, 오염물질 방출 건축자재 시험방법 등에 대해 고시(환경부고시 제2004-80호, 2004.6.5).

(2) 다중이용시설 실내공기질 관리

1) 적용대상 다중이용시설(제3조)

지하역사, 지하도상가, 의료기관, 대규모점포, 찜질방 등 17개 시설군에 적용한다(표 14).

표 14. 적용대상 다중이용시설

구 분	개 념	규 모
지하역사	지하철의 역사로서 출입통로·대합실·승강장 및 환승통로와 이에 딸린 시설을 포함	모든 지하역사
지하도상가	지하도에 위치한 상가를 의미하고 연속되어 있는 지하도 상가가 2천m^2 이상인 경우(지상건물에 딸린 지하층의 시설 포함)	연면적 2천m^2 이상
여객자동차 터미널의 대합실	일반교통에 사용되는 장소 외에서 승합자동차를 정류시키거나 여객을 승하차시키기 위하여 설치된 시설 및 장소에서의 대합실(여객자동차운수사업법 제2조 5호)	연면적 2천m^2 이상
공항시설중 여객터미널	항공기의 이륙·착륙 및 여객·화물의 운송을 위한 시설과 그 부대시설 및 지원시설을 갖춘 공공용 비행장인 공항의 여객터미널(항공법 제2조)	연면적 1천5백m^2 이상
항만시설 중 대합실	선박의 출입, 사람의 승·하선, 화물의 하역·보관 및 처리 등을 위한 항만시설의 승객이 이용하는 대합실(항만법 제2조)	연면적 5천m^2 이상
도서관	자료를 수집·정리·분석·보존·축적하여 공중 또는 특정인의 이용에 제공함으로써 조사·연구·학습·교양 등 문화발전 및 평생교육에 이바지하는 시설로서 국공립도서관, 사립도서관이 해당되며 대학·학교·특수·병영 도서관은 제외(도서관및독서진흥법 제2조제1호)	연면적 3천m^2 이상
박물관	문화·예술·학문의 발전과 일반 공중의 문화향수 증진에 이바지하기 위하여 역사·인류·민속·예술·과학·기술·산업 등에 관한 자료를 수집·관리·보존·조사·연구·전시하는 시설로서 국립중앙박물관 등 국공립박물관과 사설박물관을 모두 포함(박물관및미술관진흥법 제2조)	연면적 3천m^2 이상
미술관	박물관 중에서 특히 서화·조각·공예·건축·사진 등 미술에 관한 자료를 수집·관리·보존·조사·연구·전시하는 시설(박물관및미술관진흥법 제2조)	연면적 3천m^2 이상
의료기관	의료인이 공중 또는 특정다수인을 위하여 의료·조산의 업을 행하는 곳으로서 종합병원·병원·치과병원·한방병원·요양병원·의원·치과의원·한의원 및 조산원 등을 포함(의료법 제2조)	연면적 2천m^2 이상 (병상수 100개 이상)
실내주차장	사방이 구획되어 있는 실내(지상·지하 모두 포함)에 자동차를 주차할 수 있도록 마련된 장소로서 대형빌딩, 백화점의 주차장 등이 해당(기계식 주차장과 공동주택 등에 부속되어 특정인이 주로 이용하는 주차장은 제외)	연면적 2천m^2 이상
철도역사의 대합실	철도를 이용하는 승객이 승하차를 위해 대기하는 장소	연면적 2천m^2 이상
대규모점포	하나 또는 2 이상의 연접되어 있는 건물 안에 하나 또는 여러 개로 나누어 설치되어 상시 운영되는 매장면적의 합계가 3천m^2 이상인 시설로서 대형점, 시장(2006.6.24일 이후 설치된 시장은 제외됨), 백화점, 쇼핑센터, 도매센터 등을 포함(유통산업발전법 제2조)	모든 대규모점포

구 분	개 념	규 모
국공립 보육시설	보호자의 위탁을 받아 6세 미만의 취학 전 아동인 영유아를 보육하는 시설로서 이 중 국·공립시설만 해당(영유아보육법 제2조 및 제6조)	연면적 430m^2 이상
노인전문요양시설, 유료노인전문요양시설, 노인전문 병원(국·공립시설)	노인전문요양시설 : 치매·중풍 등 중증의 질환노인을 입소시켜 무료 또는 저렴한 요금으로 급식·요양 기타 일상생활에 필요한 편의를 제공함을 목적으로 하는 시설 유료노인전문요양시설 : 치매·중풍 등 중증의 질환노인을 입소시켜 급식·요양 기타 일상생활에 필요한 편의를 제공하고 이에 소요되는 일체의 비용을 입소한 자로부터 수납하여 운영하는 시설 노인전문병원 : 주로 노인을 대상으로 의료를 행하는 시설(노인복지법 제34조)	연면적 1천m^2 이상
장례식장(지하에 위치한 시설에 한정)	장사등에관한법률 제25조에 의한 장례의식을 행하는 장소로서 병원에 부설된 장례식장, 전문장례식장 등을 포함	연면적 1천m^2 이상
찜질방	공중위생관리법 제2조제1항제3호의 규정에 의한 목욕장업(손님이 목욕을 할 수 있도록 시설 및 설비 등의 서비스를 제공하는 영업) 중 맥반석 또는 대리석 등 돌을 가열하여 발생되는 열기 또는 원적외선 등을 이용하여 땀을 배출하게 할 수 있도록 시설을 갖춘 것(소방시설설치유지및안전관리에관한법률 시행령 제13조제4호)	연면적 1천m^2 이상
산후조리원	임산부의 산후조리를 위하여 비의료적인 서비스를 제공하는 시설(소방법 시행규칙 제2조의2 2호)	연면적 500m^2 이상

2) 다중이용시설 실내공기질 유지기준 설정(법 제5조)

실내공기질 오염물질 중 미세먼지(PM10), 이산화탄소(CO_2), 포름알데히드(HCHO), 총부유세균, 일산화탄소(CO) 등 5개 물질에 대해서는 유지기준을 설정

표 15. 실내공기질 유지기준

오염물질 항목 / 다중이용시설	PM10 (μg/m^3)	CO_2 (ppm)	HCHO (μg/m^3)	총부유세균 (CFU/m^3)	CO (ppm)
지하역사, 지하도상가, 여객 자동차 터미널의 대합실, 철도 역사의 대합실, 공항시설중 여객터미널, 항만시설중 대합실, 도서관, 박물관, 미술관, 장례식장, 찜질방, 대규모점포	150 이하	1,000 이하	120 이하	-	10 이하
의료기관, 보육시설, 노인의료시설, 산후조리원	100 이하			800 이하	
실내주차장	200 이하			-	25 이하

하고 위반시 과태료부과, 개선명령 등 제재 조치한다. 시·도는 지역환경의 특수성을 고려하여 필요하다고 인정하는 때에는 시·도의 조례로 보다 강화된 유지기준을 제정할 수 있다(표 15).

3) 다중이용시설 실내공기질 권고기준 설정(법 제6조)

외부에 오염원이 있거나 위험도가 비교적 낮은 이산화질소(NO_2), 라돈(Rn), 총휘발성유기화합물(TVOC), 석면, 오존(O_3) 등 5개 오염물질에 대해서는 권고기준을 설정하여 자율적 준수를 유도한다(표 16).

표 16. 실내공기질 권고기준

<table>
<tr><th>오염물질 항목
다중이용시설</th><th>NO_2
(ppm)</th><th>Rn
(pCi/l)</th><th>VOC
($\mu g/m^3$)</th><th>석면
(개/cc)</th><th>오존
(ppm)</th></tr>
<tr><td>지하역사, 지하도상가, 여객자동차터미널의 대합실, 철도역사의 대합실, 공항시설 중 여객터미널, 항만시설 중 대합실, 도서관, 박물관, 미술관, 장례식장, 찜질방, 대규모점포</td><td rowspan="2">0.05
이하</td><td rowspan="3">4.0
이하</td><td>500
이하</td><td rowspan="3">0.01
이하</td><td rowspan="2">0.06
이하</td></tr>
<tr><td>의료기관, 보육시설, 노인의료시설, 산후조리원</td><td>400
이하</td></tr>
<tr><td>실내주차장</td><td>0.30
이하</td><td>1,000
이하</td><td>0.08
이하</td></tr>
</table>

4) 오염물질 다량방출 건축자재 사용제한(법 제11조)

포름알데히드, 총휘발성유기화합물(TVOC) 등의 오염물질을 기준이상 방출하는 건축자재를 관계부처와 협의 후 고시한다.

- 측정방법 : 공인된 검사기관(국립환경과학원)에서 시장조사를 통해 자재를 선정하고 오염물질 방출 건축자재 방출시험 실시
- 고시내용 : 건축자재 생산업체 및 건축자재명, 시험·검사기관, 시험·검사방법, 측정기간, 오염물질 방출량

또한 다중이용시설을 설치(기존 시설의 개·보수 포함)하는 자는 오염물질 방출 건축자재로 고시된 자재을 사용금지한다.

※ "건축물의 피난·방화구조 등의 기준에 관한규칙(건교부령, 2006.6.29) 제24조에 의거 신

축공동주택의 경우도 포함.

※ 학교보건법 시행규칙 제3조제1항제3호의2에 의거 학교도 포함(별표4의2(2005.11.14신설)).

표 17. 건축자재별 방출기준 (단위 : $mg/m^2 \cdot h$)

구 분 / 오염물질	접 착 제	일반자재
포름알데히드	4 이상	1.25 이상
휘발성유기화합물	10 이상	4 이상

5) 실내공기질 측정의무 부여(법 제12조)

다중이용시설의 관리책임자는 유지기준 오염물질은 연1회, 권고기준 오염물질은 2년에 1회 측정하고 그 결과를 매년 1월 31일까지 시·도지사에게 보고한다.

－스스로 측정하거나 실내공기질 측정대행업자에 의뢰하여 측정가능하다.

(3) 신축 공동주택 실내공기질 관리

1) 개요

100세대 이상 신축 공동주택의 시공자는 주민입주 전 실내공기질을 측정하여, 그 결과를 입주 3일전까지 지자체의 장에게 제출하고 주민입주 3일전부터 60일간 공고하도록 의무화하였다.

2) 도입취지

"새집증후군"이 특히 문제되는 신축 공동주택의 시공자에게 실내공기질 측정·공고의무를 부여하여 입주자에게 실내공기질의 오염현황을 알리고 오염물질 방출이 적은 건축사새를 사용하도록 유도한다.

3) 적용대상

법 시행('04.5.30) 이후(기숙사는 '06.1.1. 이후) 주택법 제16조의 규정에 의하 사업계획의 승인(을 신청하거나) 또는 건축법 제 8조의 규정에 의한 건축허가를 신청하는 공동주택부터 적용한다(부칙 제3항).

건축법 제2조제2항제2호의 규정에 의한 공동주택 중 아파트와 연립주택, 기숙사에 해당한다(법 제3조).

표 18. 공동주택 중 아파트와 연립주택, 기숙사 개념

구 분	개 념	규 모
아파트	주택으로 쓰이는 층수가 5개층 이상인 주택	100세대 이상
연립주택	주택으로 쓰이는 1개 동의 연면적(지하주차장 면적을 제외한다)이 660제곱미터를 초과하고, 층수가 4개층 이하인 주택	
기숙사	학교 또는 공장 등의 학생 또는 종업원 등을 위하여 사용되는 것으로서 공동취사 등을 할 수 있는 구조이되, 독립된 주거의 형태를 갖추지 아니한 것	

4) 측정물질 및 방법

"새집증후군" 증상의 주원인인 포름알데히드, 휘발성유기화합물(벤젠, 톨루엔, 에틸벤젠, 자일렌, 스티렌) 등 총 6종을 선정하였다(표 19).

실내공기질은 공정시험방법에 의하여 100세대의 경우 3개의 측정장소를 그리고 초과하는 100세대마다 1개의 측정장소를 추가한다. ⇒ 예시) 측정대상세대가 250세대일 경우 : 3개소(100세대)+1개소(추가 100세대당)=총 3개소

국민들에게 판단기준을 제공하기 위하여 신축 공동주택 실내공기질 권고기준을 설정(시행규칙 제7조의2 2005.12.30)하였다.

표 19. 신축 공동주택 실내공기질 권고기준

측정항목 \ 구 분	권고기준(단위 : $\mu g/m^3$)	비 고
포름알데히드	210 이하	
벤 젠	30 이하	
톨루엔	1,000 이하	
에틸벤젠	360 이하	
자일렌	700 이하	
스티렌	300 이하	

※ 30분 이상 환기, 5시간 밀폐 후 측정

6. 실내공기질 공정 시험방법

실내공기질 공정시험방법은 신축공동주택 실내공기질 시험방법, 다중이용시설 실내공기질 시험방법 및 오염물질 방출 건축자재 시험방법으로 구성된다.

(1) 신축공동주택 실내공기질 시험방법

신축공동주택 실내공기질 시험방법은 일정규모(100세대) 이상의 신축공동주택을 대상으로 건물 건축시 사용되는 건축내장재 등에서 방출되어 실내공기를 오염시키는 휘발성유기화합물(VOC) 및 포름알데히드(HCHO)에 대해 시료를 채취하여 분석하는 방법이다.

1) 측정대상물질

측정대상물질은 포름알데히드 및 휘발성유기화합물이며, 여기서 휘발성유기화합물은 다중이용시설 등의 실내공기질관리법 별표 4의2에서 제시하고 있는 권고기준 항목으로 벤젠, 톨루엔, 에틸벤젠, 자일렌, 스티렌을 대상으로 한다.

2) 측정지점 및 측정위치

① 측정지점

측정지점은 100세대를 기본으로 저층부, 중층부, 고층부 3개 지점으로 하며, 100세대가 증가할 때마다 1개 지점씩 증가한다. 이때 중층부, 저층부, 고층부 순으로 증가하는 것을 원칙으로 한다(그림 1 참조).

단지가 여러 동으로 구성되어 있는 경우는 측정지점수 내에서 각 동에서 측정한다. 또한 한 단지에 시공사가 여러 개인 경우는 시공세대로 구분하여 측정지점을 선정한다.

② 측정위치

시료채취는 단위세대에서의 거실 중앙부에서 실시하며, 바닥면에서 1.2～1.5m 높이에서 측정한다.

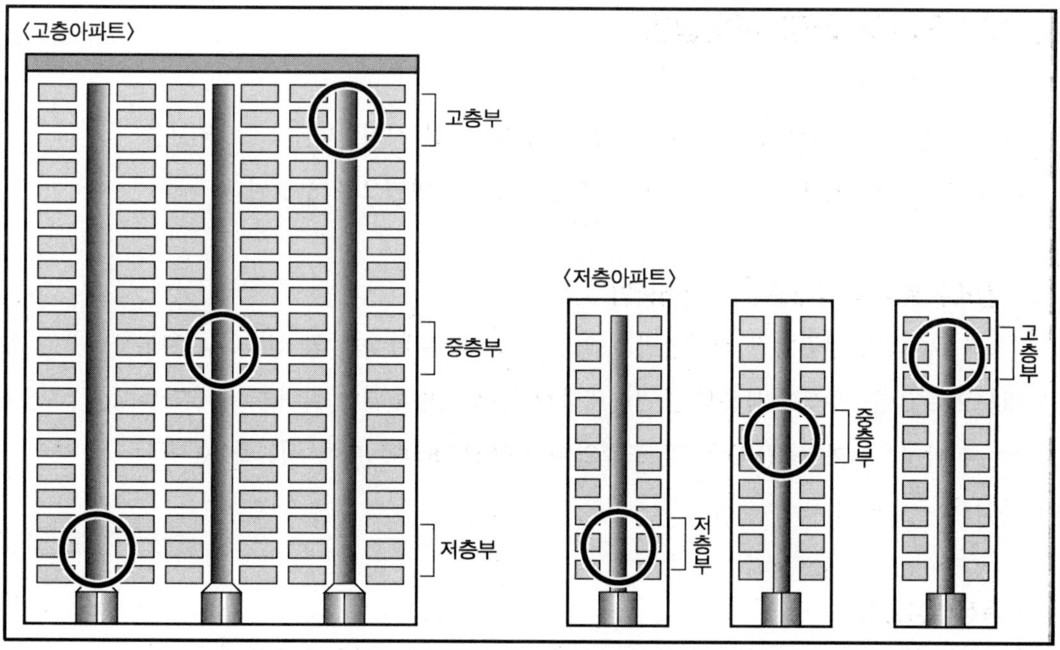

그림 1. 공동주택 시료 측정지점

3) 시료채취방법

측정단위세대의 창, 문, 내장가구의 문 등을 모두 개방하고 30분 이상 사전 환기시킨다. 사전환기한 후 외부공기에 접한 창, 문, 개구부 등은 모두 닫고 5시간 이상 밀폐상태를 유지한다. 이때 내장가구의 문은 열어둔다. 밀폐 후 정해진 유량으로 30분간 2회 시료를 채취한다(그림 2).

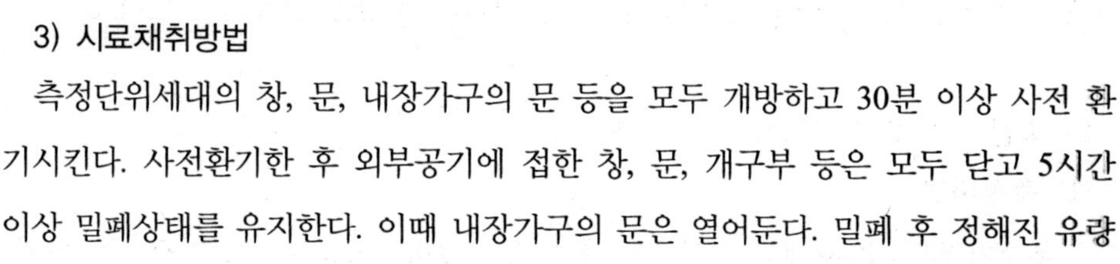

그림 2. 시료채취방법

휘발성유기화합물(VOC)은 Tenax-TA, Carbotrap 300 또는 이와 동등 이상의 성능을 갖는 고체흡착관을 이용하여 시료채취하거나 또는 캐니스터를 이용하여 시료 채취한다. 포름알데히드(HCHO)는 오존스크루버를 장착한 DNPH 카트리지를 이용하여 시료 채취한다(그림 3 참조).

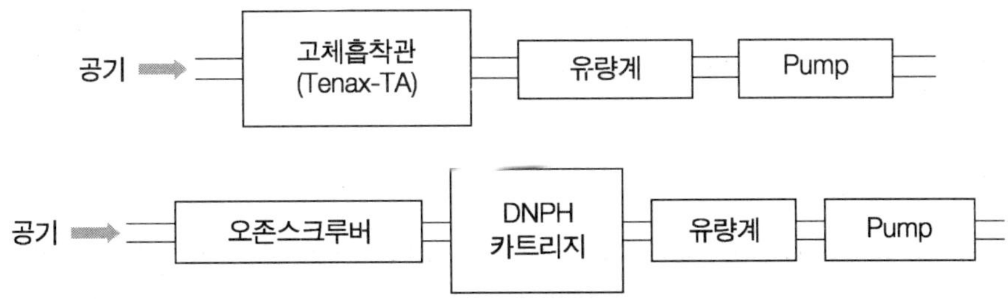

그림 3. 휘발성유기화합물 및 포름알데히드 시료채취 장치

시료채취시 실내온도는 20℃ 이상을 유지하고, 하루 중 최대 농도가 예상되는 오후 1시에서 5시 사이에 시료를 채취하는 것을 원칙으로 한다.

4) 분석방법

① 휘발성유기화합물(VOC) 분석방법

고체흡착관으로 채취된 시료는 열탈착장치(TD)에 연결하여 열탈착한 후 시료를 주입하거나, 용매를 추출하여 분석기기인 기체크로마토그래프(GC)로 주입한다. 캐니스터로 채취된 시료는 직접 기체크로마토그래프로 주입한다.

주입된 시료는 비극성 캐필러리컬럼(예 : HP-1, OV-1 등)을 이용하여 분리한 후 질량분석계(MS)로 분석한다. 휘발성유기화합물 분석조건은 표 20과 같다.

표 20. 휘발성유기화합물 분석조건 예

열탈착장치	
탈착 온도	300℃(relative with sorbent)
탈착 유량	30mL/min, 15min
저온농축 트랩	Liq. N_2 or sorbent
저온농축의 탈착	325℃
기체크로마토그래프	
주입기 온도	300℃
운반기체	He, 1.8mL/min
컬럼	OV-1 capillary column(60m×0.32mm×0.25㎛)
온도 프로그램	50℃(5 min)−8℃/min−200℃(until all target compounds elute)

질량분석계	
인터페이스 온도	250℃
이온원 온도	200℃
이온화 방법	Electron Ionization(70 eV)
질량 범위	Scan, m/z 35 to m/z 350

② 포름알데히드

시료가 채취된 DNPH 카트리지를 아세토니트릴 용매 5ml를 이용하여 추출한다. 추출한 용액 일부를 HPLC에 주입하며, 360nm UV 검출기를 이용하여 정량한다. 일반적으로 많이 사용되는 HPLC 조건은 표 21과 같다.

표 21. 포름알데히드 분석조건 예

운전인자	조　　　건
컬　럼	C-18 컬럼(ODS, 길이 250mm×내경 4.6mm), 또는 이와 동등 이상의 성능을 갖는 것
이동상	아세트니트릴/물=60/40(v/v) 또는 분리 분석에 적당한 용매
검출기	360nm 자외선
유　량	1.0mℓ/min
시료 주입량	20μℓ

(2) 다중이용시설의 실내공기질 측정방법

다중이용시설 등의 실내공기질 측정방법은 지하역사, 터미널, 대합실, 병원 등 불특정 다수인이 이용하는 시설에서 실내오염물질을 측정·분석하는 방법이다. 실내오염물질로는 유지기준 오염물질인 미세먼지, 포름알데히드, 일산화탄소, 이산화탄소, 총부유세균과 권고기준 오염물질인 휘발성유기화합물(VOC), 라돈, 석면, 오존, 이산화질소 등 총 10종이다.

1) 시료채취 및 측정방법

① 시료채취 조건

시료채취는 해당시설의 실제 운영조건과 동일하게 유지되는 일반환경 상태에서 측정하는 것을 원칙으로 한다. 시료채취지점에서의 실내기류는 원칙적으로 0.3m/s 이내가 되도록 한다. 단 지하역사 승강장 등 불가피하게 기류가 발생하는 곳에서는 실제조건하에서 측정한다.

② 시료채취 지점 및 위치

시료채취 위치는 원칙적으로 주변시설 등에 의한 영향과 부착물 등으로 인한 측정 장애가 없고, 대상시설의 오염도를 대표할 수 있다고 판단되는 곳을 선정하는 것을 원칙으로 하며, 기본적으로 시설을 이용하는 사람이 많은 곳을 선정한다. 또한 인접지역에 직접적인 발생원이 없고 대상시설의 내벽, 천장에서 1m 이상 떨어진 곳을 선정하며, 바닥면으로부터는 1.2~1.5m 위치에서 측정한다. 대상시설의 측정지점은 2개소 이상을 원칙으로 하며, 건물의 규모와 용도에 따라 불가피할 경우(대상시설내 공기질이 현저히 다를 것으로 예상되는 경우 등)에는 측정지점을 추가할 수 있다. 각 시설별 세부 시료채취 위치 및 지전수는 표 22와 같다.

표 22. 다중이용시설의 시료채취 위치

대상시설	지점수	채취위치	비 고
지하역사	2개소 이상	승강장 및 대합실의 중앙점(연결통로의 중앙점) 바닥으로부터 1.2~1.5m	환승역사의 경우 역간 연결통로 중앙점을 측정에 포함
지하도 상가 및 지하상점가	2개소 이상	주 보행공간의 중앙점 및 주요 상점의 내부 중앙점 바닥으로부터 1.2~1.5m	
• 여객자동차 터미널의 대합실 • 공항시설중 여객터미널 • 항만시설 및 철도역사의 대합실	2개소 이상	대합실 및 승강장 중앙점 바닥으로부터 1.2~1.5m	승강장이 외기에 노출되어 있을 경우, 대합실만 측정
도서관	2개소 이상	주 열람실 또는 개방형서고 중앙점 바닥으로부터 1.2~1.5m	주 열람실을 우선적으로 측정
박물관 및 미술관	2개소 이상	주 관람 또는 전시실 중앙점 바닥으로부터 1.2~1.5m	주 관람실을 우선적으로 측정
종합병원	2개소 이상	대기실 및 주요 병실 중앙점 바닥으로부터 1.2~1.5m	
실내주차장	2개소 이상	층별 주차공간의 중앙점 바닥으로부터 1.2~1.5m	지하층이 있는 경우 지하층 필히 포함
보육시설 및 노인의료시설	2개소 이상	주요 휴식시설(수면실 및 침실 포함)의 중앙점 바닥으로부터 1.2~1.5m	

대상시설	지점수	채취위치	비 고
대규모 점포	2개소 이상	층별 대상시설의 주요 활용공간 중앙점 바닥으로부터 1.2~1.5m	지하층이 있는 경우 지하층 필히 포함
산후조리원	2개소 이상	산모실 중앙점 바닥으로부터 1.2~1.5m	
찜질방	2개소 이상	주요 휴식공간 또는 찜질실 중앙점 바닥으로부터 1.2~1.5m	주요 휴식공간을 우선적으로 측정

③ 시료채취 및 측정시간

시료채취 혹은 측정시간은 각 오염물질별로 규정하는 것을 원칙으로 하며, 주간시간대(오전 8시~오후 7시)에 실시하는 것을 원칙으로 한다. 오염물질별 시료채취방법 및 측정시간은 표 23과 같다. 지하역사 및 지하역사와 연결된 지하도 상가에서 미세먼지를 측정하는 경우에는 20시간 측정한다.

표 23. 다중이용시설에서의 오염물질별 시료채취방법 및 시간

측정항목	시료채취 방법 및 시간
휘발성유기화합물	주간시간대(오전8시~오후7시) 유속 50~200mℓ/min로 30분간 2회 측정
포름알데히드	주간시간대(오전8시~오후7시) 유속 200~1,000mℓ/min로 30분간 2회 측정
미세먼지(PM10)	주간시간대에(오전8시~오후7시) 2~7ℓ/min으로 8시간 측정
석면	주간시간대에(오전8시~오후7시) 10ℓ/min으로 1시간 측정
일산화탄소	주간시간대에(오전8시~오후7시) 1시간 측정
이산화탄소	
오존	
질소화합물	
라돈	주간시간대(오전8시~오후7시) 8시간 연속 측정
총부유세균	주간시간대(오전8시~오후7시) 총 포집량 200~1,000ℓ으로 1회 측정

2) 휘발성유기화합물(VOC)

다중이용시설에서의 VOC 시험방법으로는 신축공동주택에서의 VOC 시험방법과 동일하다. 단 다중이용시설에서는 실제 운영조건과 동일한 일반환경에서 측정하므로 사전환기 및 밀폐 과정이 없이 시료를 채취한다. 또한 다중이용시설에서의 VOC는 GC 크로마토그램상의 핵산에서 핵사데칸까지의 물질의 총 합을 의미하며, 모든 VOC는 톨루엔으로 환산하여 정량한다. 이때 천연자재에서 방출된 것으

로 확인되고, 국제적으로 인체에 무해한 것으로 입증된 화합물은 정량에서 제외한다.

3) 포름알데히드

다중이용시설에서의 포름알데히드 측정방법은 DNPH 카트리지를 이용하여 시료채취한 후 HPLC로 분석하는 방법이 주시험방법이며, 이 방법은 공동주택에서의 포름알데히드 시험방법과 동일하다.

또한 다중이용시설에서 포름알데히드를 측정할 경우에는 현장측정방법도 적용되는데, 현장측정방법으로 측정한 결과가 유지기준의 1/2 이상 초과하는 경우에는 주시험방법으로 시험한다.

현장측정방법으로 사용되는 측정기기는 다음과 같은 조건을 갖추어야 한다.

① 측정가능농도는 0.01mg/m^3 이상이어야 한다.

② 시료채취와 기기조작의 용이, 소형·경량으로 운반이 편리해야 한다.

③ 가능한 별도의 전원이 필요없고 저가이어야 한다.

④ 온도 및 습도의 영향을 받지 않아야 한다.

⑤ 공존물질에 의한 방해가 최소화된 상태에서 측정이 가능해야 한다.

4) 라돈

라돈 측정은 단계적으로 1차 측정 및 2차 측정을 실시한다. 1차 측정은 현재 라돈 농도에 대한 신속한 판단을 목적으로 대상시설의 주 활용공간에서 8시간 연속 측정하는 것을 원칙으로 하며, 1차 측정결과가 4pCi/ℓ(0.148Bq/ℓ) 이상일 경우에는 2차 측정을 실시한다.

① 1차 측정

1차 측정은 단기측정으로 라돈농도가 일정수준 이상일 것으로 판단되는 공간을 대상으로 8시간 연속 측정한다. 측정기기로는 연속모니터측정기(Continuous Radon Monitors), 활성탄흡착기(Activated Charcoal Adsorption Devices)를 주로 사용한다.

1차 측정은 측정시작 2시간 전부터 측정이 종료될 때까지 밀폐된 조건(밀폐

불가시 실제조건하에서 측정 가능)하에서 이루어져야 하며, 실외 풍속이 10m/h 이상으로 강하거나, 기압이 변화가 심한 경우에는 측정을 실시하지 않는다.

② 2차 측정

2차 측정은 장기측정으로 1차 측정결과가 일정치(4pCi/ℓ)를 넘어서는 경우에 필요한 측정을 말하며, 짧게는 90일에서 길게는 1년간 측정한다. 측정기기는 알파비적검출기(Alpha Track Detector), EICs(Electret-ion Chambers)를 주로 사용한다.

5) 석면

석면측정방법으로는 위상차현미경법, 주사전자현미경법, 투과전자현미경법 등이 있으며, 위상차현미경법이 주시험방법이다. 단, 위상차현미경분석으로는 석면과 비석면의 구분이 어려우므로 기준초과시에는 전자현미경법으로 측정한다.

① 위상차현미경법

이 방법은 실내공기중 맴브레인필터로 포집한 부유먼지중 석면섬유를 위상차현미경을 이용하여 계수하는 방법으로 석면 농도 표시는 20℃, 1기압 상태의 기체 1mL 중에 함유된 석면섬유의 개수(개/mL)로 표시한다. 시료채취시 맴브레인필터는 셀룰로오스에스테르제를 사용하며, 펌프는 로터리펌프 또는 다이아프램펌프를 사용한다. 채취된 시료는 아세톤-트리아세틴법으로 투명화한 후 위상차현미경을 이용하여 길이 5μm 이상이고, 길이와 폭의 비가 3 : 1 이상인 섬유를 석면섬유로 계수한다.

② 전자현미경법

전자현미경법에는 주사전자현미경(SEM)과 투과전자현미경(TEM) 2종류가 있다. 주사전자현미경은 초점이 잘 맞추어진 전자빔을 표본의 표면에 주사하고, 주사된 전자선이 표본의 한 점에 집중되면 일차전지만 굴절되고 표면에서 발생된 이차전자가 검파기에 의해 수집된다. 그 결과 생긴 신호들이 여러 점으로부터 모여들어 음극선관에 상을 형상하는 원리를 이용한다. 이 방법은 석면 관찰뿐만 아니라 에너지분산엑스레이미세분석기(EDXM)를 병용하면 석면 한개 한

개의 원소분석도 가능하다. 시료채취시 멤브레인필터는 뉴클레오필터를 사용하며, 흡인유량은 위상차현미경과 같으나 채취량은 다소 많아야 한다.

투과전자현미경은 시편의 영상이외에도 구조 및 성분에 대한 정보를 얻는 점과 가시광선대신에 전자빔을 사용한다는 점 이외에는 광학현미경과 작동원리가 동일하다. 이 방법은 전자선이 표본을 투과할 때 생기는 산란흡수, 회절, 위상 3가지의 대조(contrast) 발생원리를 이용하며, 전자선은 광선과 비교하면 물질과의 상호작용이 현저히 크기 때문에 시료는 매우 얇아야 하며, 진공중에 놓여야 한다.

6) 총부유세균

실내에서 부유세균을 측성하는 방법으로는 충돌법, 세정법, 여과법이 있으며, 충돌법에 의한 방법이 주시험방법이다(표 24).

표 24. 부유세균 측정법

측정법		측정기기	기기구성	소모품 및 기구	비 고
충돌법	Impaction법	Andersen 방식의 포집장치 (Bio air sampler)	유량계 풍속계 펌프(모터)	한천배지 페트리 디쉬 세균배양기	운반성, 편의성 및 경제성 양호
세정법	Impinger법	Impinger 방식의 포집장치 (Bio air sampler)	유량계 풍속계 펌프(모터) 완충액 탱크	완충액(액체배지) 멤브레인 여과지 한천배지 페트리 디쉬 세균배양기	
여과법	Filtration법	Filtration 방식의 포집장치 (Bio air sampler)	호 스 (Holder) 유량계 풍속계 펌프(모터)	젤라틴 여과지 한천배지 페트리 디쉬 세균배양기	

① 충돌법

실내공기를 부유세균측정기(Bio air sampler)로 일정량 흡입하여 측정기내에 미리 설치한 배지에 충돌시켜 공기중의 부유세균을 채취한다. 부유세균이 채취된 배지를 배양기에 배양하여 증식된 균의 집락수를 세어 포집된 공기의 단위체적당 균수(CFU/m^3)로 산출한다.

② 세정법

실내공기를 부유세균측정기로 일정량 흡입하여 측정기에 연결된 완충액이 들어 있는 장치를 통과시켜 공기중의 부유세균을 채취한다. 부유세균이 포집된 이 완충액을 전량 여과하여 이 여과지를 배지위에 놓고 배양하여 증식된 균의 집락수를 세어 포집된 공기의 단위체적당 균수(CFU/m^3)로 산출한다.

③ 여과법

실내공기를 부유세균측정기로 일정량 흡입하여 측정기에 설치된 여과지를 통과시켜 공기중의 부유세균을 채취한다. 부유세균이 포집된 이 여과지를 배지위에 놓고 배양하여 증식된 균의 집락수를 세어 포집된 공기의 단위체적당 균수(CFU/m^3)로 산출한다.

7) 미세먼지(PM-10)

미세먼지 측정방법으로는 소용량공기포집법, 저용량공기포집, 베타선흡수법, 광산란법, 광투과법 등이 있으며, 이중 소용량공기포집법이 주시험방법이다. 광산란법 및 광투과법으로 미세먼지를 측정한 결과가 유지기준의 1/2 이상 초과하는 경우에는 주시험방법으로 측정해야 한다.

① 소용량공기포집법(mini volumn air sampling method)

소용량공기포집기는 분립장치, 여과지홀더, 흡인펌프, 유량계 등으로 구성되며, 0.3μm의 입자상물질에 대해 99% 이상의 초기포집율을 갖는 여과지를 사용한다. 시료채취에 사용될 여과지는 미리 온도 20℃, 상대습도 50%에서 24시간 이상 항량이 될 때까지 보관하였다가 0.001mg 이상의 감도를 갖는 분석용 저울로 정확히 칭량하여 사용한다. 시료채취는 2～7L/min 유량으로 8시간 연속 채취한다. 시료채취한 여과지는 0.001mg 이상의 감도를 갖는 분석용 저울로 정확히 칭량하여 시료채취 전후의 여과지 무게 차이를 20℃, 1기압으로 환산한 총 포집유량으로 나누어 농도를 계산한다.

② 저용량공기포집법(low volumn air sampling method)

저용량공기포집기는 분립장치, 여과지홀더, 흡인펌프, 유량계로 구성되며, 소용량공기포집법과 매우 유사하다. 단 2~7L/min 유량으로 8시간 연속 채취한다.

③ 베타선 흡수법

베타선 흡수법은 실내공기중의 미세입자를 일정시간 여과지위에 채취하여 베타선을 투과시켜 미세먼지의 중량농도를 연속적으로 측정하는 방법으로, 베타선 방출원으로는 14C를 이용하며, 먼지 농도는 실리콘반도체 검출기에 의해 흡수 감지된 베타선의 수에 의해 결정된다.

④ 광산란법

실내공기중의 미세먼지에 빛을 조사하면 미세먼지에 의해 빛이 산란되며, 산란되는 정도는 미세먼지 농도에 비례하므로, 산란광의 양을 측정하여 미세먼지 농도를 구한다. 측정기는 유량계, 공기흡인부, 광전자증배관, 광전류적분기, 타이머, 광원부 등으로 구성된다.

⑤ 광투과법

실내공기중의 미세먼지를 일정시간 여과지에 포집한 후 빛을 조사하여 투과된 빛의 투과량을 측정하여 미세먼지 농도를 구한다. 측정기는 유량계측정부, 공기흡인부, 여과지교정부, 시간조절부, 시료채취부, 광투과량측정광원부 등으로 구성된다.

8) 일산화탄소

일산화탄소는 비분산적외선법으로 측정한다. 이 방법은 일산화탄소에 의한 적외선 흡수량의 변화를 선택성 검출기로 측정해서 실내공기중 포함되어 있는 일산화탄소의 농도를 연속 측정한다.

측정기의 측정눈금은 0~50ppm 이상으로 하고, 스팬드래프트와 제로드래프트는 ±2% 이내이어야 한다.

일산화탄소 측정기는 시료채취부, 적외선분석계, 교정용가스, 지시기록계 및 기타 부속장치로 구성되며, 측정은 먼저 제로가스와 스팬가스를 이용하여 측정기를 교정한 후 일정 유량으로 연속 측정한다.

9) 이산화탄소

이산화탄소는 비분산적외선법으로 측정한다. 이 방법은 이산화탄소에 의한 적외선 흡수량의 변화를 선택성 검출기로 측정해서 실내공기중 포함되어 있는 이산화탄소의 농도를 연속 측정한다.

이산화탄소 측정기는 0～2,000ppm 또는 0～5,000ppm과 유사한 측정범위를 갖고, 분해능은 10ppm 미만이어야 하며, 스팬드래프트와 제로드래프트는 ±2% 이내이어야 한다.

이산화탄소 측정기는 시료채취부, 적외선분석계, 교정용가스, 지시기록계 및 기타 부속장치로 구성되며, 측정은 먼저 제로가스와 스팬가스를 이용하여 측정기를 교정한 후 일정 유량으로 연속 측정한다.

10) 오존

① 자외선광도법

이 방법은 파장 254nm 부근에서 자외선 흡수량의 변화를 측정하여 실내공기중의 오존농도를 측정한다.

측정기의 측정눈금은 0.0～0.5ppm 이상으로 하고, 스팬드래프트와 제로드래프트는 ±2% 이내여야 한다.

측정기는 시료채취부, 필터(테플론 먼지제거필터), 유량계, 흡입펌프, 측정셀, 광원램프, 검출기, 증폭기 및 지시기록계 등으로 구성되며, 측정은 먼저 제로가스와 스팬가스를 이용하여 측정기를 교정한 후 일정 유량으로 연속 측정한다.

② 화학발광법

이 방법은 실내공기중의 오존과 에틸렌가스가 반응할 때 생기는 발광도가 오존농도와 비례하는 것을 이용하여 오존 농도를 측정하며, 최소감지농도는 0.003 ppm이다.

측정기는 시료채취부, 시료공기흡입펌프, 검출부, 유량제어부, 배출가스부 등으로 구성된다.

11) 이산화질소

① 화학발광법

이 방법은 실내공기중의 일산화질소와 오존과의 반응에 의해 이산화질소가 생성된 후 안정된 이산화질소로 될 때 생기는 화학발광광도가 일산화질소 농도와 비례관계가 있는 것을 이용하여 시료공기중의 일산화질소 농도를 측정한다 (표 25).

표 25. 가스상 오염물질별 측정방법

오염물질	측 정 방 법
일산화탄소	비분산적외선분석법(NDIR) 자동 : 주시험법 비분산적외선분석법(NDIR) 수동
이산화탄소	비분산적외선분석법(NDIR)
이산화질소	화학발광법(Chemiluminescent method) : 주시험법 살츠만(Saltzman)법
오 존	자외선광도법(UV photometric method) : 주시험법 화학발광법(Chemiluminescent method)

또한 질소산화물(NO+NO_2)을 측정할 경우 시료공기중의 이산화질소를 컨버터를 통하여 일산화질소로 변환시킨 후 일산화질소 측정과정과 같은 방법으로 측정하여 질소산화물에서 일산화질소를 뺀 값이 이산화질소가 된다.

② 살츠만법

이 방법은 흡수발색액(살츠만 시약)을 사용하여 흡광광도법에 의해 시료공기중의 일산화질소와 이산화질소를 동시에 연속 측정한다.

흡수발색액 N-(1-나프틸)에틸렌디아민[N-(1-Naphthyl)ethylene diamine]2 염산염, 설파닐산 및 초산의 혼합액에 일정유량의 시료공기를 일정기간 통과시켜서 이산화질소를 흡수시켜 흡수발색액의 흡광광도를 측정해서 시료공기 중에 포함되어 있는 이산화질소 농도를 연속적으로 측정한다. 일산화질소는 흡수발색액과 반응하지 않으므로 산화액(황산산성과망간산칼륨혼합액)으로 이산화질소로 산화시켜 이산화질소와 같은 방법으로 측정한다.

(3) 오염물질 방출 건축자재 시험방법

건축자재에서 방출되는 오염물질의 방출량을 측정하는 방법으로는 소형챔버법과 데시케이터법이 있다.

건축자재 오염물질 방출량 시험방법은 벽지, 바닥재, 페인트, 접착제 등 오염물질을 다량 방출하는 건축 마감재를 중심으로 이들로부터 방출되는 휘발성유기화합물(VOC) 및 포름알데히드(HCHO)를 측정·분석하는 방법이다.

1) 소형챔버법

소형챔버법은 방출시험용 챔버라고 불리는 표면이 특별 처리된(EP) 스테인리스강 또는 유리로 구성된 용기를 사용하여 용기내부를 일정하게 환기하면서 건축자재에서 발생하는 오염물질의 방출량을 측정하는 방법으로, 챔버의 크기는 원칙적으로 스테인리스강 재질의 20L로 한다.

그림 4. 방출시험용 소형챔버 및 시험편 고정틀의 예

① 측정원리

이 방법은 방출시험 챔버 내의 공기농도, 통과한 공기유량 및 시험편의 표면적을 구하여 시험대상 건축자재의 단위면적당 VOC 및 포름알데히드의 방출량을 결정하는 방법이다. 일정한 온도, 상대습도 및 환기량을 가진 방출시험 챔버 내에서 청정공기를 공급하고, 출구에서 포집된 공기에서 방출시험 챔버 내부의 공기농도, 배경농도 및 환기량을 파악하여 특정시간(t)에 관한 단위표면적당의 VOC 및 포름알데히드 방출량을 계산한다.

② 시험장치

건축자재에서 방출되는 VOC 및 포름알데히드 방출강도를 측정하기 위한 기구로는 방출시험챔버, 시험편 고정틀, 순수공기공급장치, 온도·습도제어장치, 적산유량계, 공기채취장치 등으로 구성된다(그림 5 참조).

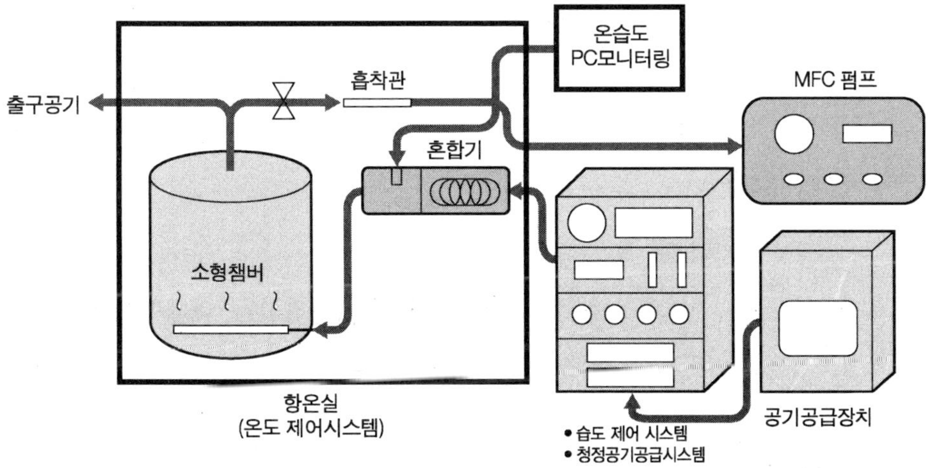

그림 5. 건축자재 방출시험 장치 구성도의 예

③ 시험조건

ⓐ 온도 및 상대습도방출시험 챔버 내의 온도는 25±1℃, 상대습도 50±5%를 유지한다.

ⓑ 공급공기질 및 배경농도

공급공기의 배경농도는 방출시험에 영향을 미치지 않는 정도로 낮아야 한다. 가습에 사용되는 물은 농도에 영향을 미치는 VOC 및 포름알데히드가 포함되어서는 안 된다(VOC : 20μg/m^3, HCHO : 5μg/m^3).

④ 시료채취방법 및 시료 운반 및 보존

ⓐ 시료 포장 및 운반

시료는 화학물질에 의한 오염 또는 열과 습기 등에 영향을 받지 않도록 보호한다. 각 시료에 알루미늄 재질의 포장재로 싸고 테프론백을 이용하여 밀봉한다.

ⓑ 롤 상태 제품 시료

롤의 끝단에서 2m 안쪽 중앙부분에서 시료를 채취한다. 각 시료는 알루미늄 재질의 포장재로 싸고 테프론백을 이용하여 밀봉한다.

ⓒ 판, 패널, 보드 등 제품

원칙적으로 개봉하지 않은 포장단위를 시료로 한다. 한 개의 테프론백에 1개의 시료를 넣어 밀봉한다.

ⓓ 시료의 라벨 표시

시료를 넣은 테프론백에 제품의 종류, 제조일 및 로트 번호를 기재한 라벨을 표시한다.

⑤ 방출시험챔버 준비

시험을 개시하기 전에 방출시험챔버를 해체하여 세정한다. 해체한 챔버를 물, 증류수로 세정한 후, 오븐에서 가열처리한다(260℃, 15분 이상).

⑥ 시험편 준비

방출시험 준비가 된 시점에서 시료를 운반용 포장에서 꺼내어 시험편을 준비한다. 시료를 포장에서 꺼낸 후 시편을 만들어 챔버 내에 설치한 시점에서 방출시험이 개시된 것으로 한다. 시료부하율은 원칙적으로 고상은 $2.0m^2/m^3(\pm10\%)$, 액상은 $0.4m^2/m^3(\pm10\%)$로 한다.

ⓐ 롤상제품

롤 상태로 송부된 시료는 끝단에서 최소 2m 안쪽 위치에서 시험편을 채취한다.

ⓑ 판, 패널 및 보드 등 제품

중앙 부분에서 채취한다.

ⓒ 접착제

유리판에 최종적으로 $300g/m^2$ 도포한다. 접착제인 경우 상온에서 60분간 건조한 후 챔버 내에 설치함을 원칙으로 한다.

ⓓ 페인트

유리판에 최종적으로 $300g/m^2$ 도포한다. 유성페인트인 경우는 1일(24시간) 건조한 후 챔버 내에 설치함을 원칙으로 하고, 수성페인트인 경우는 2일(48시간) 건조한 후 챔버 내에 설치함을 원칙으로 한다.

⑦ 시험방법

ⓐ 배경농도

방출시험챔버를 깨끗하고 평편한 표면(유리 혹은 스테인리스) 위에 설치하고, 새로운 방출시험을 시작하기 전에 빈 방출시험챔버의 배경농도를 정량한다. 배경농도는 방출시험에 영향을 주지 않을 정도로 낮아야 한다.

ⓑ 방출시험챔버 내의 시험편 위치

방출시험챔버 중앙에 시험편을 넣고 공기가 시험편의 방출면 위에 균일하게 흐르도록 한다.

ⓒ 시료채취

시험편 설치 후 고상자재는 7일 후, 액상자재는 3일 후 시료를 채취한다. VOC는 고체흡착관을 사용하고, 포름알데히드는 오존스크루버가 장착된 DNPH 카트리지를 사용하여 채취한다. 이때 배경농도도 측정한다.

⑧ 분석방법

ⓐ VOC 분석

고체흡착관을 열탈착장치에 넣고, VOC를 열탈착시킨다. MS를 scan mode로 조작하여 VOC 종류를 확인한다. 같은 retention time이라 할지라도 질량 스펙트럼으로 판정한다. 정량은 TIC(Total Ion Current Chromatogram) 방식으로 실시한다. 이때 VOC는 크로마토그램에서 헥산에서 헥사데칸까지로 하며, 모든 VOC는 톨루엔으로 환산하여 정량한다. 단 천연자재에서 방출된 것으로 확인되고 국제적으로 인체에 무해한 것으로 입증된 화합물은 정량에서 제외한다.

ⓑ 포름알데히드 분석

DNPH 카트리지 내의 DNPH 유도체들을 아세토니트릴 5mL를 사용하여 용출시킨다. 용출된 용액을 HPLC에 주입하여 UV 360nm 파장에서 정량한다.

2) 데시케이터법

데시케이터법은 상온상습상태(온도 20±2℃, 습도 65±5%)에서 목재 자재에서 방출되는 포름알데히드를 측정하는 경우에 한하여 적용한다.

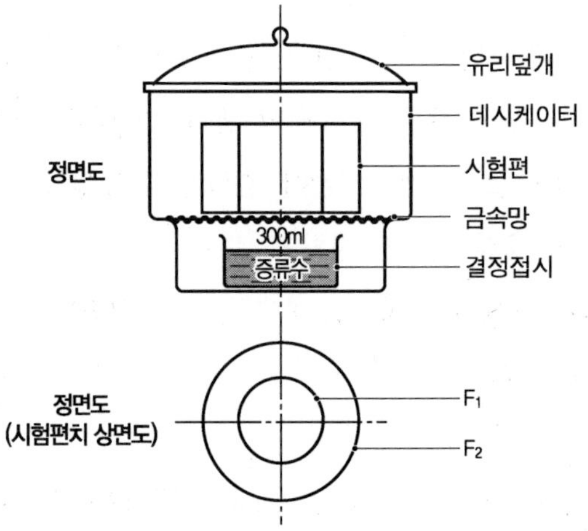

그림 6. 목재가구 포름알데히드 방출용 데시케이터의 예

① 포름알데히드 포집방법

내경 240±15mm, 부피 11±2ℓ의 데시케이터 밑부분에 300±1mℓ의 증류수를 넣은 내경 115±1mm, 높이 60±2mm의 결정 접시를 놓고, 그 위에 정해진 매수의 시험편을 그림 7과 같은 지지쇠로 고정시켜 끼우고 20±2℃에서 24시간 방치하여 방출되는 포름알데히드를 증류수에 흡수시켜 시료 용액으로 한다.

② 정량방법

시료 용액 중의 포름알데히드의 농도는 아세틸아세톤법에 의해 광전분광 광도계 또는 파장 412nm 부근의 측정 가능한 광전비색계를 이용하여 비색 정량한다.

2-4 친환경 건축물의 유지관리

친환경 건축물도 건축물의 유지관리를 위한 사용자 매뉴얼이 제공되어 사용자나 관리자가 적정한 유지관리 행위를 수행하도록 하고, 건축물의 적정한 기능유지를 통하여 건물운용을 최적의 상태로 유지하며, 이를 통하여 건축물의 운용으로 인하여 발생하는 환경부하를 저감시키도록 할 필요성이 있다.

시공시 환경관리 계획의 타당성 및 시행여부를 확인하기 위하여 시공회사의 조직과 현상조직이 환경을 고려한 체제로 정비되어 있는지의 여부를 평가한다. 건축물의 제반설비 및 장비의 운영방법에 대한 정보를 사전에 마련함으로써 당초 의도했던 계획에 의거하여 건축물이 최대의 효율을 발휘함과 동시에, 지속적인 유지관리가 이루어지도록 한다. 건축물의 관리 및 운영방법에 대한 정보와 이에 관한 사용자 매뉴얼을 입주자들에게 제공함으로써 당초 의도했던 대로 최대의 효율이 이루어질 수 있도록 한다.

1. 현장 관리

1.1 환경경영의 필요성

환경경영을 위하여 자발적으로 구축한 기업의 환경경영시스템이 ISO 14001 : 1996/KS A 14001 : 2001 규격의 요구사항에 따라 적합하게 수립, 실행 및 유지되고 있는지 여부를 제3자인 인증기관이 공정하게 심사하고, 그 적정성이 확인되면 환경경영시스템 인증서를 발급하는 제도가 ISO 140001이다.

ISO 14001은 1992년 '리우 지구 정상회의'에서 제창된 '환경적으로 건전하고 지속 가능한 개발(ESSD)'을 달성하기 위하여 실천적 방법론의 하나로 실시되고 있는 환경경영이 기업경영에 도입된 것으로서 기존의 환경관리 방법이나 사후처리 위주의 기술개발 및 투자활동이 더 이상 충분한 수준이 될 수 없다는 공감대의 반영이며, 경제적 수익성과 환경적 지속 가능성을 전제로 하는 새로운 기업경영 전략의 도입을 요구하는 것이다.

이러한 환경경영은 기존에 일부 환경담당자들에 의해 사후처리 방식 중심으로 운영되어 오던 환경관리 방식에서 탈피하여 전사적으로 환경문제를 해결할 수 있는 체계적인 방안을 모색하는 것으로써 경영활동이나 생산활동에서 발생하는 환경부하를 저감시키기 위한 객관적인 노력이라고 할 수 있다.

건축물을 생산과 관련된 조직은 본사조직과 현장조직으로 나눌 수 있고, 본사조직은 현장을 위한 경영 및 행정적인 지원을 하고, 현장조직은 실제 건축물의 시공을 위한 현장관리와 환경관리 등을 수행하게 된다. 건설기술관리법 제26조의 5에서도 건설공사가 환경피해를 최소화 할 수 있도록 조직을 관리하고 운영하도록 정하고 있으며, 건설기술관리법 시행규칙 제14조의 2에서도 공사시방서 작성시 환경관리에 대한 사항을 기술하도록 되어 있다.

1.2 ISO 14001

ISO 14001은 기업경영에서 환경성과의 개선을 도모하기 위해 만들어진 국제규격으로, ISO 14001에서 규정한 환경경영체제는 기업경영의 일부분으로서, 기업활동에 의해 발생할 수 있는 부정적인 환경영향을 지속적으로 개선하기 위한 체계적인 접근방법이다.

이 규격의 기본적인 내용은 지속적인 환경성과의 체계적인 개선을 위해서 조직의 체제와 전 종업원의 책임을 명시하고, 환경개선을 위한 노력들이 효과적으로 이루어질 수 있도록 조직 내의 자원을 적절히 배분할 것을 규정하고 있으며, 환경에 대한 인식과 책임의식을 제고하기 위해 전 종업원에게 교육과 훈련을 계속 실시하고, 환경방침을 충실히 실천하는지를 정기적으로 시하고 점검하도록 요구하며, 환경성과를 대내·외에 공표하도록 규정하고 있다.

이처럼 ISO 14001에서 규정한 환경경영체제의 구조는 일반적인 경영체제가 갖는 특성을 모두 포함한다. 즉 환경경영체제는 현황 분석, 개선계획 수립, 계획 실행, 실행결과에 대한 점검과 시정조치 등 일반적으로 경영체제가 가져야 할 기본적인 요소들을 모두 반영하고 있다.

1.3 환경관리계획

환경관리계획은 본사나 현장의 환경경영조직과는 별도로 수립해야 하는 것으로서 인증대상 건축물을 시공하는 데에 있어 필요한 환경관리조직 및 업무와 관련된 사항을 구체적으로 기술하고 있어야 한다. 환경관리계획에는 기본적으로 다음과 같은 내용이 포함되는 것이 권고된다.

1) 환경 관리 계획 측면
- 환경 관리조식계획
- 교육계획
- 시설물관리계획
- 중기관리계획

2) 비산, 먼지 방지 계획 측면
- 자재운반 및 보관 계획
- 시공 중 관리계획
- 시설 관리계획
- 상하차 및 양중 계획

3) 소음진동 관리 계획 측면
- 굴착, 운반, 항타, 천공 계획
- 콘크리트공사 계획

4) 폐기물 처리 계획 측면
- 재활용쓰레기 관리계획

- 소각계획
- 외부반출계획
- 지정폐기물 처리계획

5) 수질관리 계획 측면

- 지하수 사용 및 관리 계획
- 폐수 처리 계획

6) 기타

- 관련 법규 점검

1.4 평가 방법

시공회사의 ISO 14001 획득여부와 현장운영지침에서의 환경우선정책 채택 정도를 평가한다.

1) 순서 1

본사의 환경경영방침을 확인할 수 있는 서류를 검토한다.

① ISO 14001인증을 받은 경우 인증서의 적합성을 확인한다.

② 본사의 사내운영지침을 검토하고 환경우선정책을 시행하고 있는지를 확인하여 검토서에 기술한다.

2) 순서 2

현장의 환경관리방침을 확인할 수 있는 서류를 검토한다.

① ISO 14001에 따라 본사와 현장의 환경관리 의사소통체계가 수립되어 있는지 확인한다.

② 현장 자체적으로 환경관리방침이 수립되어 있는지 확인한다.

3) 순서 3

환경관리계획서 및 환경관리조직의 적정성을 검토하여 점수를 부여한다.

① 환경관리계획서가 적합하게 구성되어 있는지 확인한다.

② 환경관리조직이 구체적이고 환경관리계획을 수행하기에 적합한 지 검토한다.

③ 검토된 결과에 따라 점수를 부여한다.

2. 건물 관리

2.1 인증기준항목의 구성

(1) 설계도서

시공도서 및 시방서는 건축물의 각 부위가 어떻게 시공되어 있고 어떤 공법을 사용하여 시공하였는지 확인할 수 있는 도서이므로, 차후 건축물에 결함이 발생할 경우 결함의 원인을 파악하는데 중요한 자료가 된다. 시공도서 및 시방도서는 건축물에 따라 상당한 양이 되어 보관에 어려움이 많고 유실되는 경우가 많으므로, 도서와 아울러 전산화된 파일(CD)이 함께 제공되어야 한다.

(2) 매뉴얼

매뉴얼은 건축물이나 관련 설비에 대한 전문적인 지식이 없더라도 지시사항에 따라 발생된 결함이나 작동불량에 대한 대처를 할 수 있도록 작성되어야 한다. 따라서 매뉴얼이 포함하고 있어야 할 내용은 아래와 같다.

- 시동, 정지, 비상 및 정상 작동과 함께 모든 주요 장비 및 설비의 조정 순서를 위한 상세하고 단계적인 시험과 체크리스트류
- 주요 유지, 보수작업을 위한 상세하고 단계적인 절차 및 체크리스트류
- 주요 장비 및 시스템을 위한 제조업체로부터 권고사항으로부터 도출된 검사
- 필터링, 청소를 위한 유지관리, 점검 주기에 따른 정기적인 예방보전 활동 계획 및 양식
- 제조업체의 성능제원 데이터 및 고장 발견 절차
- 표준 예비부품의 규격 목록
- 장비 및 설비 설치업체, 유지관리 담당자의 연락처

(3) 점검 방법

점검방법은 옥상방수에 대한 것과 구조체/비내력벽에 대한 것을 제공하도록 한다. 방수결함으로 인한 누수와 구조체에 발생하는 균열이나 박락 등은 거주자가 흔히 접하는 결함이므로 이에 대한 점검방법을 제공하여 발생된 결함에 적절하게 대응할 수 있도록 한다. 또한, 옥상방수에 대한 점검방법에는 해당 건축물에 시공된 옥상방수와 결함발생시 권고되는 보수방법이 기술되어야 한다.

2.2 평가 방법

건축물 관리자를 위해 관련 장비/설비의 효과적인 운영/유지관리를 위한 매뉴얼 및 지침이 제공되는지의 여부를 평가한다.

1) 순서 1

평가를 위해 제출된 서류의 적합성을 검토한다.

① 설계도서의 경우 건축, 구조, 설비, 전기 등의 도서가 포함되어 있는지 확인한다.

② 시방서의 경우 각 공종에 대한 공사시방이 작성되어 있는가 확인한다.

③ 옥상방수의 점검방법과 보수방법이 인증대상 건축물의 방수공법에 적합한 것인지 확인한다.

④ 구조체/비내력벽의 점검방법이 '건축물 안전진단지침'에서 제시하는 방법을 준용하고 있으며, 인증대상 건축물에 적합한 것인지 확인한다.

⑤ 각 매뉴얼이 운전과 예방적 유지관리를 위한 체크리스트 및 보수점검 주기에 대한 내용을 포함하고, 장비설치업체 및 유지관리업체에 대한 목록을 포함하고 있는지 확인한다.

⑥ 일상적 유지관리를 위한 양식 및 체크리스트가 제시되고 있는지 확인한다.

2) 순서 2

제출된 도서 및 점검방법, 매뉴얼 등의 적합성 검토가 끝나면, 적용된 항목수를 파악하여 점수를 부여한다.

3. 세대 관리

3.1 인증기준항목의 개요

일반적으로 주택을 구입할 때 그 집에 관해서 인수 인계를 할 때 받는 것은 현관 및 각방 열쇠 그리고 간단한 매뉴얼이 전부이다. 핸드폰을 하나 사면 단어 숙어집 정도의 매뉴얼을 받고, 자동차를 구입할 때도 두툼한 설명서가 딸려 나온다.

최근 공동주택은 입주자들의 주거생활의 편의성과 쾌적성을 향상시키기 위해 다양화되고 있고, 요구수준도 점차 고도화되면서 각종 복잡한 기능을 갖춘 설비와 자재들이 도입되고 있다. 이 때문에 어떻게 효율적으로 주택을 유지관리해 나가는 가가 점차 중요시 되고 있다.

난방(냉방)·급탕·가스설비, 급수, 배수, 위생설비, 조명 및 콘센트 등의 전기설비, 정보통신기기나 시스템 등의 내용을 정확하게 파악하고 사용하는 것은 에너지 절감과 효율적인 관리의 실현 등 주거생활에 있어서 편리성, 효율성을 지향할 수 있다.

한편, 최근 공동주택들은 초고층화되고 있기 때문에 화재나 비상시에 대비해서 안전에 대한 내용도 입주자들이 사전에 필히 숙지해야 할 중요한 항목이다. 세대 내에 있는 방범, 방재 또는 주택설비기기에 대한 내용을 사전에 파악하여 이상 검지시의 통보와 적절한 대응이 가능도록 할 필요가 있다. 또한 피난동선그림을 통해 비상시 옥상으로 대피할지 1층으로 대피할지를 알려줄 필요가 있다.

일상적인 주거생활행위에서 발생하는 세대간 층간소음 발생에 대한 대처방법, 재활용쓰레기 처리방법, 이수방법 등에 대해서도 입주자들이 숙지할 필요가 있으며, 세대내 동물사육 등과 같이 주거생활 행위에 의해 이웃에 피해를 주지 않도록 공동주택 생활에티켓도 필요한 실정이다.

따라서 공동주택의 관리 및 운영방법에 대한 정보와 이에 관한 사용자 매뉴얼을 사전에 입주자들에게 제공함으로써 당초 의도했던 바대로 건축물이 최대의 효율을 발휘할 수 있도록 해야 할 것이다.

3.2 인증기준항목의 구성

(1) 건축물 관련 사항(예시)

- 건물구조체(내력벽/비내력벽), 기둥의 위치 등의 포함된 세대 평면도
- 주거생활에 의해 발생하는 결로현상 방지 방안
- 발코니 확장 등과 같은 불법 용도 변경
- 현관문에 대한 관리 및 손잡이, 도어클러저 등에 대한 간단한 수선방법
- 창호 및 방충망의 손질
- 액자 등을 걸기 위해 못을 박을 수 있는 벽 위치 및 부위에 대한 안내

(2) 난방(냉방)·급탕·가스설비 등에 대한 관련 사항(예시)

- 보일러 및 온도조절기 사용방법(사용연료, 열효율, 작동, 점검 및 주기, 교체 등)
- 에너지절약을 위한 보일러의 효율적인 관리 방법
- 가스레인지 사용방법
- 가스레인지 및 가스배관에 대한 점검 및 관리방법
- 외출시 중간밸브 차단상태 확인

(3) 급수, 배수, 위생 등에 대한 관련 사항(예시)

- 싱크대(설겆이대)의 손질방법
- 배기후드, 환풍기의 필터교환주기 및 정기적인 청소
- 욕실타일 및 거울의 손질
- 급수위생기기(수도꼭지, 샤워헤드 등)의 손질
- 싱크대, 세탁기, 화장실의 배수구가 막혔을 때
- 다용도실, 부엌수도 잠금장치, 발코니수도 잠금장치, 욕조수도 잠금장치에서 누수할 때
- 배관의 위치 및 상태, 수압, 점검 및 교체방법
- 세면기 및 욕조 트랩에서의 물빠짐에 대한 관리방법
- 변기의 구조 및 간단한 수선방법

- 플로트밸브의 고장
- 변기에 물이 나오지 않는 경우에 대한 대책
- 탱크에 물이 멈추지 않는 경우에 대한 대책
- 변기가 막혔을 때의 처리방법 등

(4) 조명 및 전기설비 등에 대한 관련 사항(예시)

- 세대분전반의 위치 및 관리
- 누전차단기에 대한 설명 및 점검방법
- 등기구, 스위치 등 전기설비 교체방법 및 안전대책

(5) 정보통신실비 등에 대한 관련 사항(예시)

- 전화설비
- 세대내 단자함 안내 및 이용법
- 홈오토메이션 터치스크린 사용법
- 비상 및 구급버튼 이용법
- TV 및 위성방송 연결법

(6) 공동주택에서의 안전 및 생활에티켓(예시)

- 인접세대간에 소음발생 저감을 위한 생활에티켓(심야시간대 피아노 등의 악기 연주, 세탁기 사용 자제 등)
- 일반쓰레기, 재활용쓰레기, 음식물 찌꺼기 등의 처리방법
- 우수관의 수질오염 방지를 위해 발코니에서의 세탁기 사용 자제
- 소화기 사용방법
- 공동이용시설에 대한 올바른 이해 및 주의사항
- 범죄예방
- 화재예방 및 소화활동
- 피난동선이 포함된 비상시 대피방법

3.3 평가 방법

입주자들에게 사용자 유지관리 매뉴얼(문서 또는 전자문서)을 제공하는지에 따라 평가한다.

(1) 순서 1

사용자 매뉴얼이 아래 항목들의 내용을 포함하고 있는지를 확인한다.

1) 예비인증시에는 사용자매뉴얼이 준비되기 어려우므로 적용예정확인서에 표시된 항목의 개수를 확인한다.

2) 본 인증시에는 사용자 매뉴얼에 6개의 항목 중 몇 개의 항목이 포함되어 있는지를 확인한다.

① 건물구조체(내력벽/비내력벽), 기둥의 위치 등이 포함된 단위세대 평면도

② 난방(냉방)·급탕·가스설비 등에 대한 관련 사항

③ 급수, 배수, 위생 등에 대한 관련 사항

④ 조명 및 전기설비 등에 대한 관련 사항

⑤ 정보통신설비 등에 대한 관련 사항

⑥ 공동주택에서의 안전 및 생활에티켓 관련 사항

(2) 순서 2

적용예정확인서 또는 사용자 매뉴얼을 통해 해당하는 급별 가중치를 이용하여 배점을 산출한다.

1) 예비인증시에는 적용예정확인서를 통해 해당하는 급별 가중치를 이용하여 배점을 산출한다.

2) 본 인증시에는 사용자 매뉴얼을 통해 해당하는 급별 가중치를 이용하여 배점을 산출한다. 단, 본인증시의 사용자 매뉴얼에는 다음과 같은 사항이 포함되어야 한다.

- 점검, 고장감지 및 교체방법, 효율적인 운전방법 등
- 유지관리, 보수 점검 주기에 기초한 정기적인 예방보전방법

• 장비 및 설비 설치업체, 유지관리 담당자의 연락처

4. FM(시설계획)

1) FM의 정의

FM(Facility management)는 부동산, 건축, 설비, 인테리어, 업무지원 등 광범위한 영역을 대상으로 이들에 관한 기획, 설계, 실시, 운용, 관리 등의 행위를 계획적·종합적으로 행하는 기법이다.

2) FM의 업무내용

① 부동산관리

부동산 취득의 장기계획의 관리/토지·건축물의 구입/비소유 건축물의 임대/소유 건축물·임대 건축물의 마케팅과 임대/임대건축물의 관리/외부 차가인(tenant)에의 서비스와 관리/예산관리와 재무보고

② 건축물의 설계와 건설

③ 건축물의 운용관리

건축물 운용관리시스템의 운용/건축물의 유지관리와 수선/건축물의 수리와 소규모 개수/토지의 관리/계획·허가·검사용 파일의 유지관리보안시스템/감시원/안전대책/예산관리와 재무보고

④ 오피스 시설계획

작업면적기준의 결성/가구·기기설치기준의 설성/공통설비의 시방 결정/필요 오피스 베이스의 장기계획의 작성/필요 오피스 베이스의 단기계획의 작성

⑤ 실내 레이아웃의 인테리어 디자인

⑥ 실내설계와 마감부분의 건설

⑦ 가구와 비품

⑧ 통신의 계획과 관리

5. 유지관리계획

유지관리업무를 빠르고 효과적으로 수행하기 위해서는 먼저 유지관리 계획을 수립할 필요가 있다. 계획에는 일상적인 점검과 정기적인 점검·수선에 관한 사항이 있다. 일상적으로는 기기의 운전 또는 청소, 소모품의 교환, 실내 환경의 측정 등이 포함되며 건축물의 기능을 충분히 발휘시키기 위해 연간계획, 월간계획에 따라서 효율적으로 업무를 진행해나가도록 한다. 특히 법규에서 의무화시킨 점검 등은 누락되지 않도록 계획에 포함시킬 필요가 있다.

건축물을 유지관리함에 있어서 안전상의 위해요소나, 급격한 기능저하를 가져올 우려가 있는 변형, 균열, 누수 등 결함을 조기에 파악하여 적절한 대책을 수립하는 것이 매우 중요하다.

유지관리는 정량적으로 기준화된 것이 아니므로 경험적 판단을 요하는 경우가 많으나 적절하고 객관적인 평가가 이루어지기 위해서는 점검기준 및 평가·판정기준을 마련하여 각 기준에 따라 유지관리를 시행하는 것이 바람직하다.

건축물은 다른 공업제품과 달리 생산된 후 오랜 기간 동안 사용되는 내구제품이다. 이는 총생애비용적인 측면에서 초기 건설비용 보다 장기수선이나 부품의 교체를 위한 유지관리, 냉난방 에너지 비용, 설비 개체 등 시설 운영과 관련된 비용,

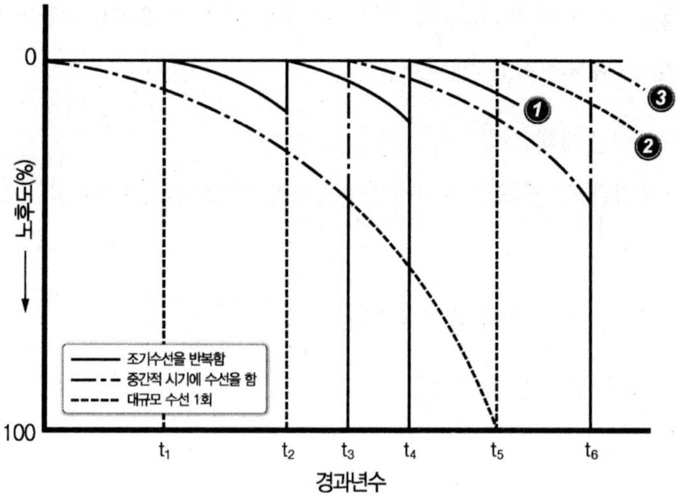

그림 1. 수선시기에 따른 건축물 기능의 제고

폐기 비용이 훨씬 더 크다는 것을 의미하며, 전과정평가적인 측면에서도 건축물에서 발생하는 환경부하가 초기 시공 단계보다 사용 및 유지관리 단계, 폐기 단계에서 훨씬 더 많이 발생하는 것과 상통하기도 한다.

따라서 적절한 유지관리계획의 수립과 이의 실천은 경제성 측면뿐만 아니라 건축물의 기능과 수명을 적정 수준으로 유지시켜 환경부하를 저감시키는 측면에서도 매우 필요한 행위라고 할 수 있다. 그림 1은 유지관리 행위에 따라 건축물의 성능 수준이 유지되는 상태를 도식화 한 것인데, 대규모의 수선보다는 반복적인 수선행위가 건축물의 기능을 일정 수준 이상으로 유지시킬 수 있음을 알 수 있다.

6. 분야별 유지관리 업무

시설물의 유지관리업무를 건축분야(토목·조경포함), 기계설비분야, 전기·정보통신설비분야의 3부분으로 대별한다. 시설물관리 대상은 구분소유자 공동소유인 공용부분의 부대시설을 유지·보수하고, 특히 그 설비에 대한 합리적 운용을 통하여 그 성능을 최대한 발휘하도록 하는데 목적이 있으며, 전유부분에 대해서는 각각의 구분소유자에 의해 유지관리되어야 한다.

6.1 건 축

건축법상의 건축설비에는 전기·전화·가스·급수·배수(排水)·배수(配水)·환기·난방·소화·배연(排煙) 및 오물처리설비와 굴뚝·승강기·피뢰침·국기게양대·공동시청안테나·유선방송수신시설·우편물 수취함 기타 국토해양부령이 정하는 설비로 정의하고 있다(건축법 제2조 제3항).

이 외의 보안등·대문·경비실·자전거보관소·조경시설·옹벽·축대·단지안의 도로·안내표지판·공중전화·지수시설·지하양수시설·대피시설·쓰레기수거시설 및 처리시설·오수처리시설·단독정화조·소방시설·냉난방공급시설(지역난방 제외) 등을 대상으로 한다.

건축물의 정기적인 점검은 6개월에 1회 이상으로 수행하도록 하며, 시특법 대상건축물중 2종 시설물은 정밀점검, 1종 시설물은 정밀안전진단을 시특법에 의해 수행하여야 한다(표 1).

표 1. 건축물 점검사항

내 용	1회				비 고
	분기	6개월	3년	필요시	
건축물 정기점검		●			
건축물 정밀점검			●		
건축물 긴급점검				●	
건축물 정밀안전진단					1종 시설물 10년 경과 후 5년마다 1회
시설물 안전상태 및 관리점검	●				

6.2 기계설비

집합건축물의 기계설비는 공기조화설비, 급배수설비, 소방·가스·승강기설비, 환경·위생설비 등으로 구분할 수 있다. 승강기의 안전점검은 매월 1회 실시한다(표 2).

표 2. 기계설비 장비의 종류

설비명칭	장비종류
공기조화설비	보일러, 냉동기, 냉각탑, 펌프류, 송풍기, 공기조화기, 방열기, 팬코일 유닛
급배수설비	급수설비, 배수설비, 급탕설비, 정화조설비, 중수(도)설비, 위생기구, 위생설비의 유닛
소방설비	소화설비(소화전, 스프링클러, 연결송수관, 드렌처, 소화기, 유도등, 특수소화 설비) 화재설비(화재경보, 전기화재경보기, 유도등), 피난설비, 소화용수설비, 소화활동 필요설비
가스설비	가스관, 버너, 가스미터기
승강기설비	엘리베이터, 에스컬레이터

6.3 점검 및 검사주기

건축물을 효율적으로 관리하기 위해서는 건축물과 각종 설비부분에 대해서 정기적인 점검이 필요하다. 안전점검은 전문기술자가 건축물의 상태를 육안으로 이상유무를 확인하는 행위이나 건축물의 유지관리 절차 중 가장 중요한 사항 중의 하나이다. 점검을 통하여 건축물의 내재되어 있는 안전사고 예방활동과 적절한 보수교체시기를 결정하는데 기초 자료를 얻을 수 있기 때문에 점검주기와 점검항목에 따라 반드시 전문분야별 기술자가 책임의식을 갖고 행하여야 한다.

일반적으로 건축법에 의한 건축물 정기점검은 1년에 1회 이상 실시하여 건축물의 상태를 파악하도록 한다. 승강기, 전기, 가스, 소방시설은 각각의 개별법에서 정한 점검항목 및 점검주기에 따라 안전점검을 실시하여 해당 건축물의 이상유무와 보수교체 시기를 판단하는 기준자료로 활용하도록 하고, 점검결과 중대한 결함이 발견될 경우, 해당분야 책임기술자의 자문 또는 정밀안전진단 등을 통하여 대책을 수립하도록 한다.

7. 예방보전과 사후보전

7.1 예방보전

예방보전(Preventive maintenance)이란 각 부재가 불량상태를 나타내기 이전에 점검하여 불량 징후가 있으면 부재 등을 교환하여 성능·기능을 양호한 상태로 유지하는 것을 말한다. 사후보전과 비교하여 불량에 의한 정지시간이 짧은 것과 비용이 적게 드는 특징이 있다. 예방보전은 시간계획보전과 상태감시보전으로 분류된다. 시간계획보전이란 일정 시간마다 부재를 교환하도록 실시하는 보전과 일정

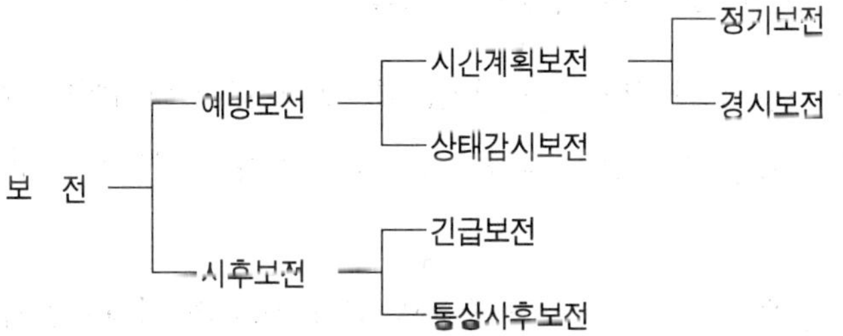

그림 2. 실시방법에 따른 보전의 분류

연속 운전시간마다 부재를 교환하도록 실시하는 보전이 관련한다. 상태감시보전이란 불량 정도가 일정 상태를 넘은 경우에 부재를 교환하도록 실시하는 보전을 말한다(그림 2).

7.2 사후보전

사후보전(Breakdown maintenance)이란 각 부재가 고장난 부분을 수선하는 것을 말한다. 고장에 의하여 정지한 시간이 기로, 손실이 다방면으로 발생하여 고장난 부분이 확대하여 비용도 커지는 특징이 있다. 다만 고장난 부분이 확대하지 않도록 부재나 손실이 다방면에 발생하지 않는 부재라면 사후보전이어도 문제는 없다. 긴급보전과 통상사후보전으로 분류된다.

8. 건축설비의 열화

설비 시스템은 아무리 보수관리를 철저히 하여도 경년에 의해 그 기능이나 성능은 서서히 저하하고, 보수에 의해 기능 회복이 곤란한 상태에 이르러 수명을 마치게 된다.

건축설비의 열화는 다음의 3가지로 대별할 수 있다.

1) 설비의 물리적 열화
2) 설비의 기능적 열화
3) 설비의 사회적 열화(성능수준의 진부화)

물리적인 열화는 설계시방, 시공방법, 설치환경, 운전방법이나 보수관리 등에 의해 그 진행 정도는 다르지만, 결과적으로 기능저하나 기능정지 등의 장애를 야기한다.

표 3에 기능장애의 인과관계 일례를 나타낸다. 이들의 열화요인에 의한 기능장애는 대체로 준공 후 15～20년 정도에서 발생하고 있다.

표 3. 기능장애의 인과관계 예

원 인	결 과	원 인	결 과
배관계의 부식(이음류 포함)	누수	열교환기의 능력저하(열화)	냉방·난방의 효율이 좋지 않다
배관계의 응력파괴(동결·신축 등)		보온재의 열화	
패킹류의 열화		※분출구·흡입구 장애	
배관계의 부식	적수·청수	※부하의 증대(내부발열·틈새바람)	
펌프류의 부식		자동제어기기의 열화	
수조류의 부식		필터의 능력저하(열화)	환기가 좋지 않다 먼지가 나온다
열교환기의 부식(보일러·탕비기 포함)		덕트계의 열화	
※수도관 공사		송풍기의 능력저하(열화)	
배관계의 부식	물(탕)의 나옴이 좋지 않다	소음재 부착재의 열화	
가압펌프의 열화		※분출구·흡입구 장애	
여과기의 막힘		외기의 질 악화	
열원기기의 능력저하(열화)	냉방·난방의 효율이 좋지 않다	자동제어기기의 열화(VAV)	소음이 심하다 진동이 심하다
공조기기의 능력저하(열화)		회전기기류의 열화	
물순환장치의 능력저하(열화)		소음재의 열화	
배관계의 부식·열화		※지진 등에 의한 기기의 변형·어긋남	

※사용 상황 등에 의한 것으로 열화라고는 할 수 없다.

(1) 열화진단의 구성

① 1차 열화진단

1차 열화진단이란 주로 일상점검 수준의 유지보전에 의해 달성할 수 있다. 결국 기기를 통하여 정량적인 계측 등을 하는 것이 아니라 주로 오감에 의해 열화진단을 하는 것(기기에 본디 갖추고 있는 계기에 의한 지시를 읽는 것과 매우 간편한 측정기기에 의한 측정을 하는 경우도 있다)이다.

② 2차 열화진단

2차 열화진단이란 주로 정기점검·법정점검 수준의 유지보전에 의해 달성할 수 있는, 즉 비파괴의 정량적 계획의 결과에 의해 열화진단을 하는 것이다.

③ 3차 열화진단

3차 열화진단이란 ① 또는 ②의 결과에 의해 보다 상세한 진단을 할 필요가 있다고 판정된 경우 등 특수한 진단장치를 이용하거나 설비를 어느 정도 파괴 또는 분해에 의해 열화진단을 하는 것이다.

표 4. 1차·2차·3차진단의 상위점

진단 수준	목적·내용		행위자	방 법		조사결과 표시	적 용
1차 진단	개황진단 보전진단	총괄적인 내용의 진단	일반적인 건축기술자	육안 체감 문진	비게 준비하지 않는다 마감재 자르지 않는다	기술 및 계수	각열화현상 공통의 진단
2차 진단	열화진단	주정도의 진단	전문기술자	비파괴시험이 중심	접사다리 정도의 비게 마감재의 자름	계량	각열화현상 개별 진단
3차 진단	열화진단	상세한 진단	고도한 전문기술자	파괴시험을 포함	큰 비게 구체의 빼냄	계량	각열화현상 개별 진단

9. 조사·진단작업

9.1 진단업무의 계획

(1) 진단업무의 특성

진단업무는 장래 일어날 수 있는 열화현상을 예측하여 정보를 제공하는 것이다. 예측작업은 당해 시점에서의 상태를 정확히 파악하는 것과 그 상태에 이른 과거의 경력을 바탕으로 장래를 전망하는 작업이므로 풍부한 자료(경험)에 의존하는 점이 크다.

건축설비에 요구되는 기능은 동종 용도의 건물에서도 사용환경에 따라 다르고, 각 건물 고유의 특성을 가지는 것이다. 또한 그 기능은 시대의 사회적 요구나 경제환경의 변화 등에 의해 영향을 받는 정도가 크다.

진단업무의 최종 목적인 개선계획의 제시에는 건축물의 저작권적 권리를 존중하는 입장에서 설계자, 시공자에의 배려가 필요하다. 따라서 진단기술자에게는 특히 객관성 중시의 작업태도가 요구된다.

(2) 진단작업의 계획

합리적이며 효율적인 진단계획의 입안과 적절한 비용의 산출을 하기 위해서는 다음의 작업순서가 필요하다. 이것은 발주자와의 사이의 면밀한 협의에 의해 달성할 수 있다.

1) 정보의 수집과 확인작업

① 진단목적의 확인

② 현상의 확인(도면 및 현지조사)

③ 도면, 관리 데이터 등의 필요자료·기록의 존재 확인

④ 판단방법·기준에 대한 합의 형성

2) 진단계획에서 명시해야 할 내용의 협의

① 조사부위와 개소수

② 조사·계측수단

③ 기능 중단범위와 기간(작업장소의 제공 등), 가설공사·양생작업의 방법

④ 열화부재의 샘플링(개수, 샘플의 형태)

⑤ 거주자·사용자의 협력을 필요로 하는 작업의 명세(청취 앙케트 등)

3) 보고내용에 대한 사전협의

보고서는 그 내용의 상세함과 조잡함이나 종류에 따라 작업량의 차이가 극단적으로 나타난다. 사전에 충분한 협의를 하는 것이 필요하다(표 5).

표 5. 진단목적과 보고내용에 관한 협의·확인사항

발주자의 필요사항		진단목적과 보고내용(수준)의 확인	
진단결과보고서		수준, 부수, 표본의 작성 정도	
개선대책의 제안 내용의 표현방법		시기	즉시, n년 후, 계속사용가(조건부)
		범위	전면, 부분
		방법	a. 교환·갱신 b. 시스템 변경 c. 증설·기능부가 d. 보강·갱생 e. 수리·부품교환 f. 청소·조절
특별계약항목	구체적 개수제안	설계기획의 정도, 도면량, 적산정보(진단과는 분리한 작업과 검토)	
	현상도의 작성	설치위치의 확인계측의 여부	

4) 계획서의 내용

계획서의 내용은 응답자의 속성(face sheet)이 되는 건물의 개요 등과는 별도로 대략 표 6의 내용이 게재된 것이고, 발주자와의 사이에서 계약에 이르는 조건이 명확히 되어야 한다. Face sheet란 회답자의 성별, 연령, 직업 등 개인속성에 관한

질문으로 속성별의 크로스 집계를 할 때에 필요하다. Face sheet는 통상 앙케트 조사표의 최후에 배치한다. Face sheet는 가능한 한 선택지 회답형으로 하고, 질문수는 분석에 필요한 최소한의 항목으로 한다. 또한 주소, 전화번호, 메일주소 등의 개인정보를 묻는 때에는 사례발송을 위함, 관련자료 우송을 위함 등의 목적을 명확히 하는 것이 바람직하다.

표 6. 조사진단계획서의 내용

a. 진단목적	발주자가 최종적으로 필요로 하는 자료의 명기가 필요
b. 진단대상	건물의 존, 부위, 실명, 장치명
c. 조사개소 및 수량(출입장소)	필요에 따른 도면표시
d. 조사방법(판단기준)	기록조사(에너지소비량, 고장수리실적의 분석) 실태조사(불량환경의 상황 청취 또는 상태계측) 열화부위조사(비파괴계측, 개방계측, 샘플링계측)
e. 조사체제	책임자, 조사조직
f. 조사기간	사용중단기간·부위의 명기
g. 보고서의 내용	조사결과자료, 기록사진, 실물샘플, 제출부수
h. 진단작업에 수반하는 이해사항	작업장소, 가설, 양생, 철거복원
I. 진단예산	

(3) 진단업무의 계약

진단업무의 계약은 전술의 확인사항을 만족하는 합리적 금액에 의해 행한다.

진단업무는 비교적 새로운 업무이고, 앞으로 발생할 문제로서 진단결과에 대한 책임문제가 있다. 이 보증문제를 해결하는 수단으로서 보험제도의 활용 등이 고려되고, 사회적인 제도화를 예상할 수 있다. 이들도 앞으로 계약의 특기사항으로 고려하게 될 것이다.

9.2 조사작업

조사작업은 진단계획서의 내용에 따라 실시하는데, 현지작업의 대부분은 사용상태의 그대로 실시되므로 거주조건이나 작업조건에 장애를 주지 않는 순서와 배려가 요구된다.

(1) 조사작업계획의 주지철저

거주자·사용자에 대한 작업내용설명과 그 주지철저는 안전·보안의 관리상 필수사항이다. 작업계획은 사용자측의 형편에 맞춘 순서에 따라 효율적으로 추진되도록 한다.

(2) 상태조사·확인

불량상황은 진단업무가 발주된 시점에서 상당 정도의 정보로 정리되겠지만 더욱 상세한 정보를 필요로 하는 경우에는 거주자나 사용자 등에 대한 청취·앙케트 등의 수단을 이용하여 정보를 모은다. 이 작업에는 때로 발생하는 클레임 발신자의 개성에 의한 편차를 조율하고, 객관적인 클레임의 정도, 범위, 신빙성, 보편성 등에 관련되는 정보를 수집히여 불량현상 발생의 시기·주기 등의 특정을 행하기 위한 것이다.

이 작업을 행할 필요가 있는 경우에는 건물 오너나 관리담당자와의 합동작업으로 하는 것이 바람직하다.

(3) 기록해독·분석

종합기능진단을 행하는 경우에 전항의 상태조사 등의 작업과 평행하여 과거의 보전경력의 조사분석을 할 필요가 있다.

수선경력이나 에너지 소비 동향 등의 변화를 수년간의 주기에서 비교분석하여 기능의 저하경향을 파악하고, 개선작업의 실시시기를 추정하기 위한 자료이다. 또한 다음 단계에 행하는 상태계측작업의 효율화와 정확성을 확보하는 것이 가능하고, 진단작업의 경제성을 추구할 수 있다.

(4) 시스템 기능의 적부분석

상태조사·확인, 기록해독·분석 작업이 일단 종료한 시점에서 그 결과와 진단발주자의 목적을 종합하여 시스템 기능의 적부분석을 하고 다음의 상태계측의 작업에 들어간다. 이 단계에서는 현행의 법규와 현재 보유 장치와의 적합성도 검토한다. 이 작업을 행하는 목적은 다음 공정의 계측작업의 적정화와 효율화를 요구하는 것이다.

(5) 상태계측·분석

종합기능진단의 경우에는 불량 현상의 실태를 파악하기 위하여 실내외 환경의 계측을 함과 동시에 현상의 부하측 용량의 정확한 수치를 계산하여 확인한다. 그 용량과 현재 설치되어 있는 능력과 비교하여 장치능력으로서의 적합성을 검토한다.

장치를 구성하는 기기 단독의 기능저하 상태는 유지관리 기록의 분석과 아울러 기기 각부의 상태를 비파괴계측이나 분해·개방계측에 의해 실태를 파악한다.

2-5 건축설비의 에너지 절약

정부에서는 경제성장과 국민생활의 안정을 위한 안정적 에너지 수급체계 구축에서 에너지효율(Energy Efficiency)과 친환경(Environmental Protection), 그리고 에너지안보(Energy Security)를 동시에 고려하는 3E에 중점을 두고 있다. 이를 위해 범국가적인 에너지정책 추진체제를 정립하고, 국내외 자원개발을 대폭 확대하는 동시에 에너지저소비형 산업구조 및 친환경경제로의 이행기반을 구축하는 데 전력을 다하고 있다.

가정 및 상업부문에서는 에너지절약·친환경 건축 및 에너지절감 역량 강화를 위해 건물의 설계·건축 단계에서 에너지 효율 관리 강화, 건축물 에너지 효율 정보 제공·활용 시스템 확대 및 기존 건물에 대한 에너지 절약형 리모델링 활성화, 에너지 효율기준의 단계별 상향 표준화를 통한 신기술 R&D 육성 및 시범적용 활성화, 집단에너지 공급확대 및 소형 열병합발전을 통해 대규모 주택단지 중심 난방에너지 효율 향상 및 가스 냉방 보급 확대 추진을 도모하고 있다.

1. 급배수설비의 에너지 절약

1.1 경신시의 검토 사항

(1) 급수설비

1) 기기류

양수펌프 등은 경년사용에 의해 성능이 저하하여 저수탱크나 고가탱크 등은 강판제의 경우에는 녹이 발생한다든지, FRP제의 경우에도 조립패널의 가스켓의 노화 등에 의해 누수하는 경우도 있다.

2) 배관계통

배관에 아연도금강관을 사용한 경우에는 경년사용에 의해 관내면에 녹이 발생하여 빨간물이 나올 뿐 아니라 관 단면이 축소하기 때문에 수전, 기구에서의 유량이 감소한다. 특히 건물 상층부에서 그 경향이 크고 사용상 지장을 초래하는 경우도 있다.

건물 준공 당시에는 관이 새것이었기 때문에 그와 같은 문제는 없으나, 경년과 아울러 점차 그 경향이 강하고, 준공 후에 하층부에서 사용량이 큰 주방 등이 신설되면 마찬가지로 상층부 물의 나옴이 좋지 않게 된다.

(2) 급탕설비

1) 급탕가열기기류

급배수설비 중에서 급탕용가열기기류는 에너지를 가장 많이 소비하는 기기의 하나인데, 경신의 때에는 다만 에너지 소비측면뿐만 아니라 기기의 내구성, 급탕보일러, 저탕탱크, 순환펌프 등의 재질을 충분히 검토할 필요가 있다.

2) 배관계통

급탕계통은 급수계통에 비하여 부식의 정도가 크므로 경신의 때에는 재질선택은 더욱 유의하여야 한다. 또한 급탕방식이나 공급방식에 대해서도 고려할 필요가 있다.

일반 건물에서 중앙급탕방식을 채용한 경우에 급탕수직주관에서 분기하는 급탕지관은 통상 말단의 급탕전 부근까지 급탕관을 배관하는 경우가 많은데, 이와 같이 하면 급탕의 순환경로의 배관 연길이가 길어져 결과적으로 배관에서의 방산열량이 많아진다.

따라서 급탕계통의 반탕지관이 많아지기 때문에 지관의 순환탕량의 균형이 불균형이 되는 경향이다. 그림 1과 같이 급탕수직주관에서 급탕지관만을 끌어내어 반탕지관을 생략하는 방식을 채용한 경우에는 배관에서의 방산열량이 작아 에너지 절약이 되거나 탕의 순환도 양호해진다.

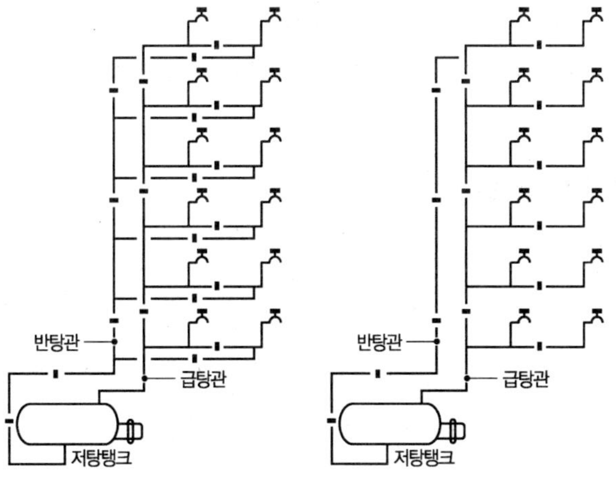

(a) 일반적인 반탕방식 (b) 수직관 반탕방식

그림 1. 급탕방식

(3) 배수·통기설비

1) 배수펌프

배수펌프의 형식은 최근에는 수중형이 많은데, 오래된 것은 수직축형이나 수평형이 있고, 수직축형에는 또한 배수조 내형이나 배수조 외형이 있다.

이들 펌프는 유지관리상 여러 가지 문제점이 없으나, 현상을 조사할 필요가 있다. 펌프가 고장난 경우 수중형이나 수직축형에서는 펌프 본체 끌어올림의 때에 지장 유무 등에 대해서도 조사한다.

또한 오래된 건물의 경우 배수탱크가 지나치게 과대한 경향이 있고, 저류오수가 부패를 초래하고 있을 우려도 있다.

2) 배관계통

배수·통기계통은 급수·급탕계통과 비교하면 경년사용에 의한 부시 정도는 훨씬 낮고, 특히 통기계통은 통상의 경우 거의 문제없다.

배수계통은 관 종류가 주철관의 경우 일반적으로는 거의 문제가 없으나 부분적으로 약간 부식하는 경우도 있다.

아연도금강관을 주방배수계통에 이용한 경우에는 전면적으로 부식하기 쉽고, 오수계통에 이용한 경우 부분적으로 부식하기 쉽다.

또한 배수펌프의 토출계통은 펌프 정지시의 워터해머에 의해 관의 접합부에서 누수하는 경우가 많으므로 그와 같은 사례의 유무를 조사하고, 필요에 따라 경신의 때에 배수용 충격흡수형의 역지밸브의 채용도 고려한다.

1.2 고효율기기의 도입

(1) 펌프류

급수방식은 고가탱크방식이 일반적으로 가장 많이 사용되고 있는데, 이 방식은 펌프가 가장 효율이 높은 점에서 운전되므로 공조 등의 경우에 비하여 효율적이다. 그 때문에 급배수설비 관계의 경우에는 펌프운전 상태에서 효율에 대해 특별히 유의할 필요성은 없다.

펌프의 전양정을 결정할 때에는 실양정에 마찰손실수두를 가산한 이외는 불필요하며, 장래 펌프 효율의 약간의 저하를 고려하여 여유는 5～10% 이하로 한다.

(2) 급탕용 가열기기

1) 급탕용 보일러

최근의 보일러는 열효율이 상당히 높은 것이 개발되고 있고, 통상의 것에서 85% 정도, 기종에 따라서는 90% 정도가 되는 것도 있다. 종래의 보일러는 열효율이 70% 정도가 많은데, 이것을 80～90% 정도의 고효율 제품으로 교환하면 연료는 상당히 절약할 수 있다.

예를 들면 열효율 70%의 보일러를 열효율 85%의 것으로 교환한 경우에는 $1-0.7/0.85=0.176$, 즉 17.6%의 연료절약이 된다.

2) 저탕탱크

저탕탱크는 일시에 다량의 탕을 사용하는 경우에는 양호한 장치인데, 그 정도로 많지 않은 탕을 사용하는 경우에는 그다지 경제적인 급탕방법이라고는 할 수 없다.

경우에 따라서는 급탕보일러 또는 순간식 탕비기로 경신한 편이 좋은 경우도 있다.

예를 들면 주방 등이 있는 경우에는 전용의 급탕보일러가 가스순간탕비기를 이용하면 좋다.

저탕탱크의 열매를 공급하는 보일러는 난방보일러와 겸용하는 경우가 많지만, 이 경우에는 off-season(제철이 아닌) 중에도 겸용보일러를 운전하게 된다.

그 보일러가 급탕부하의 방식에 좋지만, 가열능력이 지나치게 크면 효율이 좋지 않고 비경제적이 된다. 따라서 가능한 한 급탕전용의 것을 이용하는 것이 바람직하다.

3) 급탕용 열교환기

급탕용에 열교환기가 사용되는 경우도 있는데, 그 대부분은 다관식이며, 총괄전열계수는 그다지 크지 않다. 이 전열튜브를 스파이럴 튜브(spiral tube) 등의 총괄전열계수가 크고 더러움의 부착이 적은 것을 이용하면 열교환기의 용적도 작아지고 방산열량도 작아진다.

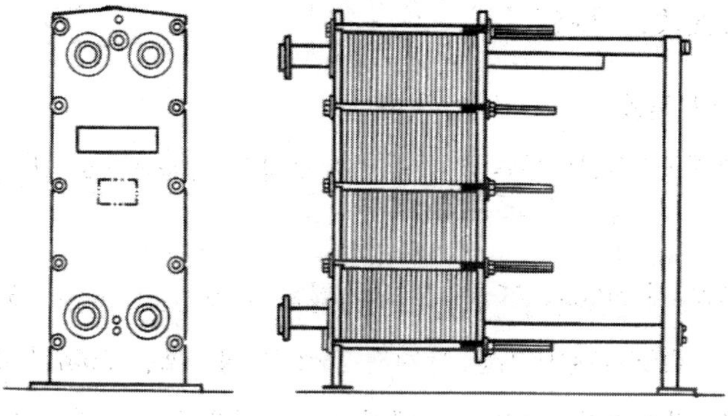

그림 2. 브레이드형 열교환기

그림 2와 같은 브레이드형의 열교환기를 채용하면 총괄전열계수는 다관식에 비해 훨씬 크므로 교환기 본체의 용적이 작아지고, 본체에서의 방산열량도 상당히 감소하여 청소도 용이하며, 특히 물-물의 열교환에는 효율적이다. 그 반면에 브레이드와 브레이드의 간격이 4～5mm 정도이므로 다관식에 비하여 마찰손실이 약간 커지는 경향이지만, 방산열량이 적어지기 때문에 다관식에 비해 연료소비량은 적어진다.

4) 운전관리

열효율이 높은 가열용 기기의 채용은 물론 중요하지만 기기의 운전관리도 에너지 절약에 무시할 수 없는 요소이다. 예를 들면 중앙급탕방식의 저탕탱크의 순환펌프는 일반적으로 수동운전이며 건물사용 중은 아침부터 저녁까지 계속 운전하는데, 이에 따라 순환펌프의 동력비가 커질 뿐 아니라 항상 순환하고 있는 배관내 고온의 탕에서의 방산열량도 상당한 양이 되어 비경제적이다. 그래서 반탕관에 온도조절기를 설치하고, 반탕온도를 감지하여 순환펌프의 작동을 운전제어하면 방산열량도 감소하고 아울러 절전에도 이어진다.

또한 급탕온도를 상당히 높이면 가열장치나 배관에서의 방산열량이 많아지고, 연료를 낭비하게 된다. 일반적으로 60℃ 전후에서 급탕하는 경우가 많지만, 50～55℃로 약간 낮추는 편이 좋다. 다만 이 경우에 급탕량은 약간 증가한다.

1.3 절수 시스템의 도입

(1) 감압밸브의 채용

배관의 마찰 등의 손실수두를 무시하면 토출량은 낙차를 h로 한 경우 $\sqrt{h}$에 비례한다.

예를 들면 낙차가 50m와 25m의 경우에서는 $\sqrt{50} : \sqrt{25} \fallingdotseq 7 : 5$가 된다. 따라서 수전의 여는 각도가 같아지면 낙차가 25m의 경우에는 50m의 경우에 비하여 유량은 약 30% 감소한다. 그러나 실제에는 사용자측에서 수전 등의 여는 각도를 조절하여 사용하므로 이 수치는 다소 감소하지만 적정한 조닝에 의한 절수의 효과는 상당하다.

감압밸브를 설치하는 방법은 그림 3과 같이 여러 가지가 있고, (a), (b)는 주관에 설치하고, (c)는 지관에 부착한다. 또한 (a)는 일반적으로 파이프샤프트 내에 설치하지만, 샤프트가 넓은 경우에는 비교적 용이하게 설치할 수 있다. 이에 대하여 (b)는 지하층의 기계실 등에 설치하여 거기에서 상부의 지관에 배관을 새로이 연장하여야 하기 때문에 배관의 스페이스가 필요하며 설비비도 요구된다. (c)는 1차측 압력이 높은 경우 소음방지를 위하고, 공동주택에서 각 세대 중앙급탕보일러를 설치하는 경우에 보일러의 내압상 필요한 경우 등에 설치한다. 감압밸브는 기종에 부착 방향이 수평방향만의 것과, 수평, 수직 어느 쪽도 가능하므로 부착하는 파이프샤프트의 스페이스 등도 고려하여 기종 선정을 하여야 한다.

또한 감압밸브의 2차측 압력을 설정할 때에는 가장 조건이 좋지 않은 개소에서 필요한 압력, 배관, 마찰손실수두, 감압밸브의 오프셋(offset) 등을 검토하여 결정하여야 한다.

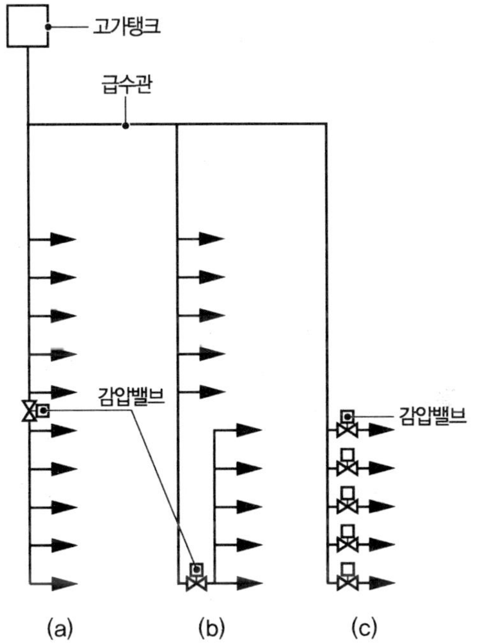

그림 3. 감압밸브의 설치방법

(2) 냉각탑 보급수의 절수

냉방설비 등에 이용하는 냉각탑에서 사용되는 보급수량은 냉동기의 냉각용 순환수량에 대하여 대략 표 1에 그 비율을 나타내고 있다. 이 가운데 ①, ②는 기능상 불가결한 것이며, 절수 대상은 되기 어렵다. ③은 수질유지를 위해서는 필요하지만, 이것을 약간이라도 절약하여 절수효과를 높일 수 있다. 수질유지를 위한 수량은 대기 중의 부유분진이나 가스 등이 함유되어 수질을 오염시키기 때문에 소량씩 급수 및 배수(이것을 통상 흐름이라고 한다)를 행하기 위해 필요한 수량이나, 이것을 절약하기 위해서는 흐름(flow)을 가능한 한 줄이는 방법을 강구하여야 한다. 그 방법으로는 여과장치를 설치한다.

표 1. 냉각탑에 필요한 순환수량에 대한 보급수량의 대략적 비율(%)

① 증발손실수량	0.85
② 비산손실수량	0.50
③ 수질유지를 위한 보급수(flow 수량)	0.85

(3) 절수형기구에 의한 방법

1) 절수형 대변기 세척밸브의 채용

대변기에 절수형의 세척밸브를 설치하면 종래형에 비하여 10~15% 정도 절수효과가 있다. 절수형의 세척밸브는 통상의 세척밸브와 간단히 교환할 수 있다.

2) 절수형 대변기의 채용

절수형 대변기의 절수수량의 정도는 변기의 형식에 의하지만 표 2와 같이 종래형에 비하여 20~35%의 절수가 도모된다.

표 2. 종래형 변기와 절수형 변기의 필요수량의 비율

기 종	탱크용량		표준수량	
	종래형	절수형	종래형	절수형
사이펀제트식	15	9	20	13
사이펀식	13	9	16	13
세락식, 세출식	11	8	12	8

3) 절수형 소변기 세척장치의 채용

소변기의 세척방법은 종래 하이탱크에 의한 자동사이펀 형식의 것이 많고, 소규모의 경우에는 세척밸브에 의한 방식도 사용되고 있는데, 최근에는 절수형의 세척방식이 보급되기 시작하고 있다.

조명연동형 : 절수형의 소변기 세척방식의 특성에는 세척탱크에의 급수에 전자밸브를 설치하여 조명 점등 중 또는 환기팬의 운전 중에만 세척용의 급수를 하고, 그 외의 경우에는 급수를 중지하는 방식이다.

타이머형 : 타이머와 전자밸브 또는 전자사이펀과의 혼합에 의해 하이탱크에의 급수 또는 사이펀을 작동시킨 것으로 여러 가지의 프로그램 스케줄 제어가 가능한 방식이다.

적외선 감지형 : 여러 개의 소변기를 일괄 세척하는 방식과 각 소변기마다 세척하는 개별세척식이 있다.

싱글레버식 수전 : 레버 하나로 수전의 개폐, 탕수의 혼합, 유량의 조절이 이루어진다. 유출하는 물을 거의 순간적으로 멈출 수 있어 낭비되는 수량은 적다(그림 4).

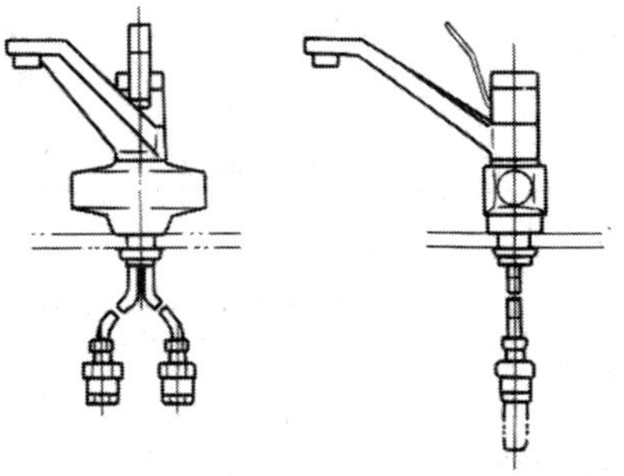

그림 4. 싱글레버식 수전의 예

2. 공조설비의 에너지 절약

2.1 공조설비의 에너지 절약 기법

기존 건축물에서는 건물도 설비도 이미 주어진 것이고, 동시에 대부분이 현재 사용되고 있는 바 어려운 제약을 받고 있어 에너지 절약 기법으로는 먼저 운전제어 또는 보수관리 방법의 개선이 바람직하다. 그러나 효율이 좋지 않은 설비나 노후화한 것은 이와 같은 방법에는 한도가 있고, 근본적으로 에너지 절약을 노보하는 데에는 설비를 개선하여 목적에 적합하게 만들어 바꿀 필요가 있다. 즉 기존 건축물의 공조설비 에너지 절약을 도모하는 방법을 대별하면 다음의 3가지로 분류된다.

① 운전제어에 의한 방법
② 보수관리에 의한 방법
③ 개조를 수반하는 방법

다음에 기존건축물의 에너지 절약을 목표로 하는 여러 가지의 방안이나 구체적 기법과 그 효과에 대하여 검토를 하고, 표 3에 결과를 제시한다.

2.2 에너지 절약 공조시스템

공조설비는 다음의 4가지 서브시스템으로 대별된다.

① 열원 시스템

② 공조(기) 시스템

③ 반송 시스템

④ 자동제어 시스템

공조설비의 에너지 절약화를 도모하는 데에는 이들 서브시스템마다 상세한 에너지 절약 기법을 채용함과 아울러 이들 서브시스템을 조합한 설비 전체가 조화되고, 전체적으로 각각의 에너지 절약 기법이 유기적으로 효과를 발휘하는 것이어야 한다. 이것은 기설, 신설에 상관없이 모든 건물의 공조설비에 대한 것이지만, 특히 기존 건축물의 설비에는 건축상의 제약이나 설비의 경년열화의 상태, 개선점의 우선순위 등이 복잡하게 뒤얽히어 서브시스템의 조합을 이상적으로 시행하는 것은 어렵다. 그리고 기존건축물에서는 각 서브시스템이 동시에 에너지 절약을 목표로 하여 개선되는 경우보다 오히려 부분적으로 또는 시기를 달리하여 시행하는 경우가 많다.

표 3에는 광의의 공조시스템의 에너지절약화를 위하여 체크리스트를 서브시스템마다 나타낸다. 공조설비에는 여러 가지 방식이 있고, 그 적용은 건물의 용도, 건축규모, 공조존의 특성, 열원시스템과의 조화, 온습도제어의 특성 등을 고려하여 결정된다.

앞으로 에너지 절약의 설계·계획에 적합한 요건을 정리하면,

① 실내온습도 제어를 위하여 혼합손실, 재열손실의 수반을 전제로 하는 방식을 채용하지 않는다(예를 들면 이중덕트방식, 멀티존방식, 터미널히트방식, 노점제어-재열방식, 유인유닛방식 등).

② 물-공기방식의 채용이 바람직하다(각층 유닛방식＋팬코일유닛방식 등).

③ 변풍량제어를 행하기 용이한 방식을 채용한다.

④ 외기냉방방식, 열회수방식을 용이하게 조합한 방식의 채용이 바람직하다.

⑤ 외기량 도입제어가 가능한 방식으로 한다.

표 3. 공조시스템 에너지절약화를 위한 체크리스트

시스템 요소		에너지절약 기법	검토요소
열원시스템	기기	고효율기기의 채용 열매조건의 완화 대수분할운전 환수조절	효율, COP의 설정 냉수온도를 높인다 증기압력, 온수온도를 낮춘다 부하변동에 적합한 대수분할
	열원 시스템	축열효율의 향상 이용온도차는 작게 잡는다 적용 높이의 검토 동력회수펌프 축열운전시간의 설정 잠열축열 축열조 벽의 단열	공조기 내 플로 패턴, 연통관 위치 2차측 수온차는 크게 잡는다 층고 120m 정도 이하까지 유효 경부하운전시의 효율 검토 심야전력 이용 축열재의 검토 연간열손실의 검토
	열회수 시스템	조닝의 채용 개별 또는 중앙방식 배기이용	난방부하와 실내발열의 균형 열펌프유닛, 디블핸들냉동기 과잉발생열의 방산방법 보조열원의 필요성 유무

시스템 요소		에너지절약 기법	검토요소
반송시스템	반송 열매	반송효율이 높은 열매의 채용(공기→물, 증기, 냉매)	물-공기방식, 팬코일유닛방식, 복사냉난방방식의 채용
	유량 식감	큰 온도차의 채용	2차측 이용온도의 한계검도(제습성능, 쾌적감 등)
	유량 제어 방식	변유량방식의 채용 대수분할운전	VAV, VWV방식의 채용 VAV유닛제어, 제어밸브, 이방밸브의 채용 실내기류분포(VAV방식)의 검토 열량제어, 압력제어방식 등의 검토
	기기 특성	고효율 기기의 채용 부분부하운전	회전수제어, 입구댐퍼, 밸브제어
	관로계	저유속, 저마찰 손실설계 부스터방식의 채용 열손실의 방지 밀폐배관시스템의 채용	원격·소유량 존은 부스터펌프, 부스터팬으로 처리 덕트, 배관의 단열두께 검토 공기, 열매의 누설방지

시스템 요소		에너지절약 기법	검토요소
열원시스템	전열교환 기방식	전열교환기 형식의 결정 이용가능 배기의 선정	고정식과 회전식의 오염물질, 취기의 이행 검토
열원시스템	외기 냉방 방식	건구온도제어 또는 엔탈피제어	공조방식과 기상조건에 의한 검토
공조(기)시스템	조닝	적절한 조닝의 채용 공조구역의 한정	열부하경향, 운전시간대 등에 의한 조닝의 결정 동시냉난방의 방지 국소공조채용의 가부
공조(기)시스템	공조 방식	반송열매의 혼합방지 재열방식의 회피 에너지절약식 공조시스템의 검토 열원기기 정지에 의한 방법 실내배열의 유효이용 예냉부하의 삭감 축열방식의 채용	3관식, 이중덕트방식의 불채용 실내온도조건의 검토 VAV방식, 물-공기방식, 유닛방식의 채용 외냉방 전녈교환기방식, 열회수방식 채용의 검토 night purge 방식의 채용
공조(기)시스템	자동 제어	과냉과열의 방지 불필요시스템의 운전정지 각종 배·폐열의 이용	개별제어의 철저화 인터록 회로의 채용 외기냉방, 전열교환기 회로의 자동전환의 채용
자동제어시스템	실내온습 도조절기	적정온습도의 설정 습도제어범위의 확대	설치장소의 선정 과냉과열방지 RH 30~70%는 비제어
자동제어시스템	제어밸브, 제어댐퍼	과대한 압력손실을 발생하지 않는 것을 채용 폐쇄시의 누설 방지	압력-제어특성의 검토 노리크형 밸브, 댐퍼의 채용
자동제어시스템	최적 제어 시스템	인터록 회로의 채용 열량계측제어	기기용량의 삭감 운전정지 존의 구성기기의 인터록 회로의 채용 열원기기의 운전제어
자동제어시스템	계측 관리	환경계측 유량계측 에너지계량 상태감시	실내온습도계측, 수량, 증기량, 열량, 전력량, 온도(물, 공기), 압력(물, 증기, 냉매), 전력(전류, 전압)

출처 : 日本空調衛生士協會, 建築設備更新マニュアル, 技術書院, p.141, 1987.

3 chapter 신·재생에너지의 이용방법과 기술

3-1 태양에너지

3-2 바이오에너지

3-3 풍 력

3-4 수 력

3-5 연료전지

3-6 중질잔사유

3-7 해양에너지

3-8 폐기물에너지

3-9 지열에너지

3-10 수소에너지

3-1 태양에너지

태양에너지는 태양의 열에너지를 변환시켜 에너지원으로 이용하는 태양열설비와 태양의 빛에너지를 변환시켜 전기를 생산하거나 채광에 이용하는 태양광설비로 대별된다. 태양열을 이용하는 경우에는 집열판을 통해 태양열을 모아 물을 가열시킨 다음 가열된 물을 직접 이용하는 방법과 터빈을 돌려 전기를 생산하는 방법 등이 있다. 태양열 주택이나 태양열 발전소가 이에 해당된다. 태양열 발전에는 일반적으로 300~600℃의 고온이 필요하므로 반사경이나 렌즈를 이용해 햇빛을 모은다. 태양광을 이용하는 방법은 태양전지판을 통해 태양광을 전기에너지로 바꾸어 축전지에 저장한 다음 이용한다. 소형 전자계산기, 태양광 자동차, 인공위성의 전원 등이 이를 이용한 예들이다.

1. 태양열

태양열은 태양광선의 파동성질을 이용하는 태양에너지 광열학적 이용분야로 태양열의 흡수·저장·열변환 등을 통하여 건물의 냉난방 및 급탕 등에 활용하는 기술이다.

(1) 태양열의 특징

태양은 지구로부터 약 1억 5천만km의 거리에 위치한 대열원이다. 지표에서 태양에너지의 스펙트럼 분포는 파장 0.4μm 이하의 자외선에서 가시광역 또한 0.75 μm 이상의 적외선까지의 넓은 범위에 걸친다. 가시광원 등 단파장의 것은 물체에 흡수되면 열로 변환된다.

태양에서 방사된 에너지의 지구의 대기권 직전에서의 에너지밀도는 1,395kW/m^2이고, 이 값을 태양정수라고 한다. 그러나 이것이 지상에 도달하기까지에는 대기중의 성분에 의한 산란·흡수 등에 의해 감쇠하여 지표에서의 에너지밀도는 약 1kW/m^2이 된다. 태양에너지의 특징을 정리하면 다음과 같다.

① 지구에 내리쬐는 1시간분의 에너지량은 세계의 연간에너지소비량에 필적한다고 한다.

② 석유나 석탄 등 지하자원과는 다르고, 영구적인 에너지원이다.

③ 화석연료와 같이 CO_2, SOx, NOx 등을 배출하지 않는다. 지구에 내리쬐는 미이용에너지를 사용하기 때문에 지구의 열평형을 무너뜨리지 않는다.

④ 석유나 석탄 등과 같이 극단적인 지역적 편재가 없고, 어느 지역에서도 이용이 가능하다.

⑤ 지상에서의 태양에너지밀도는 가장 양호한 조건에서도 약 1kW/m^2로 에너지밀도가 낮기 때문에 면적효율이 좋지 않다.

⑥ 출력은 날씨나 시간에 좌우되고, 직접의 태양에너지만으로는 안정적인 이용을 할 수 없다.

(2) 태양열의 시스템 구성

태양열에너지는 에너지밀도가 낮고 계절별, 시간별 변화가 심한 에너지이므로 집열과 축열이 가장 기본되는 기술이다.

집열부는 태양으로부터 오는 에너지를 모아서 열로 변환하는 장치로 가장 간단한 형태는 빛을 잘 흡수하는 검은색 관 속으로 물을 흐르게 하는 평판 집열관인데, 이것은 빛을 투과하는 투명한 외부층(유리나 플라스틱)이 빛을 흡수하는 검은색의 내부구성물을 둘러싼 형태로 이루어져 온실효과를 일으킨다. 빛이 집열판 속으로 들어오면 검은색의 내부에 부딪쳐 적외선으로 바뀌는데 적외선은 투명층을 통과하지 못하므로 내부는 점점 더 뜨거워진다. 이렇게 뜨거워진 내부에는 열을 흡수하였다가 전달하는 매체가 흐르는데 이 뜨거워진 매체는 물과 열교환하여 난방용 또는 온수용 물을 생산한다. 축열부는 열교환되어 이용처에 활용될 매체(난방용 온수 등)를 저장한다(그림 1).

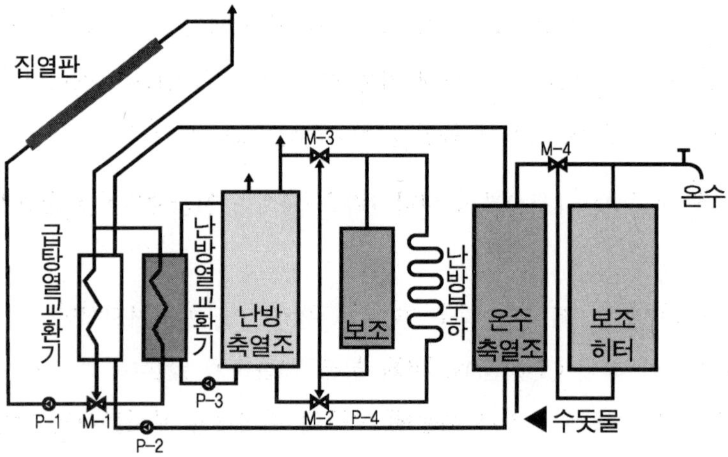

그림 1. 태양열 온수공급/난방 시스템 모식도

(3) 태양열 이용기술의 분류

태양열 이용시스템은 기계장치 등을 이용하지 않고 벽이나 천장의 단열이나 창의 이중화 등에 의해 개구부에서의 입사열을 유효활용하는 자연형(Passive Type)과 집열기펌프·축열조 등의 기계장치를 이용하는 설비형(Active Type)이 있다.

자연순환식은 열매체가 집열기와 축열조의 사이를 자연대류로 순환하는 것에서 태양열온수기가 주체이다. 강제순환식은 펌프를 이용하여 열매체를 집열기와 축열조의 사이에서 강제순환시킨다. 그것을 급탕에 사용하는가, 난방에 사용하는가, 냉난방급탕으로 사용하는가, 냉방으로 사용하는가에서 정리된다.

한편, 개별의 장치에 대해서는 다음의 장치가 주목되고 있다.

- 보조가열(히터·버너 등에 의한 보조가열)
- 축열(토사에 의한 축열, 잠열축열 등)
- 공기순환(공기를 열매)
- 온실난방(온실에 적용)
- 특수시스템(태양전지를 병용, 솔라펌프 등)

이들 시스템의 대분류를 그림 2에 적용분야 및 활용온도에 따른 분류는 표 1에 나타낸다.

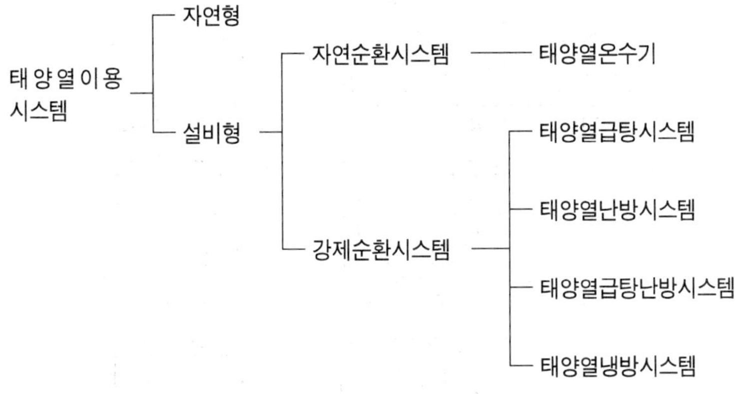

그림 2. 태양열 이용시스템의 분류

표 1. 태양열 이용기술의 분류

구 분	자 연 형	설 비 형		
	저온용		중온용	고온용
활용온도	60℃ 이하	100℃ 이하	300℃ 이하	300℃ 이상
집열부	자연형시스템 공기식집열기	평판형집열기	PTC형집열기 CPC형집열기 진공관형집열기	Dish형집열기 Power Tower, 태양로
축열부	Trombe Wall (자갈, 현열)	저온축열 (현열, 잠열)	중온축열 (잠열, 화학)	고온축열 (화학)
이용분야	건물공간난방	냉난방·급탕, 농수산(건조, 난방)	건물 및 농수산분야 냉·난방, 담수화, 산업공정열, 열발전	산업공정열, 열발전, 우주용, 광촉매폐수처리 광화학, 신물질제조

[주] PTC(parabolic trough solar collector), CPC(compound parabolic collector)

직접 채광 시스템은 패시브 솔라 건축에서 가장 일반적으로 이용된다. 지붕, 벽체, 바닥은 높은 레벨로 단열된다. 태양복사는 창을 통하여 도입되고, 건물의 재료에 의해 흡수된다. 건물 전체 구조는 하루 종일 태양에너지를 모으고 저장한다. 모아진 태양에너지는 야간이나 일사가 없을 때에 방출한다(그림 3).

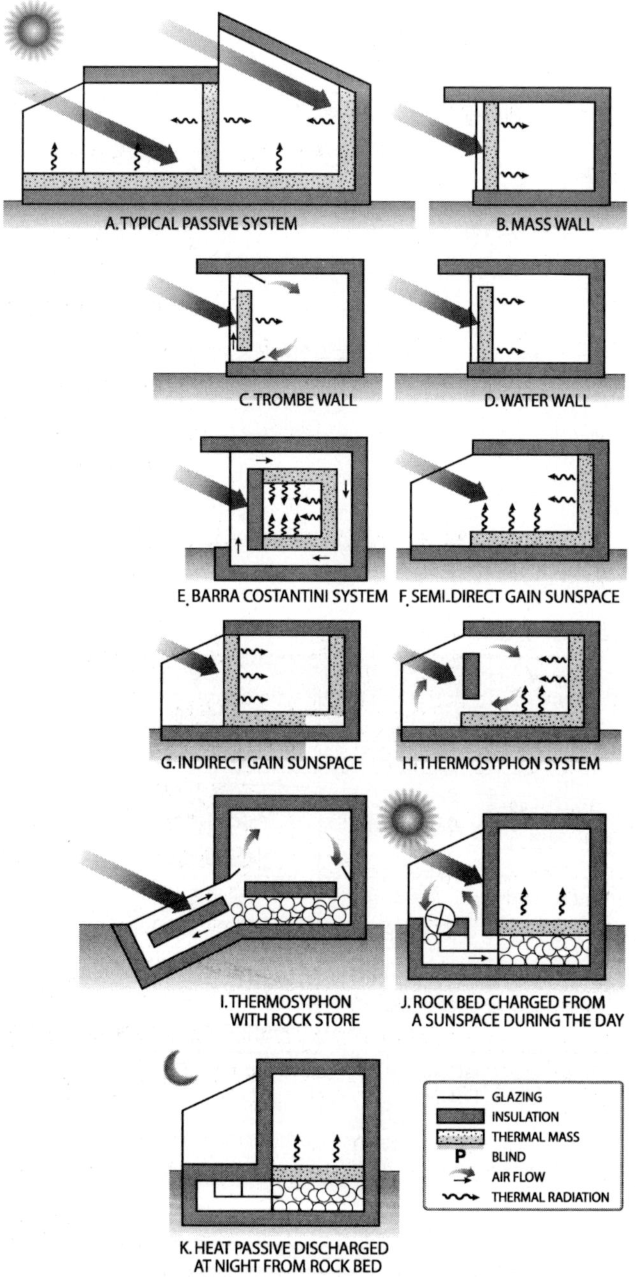

A, A typical passive solar system ; B, mass wall system ; C, Trombe wall system ; D, water wall system ; E, Barra Constantini system ; F, semi-direct gain sunspace ; G, indirect gain sunspace ; H, thermosyphon system ; I, thermosyphon system with rock bed ; J, underfloor rock actively charged from a sunspace during the day ; K, underfloor rock bed passively discharged by radiation and convection at night.

그림 3. 패시브 솔라 시스템

출처 : Sue Roaf et.el., ECOHOUSE, Elsevier, p.180, 2007.

2. 태양광

태양광발전은 태양의 빛에너지를 전기로 변환하는 발전 방법으로 태양광이라는 무진장의 자원을 사용하기 때문에 원료고갈의 우려가 없고, 발전시에 온실효과가스를 발생시키지 않는다는 이점이 있는 한편, 발전전력량당의 도입코스트가 다른 발전 방법보다 비교적 높다는 과제를 안고 있다.

(1) 태양광발전의 특징

태양광발전은 태양전지를 이용하여 발전하는 방식이다. 그런데 태양광이 없으면 발전하지 못하기 때문에 야간의 전력을 조달하는 경우에는 축전장치를 필요로 한다. 태양전지는 태양의 빛에너지를 흡수하여 전기로 변환하는데, 건전지와 같이 전기를 축전하는 것이 아니라 발전하는 기능만이 있다.

장래의 가능성으로는 위성궤도상에서 마이크로나 레이저광의 형태로 지상에 에너지를 보내어 발전하는 우주태양광발전도 연구되고 있다.

이에 비하여 태양열발전은 집열기를 이용하여 태양광을 열로 변환하여 뜨거워진 공기나 증기를 이용하여 터빈을 회전하여 발전하는 방식이다. 대규모가 될수록, 또한 직사일광이 많은 지역일수록 효율적으로 발전할 수 있기 때문에 일사량이 많고, 넓은 설치면적이 확보된 건조지역 등에서 이용된다.

태양열발전은 태양광을 에너지원으로 하기 때문에 자원의 고갈 우려는 없고, 이산화탄소 등의 온실효과가스(Greenhouse Effect Gas : GEG)의 배출량 삭감에 공헌한다. 또한 연료를 연소시키는 것은 아니기 때문에 연료비는 불필요하고, 운전에 드는 비용은 낮게 억제되고, 유독가스의 발생이나 연료비 잉등에 의한 코스트 상승의 리스크도 없다. 한편 결점으로 고가인 도입 코스트가 있다. 또한 효율적인 발전에는 일조시간이 긴 토지가 필요하다.

이들의 특징은 같은 태양광을 이용하는 태양광발전과 마찬가지이지만, 태양광발전에는 없는 특징도 있다. 태양광발전에 비하여 24시간의 발전이 가능하다는 장점이 있다. 태양광발전이 이용하는 빛을 보존할 수는 없으나 태양열발전은 열에너지를 이용하는 것이고, 주간에 열을 저장하는 것에서 야간의 발전도 가능하다.

한편 단점이 되는 것으로 상당한 면적의 토지가 필요하게 되는 것을 들 수 있다. 효율적으로 발전하기 위해서는 태양광발전과 비교하는 것에 의해 대형의 설비, 충분한 열량을 얻기 위한 넓은 수광면적이 필요하다. 그렇지만 태양광발전과 같이 도시지역 건물의 지붕이나 벽면에 무조건 설치할 수는 없다. 미국이나 호주 등 건조한 광대한 토지가 있는 나라에서는 그다지 문제가 되지 않지만, 국토가 한정된 한국에서는 치명적인 결점이다.

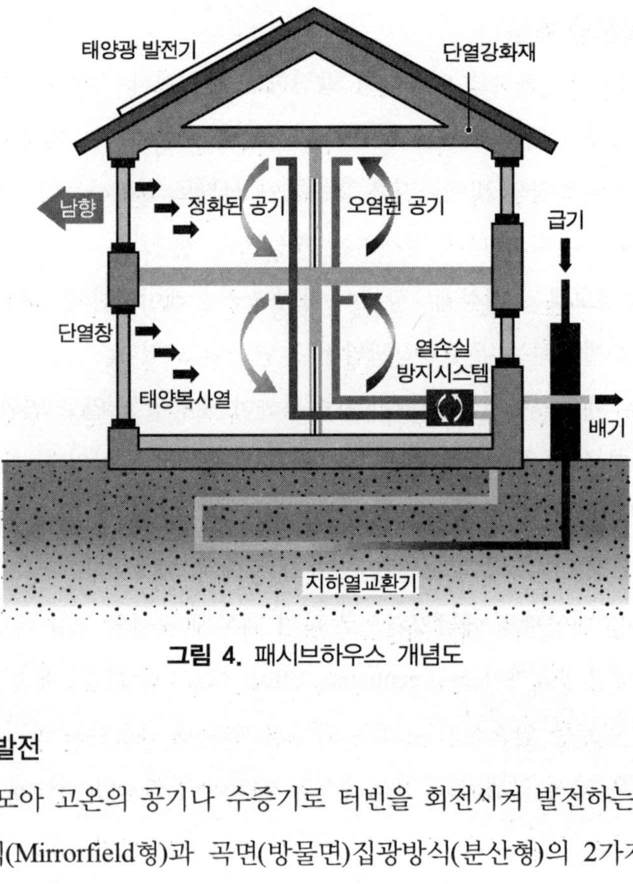

그림 4. 패시브하우스 개념도

(2) **태양열발전**

태양열을 모아 고온의 공기나 수증기로 터빈을 회전시켜 발전하는 시스템이다. 타워집광방식(Mirrorfield형)과 곡면(방물면)집광방식(분산형)의 2가지 방식이 있다. 전자는 많은 평면경(수 미터각의 Heliostat)으로 태양을 추적하여 반사광을 중앙타워상의 1점에 모은다. 후자는 방물면경으로 태양을 추적하여 반사광을 초점상에 있는 열매체에 모은다. 집광비는 200~1,000배에 달하고, 집광면에서 형성된 온도는 250~400℃가 된다. 이 고온의 열을 저장하기 위하여 용융염축열기를 이용하여 일조의 변동에 대응하여 야간에도 발전할 수 있는 구조이다.

(3) 솔라 폰드

태양열을 저장하는 연못 의미의 에너지시스템이다. 인공연못에 매우 고농도의 염수를 넣고, 그 위에 담수를 채운다. 그러면 저부의 염수 비중이 크므로 태양열을 받더라도 대류현상이 일어나지 못하고, 열에너지는 밑에 쌓인다. 그래서 저부의 따뜻한 염수를 외부에 낮은 유속으로 퍼올리고, 열교환기를 통하여 열만을 꺼내어 난방, 급탕, 발전 등에 이용한다. 퍼 올린 염수는 다시 연못의 밑에 낮은 유속으로 조용히 주입하여 순환시킨다. 일반적으로 이 시스템에서는 태양열의 10~20%가 이용가능하다고 한다.

(4) 태양전지(Solar Cell)

태양전지는 태양에너지를 전기에너지로 변환할 목적으로 제작된 광전지이다. 반도체의 재료로서는 실리콘·갈륨비소·카드뮴텔루르·황화카드뮴·인듐인(燐) 또는 이것들을 복합한 것이 있으나, 보통 사용되고 있는 것은 실리콘이다.

태양전지 모듈은 일반적으로 유리(glass)/충전재(Ethylene Vinyl Acetate)/태양전지(cell)/충전재(EVA)/표면재(Back sheet)의 형태로 구성되어 있으며, 표면재 대신에 유리나 알루미늄 판재 등을 사용하기도 한다(그림 5).

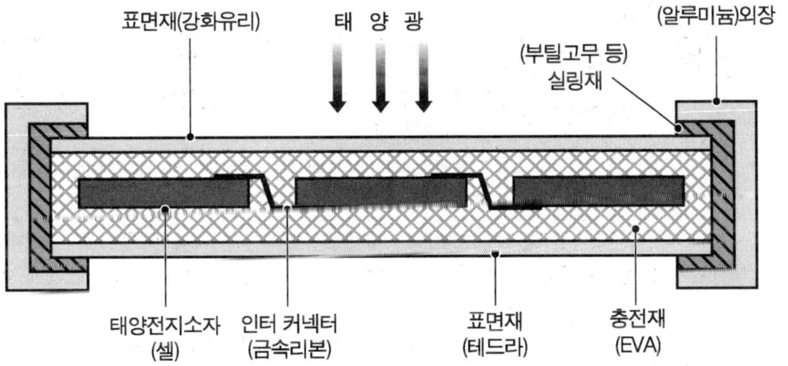

그림 5. 태양전지의 모듈 구조

태양전지 중 현재 널리 사용되고 있는 실리콘계 태양전지의 원리는 그림 6과 같다.

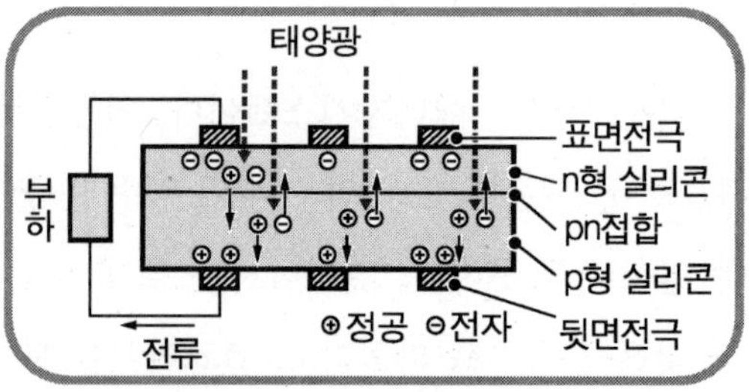

그림 6. 실리콘계 태양전지의 발전원리

플러스(正孔)의 입자와 마이너스(전자)의 입자가 발생한다. 그리고 플러스는 p형 실리콘 쪽으로, 마이너스는 n형 실리콘 쪽으로 이동하므로 2개의 반도체의 전극을 연결하면 전류가 흐르는 것이다.

태양에너지는 크게 빛에너지와 열에너지로 나눌 수 있는데, 그중 태양의 빛에너지를 이용해 전기를 만들어내는 것이 바로 태양전지이다. 태양전지는 반도체에 빛을 쏘이면 전기가 발생하는 원리를 이용하는데, 태양전지의 전원은 태양빛 에너지는 무공해이고 고갈될 염려가 없으므로 매우 훌륭한 에너지원이다. 초기에는 전기를 만들어 내는데 드는 비용이 높아서 우주선, 인공위성 등과 같은 특수한 용도를 위해 사용되었다. 그러나 기술의 발달로 현재는 태양전지를 주택의 벽이나 지

표 2. 태양전지의 종류

분류	구 분	종 류	설 명
실리콘계	결정계	다결정실리콘	현재 태양전지의 주류. 많은 결정으로 이루어진 실리콘기반을 사용한 것.
		단결정실리콘	단결정의 실리콘기반을 사용한 것. 다결정보다 고가이지만 성능이나 신뢰성이 우수하다.
	비정질계	박막계실리콘	Amorphous(非晶質) 실리콘을 사용한 것으로 실리콘층의 두께를 얇게 할 수 있다. 전자계산기 등의 전원에 이용되고 있다.
기타	화합물계	—	빛을 흡수하는 층을 실리콘 이외의 화합물(동, 인듐(Indium), 갈륨비소(Gallium Arsenide) 등)을 사용한 것.
	유기물계	염료감응형	값싼 유기 염료와 나노 기술을 이용하여 저렴하면서도 고도의 에너지 효율을 갖도록 개발된 태양전지. 가시광선을 투과시킬 수 있어 건물의 유리창이나 자동차 유리에 그대로 붙여 사용할 수도 있다.

붕으로 사용하거나, 가로등, 일상생활 용품인 손목시계, 소형 계산기 등의 전원으로도 사용하고 있다.

태양전지에는 여러 가지 종류가 있는데, 이들 종류 이외에도 연구·개발이 진행되고 있고, 복수의 종류를 조합하여 태양광 에너지를 효율적으로 이용할 수 있도록 한 것도 있다(표 2).

(5) 광전지(光電池, Photocell)

빛에너지를 전기에너지로 변환하는 장치로서 금속과 반도체의 접촉면, 또는 반도체의 PN접합에 빛을 조사(照射)하면 광전효과에 의해 광기전력이 일어나는 것을 이용한 것이다. 금속과 반도체의 접촉을 이용한 것으로는 셀렌 광전지·아산화구리 광전지가 있고, 반도체의 PN접합을 사용한 것으로는 태양전지로 이용되고 있는 실리콘 광전지가 있다.

셀렌 및 아산화구리 광전지는 금·은 등의 반투명막에 빛이 닿으면 셀렌 또는 아산화구리에서 전자가 방출되어, 철 또는 구리의 대금속(臺金屬)에 모여져서 기전력이 생긴다. 셀렌 광전지는 사람의 눈에 가까운 파장감도특성을 가지고 있으며, 광기전력은 아산화구리 광전지의 2~3배이다.

그러나 빛에너지를 전기적 에너지로 바꾸는 비율(광전변환 효율)이 1%로 매우 낮고, 출력도 작기 때문에 기기의 전원으로는 사용할 수 없으며, 카메라의 노출계에 많이 사용되었으나, 이것도 감도가 높고 큰 기전력이 얻어지는 황화카드뮴(CdS) 소자와 수은전지를 조합한 CdS노출계가 사용됨에 따라 현재는 별로 사용되지 않는다. 태양전지는 일반적으로 N형 실리콘 기판(基板) 표면에 붕소를 확산해서 만든 실리콘의 PN접합이 사용되고 있다. 광전변환 효율은 이론값으로 약 22%이지만, 보동 8~15%가 실현되고 있다. 다른 광전지에 비해 효율이 좋고, 기기의 전원으로서 사용할 수가 있다. 소자(素子) 1개의 출력전압은 약 0.5V인데, 실제로는 이것을 여러 개 직렬이나 병렬로 접속해서 하나의 틀에 구성하여 필요한 전압이나 전류용량을 얻고 있다. 인공위성용 전원이나 방송국 등의 무인중계소, 무인등대의 전원으로 사용된다.

(6) 태양로

태양로는 집광기에 의해 태양광선을 표적에 집중하여 고온을 얻는 장치이다.

집광기에는 렌즈를 사용하는 투과계 집광기와 반사경을 사용하는 반사계 집광기가 있는데, 전자는 집광효율이 비교적 낮은 것도 있어 최근에는 후자가 주류이다.

반사계 집광기의 이점은 색수차(色收差)가 없고, 전파장 영역에 대하여 높은 반사율이 얻어지는 것으로 방물면경(Parabolic Antenna 형태)이 일반적으로 이용되고 있다.

태양로에서는 비교적 용이하게 고온이 얻어지고, 최근에는 4,000℃에 이르는 도달온도가 얻어지고 있는데, 이것은 단순히 고온 연구의 수단으로 뿐 아니라 고온 프로세스를 통하여 태양에너지를 전기나 연료 등의 정상적 에너지로 변환하는 수단으로 중요한 역할을 가지고 있다.

태양에너지를 일단 화학에너지로 변환하여 에너지 저장을 행한다든지, 진공 중에서의 태양열 전자 변환 등 태양로의 용도개발은 점점 확대되고 있다.

태양로에서 수백 ℃의 증기를 발생시켜 터빈발전기를 운전하는 태양열 발전은 현재 개발 중에 있다.

(7) 태양열발전 시스템의 구성

태양열발전은 1kW/m^{2}로 희박한 태양에너지를 효율적으로 모아 농축하여 열기관을 이용하여 전기에너지로 변환하는 것으로 종래의 화력발전시스템의 열원에

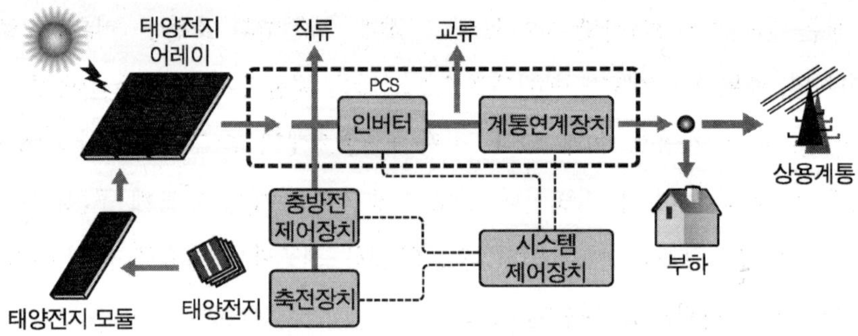

그림 7. 태양광발전 시스템의 기본구조

태양에너지를 이용하는 시스템이고, 일광(Sunshine)계획의 테마로 검토된다.

이 시스템의 기본 구성은 집광집열시스템, 열전달시스템, 축열열교환시스템, 터빈발전시스템으로 이루어지고 있다(그림 7).

1) 집광집열시스템

집중방식(타워방식)과 분산방식이 있다. 집중방식은 집광부와 집열부가 별도이며, 집광부는 Heliostat이라고 하는 평면반사경을 갖춘 태양추적장치뿐이다. 이 Heliostat은 1대마다 수십m^2의 평면경을 갖추고 있고, 집열타워를 중심으로 하여 수백 내지 수천대가 원형 또는 부채꼴형으로 배치되어 태양을 연속적으로 추적하여 그 반사광을 상시 집열부에 집광하도록 설계되어 있다. 집열부는 높이 100m 전후의 타워 위에 설치되어 있다.

한편 분산방식은 집광부와 집열부가 일체가 되어 있고, 형상은 회전방물면경에 의한 점집광방식과 홈통형곡면경에 의한 선집광방식이 있다. 이것을 직렬 및 병렬로 접속하는 것에 의해 집열한다.

2) 열전달시스템

집열에 의해 고온이 된 열매체를 수송하는 배관계통을 말한다. 일반적으로 집중방식에서는 타워직하까지의 수송이 양호하지만, 분산방식은 집열부가 부지 일면에 분산배치되어 있기 때문에 수송거리가 길어지는 경향이 있다.

3) 축열열교환시스템

일사의 변동 시에도 안정된 운전을 할 수 있고, 야간·우천 등에도 발전하기 위해서는 필요 불가결한 시스템이다. 축열방식은 증기를 입력수의 형태로 축적하는 증기 Accumulator, 용융염·기름 등을 이용한 현열형축열기, 비교적 융점이 높은 용융염의 상변화를 이용한 잠열형축열기 등이 있다.

4) 터빈발전시스템

축열열교환시스템에서 얻어진 증기에 의해 증기터빈을 구동하여 발전을 행하는 것인데, 통상의 화력발전시스템과 같은 고온·고압의 증기가 얻어지기 어렵고, 그

증기조건도 과열영역에서 포화영역까지 폭 넓기 때문에 이들의 조건에서 가능한 한 고효율이 되는 시스템으로 할 필요가 있다.

(8) 태양광발전 시스템의 분류

태양광발전시스템에는 주로 4종류의 방식이 있다.

1) 독립형·주택용 태양광발전시스템(Off-grid domestic system)

배전망이 설치되지 않은 주택이나 촌락에 전력을 공급한다. 이 태양광발전시스템은 조명, 냉장고, 다른 저전력부하에 전력을 공급하기 위하여 설치된다. 배전망이 없는 지역사회의 에너지 수요에는 적합한 최적 기술인 경우가 많다. 약 1kW 규모가 대표적이고, 통상 기존의 배전망에서 1～2km 이상 떨어진 지점으로 계통을 연장하기 보다 경제적인 대체로서 이용되고 있다. 그러나, 이와 같은 시스템의 정의는 점점 곤란해지고 있다. 예를 들면 농촌지역의 소규모 그리드시스템은 전력사업자가 개발하고 있기 때문이다.

2) 독립형·비주택용 태양광발전시스템(Off-grid non-domestic system)

지상에 설치하는 태양광발전시스템의 최초 상업적 이용형태이고, 원거리통신, 양수펌프, vaccine의 냉장, 항행(航行)지원장치 등의 광범위한 용도의 전원으로 이용되고 있다. 이들은 소전력부하의 전원으로서의 가치가 높고, 다른 소형발전기에 대한 가격경쟁력이 있다.

3) 계통연계형·분산배치 태양광발전시스템(Grid-connected distributed system)

전력사업자의 전력계통에 연계하고 있고, 발전전력은 시스템의 설치자에게 공급 또는 직접전력계통에 전력을 공급하기 위하여 설치된다. 이 태양광발전시스템은 전력량계가 있는 설치자의 부지 내, 공공용이나 상업용의 건물, 자동차도로의 방음벽 등의 건축구조물에 설치 또는 구성되고 있다. 태양광발전시스템의 규모는 이 방식의 결정적인 특징은 아니다. 옥상에 설치된 1MW의 태양광발전시스템은 태양광발전의 표준에 비추어보면 대규모이지만, 다른 형태의 분산배치형 발전에서는 반드시 대규모로는 보이지 않는다.

4) 계통연계형·집중배치 태양광발전시스템(Grid-connected centralized system)

집중형 발전소로 기능한다. 이 시스템에 의한 발전전력은 특정 고객을 위한 것은 아니고, 대용량 발전을 위하여 지상에 설치되는 경우가 많다. 주변지역의 개발상황 여하와는 무관계하게 기능한다.

(9) 태양전지에 의한 발전원리

태양전지(태양전지 : Solar Cell, Solar Battery)는 태양에너지를 전기에너지로 변환할 목적으로 제작된 광전지로서 금속과 반도체의 접촉면 또는 반도체의 PN 접합에 빛을 조사(照射)하면 광전효과에 의해 광기전력이 일어나는 것을 이용한 것이다(그림 8).

금속과 반도체의 접촉을 이용한 것으로는 셀렌광전지, 아황산구리 광전지가 있고, 반도체 PN접합을 사용한 것으로는 태양전지로 이용되고 있는 실리콘광전지가 있다.

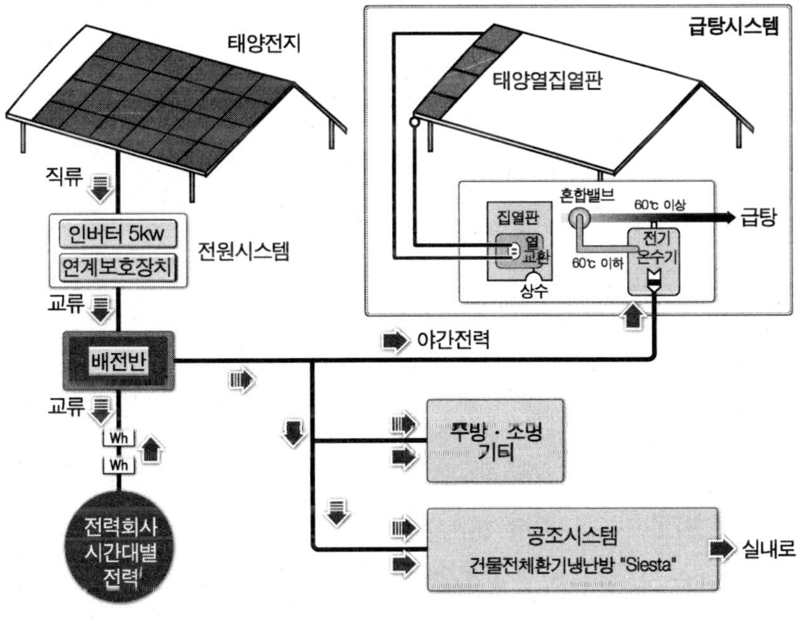

그림 8. 태양전지유닛시스템

하나의 태양전지소자의 출력전압은 0.5～1.0V 정도가 되고 있다. 통상, 이 태양전지소자를 셀이라고 한다. 필요한 전압을 얻기 위해서는 복수의 셀을 직렬접속하여 이용하여야 한다. 셀의 필요매수를 모아서 수지나 강화유리, 금속틀로 보호한 것을 모듈이라고 한다. 취급이 용이하다든지, 강도가 얻어지는 외 더러움이나 자외선, 습도 등으로부터 보호된다. 공사에서 취급하는 최소단위이다. 또한 모듈을 몇 매 나열하여 접속한 것은 Array라고 한다. Array에 의하여 큰 전기를 얻을 수 있다(그림 9).

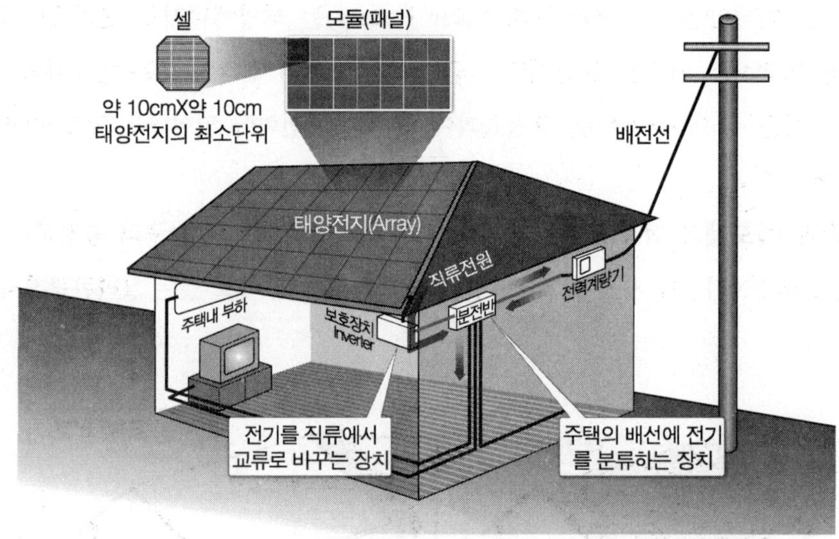

그림 9. 태양광발전의 일반적인 구성

태양광발전은 계통연계와 독립축전과의 2종류의 이용형태로 분류된다.

계통연계란 태양광발전시스템을 전력회사의 송전선에 연결하여 태양발전에서 얻어진 전기와 전력회사에서의 전기와의 양쪽을 이용할 수 있도록 하는 것을 말한다. 태양전지에 의해 발전한 직류를 Power conditioner에 통하여 송전선과 같은 교류로 변환하여 송전선에 흐르게 한다든지, 가정이나 시설에서 직접 사용할 수 있도록 하는 것이다. 주로 주택이나 공공시설, 사업자 등에서 이용되고 있다.

또한 독립축전이란 전력회사의 송전선에서 완전히 분리한 것으로 발전한 전기를 축전하여 야간이나 강우시 등 발전량이 기대할 수 없을 때에도 이용할 수 있도록 한 것이다. 주차요금 자동징수기(parking meter)나 가로등 등을 비롯하여 이동식이나 비상용의 전원시스템에 이용되고 있다. 또한 송전선망에서 떨어진 장소에 설치하는 경우도 유효하다.

(10) PN접합에 의한 발전원리

태양전지는 실리콘으로 대표되는 반도체이며 반도체기술의 발달과 반도체 특성에 의해 자연스럽게 개발되었다. 태양전지는 전기적 성질이 다른 N(Negative)형의 반도체와 P(Positive)형의 반도체를 접합시킨 구조를 하고 있으며 2개의 반도체 경계부분을 PN접합(PN-junction)이라 일컫는다.

이러한 태양전지에 태양빛이 닿으면 태양빛은 태양전지 속으로 흡수되며, 흡수된 태양빛이 가지고 있는 에너지에 의해 반도체 내에서 정공(正孔 : Hole)(+)과 전자(電子 : Electron)(−)의 전기를 갖는 입자(정공과 전자)가 발생하여 각각 자유롭게 태양전지 속을 움직이게 되지만, 전자(−)는 N형 반도체쪽으로, 정공(+)

표 3. PN접합에 의한 태양광 발전의 원리

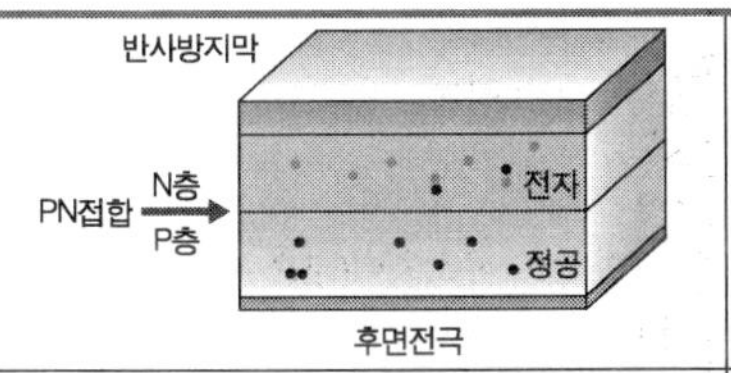	대표적인 결정질 실리콘 태양전지는 실리콘에 보론(Boron : 붕소)을 첨가한 P형 실리콘반도체를 기본으로 하여 그 표면에 인(Phosphorous)을 확산시켜 N형 실리콘 반도체층을 형성함으로써 만들어짐. 이 PN접합에 의해 전계(電界)가 발생한다.
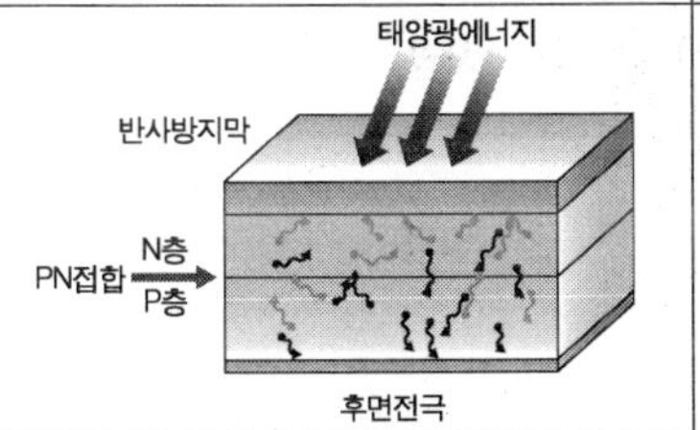	태양전지에 빛이 입사되면 반도체내의 전자(−)와 정공(+)이 여기되어 반도체 내부를 자유로이 이동하는 상태가 된다.
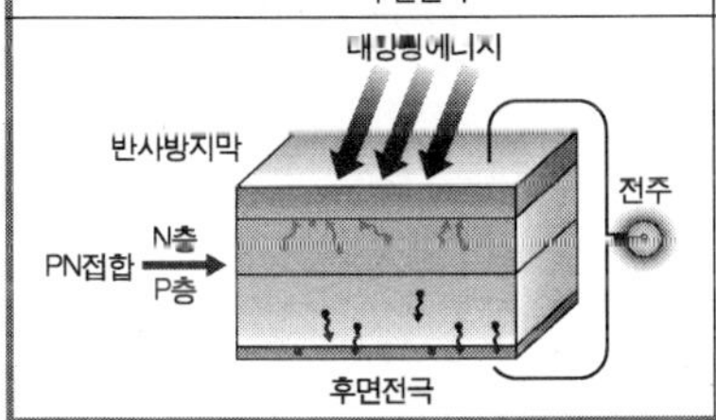	자유로이 이동하다가 PN접합에 의해 생긴 전계에 들어오게 되면 전자(−)는 N형 반도체에, 정공(+)은 P형 반도체에 이르게 된다. P형 반도체와 N형 반도체 표면에 전극을 형성하여 전자를 외부 회로로 흐르게 하면 전류가 발생된다.

[주] 광전지(光電池 : Photocell) : 빛에너지를 전기에너지로 변환하는 장치

광전효과(光電效果 : Photoelectric Effect) : 일반적으로 물질이 빛을 흡수하여 자유로이 움직일 수 있는 전자, 즉 광전자(光電子)를 방출하는 현상

광기전력(光起電力 : Photoelectro-motive force) : 반도체에 빛을 조사했을 때 발생하는 전압

반도체(半導體 : Semiconductor) : 전기전도(電氣傳導 : Electric Conduction)가 전자(電子 : Electron)와 정공(正孔 : Hole)에 의해 이루어지는 물질로서 그 전기저항률, 즉 비저항(比抵抗 : Resistivity)이 도체와 절연체 비저항값의 중간값을 취하는 것. 반도체의 재료로서는 실리콘, 갈륨비소, 황화카드뮴이 또는 이것들을 복합한 것이 있으나 보통 실리콘이 많이 사용된다.

는 P형 반도체쪽으로 모이게 되어 전위가 발생하게 되며, 이 때문에 앞면과 뒷면에 붙여 만든 전극에 전구나 모터와 같은 부하를 연결하게 되면 전류가 흐르게 되는 데 이것이 태양전지의 PN접합에 의한 태양광발전의 원리이다(표 3).

(11) BIPV 시스템

일반적으로 태양광발전 시스템은 평지나 임야 등에 태양전지 모듈판과 인버터 등 전력기기를 설치하는 발전소 개념이지만, 건물일체형태양광발전(BIPV : Building Integrated Photovoltaic) 시스템은 건물 지붕이나 외벽, 유리창 등에 태양광발전 모듈을 탑재하여 자가발전하는 것이다. 따라서 고층 빌딩 등에 적용이 용이하고, 설치를 위한 별도의 부지확보가 필요 없어 설치비용이 현저히 줄어들기 때문에 경제적이다(그림 10).

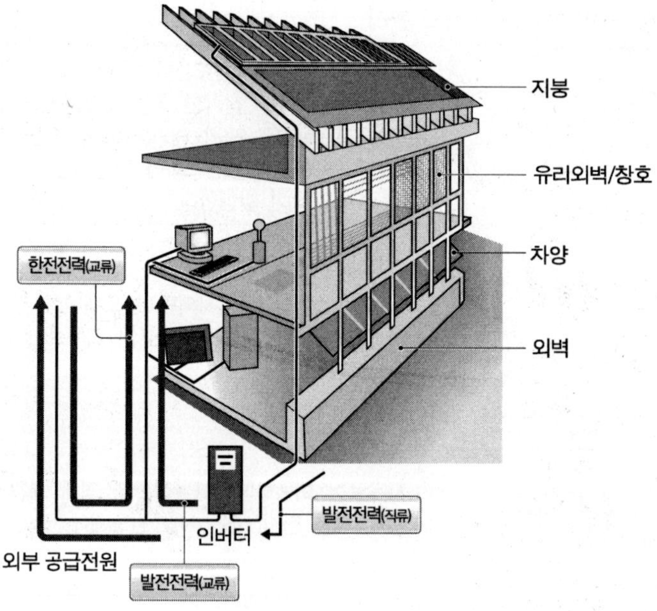

그림 10. BIPV 시스템

BIPV 시스템으로는 주로 결정질 실리콘 태양전지 모듈보다는 박막 태양전지 모듈이 많이 사용되고 있으며, 유리창 대용으로는 염료감응형 태양전지가 주목을 받고 있다.

건물의 유리창에서 태양광발전을 행한다든지, 그 전기를 이용하여 창유리의 색을 바꾼다든지 할 수 있는 기술이 한국과학기술원과 삼성 SDI로 구성된 연구팀에 의해 최근 개발되었다.

BIPV를 이용한 유리창은 얇게 바른 염료가 태양광을 흡수하여 전기를 만든다. 이것은 「염료감응태양전지(Dye-Sensitized Solar Cell : DSSC)」라고 하는 형식의 기술이며, 비표면적이 큰 나노입자에 흡착된 염료가 가시광을 흡수하여 전자를 생성하고, 그것이 투명전극에 전해지는 구조로 전류를 발생한다. 염료에는 「Sol-Gel 소재」라고 하는 소재가 사용된다. Sol-Gel소재란 화학반응에 의해 저온에서 유리나 세라믹을 만드는 공법 「Sol-Gel법」을 응용하여 제작한 것을 가리킨다.

BIPV 시스템은 최근, 다양한 공법의 진전으로 가대를 이용한 설치는 거의 볼 수 없고, 일체형공법의 개발, 또는 태양전지 Array의 설치에도 자유도가 증가되어, 더욱 표면에 색의 수도 증가되었다. 태양전지 Array의 성능을 배려하면서 건축물에 조형적으로 조합하기 위한 대표적인 패턴은 그림 11과 같다.

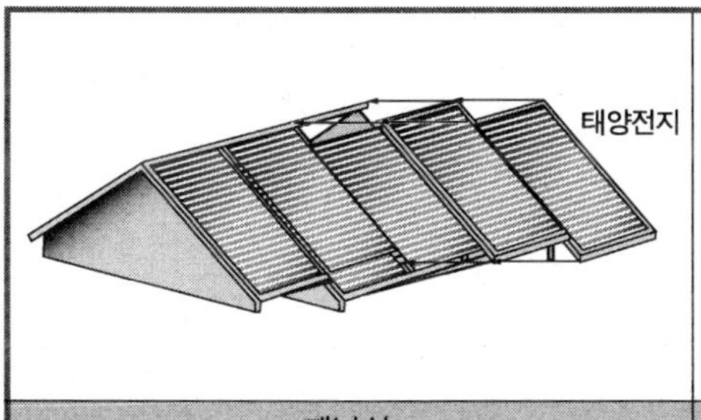

패널식

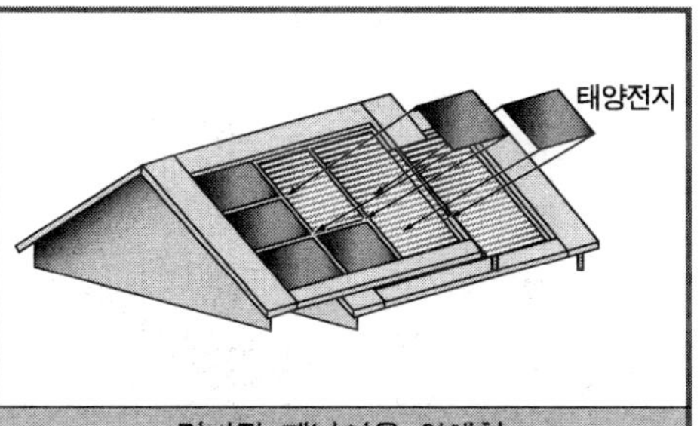

밑바탕 패널이용 일체형

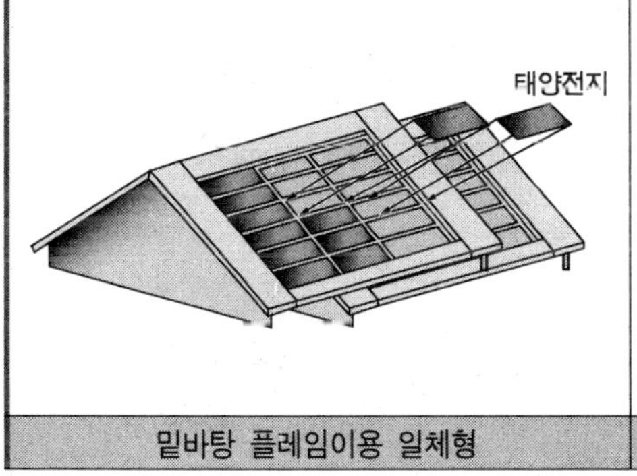

밑바탕 플레임이용 일체형

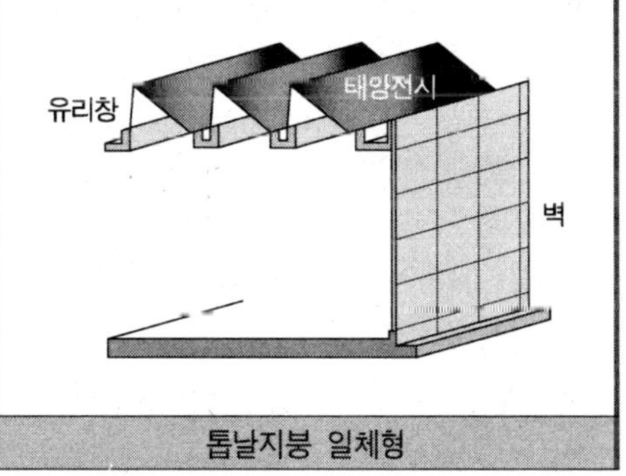

톱날지붕 일체형

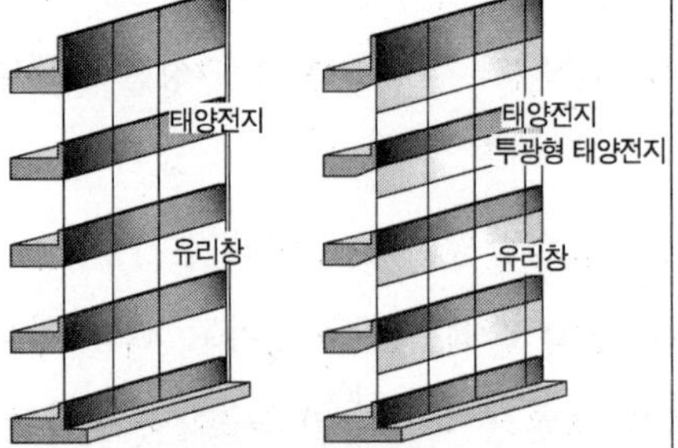

표준태양전지만을 설치한 경우　투광형을 함께 설치한 경우

수직벽 설치형

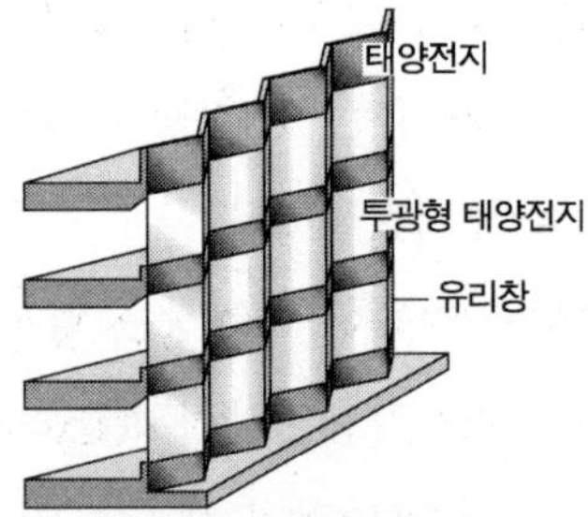

수직면에서 일사량이 강한 면에 태양전지,
약한 면에 유리를 배치한 경우

수직돌출벽형

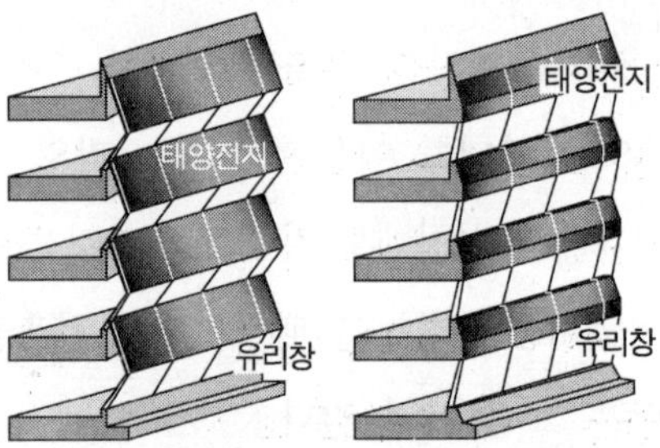

일반적인 경우　전면에 수직면을 배치한 경우

경사벽면(수평돌출)형

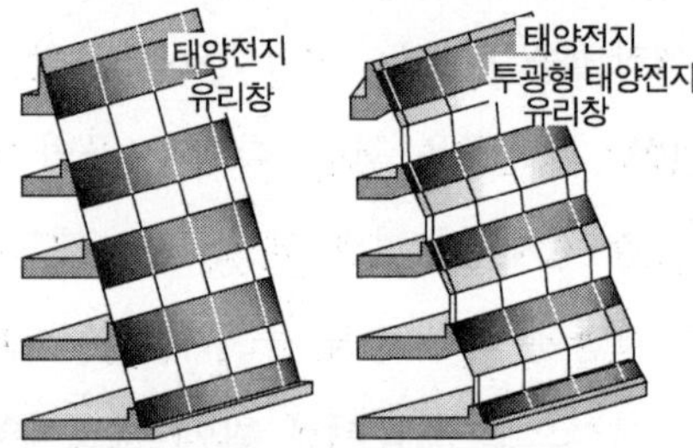

플랫면의 경우　단차이가 있는 경우

경사벽면(setback)형

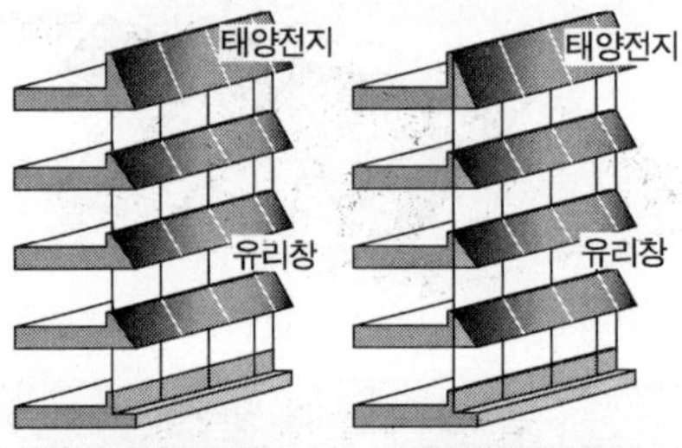

구조체와 일체의 경우　외부설치의 경우

보호용도형

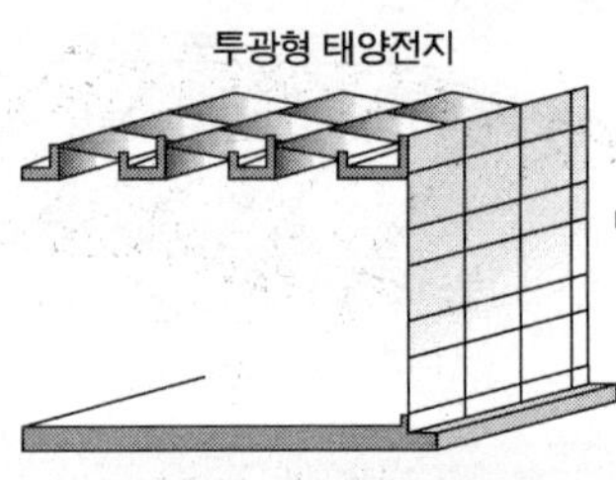

옥상을 톱라이트로 이용한 경우

드라이비트용도형

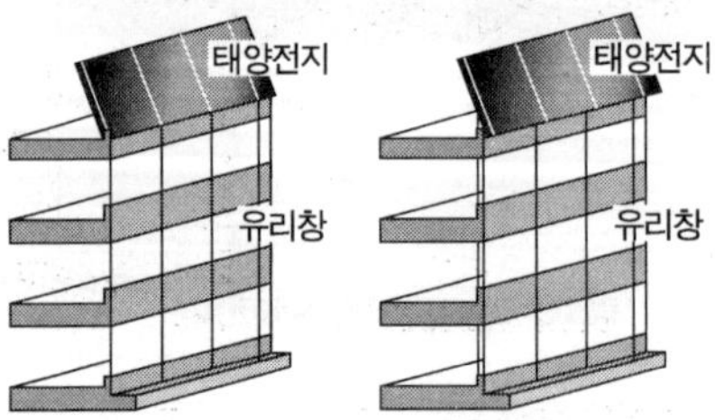

옥상 차양패널로 이용한 경우　보호패널과 블라인드를 겸용한 경우

차양용도형

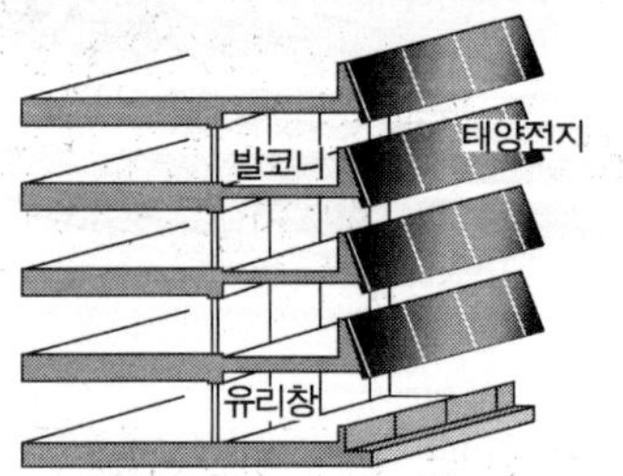

발코니의 난간을 이용한 경우

발코니용도형

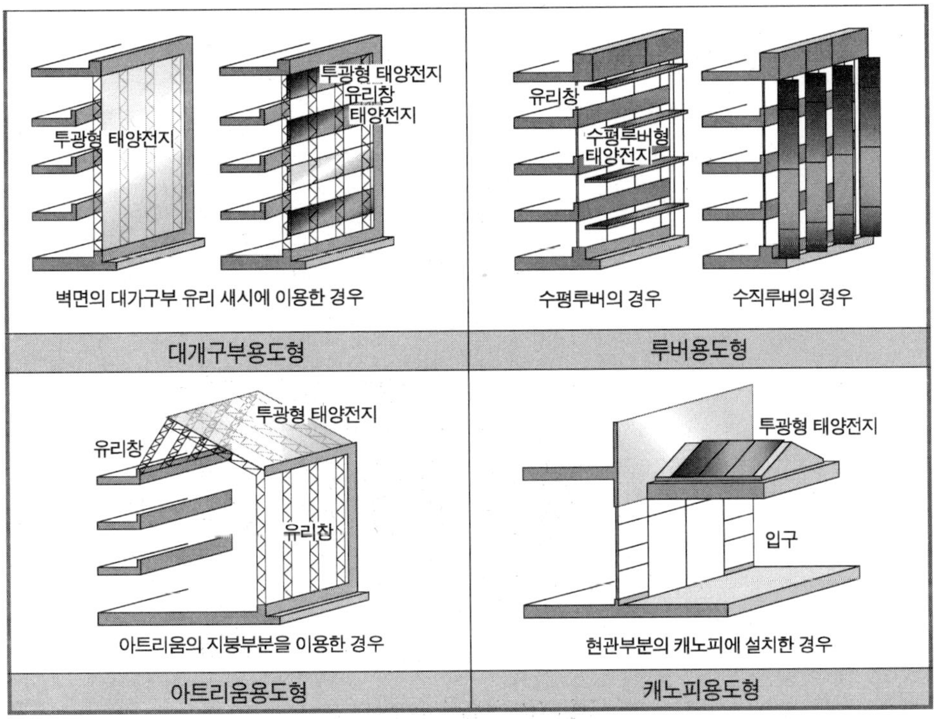

그림 11. BIPV 시스템의 패턴

(12) 태양광 자원지도

기상청 국립기상연구소에서는 1km와 4km 해상도의 정밀·태양광자원지도를 개발하였다(그림 12). 기상청에 따르면 태양광자원지도의 경우 최근 20년간 전국 22개 관측지점에서 측정한 일사량 등 자료를 토대로 만들어졌으며 일사량이 가장 풍부한 곳은 전남 목포로, 지난 20년간 $1m^2$에 내리쬔 연평균 일사량이 5,110MJ로 측정되었다. 이는 효율이 100%인 태양전지를 사용할 경우 연간 1,420kWh의 전력을 생산할 수 있는 양이다.

국립기상연구소에서 태양광을 지역별로 조사한 결과 제주 지역은 위도가 낮은 이점이 있었지만 구름이나 비로 일조량이 적어서 진주에 밀렸다. 진주~대구~경북 안동 지역이 전반적으로 태양광 발전에 적합한 것으로 밝혀졌다.

관측지점별 바람과 일사량의 구체적 데이터를 기반으로 구축된 자원지도는 기업의 발전소 건설을 위한 부지 선정 등의 의사결정 과정에 도움을 줄 것으로 기대된다.

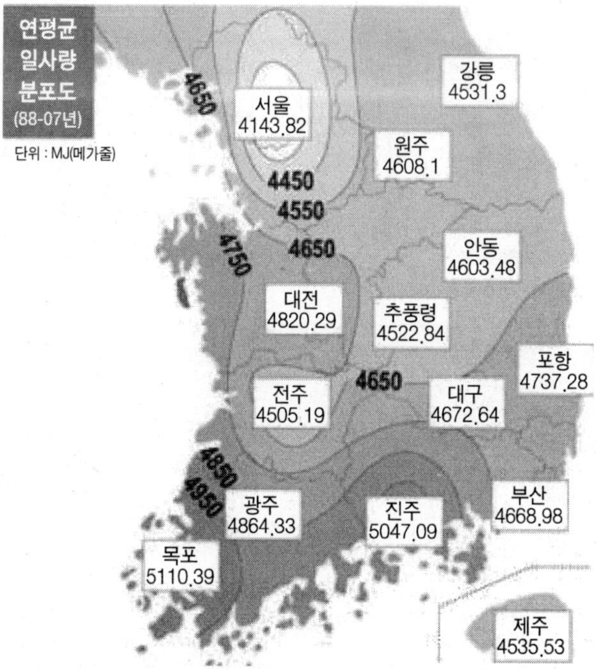

그림 12. 태양광 자원지도

(13) 태양광발전의 과제

태양광발전은 태양광이 가진 에너지를 직접전기로 변환하는 것이기 때문에 원료의 공급에 불안이 없고, 발전에 수반하는 배출물 등이 없이 청정하기 때문에 금후의 에너지문제를 고려하면 도입 증가의 의의는 높다고 할 수 있다.

다만, 현시점에서는 그 보급을 저해하는 과제도 다음과 같이 적지 않다. 태양전지 메이커를 비롯하여 관련산업계에서는 여러 가지 기술개발을 추진하고 있고, 과제의 극복에 노력하고 있는 바 금후의 연구·개발성과가 기대되고 있다.

1) 에너지변환효율의 향상

태양광에너지를 전기에너지로 변환할 수 있는 비율(에너지변환효율)은 현재 10%대인데 이것을 조금이라도 향상시키는 것이 요구되고 있다.

2) 실리콘원료의 안정확보

태양전지 원료의 하나인 실리콘은 반도체용으로도 사용되고, 경합상태에 있다.

실리콘원료의 안정적인 수급 균형의 확보가 요구된다.

3) 태양전지제조기술의 향상

태양전지의 구조나 소재의 개선·개발, 실리콘웨이퍼(wafer)의 박형화, 내구성의 향상 등을 위하여 제조기술의 개발이 요구된다.

4) 도입 인센티브의 증진

전력회사는 일반가정이나 공공·산업계가 태양광발전의 도입의욕을 높이기 위하여 정책적인 지원책 등이 요구된다.

3-2 바이오에너지

바이오매스(Biomass)발전이란 목재나 식물 부스러기 등의 바이오매스(재생가능한 생물자원)를 원료로 하여 발전을 행하는 기술을 가리킨다. 또한, 바이오매스에서 얻어지는 에너지를 바이오매스에너지라고 한다. 바이오매스란 바이오(bio : 생물)와 매스(mass : 양)로 이루어진 합성어이며, 본디는 「생물자원량」이라는 의미의 생태학 용어이다. 바이오매스발전의 원료가 되는 것은 목질계, 농업·수산계, 식품계 등 생물 유래의 폭넓은 유기물이다.

바이오매스 중에서도 목재 및 숯은 인간이 가장 오래전부터 이용하여온 에너지자원이었다. 산업혁명을 거쳐 석탄이나 석유, 천연가스 등의 화석연료가 대량 소비되었는데, 이산화탄소(CO_2)의 배출삭감이 지구규모의 과제가 되는 가운데 바이오매스가 다시 에너지자원으로서 주목되고 있다. 바이오매스를 연소한 경우에도 화석연료와 마찬가지로 CO_2가 반드시 발생하지만, 식물은 그 CO_2를 흡수하여 생장하여 바이오매스를 재생산하기 때문에 전체적으로 보면 대기 중의 CO_2 양은 증가하지 않는다(Carbon Neutral)고 간주할 수 있다. 그래서, 화석연료 대신에 바이오매스를 원료로 발전을 함에 따라 CO_2 배출삭감으로 이어지는 것이 기대되고 있다.

재생가능한 자원인 바이오매스의 이용은 에너지안전보장이나 자원의 유효활용, 그리고 고용기회 창출 등의 관점에서 1990년대 후반부터 구미에서 정책에의 도입이 시작되었다. 한국에서는 지구온난화방지, 순환형사회의 형성, 농림어업·농산어촌의 재활성화, 경쟁력 있는 전략적산업의 육성에의 유효한 대책으로서도 주목되고 있다.

1. 바이오매스의 분류

바이오매스는 가축배설물, 식품폐기물, 간벌재, 건설폐재, 하수오니 등을 가리킨다. 이 바이오매스는 전기나 열, 액체연료 등의「에너지」나, 생분해성 플라스틱, 공업원료 등의「제품」으로 전환할 가능성이 있다. 금후, 이 활용기술의 진전에 따라 가능성은 더욱 확대할 것이다.

바이오매스는 목재, 풀, 곡물 등의 유기물이기 때문에 연소되면 이산화탄소가 배출된다. 그러나 여기에 함유된 탄소는 그 식물이 성장과정에서 광합성에 의해 대기 중에서 흡수한 이산화탄소에 유래한다. 바이오매스를 사용하여도 전체로 보면 대기 중의 이산화탄소량을 증가시키지 않는다고 하여 탄소중립(Carbon Neutral)이라고 한다. 그러므로 환경에 우수한 에너지원이라고 할 수 있는 것이다.

바이오매스를 에너지 또는 재료로 이용하는 경우 그 방법은 대별하여 직접연소, 열과학적 변환, 생물학적 변환으로 나눌 수 있다(표 1).

표 1. 바이오매스 이용의 종류

	직접연소	전기·열	
바이오매스	열과학적 변환	가스화(간접액화)	합성가스
		열분해	액체연료
		직접액화	화학연료
	생물학적 변환	혐기성발효	메탄·수소
		호기성발효	비료
		가수분해발효	알코올

바이오에너지는 바이오매스의 열과학적 또는 생물학적 전환에 의해 생산되며, 전기 생산(바이오파워) 또는 수송용 연료(바이오 연료)로서 뿐 아니라 화학산업 연료(바이오제품)로서도 활용이 가능하다.

유기물의 소화단계에서 발생하는 바이오가스는 회수되어 화석연료를 대체하는 에너지원(전기 또는 난방 연료)으로 사용할 수 있기 때문에 퇴비화와 비교했을 때 상당한 장점을 가지고 있으며, 지구온실가스의 원인이 되는 메탄가스의 대기 중 비산을 감소하는데 기여한다.

혐기성소화에서 바이오가스는 크게 가수분해단계, 산생성단계, 메탄생성단계의 3단계 과정을 통해 생성되며 각 단계에 적용되는 미생물의 종은 단계의 특성에 따라 선택적으로 사용된다.

혐기성소화의 종류에는 처리하고자 하는 유기성 폐기물의 고형물함량에 따라 건식혐기소화와 습식혐기소화로 구분되며, 온도에 따라 중온혐기성소화와 고온혐기성소화로 나누어지고, 소화조의 구성단계에 따라 단상(One-phase), 2상(Two-phase), 3상(Three-phase)혐기성소화로 구분된다.

단상소화조의 경우에는 하나의 소화조 내에서 3단계에 걸친 바이오가스 생성과정이 일괄적으로 진행되며, 따라서 각 단계별 운전최적화는 불가능하다.

2상소화조의 경우에는 두 개의 소화조를 이용하고 첫 번째 소화조에서 가수분해와 산생성과정을 거쳐 두 번째 소화조에서 메탄을 생성하며, 반응조가 분리되어 각 공정을 최적화할 수 있어 단상소화조에 비해 효율이 높다.

3상소화조의 경우에는 3개의 반응조를 이용하여 3단계에 걸친 바이오가스 생성과정을 단계별로 분리하여 최적화함으로써 폐기물 처리 효율뿐만 아니라 메탄생성효율을 극대화할 수 있다.

바이오에너지설비는 생물유기체(유기성폐기물을 포함한다)를 변환시켜 바이오디젤·바이오에탄올·바이오가스·바이오액화유·합성가스·땔감·우드칩·펠렛·목탄 및 바이오매스 등의 에너지원을 생산하는 설비이다.

바이오에너지 생산기술이란 동 생물 유기체를 각종 가스, 액체 혹은 고형연료로 변환하거나 이를 연소하여 열, 증기 혹은 전기를 생산하는데 응용되는 화학, 생물, 연소공학 등을 일컫는다.

따라서 바이오매스자원은 곡물, 감자류를 포함한 전분질계의 자원과 초본, 임목과 볏짚, 왕겨와 같은 농수산물을 포함하는 셀룰로오스계의 자원과 사탕수수, 사탕무와 같은 당질계의 자원은 물론 가축의 분뇨, 사체와 미생물의 균체를 포함하는 단백질계의 자원까지를 포함하는 다양한 성상을 지닌다. 이들 자원에서 파생되는 종이, 음식찌꺼기 등의 유기성폐기물도 포함한다(표 2).

표 2. 바이오에너지 기술의 분류

대분류	중분류	내 용
바이오 액체연료 생산기술	연료용 바이오 에탄올 생산기술	당질계, 전분질계, 목질계
	바이오디젤 생산기술	바이오디젤 전환 및 엔진적용기술
	바이오매스 액화기술(열적전환)	바이오매스 액화, 연소, 엔진이용기술
바이오매스 가스화기술	혐기소화에 의한 메탄가스화 기술	유기성 폐수의 메탄가스화 기술 및 매립지 가스 이용 기술(LFG)
	바이오매스 가스화기술(열적전환)	바이오매스 열분해, 가스화, 가스화발전 기술
	바이오 수소 생산기술	생물학적 바이오 수소 생산기술
바이오매스 생산, 가공 기술	에너지 작물 기술	에너지 작물 재배, 육종, 수집, 운반, 가공 기술
	생물학적 CO_2 고정화 기술	바이오매스 재배, 산림녹화, 미세조류 배양기술
	바이오 고형연료 생산, 이용기술	바이오 고형연료 생산 및 이용기술(왕겨탄, 칩, RDF(폐기물연료) 등)

지금까지 바이오매스자원을 이용하여 주로 연료(cg. Bio-ehyanol, Hydrogen etc.)나 화학원료(cg. organic acid, other platform chemical) 생산기술은 석유자원(Protrochemical Feedstocks)을 이용한 화학적 합성공정에 의존하였으나 이로 인한 환경문제 및 자원고갈 등의 문제가 대두되었다.

따라서 이러한 공해 유발형 및 고에너지 소비형 화학원료 생산공정을 재생가능한 자원(Renewable Feedstocks)인 바이오매스를 이용한 생물공학적 발효공정으로 대체하여 탈공해 및 저공해의 청정생물공학기술(Green-Biotechnology)을 이룩하려는 연구가 활발히 진행되고 있다.

생물유기체(바이오매스)를 구성하는 탄수화물은 석유를 구성하는 탄화수소와 마찬가지로 이론적으로는 화학, 생물공학기술을 응용하여 우리 일상생활에 쓰이는 거의 모든 화학제품을 만들 수 있다. 다만 탄탄한 인프라를 구축하고 값싸게 공급되는 석유화학제품을 경제성 면에서 극복하지 못하고 있을 뿐이다.

이와 같은 바이오매스를 이용한 범용 화학제품의 생산은 비 연료유용 석유(나프타)의 소비를 절약할 뿐 아니라 공정자체의 에너지소비를 줄일 수 있어 석유수비를 절감하며, 유화계 플라스틱 등을 대체하여 환경오염을 저감한다.

식물체 등 바이오매스를 원료로 BT(Bio-Technology)를 이용하여 바이오연료류(에탄올, 부탄올, 아세톤 등)와 화학원료(젖산, 숙신산)를 만드는 기술과 이를 실현한 플랜트를 말한다.

2. 바이오에너지의 기술

바이오매스발전은 원료가 되는 바이오매스의 선택, 바이오매스에너지에의 변환, 바이오매스에너지를 이용한 발전의 3가지 프로세스로 구성되는 기술이다. 각종 바이오매스는 각각 적합한 에너지 변환기술에 의해 바이오매스에너지로 변환되고, 발전에 이용된다. 주요한 에너지 변환기술과 발전기술은 그림 1과 같다.

그림 1. 바이오매스의 종류마다의 에너지변환기술과 발전기술

직접 연소에서는 바이오매스를 보일러에서 직접 연소시켜 발전에 이용하고 있다. 열화학적 변환 및 생물화학적 변환에서는 바이오매스를 가스 등의 연료로 변환하여 발전기나 보일러의 연료로 이용한다. 이들의 기술은 바이오매스의 발전 이외의 용도(열이용, 연료이용 등)에 응용되는 것도 있다.

(1) 바이오매스의 종류와 이용방법

주요한 바이오매스의 종류와 그 이용형태를 그림 2에 나타낸다. 바이오매스자원은 그 형태에 의해 건조(dry)계 바이오매스, 습윤(wet)계 바이오매스 및 기타로 분류된다.

건조계 바이오매스는 수분을 그다지 함유하지 않고, 건조한 바이오매스이고, 林地殘材나 제재폐재 등의 목질계 바이오매스 및 볏짚이나 옥수수 등의 농업계 바이오매스가 포함된다. 습윤계 바이오매스는 수분을 많이 함유하는 바이오매스이고, 축산에서의 분뇨계 바이오매스나 수산계의 나머지(어육 등), 식품산업배수, 식품폐기물 등의 식품산업계 바이오매스, 하수오니, 분뇨나 음식물쓰레기 등의 생활계 바이오매스 등이 포함된다. 기타 흑액·폐재 등의 제지공장계 바이오매스나, 폐식용유 등이 있다.

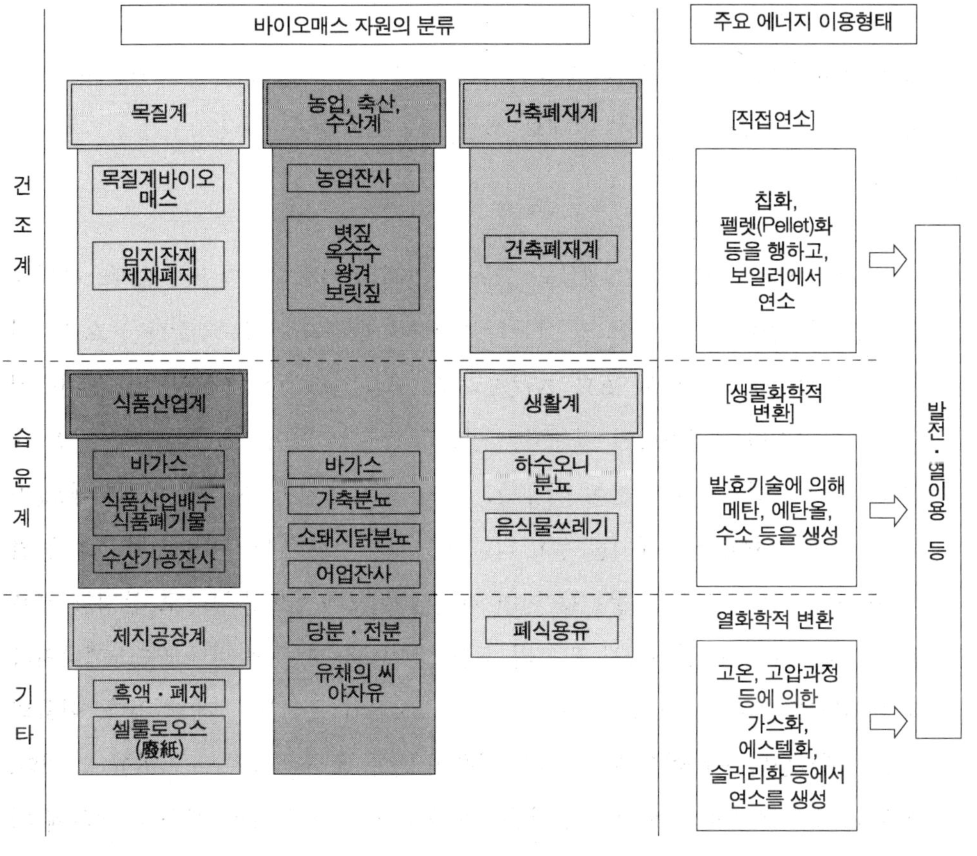

그림 2. 바이오매스 자원의 분류 및 주요 에너지 이용형태

[주] 바가스(bagasse) : 사탕수수에서 설탕액을 짜고 남은 섬유소
출처 : http://www.enecho.meti.go.jp/topics/hakusho/2007energyhtml/html/2-1-3-5.html

(2) 바이오매스 에너지변환기술

그림 2와 같이 원료가 되는 바이오매스의 종류에 따라 바이오매스에너지에의 변환방법은 다르다. 또한, 동 변환기술에 의해 얻어지는 바이오매스에너지는 발전뿐만 아니라 공장 등의 열원이나 자동차연료 등으로서도 활용되고 있다. 따라서 최종적인 이용목적에 따라서도 선택하는 기술은 다르다. 이하, 바이오매스 에너지 변환기술을 소개한다.

1) 직접연소

직접연소는 석탄이나 폐기물의 연소의 경우와 같이 소각로를 이용하여 건조계 바이오매스를 연소시키는 기술이다. 「stalker爐」, 「kiln爐」, 「Fluidized Bed Furnance(流動床爐)」 등 기존의 소각기술이 이용된다. 구체적인 원료로서는 폐목재나 bark(목피), 바가스 등 외에 오니를 연소시키는 것도 있다. 연소에 의해 얻어지는 열로 발전을 한다든지, 그대로 열원으로 이용할 수 있다.

2) 생물화학적 변환

생물화학적 변환기술은 미생물의 활동에 의해 바이오매스를 바이오매스에너지로 변환하는 것이다. 이 기술 및 열화학적 변환기술은 각 연료원에 따른 효율적인 에너지 변환기술의 개발이 필요하다는 과제가 있다. 또한 효율적인 바이오매스에너지 이용시스템을 구축하기 위해서는 연료원이 되는 바이오매스를 가능한 한 대량적으로 효율적으로 수집하여 이용하는 것이 필요하지만, 목질계 바이오매스(임지잔재(林地殘材), 건설폐기물 등), 식품산업계 바이오매스(식품폐기물 등), 농업계 폐기물(볏짚, 가축분뇨 등) 등 여러 가지 바이오매스가 소규모로 산재한 경우에는 우수한 기술이 있더라도 원료의 수집·운반비용 때문에 바이오매스에너지가 화석연료보다 높은 코스트가 되어 도입이 추진되지 못하는 과제도 있다. 이들의 과제가 해결된다면 바이오매스에너지 이용이 한층 촉진될 것으로 기대할 수 있다. 세계적으로는 브라질의 바가스의 활용사례와 같이 대규모 재배·대규모 생산에 의해 바이오에탄올의 생산이 추진되고 있다.

이하에 동 기술 중에서도 대표적인 것을 제시한다.

① 에탄올 발효

당분, 전분 또는 셀룰로오스 등의 원료로 효모균 등의 미생물이 활동하여 알코올(에탄올)을 발생시키는 것으로 그 원료는 모두 식물계이다. 이미 해외에서는 자동차연료 등으로 이용되고 있는 실적이 있고, 한국에서도 자동차연료 및 산업용 연료 등의 가능성이 주목되고 있다.

② 메탄 발효

천연가스의 성분인 메탄을 바이오매스에서 미생물의 활동에 의해 발생되는 것이다. 이것은 메탄발효라고 하는 것이고, 유기물이 알코올이나 저분자지방산 등으로 분해되는 과정과 알코올 등이 메탄으로 변환되는 과정의 2단계를 거쳐 메탄이 생성된다. 메탄 발효는 종래부터 분뇨(오니) 처리에서 이용되고, 최근에는 식품폐기물의 처리에도 이용되고 있다.

③ 기타의 기술

바이오매스가 미생물에 의해 분해되어 얻어지는 자원으로서는 그 밖에 메탄올, 다이메틸 에테르(Dimethyl ether), 바이오디젤(BDF : Bio-Diesel Fuel 생물계 디젤연료)이 있다.

3) 열화학적 변환

① 열분해반응

바이오매스를, 공기(또는 산소)를 차단한 상태 또는 극히 소량의 공기(산소)로 400~600℃로 가열하여 기체(열분해가스 또는 목가스), 액체(타르 또는 초액)를 생성하는 반응이다. 주요 생성물질에 따라 호칭이 다르고, 예를 들면 숯을 목적으로 하는 경우에는 탄화, 가스를 목적으로 하는 경우에는 열분해가스화 등이라고 한다.

목재를 원료로 하는 열분해반응은 이른바 목탄의 제조 프로세스로서 종래부터 세계 각지에서 행해지고, 개발도상국을 중심으로 지금도 중요한 바이오매스의 이용형태가 되고 있다. 이외에 목재를 건류하여 초산에틸, 크레오소트油, 메탄올 등의 여러 가지 화학물질을 얻는 프로세스도 행해지고 있다. 목재의 열분해에서는 저온에서 숯이 주생성물이 되고, 고온에서는 가스가 주생성물이 되지만, 반응생성물의 제어가 어려워 개개 생성물의 수집률이 낮아 다음에 소개하는 가스화와 같이 최신의 프로세스를 이용한 시스템이 개발되고 있다.

② 가스화 반응

가스화제라고 하는 공기 또는 산소를 이용하여(다만, 완전연소용의 이론공기량보다 각 단에 소량), 고체 및 油狀의 바이오매스를 더욱 가스화하여 전체적으로 가연성가스의 비율을 높인 것이다. 목적에 따라 적절한 가스형성이 되도록 가스화로의 형식이나 반응조건이 선택된다.

그림 3의 시스템에서는 원료가 되는 바이오매스를 가스화로에서 가스화한 후 타르분을 분해하여 가스를 개질하고, 가스엔진에 의한 열병합발전을 조합하여 전력, 온수, 증기를 얻는 시스템이 되고 있다.

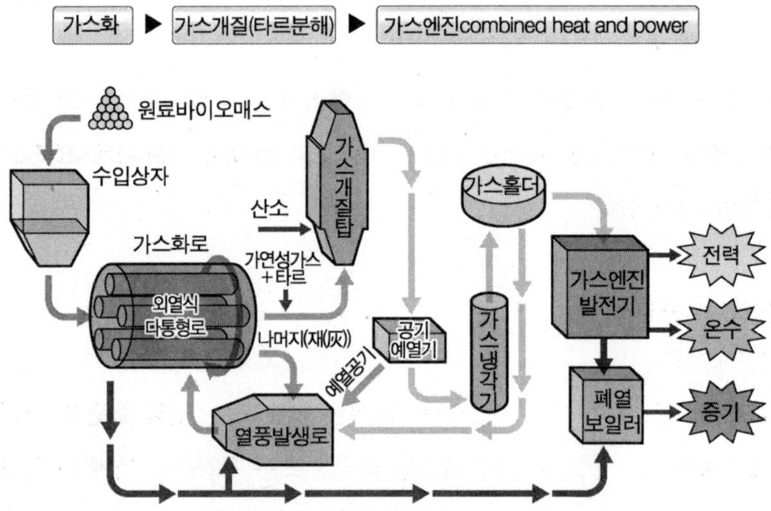

그림 3. 바이오매스발전시설의 예

출처 : 環境省 中央環境審議會地球環境部會·經濟産業省 産業構造審議會環境部會地球環境小委員會合同會合(第13回) 資料 http://www.env.go.jp/council/06earth/y060-51/mat03-5.pdf

③ 수열액화/수열가스화

수열반응은 고온고압의 물을 이용한 화학반응을 말한다. 수열반응에 의한 바이오매스의 에너지변환에서는 통상의 열화학반응이나 생물화학반응과는 달리 초임계 상태(액체와 기체의 구별이 어려운 상태이며, 물의 임계온도는 374℃, 임계압력은 220기압이다) 또는 아초임계 상태의 고온고압의 물과 바이오매스를 반응시켜 단시간에 함수율이 높은 물질에서도 에너지를 만든다.

수열액화의 경우, 바이오매스에 열수를 주입하여 열수 중의 가용성분 등을 열수로 용해하여 분해하여 에너지물질로 변환한다. 300℃ 전후의 열수에서는 중유상의 액체가 발생하여 온도가 더욱 높아지면 가스상 물질도 발생한다. 촉매(화학반응에서 그것이 공존하면 반응속도를 크게 향상시키는 물질)를 이용하여 목적으로 하는 가스를 선택적으로 발생시키는 것이나, 생성하는 가스의 비율을 증대시키는 등의 활용도 검토되고 있다.

수열가스화는 초임계상태의 열수를 사용하는 기술이며, 수열액화에 비교하여 액상물질은 미량이 되지만, 기체의 양이 증가하는 것을 이용하여 바이오매스의 가스화를 행한다. 주로 금속촉매의 존재 하에서 저온에서 메탄을 생성시킨다든지, 초임계점 이상의 고온하 무촉매에서 수소를 생성시킨다. 이 때 무색투명으로 중성의 물 흐름 모양도 생성한다.

(3) 폐기물계 바이오매스의 Win-Win형 자원순환기술

미이용의 폐기물계 바이오매스를 활용하여 폐기물대책과 지구온난화방지의 양쪽에 기여할 수 있는 자원순환기술의 개발을 목표로 하는 연구로서 지역 레벨에서의 폐기물의 적정처리와 그것을 바이오매스 에너지화 하는 기술의 개발이 추진되고 있다.

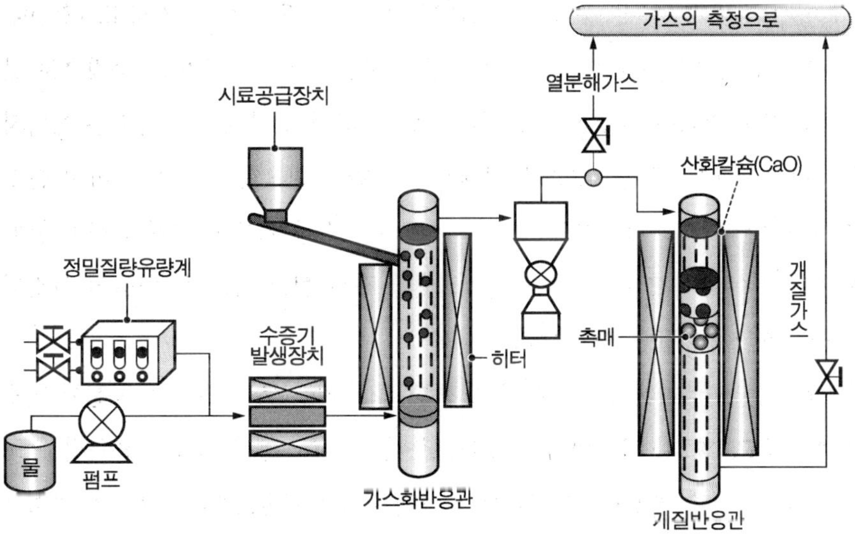

그림 4. 가스화 개질장치에 의한 비이오매스계 폐기물의 처리시스템

출처 : 國立環境研究所ニュース26巻6號(2008年2月)

그림 4와 같은 연구에서는 니켈을 유효성분으로 하는 촉매를 이용하여 폐목재 등의 가스하를 행하는 실험을 행하고, 최적 온도나 촉매의 조건을 검토하고 있다. 이러한 기초연구의 성과가 최적 바이오매스 발전시스템으로 이어지는 것이 기대된다.

3-3 풍 력

경제성과 신뢰성이 높은 풍력발전시스템을 만들기 위해서는 풍차 본체설비, 변전설비 등의 시스템 및 구성기기의 각각이 국내의 지형, 바람의 특성, 낙뢰나 태풍 등의 환경, 풍력발전소에의 자재의 반입제약, 전력계통의 제약에 적합한 경제성과 신뢰성을 지닐 필요가 있다.

풍력발전의 메커니즘은 풍차의 날개(Blade)가 바람을 받아 회전하고, 바람에 의해 일어난 이 회전운동은 증속기에서 일정의 회전수까지 올라가고, 동력으로 발전기에 전해져 발전기를 회전하는 것이다. 프로펠러형 풍차에서 인출되는 에너지는 풍차의 반경의 2승, 풍속의 3승에 비례하므로 반경이나 풍속을 크게 하면 할수록 큰 파워가 얻어지지만, 큰 것을 만드는 데에는 장소나 거대한 기계가 필요하며 한도가 있기 때문에 발전기의 거대화만 고려할 수는 없고, 양호한 바람이 안정되게 부는 장소를 찾는 것이 중요하다.

풍력발전은 19세기말에 구미에서 실용화 후, 덴마크를 중심으로 착실한 연구개발이 계속되고, 제1차 석유위기 후 1977년에는 덴마크에서 대규모 풍력발전 프로젝트가 개시되었다. 1990년대 이후는 지구환경이나 자원·에너지문제의 관점에서 풍력발전에 급속히 주목이 모아지고, 세계적으로 활발한 개발·도입이 추진되고 있다.

1. 풍력발전의 환경영향

풍력에너지는 이산화탄소 등을 발생하지 않고, 방사성폐기물의 우려도 없는 등 매우 청정한 에너지이다. 그러나 환경에의 영향이 전혀 없는 것은 아니다. 구체적으로는 소음, 전파장애 및 경관이나 이동하는 새에의 영향 등이다. 당연하지만 그 영향은 대형의 풍차일수록 커지고, 또한 한 개소에 집중하여 건립한 경우에도 커진다.

풍력발전기의 소음 발생원은 날개의 회전과, 기어나 발전기의 회전에 있다. 일반적으로 풍력발전기를 건립할 때에는 가능한 한 인가에서 떨어진 장소를 선정하는 것이 바람직하고, 풍차의 소음은 풍하 방향에는 더욱 멀리까지 전파되므로 계획단계에서 충분히 주의할 필요가 있다.

다음에 금속제의 날개를 사용한다든지, 금속질의 도료로 마감한 날개를 사용하면 전파가 그 표면에서 반사되어 전파장애를 일으킨다. 타워 자체도 전파장애의 원인이 되는 경우가 있고, 높은 타워 위에 장착된 대형풍력발전기일수록 장애를 일으키기 쉽다. 그래서 이 문제를 해소하기 위하여 현재 날개의 재질은 금속을 채용하지 않고, 강화플라스틱(FRP)의 채용이 대부분이다.

또한 경관의 문제가 있다. 다만 경관에의 영향은 개인차가 있어 그 판단이 어렵다. 예를 들면 지역이 관광용을 겸하여 풍력발전설비를 하는 경우도 있다. 어쨌든 풍차 자체의 디자인이 뛰어날 뿐 아니라 주위 풍경과의 조화가 중요하다.

최후로 안전성에 대해서는 돌풍이나 태풍에 의한 타워의 도괴, 날개의 파손에 의한 파편의 비산 등이 검토되므로 그 예방에 대해서는 설계, 제조, 시공의 단계에서 충분히 배려함과 아울러 운전 개시 후의 점검도 필요하다. 또한 동계에 날개의 표면이 빙결하면 얼음 조각이 비산할 가능성도 있다. 또한 낙뢰에 대한 대책도 당연히 필요하다.

2. 시스템 구성

풍력이 가진 에너지를 흡수, 변환하는 운동량변환장치, 동력전달상지, 동력변환장치, 제어장치 등으로 구성되어 있으며, 각 구성요소들은 독립적으로 그 기능을 발휘하지 못하며 상호 연관되어 전체적인 시스템으로서의 기능을 수행한다(그림 1).

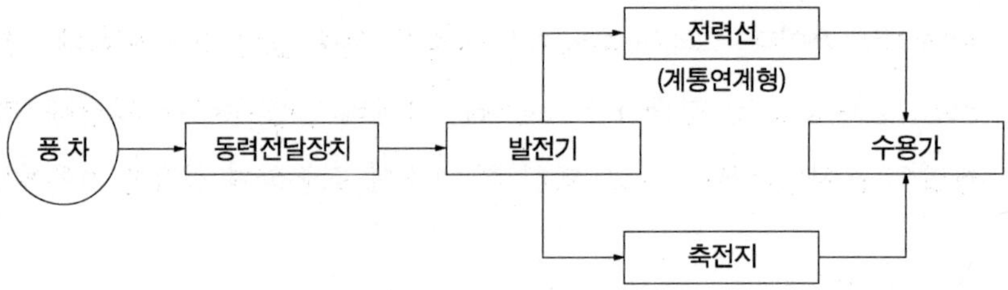

그림 1. 풍력발전 시스템 구성

1) 기계장치부

바람으로부터 회전력을 생산하는 Blade(회전날개), Shaft(회전축)를 포함한 Rotor(회전자), 이를 적정 속도로 변환하는 증속기(Gearbox)와 기동·제동 및 운용 효율성 향상을 위한 Brake, Pitching & Yawing System 등의 제어장치부문으로 구성된다. Gearless형은 Gearbox가 없다.

2) 전기장치부

발전기 및 기타 안정된 전력을 공급토록 하는 전력안정화 장치로 구성된다.

3) 제어장치부

풍력발전기가 무인 운전이 가능토록 설정, 운전하는 Control System 및 Yawing & Pitching Controler와 원격지 제어 및 지상에서 시스템 상태 판별을 가능하게 하는 Monitoring System으로 구성된다.

3. 풍력발전시스템의 분류

풍력발전기는 날개의 회전축의 방향에 따라 회전축이 지면에 대해 수직으로 설치되어 있는 수직축 발전기와 회전축이 지면에 대해 수평으로 설치되어 있는 수평축 발전기로 구분한다.

수직축은 바람의 방향에 관계가 없어 사막이나 평원에 많이 설치하여 이용 가능하지만 소재가 고가이고 수평축 풍차에 비해 효율이 떨어지는 단점이 있다. 수평축은 간단한 구조로 이루어져 있어 설치하기 편리하나 바람의 방향에 영향을 받는다. 중대형급 이상은 수평축을 사용하고, 100kW급 이하 소형은 수직축도 사용된다.

표 1. 풍력발전시스템 분류

구분	내용
구조상 분류 (회전축 방향)	수평축 풍력시스템(HAWT) : 프로펠라형
	수직축 풍력시스템(VAWT) : 다리우스형, 사보니우스형
운전방식	정속운전(Fixed Roter Speed Type) : 통상 Geared형
	가변속운전(Variable Roter Speed Type) : 통상 Gearless형
출력제어방식	Pitch(날개각) Control
	Stall(失速) Control
전력사용방식	계통연계(유도발전기, 동기발전기)
	독립전원(동기발전기, 직류발전기)

수직축 발전기	수평축 발전기	Geared형 풍력발전시스템	Gearless형 풍력발전시스템
회전축방향에 따른 구분		운전방식에 따른 구분	

그림 2. 풍력발전시스템

4. 풍력발전의 기술개발 테마

현재, 주로 도입이 추진되고 있는 대형(1,000kW초급)의 풍력발전에서는 프로펠러식 풍력발전시스템(그림 3)이 주류가 되어 있고, 표 2와 같은 여러 가지 기기에 의해 바람의 에너지를 전기에너지로 변환하고 있다.

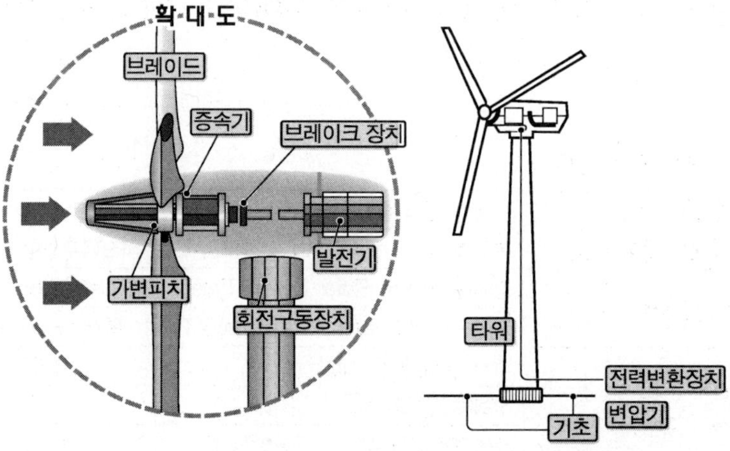

그림 3. 프로펠러식 풍력발전시스템의 구성 예

출처URL : http://app2.infoc.nedo.go.jp/kaisetsu/egy/ey04/index.html

표 2. 풍력발전기의 기기

기기명	기 능
브레이드(풍차의 날개)	바람을 받아 그 에너지를 회전운동으로 변환
증속기	발전기가 발전을 행하는 데에 필요한 회전수까지 증속
발전기	회전운동을 전기에너지로 변환
브레이크 장치	필요에 따라 브레이드의 회전 정지
가변피치	바람을 최대한 받기 위하여 브레이드의 각도 제어
회전구동장치	바람을 최대한 받기 위하여 풍차의 방향 제어

풍력발전에서 바람의 에너지에서 얻어지는 기계적 동력에너지의 비율(출력계수)은 최대 약 60%가 되고 있다(Betz의 이론). 그러나 실제에는 공기저항이나 기어·발전기 등에서 에너지손실에 의해 자연에너지에서 얻어지는 전기에너지는 30% 정도가 되고 있다.

그리하여 가능한 한 안정적, 효율적으로 전기에너지를 얻는다는 관점에서 풍력발전시스템에서 각 기기의 역학적, 전기적 구조의 개량이나 재질 등의 연구개발이 추진되고 있다.

또한 풍력발전에는 다음과 같은 여러 가지 과제가 있고, 이러한 과제를 해결하기 위한 대책기술의 개발도 추진되고 있다.

1) 계통연계대책

풍력발전은 풍황(평균풍속, 순간풍속, 풍향, 바람의 흔들림 등 바람의 상태나 성질)에 의해 발전출력이 변동한다. 그리하여 연계하는 전력계통의 전압변동이나 주파수변동을 일으켜 전력품질에 영향을 주는 것이 우려되고, 출력변동에 대한 대책이 필요하다.

2) 강풍대책

과거에 강풍 때문에 타워가 기초마다 도괴한다든지, 브레이드(Blade)나 나셀커버(Nacelle cover)가 파손·비산한 사고가 있었다. 복잡한 지형의 산악지역에서는 풍속이나 풍향의 변동이 커서 브레이드의 피로손상도 우려된다. 태풍이나 강풍에의 대책이 필요하다.

3) 낙뢰대책

풍력발전기에의 낙뢰는 드문 곳이 없다. 낙뢰의 충격에 의해 브레이드가 구조상의 문제가 된다든지, 전기·제어부품이 손상되어 운전중단을 하지 않을 수 없어 구조재질이나 피뢰, 표면피복 등을 포함하여 낙뢰대책이 필요하다.

4) 소음대책

소음원의 주요인은 증속기의 기어에서 발생하는 기계음과 브레이드가 회전할 때에 발생하는 바람에 꺾이는 음이다. 이들의 소음은 고유의 주파수(音程)나 고조파성분(음질)을 가지고 있는 점 등에서 음의 세기(음압)가 내려가더라도 귀에 거슬림이 될 가능성이 있어 설치장소의 선택도 포함하여 대책이 필요하다.

5) 기타의 대책

착설이나 착빙, 염해, 모래먼지, 내진성 등에 대한 대책이 필요한 경우가 있다.

5. 계통연계 대책의 동향

현재 우리나라의 계통전력은 전체 주파수나 위상이 높은 정도에서 통일되어 있고, 구성 시스템간은 긴밀한 보호나 협조에 의해 관리되고 있다. 그러나, 풍력발전에 의한 발전출력은 풍황에 따라 변동이 발생하여 계통전력과 연계운전을 행하는 경우에는 큰 영향을 준다.

통상, 기간전력계통에서는 주로 화력발전소의 운전·정지를 포함하여 발전전력제어에 의해 풍력발전전력의 변동을 흡수하여 발전전력과 소비전력과를 균형시켜 주파수를 유지하고 있다. 풍력발전과 같은 대규모 발전설비를 기간전력계통에 연계하는 경우에는 화력발전소에서 주파수가 일정하게 되도록 제어한다든지, 발전전력 변동량을 억제할 필요가 있어 계통측면에 부담이 생긴다(그림 4, 표 3).

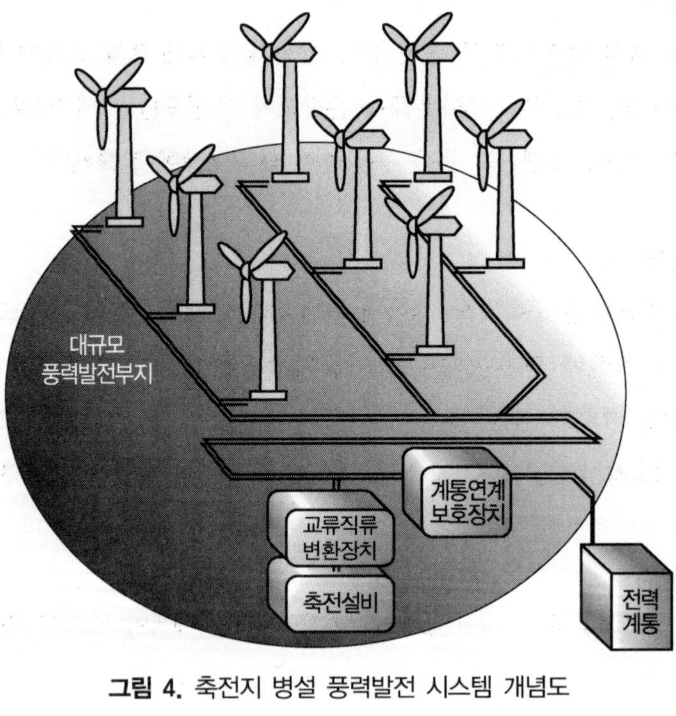

그림 4. 축전지 병설 풍력발전 시스템 개념도

표 3. 풍력발전 계통연계대책

	계통측면의 대책	풍력발전측면의 대책
새로운 설비대책이 불요한 대책	• 주파수변동의 관점에서 본 풍력발전 연계 가능량의 정확한 파악 • 조정력의 확대를 위한 전원 운용	• 조정력 부족시기의 풍력발전기의 계획해열(計劃解列)·출력억제 • 조정력 부족시기의 풍력발전기의 예정해열(予定解列)·출력억제 • 주파수변동에 의한 도입제약이 없는 지역에의 풍력발전입지의 유도
경우에 따라 새로운 설비대책이 필요한 대책	회사간 연계선의 활용	
새로운 설비대책이 필요한 대책	축전지 등의 도입	
새로운 조사연구가 필요한 대책	기상예보에 바탕한 풍력발전 예측시스템의 도입	

출처 : 「RPS法と風力發電系統連系對策について」 中島惠理, 「季報에너지總合工學」 2005.7.
URL : http://www.iae.or.jp/publish/kihou/28-2/07.html

6. 풍력발전의 과제

대형풍력발전의 연구개발이 계속되는 한편으로 일반가정이나 사업장 외 가로등, 옥외시계등에의 전력공급에도 이용할 수 있는 소형풍력발전의 연구도 진행되고 있다. 입지선정이나 계통연계 등의 과제를 안고 있는 대형풍력발전에 대하여 설치장소의 자유도가 높고, 설치코스트도 비교적 낮게 억제하는 소형풍력발전에 대하여 크게 기대되고 있다.

최근의 풍력발전 도입량의 확대에 수반하여 풍력발전에 적합한 풍황이 양호한 용지의 확보가 곤란해지고 있다. 남은 적지로서 산악지대나 국립·도립공원 내의 입지를 찾는 풍력발전사업자도 적지 않지만, 기술적 과제를 비롯하여 전력계통, 도로정비나 방재에 관한 문제, 경관에 관한 문제, 새와의 충돌(Bird strike)이나 생태계에의 영향에 관한 문제 등이 적지 않게 존재하고 있다.

또한 풍력발전의 과제로는 먼저 기술적인 것으로서, ① 풍향이 갑자기 변한다는지, 바람의 강약의 변화에 의해 출력이 불안정하게 되는 것, ② 예상 외의 강풍이 불어 원동기나 날개가 파손하는 것, ③ 대규모가 됨에 따라 지상에서 높아지므로 낙뢰에 처하기 쉽다는 점이 있다. 다음에 환경에의 배려로 ④ 풍차설치에 의한 경관파괴, ⑤ 풍차를 새의 무리가 지나는 루트에서 벗어나 bird strike(풍차에 새가 부딪쳐 죽는 것)를 감소하는 배려 등이 있다.

7. 풍력 자원지도

기상청에서는 국내 주요 지점 596곳의 매시간 풍속과 풍향을 조사해 평균풍속, 주풍향(주로 바람이 부는 방향) 등을 담은 풍력자원지도를 개발연구하였다(2008년). 이 보고서에 따르면 지상 80m 높이에서 연평균 초속 5m를 넘는 곳은 76곳(12.7%)으로 조사되었다. 풍력발전시설을 설치하려면 바람개비가 지상에서 50~100m 높이로 올라가기 때문에 80m 정도에서 부는 바람의 속도가 중요하다. 일반적으로 연평균 풍속이 초속 5m를 넘으면 경제적인 가치가 높다. 경제적인 가치가 있는 지점은 이보다 더 많은 129곳으로 추산되었다(그림 5).

풍력자원을 활용할 수 있는 지점은 산악(강원)과 해안(서해), 도서(제주)가 주로 꼽혔다. 풍력 상위 관측지점 20곳 가운데 강원 산악지역이 미시령·백운산·향로봉·대관령 등 4곳, 제주도는 우도·마라도·가파도·고산 등 4곳이었다. 나머지 12곳 가운데 전남 진도·신안군 등 전라 해안지역 7곳이 풍력 상위 관측지점에 포함됐다. 미시령은 연평균 풍속이 초속 8.8m로 가장 바람이 세게 부는 곳이었다. 최대 풍속도 43.4m에 달했다. 산악과 해안은 밀도 차에 따라 공기가 이동하는 대류현상 때문에 강한 바람이 자주 분다.

이에 비하여 대도시 도심은 풍력발전에 적합하지 않았다. 서울(종로) 부산(중구) 대구(동구) 인천(중구) 대전(유성구) 광주(북구) 울산(중구) 등 7대 특별·광역시의 도심지역은 모두 80m 높이의 평균 풍속이 초속 5m를 넘지 못했다. 서울 4.2m, 부산 4.8m, 대구 4.1m, 인천 4.5m, 대전 3.6m, 광주 3.6m, 울산 4.1m 등이었다. 그러나 부산 서구 구덕산(초속 7.3m)과 광주 동구 무등봉(7.7m) 등 대도시의 산에는 풍속이 강한 곳도 있었다.

계절별로는 겨울에 센 바람이 불었고 봄, 가을, 여름 순으로 바람이 세다. 겨울에 바람이 강한 것은 바다와 육지의 온도 차 때문이다. 겨울에 육지와 바다의 온도 차가 더 커지기 때문에 바다에서 불어오는 여름 계절풍보다 대륙에서 불어오는 겨울 계절풍이 강하다. 미시령의 경우 여름 풍속은 7.6m, 겨울에는 11.0m에 달하는 강풍이 몰아친다. 제주 제주시 고산도 여름 바람은 6.3m에 불과했으나 겨울에는 10.9m까지 풍속이 올라간다. 전체적으로 여름~초가을인 6~10월 내륙의 바람이 현저히게 약해지고 내륙과 해안의 차이가 뚜렷한 특징을 보였다.

풍력 발전 지도에 의하면 제주도는 전반적으로 풍부한 바람을 갖고 있어서 국내에서 풍력 발전에 적합한 지역이다.

풍력자원은 바람이 얼마나 고르게 부느냐가 매우 중요한데 한반도는 산악이 복잡해서 불규칙한 난류가 많이 생기지만 강원지역과 제주도, 전라 해안지역의 풍력은 고르게 바람이 불기 때문에 효율적으로 사용할 수 있다.

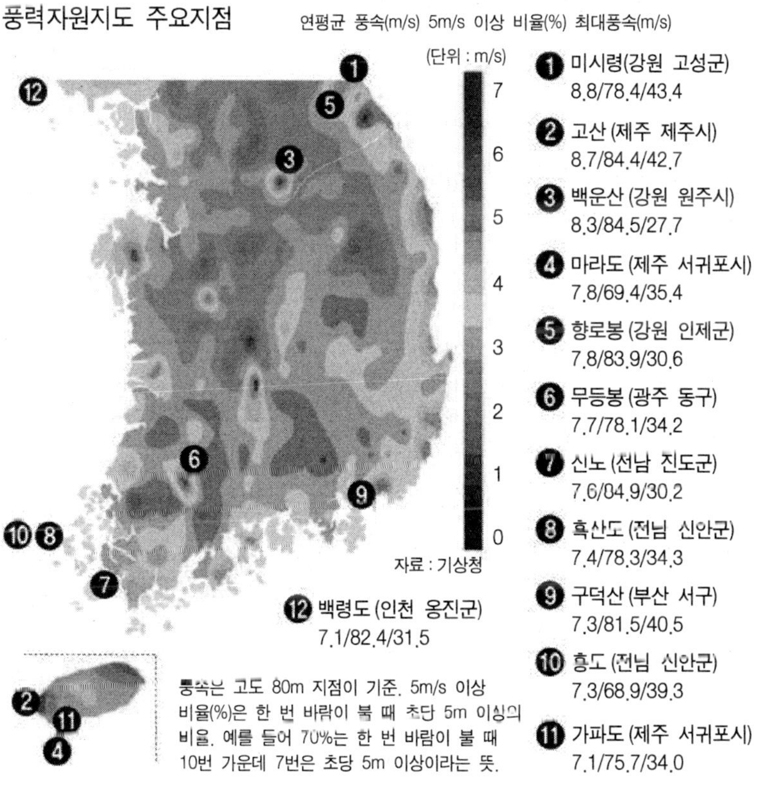

그림 5. 풍력자원지도 주요지점

국내 풍력자원의 잠재량은 연간 1억 6,170만 toe(1toe는 석유 1t에 해당하는 에너지)로 추정된다. 풍력발전 이용 가능량은 이 가운데 10% 정도로, 육상과 해상 풍력자원 잠재량의 비율은 각각 29 대 71이다.

풍력발전은 바람이 세게 분다고 해서 당장 경제적인 가치가 높은 것은 아니다. 한 방향으로 부는 바람의 비율이 높을수록 경제적인 가치가 크다. 바람의 방향이 자주 바뀌면 에너지로 바꿀 수 있는 가능성은 떨어진다. 서풍이 주로 부는 강원 고성군 미시령은 초속 5m 이상 부는 주풍향 빈도가 59.3%에 달해 경제적인 가치가 크다. 반면 인천 옹진군 소청도는 풍속이 6.3m임에도 주풍향 빈도가 27.7%에 불과해 경제적인 가치가 상당히 떨어진다. 기상청은 연말까지 바람을 지역별, 시간대별로 세분하고 48시간 이전에 바람을 예측하는 방안을 추진하고 있다. 풍력발전에 유효한 바람이 부는 시간을 조사하고 풍력발전이 가능한 지역을 지수로 만들 계획이다. 각종 기상이변에 따른 바람의 영향에 대해서도 조사한다. 예를 들어 시베리아기단이 한반도에 들어왔을 때 바뀌는 한반도의 바람 변화를 예측할 수 있다.

3-4 수 력

수력(Hydropower, Waterpower)이란 물이 가진 위치에너지나 운동에너지를 동력으로 이용하는 것 또는 그렇게 하여 얻어진 동력이다. 물의 힘에 의하여 발생하는 물의 힘이다.

수력발전(Hydroelectric power generation)은 다른 자연에너지를 사용하는 발전방법에 비하여 단위출력당 비용이 매우 저렴하고, 발전기출력의 안정성도 높다.

대규모 수력발전(저수식수력, 댐식수력)은 댐 등에 저수한 물로 터빈을 작동하여 발전한다. 자연에너지발전 중에서도 발전시의 이산화탄소배출량이 가장 적고 안정된 출력이 얻어지고, 수요의 변화에 추종하기 쉬운 이점이 있는 반면, 댐의 수명이 있고(최근에는 준설에 의한 연명조치가 도모되는 경우도 있다), 건설에 따른 환경부하·비용이 커진다는 결점이 있다. 또한 대규모 댐에 의한 발전은 하천을 토막토막 나누어 다량의 콘크리트 블록을 설치하기 때문에 자연파괴가 크고, 동식물에 대한 영향도 커서 개선의 요구가 발생한다. 그리하여 하천이나 주변의 자연을 파괴하지 않고, 수력에너지를 활용할 수 있는 소수력발전이 주목되고 있다.

또한 수력의 이용은 오래 전부터 연구되고 있기 때문에 수량의 규모에 따라 여러 가지 레벨에서 이들 이용이 가능하다. 예를 들면 작은 강과 같은 흐름에 설치 가능한 소수력발전기에서부터 하구나 해협 등에 설치하는 것을 전제로 한 조력발전까지 그 규모에 따른 설비가 개발·이용되고 있다.

1. 수력발전

(1) 수력발전의 구성

수력발전은 취수구, 침사지, 도수로, 수조, 수압관로, 발전소, 방수로 등으로 구성된다(그림 1).

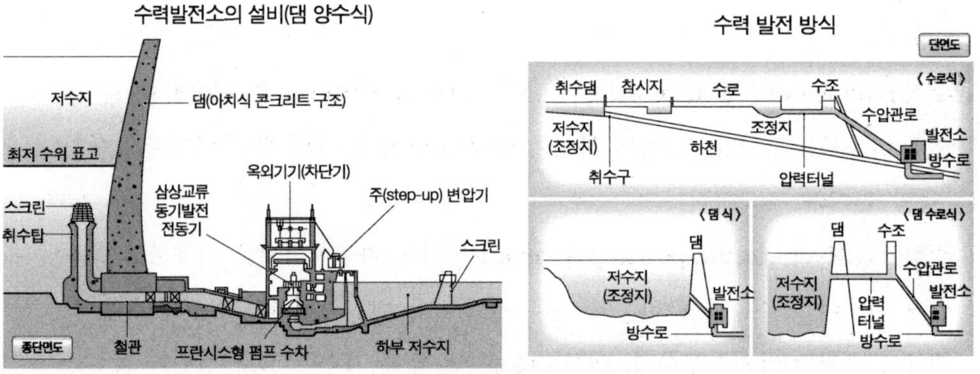

그림 1. 수력발전 방식

① 취수구

취수구는 수력발전에 이용하는 물을 얻기(취수하기) 위하여 하천이나 연못, 호소 등에 설치한 설비이다. 효율적으로 취수하도록 댐을 설치하는 경우가 많다. 또한, 취수구에는 상류에서 표착한 쓰레기를 제거하고, 빗 모양의 스크린과 스크린에 모인 쓰레기를 치우는 제진기가 갖추어져 있다.

② 침사지

침사지는 물에서 토사를 제거하는 설비이다. 취수구에서 얻어진 물은 일시적으로 침사지에 축적시켜 토사를 침전시킨다. 물에의 토사혼입은 수차의 마모 원인이 된다.

댐식·댐수로식 수력발전의 경우에는 댐이 침사지를 겸용하는 것으로 하여 설치하지 않는 경우가 많다.

③ 도수로

도수로는 물을 발전소까지 유도하는 설비이며, 수압을 건 상태에서 송수하는 압력수로와 압력을 걸지 않고 자연유하시키는 무압수로가 있다. 구조는 터널이나 개거가 있고, 필요에 따라 수로교나 사이펀(Siphon)이 설치된다.

④ 수조

수조는 발전소의 출력변동에 의한 물의 유량변화를 흡수하는 설비이다. 발전소보다 급경사면의 상부에 있어 상부수조라고도 한다. 수로를 흘러온 물은 수조에서 일시적으로 축적된다.

수조까지 이르는 수로가 압력수로인 경우에는 발전소의 급격한 출력변동에 의해 발생한 수격작용을 흡수하기 위하여 보다 여유를 갖춘 수조가 이용된다. 이것을 surge tank 또는 조압수조라고 한다.

⑤ 수압관로

수압관로는 수조에서 발전소까지의 물이 지나는 관로이다. 수조에 괸 물은 여기에서 발전소까지 이르는 급경사면을 수압철관에 의해 유노된다.

발전소의 급격한 출력변동에 따라 수압철관은 큰 압력변동을 받는다. 그것을 흡수하여 완화하는 설비로서 surge tank나 제압기가 있다. 수격작용의 크기에 따라 수압철관이 파열되지 않도록 충분한 주의를 기울여 설계·시공된다.

수압관로는 지상에 설치되는 예가 많은데, 터널 등에 의해 지하에 매설되는 것도 있다.

⑥ 발전소

수력발전소는 건물의 내부에 수차발전기나 그 보조기기류, 제어장치 등을 장착한 옥내식이 일반적이다. 수차발전기의 분해·조립 작업용으로 건물 천장에 크레인이 설치된다.

발전소는 지상에 건설된 지상식 발전소인데, 이것을 지하공간에 건설한 지하식 발전소도 있다. 지하식 발전소는 견고한 지반을 필요로 하는 점에서 건설에 있어서는 건설예정지의 철저한 지질조사가 필요하다. 필연적으로 건설비가 고액이 되지만, 낙차를 유효이용하기 위한 기기 배치에 제약이 작은 것이나 발전소의 규모가 커지더라도 풍부한 자연경관을 훼손하지 않는 등 이점이 크다.

⑦ 방수로

방수로는 발전한 물을 방수구에 유도하는 수로이며, 도수로와 마찬가지의 역할과 구분이 있다. 방수로에도 수조를 설치하는 경우가 있다. 물을 하천에 배출하는 설비가 방수구이다.

(2) 계통연계시의 수력발전시스템

계통연계시의 수력발전시스템은 그림 2와 같이 하천이나 수로에 댐이나 보를 설치하고 수압관로로 발전소까지 물을 유동시켜 전력을 생산하는 것으로서 수차, 발전기 및 계통연계장치 등으로 구성되어 있다.

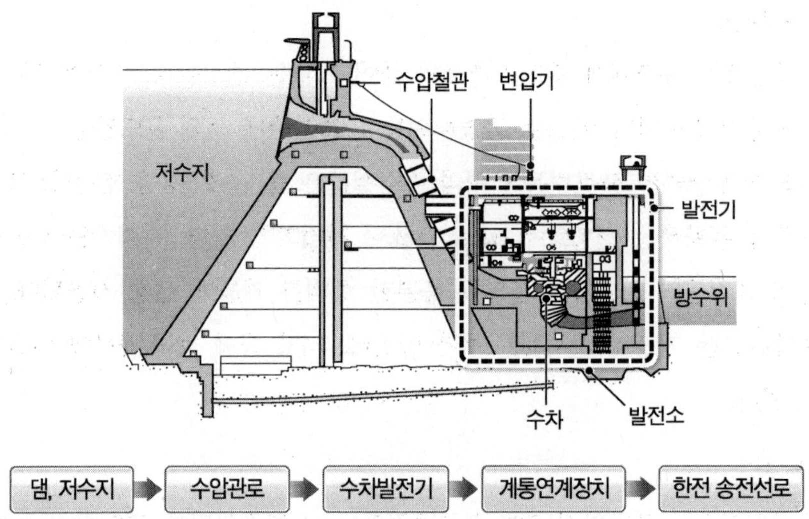

그림 2. 수력발전소의 단면도

(3) 수력발전의 분류

1) 낙차를 얻는 방법에 의한 분류

① 수로식 발전(conduit type power generation)

발전소에서 보아 상류에 위치하는 하천·호소 등에서 취수하고, 수로에 의해 발전소까지 유도하여 낙차를 얻는 것이다. 대부분은 유입식이며, 낙차의 변동은 거의 없다.

② 댐식 발전(dam type power generation)

하천 내에 댐을 설치하여 저수하고, 거기에서 발생하는 낙차를 이용하여 발전하는 것이다. 발전소는 댐 부근에 건설된다. 댐의 수위변화에 의해 낙차변동이 커진다.

③ 댐 수로식 발전(dam and conduit type power generation)

댐과 수로에 의해 낙차를 만드는 것이다.

2) 운용상의 분류

① 유입식

하천의 유량을 그대로 이용하는 것이다. 발전소의 출력은 하천유량에 비례하여 인의로 출력조정은 어렵나. 총전력수요 중 베이스 부분을 공급한다. 비교적 소규모인 것이 많다.

② 조정지식(pondage type power generation)

하루·주간의 부하변동에 대응하기 위하여 경부하시에 출력을 떨어뜨려 저수하고, 중부하시의 발전운전에 대비한 것이다. 총전력수요 중 피크부분을 공급한다.

③ 저수지식(reservoir type power generation)

풍수기에 저수하여 갈수기에도 안정된 발전이 가능한 만큼 수량을 확보하는 것이다. 조정지식이 하루·주간의 부하변동인 데 대하여 계절간의 조정을 행한다. 총전력수요 중 피크부분을 공급한다. 비교적 대규모 댐을 수반한다.

④ 역조정지식(re-regulating reservoir type power generation)

조정지식·저수지식의 하류의 유량변동을 평활화하기 위하여 설치하는 역조정지의 낙차를 이용하여 일정의 출력으로 운전하는 것이다.

⑤ 양수발전(pumped-storage power generation)

상하 2개의 조정지를 갖춘 것으로 경부하시에 하부조정지에서 상부조정지로 물을 끌어올리고, 중부하시에 발전하는 것이다. 총전력수요 중 피크부분을 공급한다.

양수발전에는 저수지식 수력발전을 중부하에 대응하기 위하여 양수발전기를 설치한 혼합양수식과, 상부저수지를 산의 정상 가까이 등에 설치한 자연 유입량이 거의 없는 순양수발전이 있다.

양수발전의 에너지원은 양수를 하기 위한 전력을 공급한 원자력이나 대규모 화력의 것이고, 일반 수력발전원은 비나 눈을 내리게 하는 해수를 증발시킨 태양의 힘이라는 차이가 있다. 결국 일반 수력발전은 재생가능에너지이지만, 양수발전은 일종의 이차전지(축전지)이다.

3) 출력 규모에 의한 분류

대수력 : 출력 100MW(10만kW) 이상

중수력 : 출력 10~100MW(1~10만kW)

소수력 : 출력 1~10MW(1,000kW~1만kW)

미니수력 : 출력 100kW~1MW(100kW~1,000kW)

마이크로수력 : 100kW 이하

2. 소수력발전

마이크로 수력발전은 100kW 이하의 소규모이며 건설비·운용비가 저렴한 수력발전이고, 중소하천이나 용수로 등이 작은 고저차를 이용한 수력발전이다. 마이크로 수력발전의 장점은 댐이나 대규모 수원을 필요로 하지 않고, 적은 수원으로 비교적 간단한 공사로 발전이 가능하다. 그리하여, 가정에서의 마이크로 발전이나 전기가 없는 산간지에서의 발전도 가능하고, 마이크로 수력발전의 미개발지는 많다. 그러나, 단점으로는 법적 정비가 이루어져 있지 않고 설치에 수고가 든다는 점이나 채산성의 문제가 있다. 또한, 낙엽이나 쓰레기 등이 유입하므로 정비가 요구되고, 증수시의 조정도 필요하다.

마이크로 수력발전의 큰 특징은 설치장소에 있다. 장치가 비교적 작기 때문에 어느 정도의 수량이 확보되면 설치가 가능하다. 농업용수로·사방댐·정수장·하수

처리장·공장배수 등에 설치되고, 이 외에도 여러 장소에 설치가 가능하다(그림 3).

소수력발전의 특징은, ① 아직 사용되고 있지 않은 산간의 계류나 작은 하천의 수력에너지를 환경에 큰 부하를 걸리게 하지 않고 이용가능하다, ② 태양광발전이나 풍력발전과는 다르고, 물은 24 시간 흐르므로 1일 중 발전할 수 있다. 또한 하천의 물은 국내의 것이기 때문에 수력발전은 순국산 에너지이다. 석유 등 에너지자원을 해외에 의존하고 있는 나라에서는 소수력발전을 보급시킴으로써 환경에 부하를 크게 걸리게 하지 않고, 국내에서의 에너지 자급률을 높일 수 있다.

그림 3. 소수력발전시스템 구성도

표 1. 소수력발전의 분류

소수력발전의 분류			비 고
설비용량	Micro hydropower Mini hydropower Small hydropower	100kW 미만 100～1,000kW 1,000～10,000kW	국내의 경우 소수력발전은 저낙차, 터널식 및 댐식으로 이용(예 : 방우리, 금강 등)
낙 차	저낙차(Low head) 중낙차(Medium head) 고낙차(High head)	2～20m 20～150m 150m 이상	
발전방식	수로식(run-of-river type) 댐식(Storage type) 터널식(Tunnel type)	하천경사가 급한 중·상류지역 하천경사가 작고 유량이 큰 지점 하천의 형태가 오메가(Ω)인 지점	

[주] 수로식(Run of river type) : 하천경사가 급한 상류지역
댐식(Storage type) : 하천경사가 적은 중하류의 유량이 풍부한 지역
터널식(Tunnel type) : 수로식과 댐식이 혼합방식으로 굴곡이 심한 하천지역

소수력발전은 소규모 하천의 물을 인공적으로 유도하여 저낙차 터빈을 이용한 발전방식으로 설비용량, 낙차 및 발전방식에 따라 표 1과 같이 분류할 수 있다.

발전방식을 살펴보면 수로식은 하천을 따라 완경사의 수로를 설정하고 하천의 급경사와 굴곡 등을 이용하여 수로에 의해 낙차를 얻는 방식으로 하천경사가 급한 상·중류에 적합한 형식이다.

댐식은 주로 댐에 의해서 낙차를 얻는 형식으로 발전소는 댐에 근접해서 건설하고 하천경사가 작은 중·하류로서 유량이 풍부한 지점이 유리하며, 하천의 구배가 완만하나 유량이 풍부한 곳과 낙차는 크나 하천의 수위변동이 심한 지역을 택한다.

터널식은 댐식과 수로식을 혼합한 방식으로 지형상 지하 터널로 수로를 만들어 큰 낙차를 얻을 수 있는 곳에 설치하게 되므로 수로식 소수력발전의 변형이라 할 수 있다.

3. 양수발전

양수발전은 야간 등 전력수요가 적은 시간대에 원자력발전소 등에서 잉여전력의 공급을 받고, 하부저수지에서 상부저수지로 물을 끌어올리고, 전력수요가 커지는 시간대에 상부저수지에서 하부저수지로 물을 유도하여 떨어뜨려 발전하는 수력발전방식이다.

양수발전소는 상부저수지에의 우수 유입에 의해 다소의 저수량이 증가하는 경우는 있지만, 기본적으로는 다른 곳에서 공급된 전력을 받아 하부저수지에서 상부저수지로 물을 끌어올리고, 필요에 따라 반대로 물을 흘려 발전한 전력을 송출한다. 양수발전소는 전기를 일시적으로 축전하는 거대한 축전지로서 기능하고 있다.

특징으로는 발전개시나 최대출력까지의 시간이 짧고, 출력조정이 용이하다. 100의 양수전력에서 70 정도의 발전을 할 수 있다. 30% 정도의 손실이 있다. 기능적으로는 축전지이다. 효율, 전력량, 설비수명의 점에서 양수발전이 최대의 전력저장 방법이고, 전력의 안정공급에는 불가결한 설비이다.

3-5 연료전지

연료전지란 수소와 산소의 화학반응(물의 전기분해의 역반응)에 의해 전력과 열을 발생하는 기술이다. 자연 온도환경에서 전위차를 이용하여 1차전지나 2차전지와 달리 고온에서 촉매에 의해 물질끼리의 반응을 일으켜 발전하는 점이 크게 다르다. 또한 연료전지 자체에는 구동하는 부분이 없기 때문에 소음·진동 등도 없고 환경에 매우 양호한 발전인데, 수소가 필요하고, 대부분의 경우 천연가스의 개질에 의해 수소를 제조한다. 다만, 자동차 설치용의 연료전지의 경우에는 가솔린 개질에 의한 제조가 많다.

연료전지는 사업소나 자동차용의 에너지원뿐만 아니라 가정용의 분산에너지원으로 이용하려면 대규모 발전소를 건설하지 않아도 각 가정레벨에서 전력부하에 대하여 유연하게 대응할 수 있다. 또한, 휴대용 PC의 전원 등으로서도 이용할 수 있어 금후의 광범위한 응용이 기대되고 있다.

1. 연료전지의 특성과 구성

(1) 연료전지의 개발경위

연료전지의 원리는 물의 전기분해에서 수소와 산소가 발생하는 반응의 역반응을 행히여 수소와 산소에서 물을 만늘 때에 전기를 얻는 것이다.

연료전지는 우주신용의 에너시원으로서 1960년대부터 NASA(미국항공우주국)에서 연구가 진행되고, 아폴로우주선에도 탑재되었다. 이것은 연료전지가 수소와 산소에서 물을 발생시키는 청정 반응을 이용하기 때문에 우주선 내에서의 오염문제가 생기지 않고, 만들어진 물을 음료수로서도 이용할 수 있는 것이 큰 이유이었다.

그 후 연료전지의 일반이용은 진행되지 않았는데, 1990년대에 들어 환경문제에의 관심이 높아지는 가운데 연료전지의 환경보전효과에 큰 기대가 모아져 연구개발이 활발화하였다. 연료전지의 환경면의 장점으로는 발전단계에서 연소과정이 없으므로 배출가스를 발생시키지 않고, 종래의 발전보다 고효율이며, 배열을 이용한 열병합발전(cogeneration) 등에 의해 종합효율을 더욱 높이고, 그 결과 에너지 절약과 이산화탄소의 배출삭감으로 이어지는 점을 들 수 있다.

연료전지는 최근 공장, 자동차, 가정용으로 개발이 진행되고, 이미 인산형 연료전지(PAFC)가 실용화되고 있는 외, 다른 종류의 연료전지의 개발도 추진되고 있다. 또한, 장래에는 PC 등의 소형기기의 전원으로도 이용할 수 있을 것으로 기대되고 있다. 이러한 점에서 연료전지는 새로운 산업분야로서 고용확대에의 기여도 기대되고 있다.

(2) 연료전지의 특성

연료전지의 장점으로는 이산화탄소 배출삭감으로 이어져 청정한 연료로서의 환경문제에의 공헌을 들 수 있는데, 에너지원의 다양화와 분산형 전원의 이용촉진의 측면에서도 장점이 크다.

분산형 에너지시스템은 종래형의 대규모발전소에 의한 집중적 발전시스템과는 달리 공장이나 각 가정 등 각각의 에너지의 수요측에서 소규모 발전을 행하는 시스템이고, 그 에너지원은 분산형 전원이라고 한다. 지금까지의 집중형 발전시스템에서는 원격지의 발전소에서 송전선을 끌어 장거리에 걸쳐 전력을 공급하기 때문에 대규모 송배전의 인프라 정비가 필요하고, 송전 손실도 크지만, 분산형 에너지시스템에서는 이러한 문제는 발생하지 않는다. 또한, 분산형 에너지시스템에서는 발전 시의 배열을 각각의 수용가의 요구에 따라 유효 이용하는 것이 가능하다. 이외에 전원이 분산하는 것에 의한 대규모 정전에의 대응력 향상 등 장점도 있다. 이와 같은 분산형 전원을 조합하여 지역레벨의 소규모 전력공급을 행하는 시스템을 Microgrid라고 한다(그림 1).

일반적으로 화력발전은 소규모가 되면 효율이 저하하지만, 연료전지는 소규모이더라도 일정의 효율을 달성할 수 있기 때문에 분산형 에너지시스템의 요소로서 매우 유효하게 검토된다.

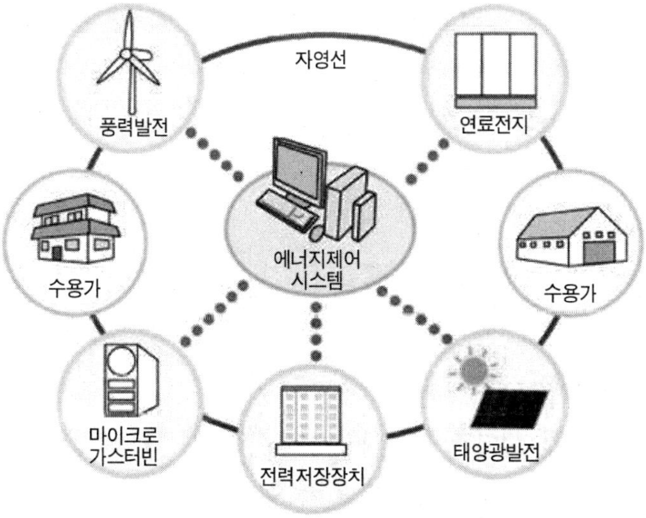

그림 1. Microgrid에 의한 분산형 에너지시스템의 이미지

출처 : http://app2.infoc.nedo.go.jp/kaisetsu/neg/neg07/index.html

(3) 연료전지의 구성

연료전지(Fuel cell)는 연료의 산화에 의해 발생하는 화학에너지를 직접 전기에너지로 인출하는 전지이다. 일종의 발전장치라고도 한다. 연료전지 설비는 수소와 산소의 전기화학 반응을 통하여 전기 또는 열을 생산하는 설비이다. 연료의 산화에 의해 생기는 화학에너지를 직접 전기에너지로 변환시키는 전지로서 일종의 발전장치라고 할 수 있으며 산화·환원반응을 이용한 점 등 기본적으로는 보통의 화학전지와 같지만, 닫혀진 계내(系內)에서 전지반응(電池反應)을 하는 화학전지와 다르게 반응물이 외부에서 연속적으로 공급되어, 반응생성물이 연속적으로 계외(系外)로 제거된다. 가장 전형적인 것으로는 수소-산소 연료전지가 있다(그림 2).

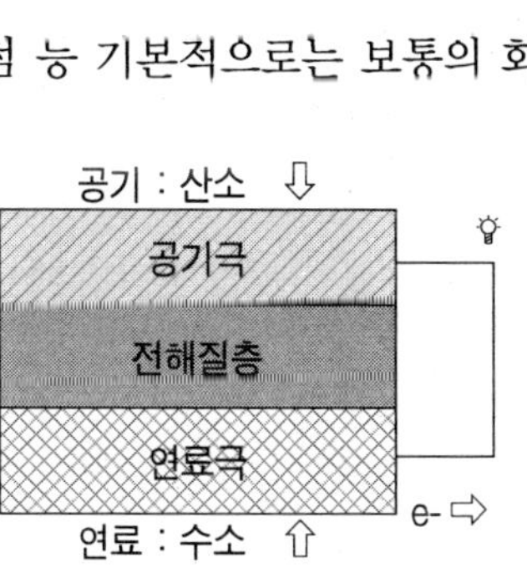

그림 2. 연료전지의 발전원리

수소 외에 메탄과 천연가스 등의 화석연료를 사용하는 기체연료와, 메탄올(메틸알코올) 및 히드라진과 같은 액체연료를 사용하는 것 등 여러 가지의 연료전지가 있으며 이 중에서, 작동온도가 300℃ 정도 이하의 것을 저온형, 그 이상의 것을 고온형이라고 한다. 또, 발전효율의 향상을 꾀한 것이나, 귀금속 촉매를 사용하지 않는 고온형의 용융탄산염 연료전지를 제2세대, 보다 높은 효율로 발전을 하는 고체전해질 연료전지를 제3세대의 연료전지라고 한다.

연료전지의 발전원리는 다음과 같다(예 : 수소-산소 연료전지).

1) 특징

① 발전효율이 40～60%이며, 열병합발전시 80% 이상 가능하다.
② 천연가스, 메탄올, 석탄가스 등 다양한 연료사용이 가능하다.
③ 배기가스 중 NOx, SOx 및 분진이 거의 없으며, CO_2 발생량에 있어서도 미분탄 화력발전에 비하여 20～40% 감소한다.
④ 회전부위가 없어 소음이 없으며, 기존 화력발전과 같은 다량의 냉각수가 불필요하다.
⑤ 도심 부근에 설치 가능하여 송배전시의 설비 및 전력 손실이 적다.
⑥ 부하변동에 따라 신속히 반응하며, 설치형태에 따라 현지 설치형, 분산 배치형, 중앙집중형 등의 다양한 용도의 사용이 가능하다.

2) 연료전지 발전시스템 구성도

연료전지 발전 시스템은 수소를 함유한 일반 연료(LPG, LNG, 메탄, 석탄가스 메탄올 등)로부터 연료전지가 요구하는 수소를 많이 포함하는 가스로 변환하는 연료개질 장치(Reformer), 연료개질 장치에서 들어오는 수소와 공기 중의 산소로 직류 전기와 물 및 부산물인 열을 발생시키는 연료전지 본체(Unit Cell), 그리고 연료전지에서 나오는 직류를 교류로 변환시키는 전력변환 장치(Inverter)로 구성된다. 이와 같은 기본적인 장치 외에도 플랜트의 효율을 높이기 위해서는 연료전지 반응에서 생기는 반응열과 연료 개질 과정에서 나오는 폐열 등을 이용하는 장치가 부수적으로 필요하다(그림 3).

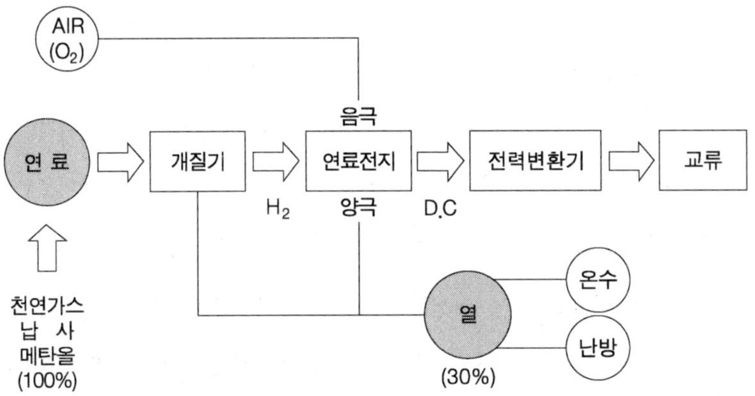

그림 3. 연료전지 발전시스템 구성도

2. 연료전지의 원리 및 종류

(1) 연료전지의 원리

연료전지의 원리는 물의 전기분해의 역반응이다. 그 직류전기 발생의 메커니즘을 그림 4에 나타낸다.

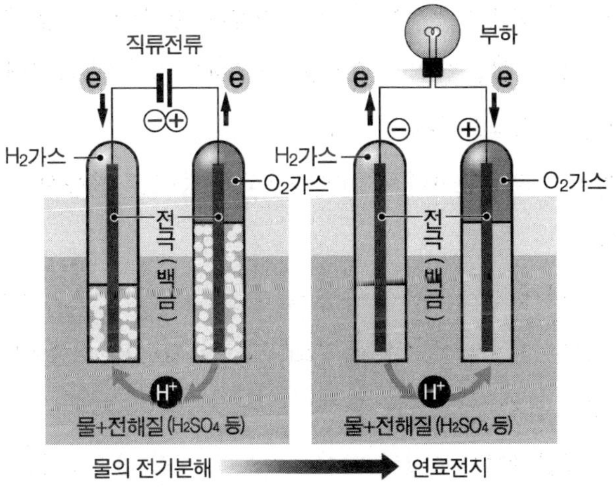

그림 4. 연료전지의 개념도

출처 : http://www.fccj.jp/index0.html

- Anode(전지의 마이너스극)에서 백금의 촉매작용에 의해 수소(H_2)가 수소이온(H^+)과 전자(e^-)로 분해한다(산화반응). $H_2 \rightarrow 2H^+ + 2e^-$

이 때, 수소이온은 전해질을 통하여 플러스극으로, 전자는 전선을 흘러 플러스극으로 이동한다(직류전류가 흐르는 것에 상당한다).

- Cathode(전지의 플러스극)에서 공기 중에 함유된 산소(O_2)와 전해질을 통하여온 수소이온 및 전선에서 온 전자가 반응하여 물을 생성한다(환원반응).
  $1/2O_2 + 2H^+ + 2e^- \rightarrow H_2O$

연료전지의 방식에 따라서는 전해질을 이동하는 이온이 수소이온 대신에 탄산이온(CO_3^{2-}), 산소이온(O_2^-)이 되는 경우가 있는데, Anode에서 Cathode로 전선을 통하여 전자가 흐른다는 원리는 동일하다. 또한, 촉매의 백금은 고가이고, 일산화탄소에 의해 활성을 잃는다(被毒)는 과제가 있다.

이상의 메커니즘에서 연료전지로서의 3대 요소로서 다음의 점을 들 수 있다.

① 수소연료의 공급(수소를 사용하지 않은 MCFC형에서는 필수가 아니다)
② 전해질의 존재
③ 마이너스극에서의 산화반응의 조건성립(작동온도 및 산화반응촉매)

(2) 수소가스의 공급

수소를 사용하는 연료전지에서는 수소를 어떻게 공급하는가가 중요한 포인트가 된다. 대표적인 수소의 공급방법은 수소를 함유하는 화석연료(천연가스, 석탄 등)에서 수소를 얻는 프로세스이다.

천연가스의 개질은 촉매표면에서 천연가스와 수증기를 반응시켜 수소를 분리하는 프로세스이다.

석탄가스화는 석탄에 산소, 공기, 수증기 등을 접촉시켜 수소나 일산화탄소, 메탄 등의 가스를 얻는 기술이며, Clean Coal Technology의 일종이다. 이 과정에서 얻어진 수소를 연료전지에 공급할 수 있다.

이 이외의 수소공급방법으로서는 바이오매스를 직접 가스화하는 연구나 바이오매스의 메탄 발효에서 얻은 메탄에서 수소를 분리하는 연구, 풍력발전에서 얻은 에너지에서 수소를 제조하는 연구 등이 이루어지고 있다.

(3) 연료전지의 종류

1) 인산(燐酸)형 연료전지(PAFC : Phosphoric Acid Fuel Cell)

인산형 연료전지는 인산수용액을 전해질로 하여 작동온도는 150~200℃, 발전효율은 36~38%이다. 그림 5와 같이 정치형으로서 이용되는데, 동일 중량, 용적에서는 다른 종류의 연료전지보다 출력이 뒤떨어지므로 이동형에는 이용되지 못한다.

그림 5. 인산형 연료전지에 의한 현장형 1MW플랜트

2) 용융탄산염형 연료전지(MCFC : Molten Carbonate Fuel Cell)

탄산리튬·탄산나트륨의 혼합물을 용융한 것을 전해질로 하여 수소이온 대신에 탄산이온을 이용한다. 작동온도는 650~700℃, 발전효율은 40~50%이다. Anode는 니켈(Ni)을 이용하고, Anode, Cathode에서의 반응은 다음과 같다. Anode에서는 니켈의 촉매작용에 의해 수소와 탄산이온이 반응하고, 이 때에 전자를 빼앗기게 되고, 이 전자가 Cathode에 주어진다. Cathode에서는 산소와 이산화탄소가 주어진 전자를 받아들여 탄산이온이 생긴다.

$$\text{Anode } H_2 + CO_3^{2-} \rightarrow H_2O + CO_2 + 2e^-$$

$$\text{Cathode } 1/2O_2 + CO_2 + 2e^- \rightarrow CO_3^{2-}$$

MCFC에서는 배열이 고온이기 때문에 배열이용과 조합한 토털시스템을 설계하여 에너지 효율을 향상시킬 수 있다. 배열이용과 조합한 유망한 시스템으로서는 고온의 배출가스를 회수하여 가스터빈이나 증기터빈을 돌려 발전을 행하는

Combined Cycle 발전을 들 수 있다. 현재는 아직 실증시험단계인데, 250kW급에서 화력발전 대체용의 수만 kW급까지의 용도가 상정되고 있다. 실제의 시스템에서는 그림 6과 같이 다공식의 전극판과 전해질판의 조합(cell)이 다수 집적한 스택(Stack)이라고 하는 유닛이 이용된다.

고온에서 동작하여 부식성 있는 전해질을 이용하기 때문에 내구성의 향상이 실용화의 과제이다. 그리하여 전극의 다공식 구조를 장기간 유지하는 것이 필요하므로 내부식성의 전극판의 개발 등이 추진되고 있다. 또한, 니켈촉매는 일산화탄소(CO)를 이산화탄소(CO_2)로 산화하기 때문에(shift 반응), 백금촉매와는 달리 일산화탄소가 연료 중에 함유되어도 문제는 없다. 따라서, 석탄가스화에 의한 일산화탄소를 포함하는 가스도 사용할 수 있다. 다만, 석탄가스화 가스를 이용하는 경우, 유황이나 매진 등의 불순물에 대한 내구성 향상도 필요하다.

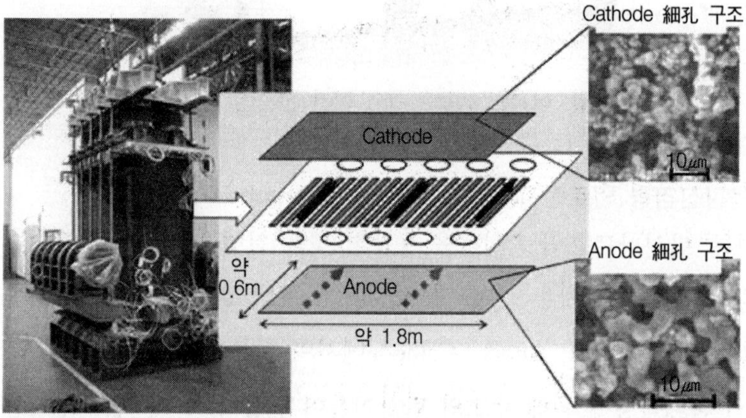

그림 6. MCFC Stack 및 전극구조

출처 : http://criepi.denken.or.jp/jp/pub/review/No51/

3) 고체산화물형 연료전지(SOFC : Solid Oxide Fuel Cell)

고체산화물형 연료전지(SOFC)는 전해질로서 산소이온 전도성을 나타내는 고체산화물을 이용한다. 전해질로서는 세라믹인 Zirconia(이산화 zirconium, 화학식 : ZrO_2)를 이용하는 것이 일반적이며, 작동온도는 700~1,000℃, 발전효율은 45~60%이다. 고체전해질을 이용하기 때문에 다른 연료전지와 같은 박막상의 전해질판 구조를 구성할 필요가 없고, 대형화가 가능하다.

SOFC의 정점으로 고온의 배출 가스를 이용하여 외부열원 없이 천연가스를 개질하여 수소제조를 행할 수 있다. 또한, 고온반응하므로 고가인 백금촉매를 이용하지 않고 전지반응을 일으킬 수 있다. 또한, 전지 내에서 시프트반응을 행하므로 석탄가스화가스 등 일산화탄소가 원래의 연료 중에 함유되어 있어도 문제는 없다.

SOFC는 아직 실증시험단계이고, 배열을 유효하게 이용할 수 있는 토털시스템의 설계가 중요하다. 구체적인 이용용도로서는 소형용(1kW)에서 화력발전 대체용의 수만 kW급까지의 용도가 상정되고 있다. 민생용으로는 가스엔진 급탕기나 고정고분자형 연료전지로 역할을 보완하면서 전력수요가 많은 주택을 중심으로 도입되는 것이 기대되고 있다.

고온에서 동작하기 때문에 장기적으로 안정적으로 발전하기 위해서는 재료의 내구성 향상이 필요하고, 신뢰성 확보를 위하여 실증 데이터의 축적이 진행되고 있다. 또한, 기기의 작동이 늦어져 고온을 유지하기 위한 기구나 사람에 대한 안전성의 확보도 필요하다.

4) 고체고분자형 연료전지(PEFC : Polymer Electrolyte Fuel Cell)

고체고분자막을 전해질로 하여 작동온도는 70～90℃이다. 발전효율은 메탄올·천연가스 등의 개질가스를 이용한 경우 30～40%이다. Anode에는 백금을 이용하고 있고, 백금촉매는 저온에서 수소분자를 수소이온으로 변환한다. 작동온도가 낮아 취급이 용이하며 운전조작성이 우수하다. 또한, 전류밀도가 높기 때문에 소형경량화가 가능하고, 소규모 전원이나, 이동용 전원에 적합하다. 또한, 전해질이 고체고분자막이기 때문에 전해질의 흩어져 없어짐의 문제가 없고 보수성(保守性)도 용이하다.

시스템의 구조는 그림 7과 같이 박막상의 전해질막의 양측에 전극이 배치되고, 이것이 Separater라고 하는 격벽에 장착되어 하나의 셀을 구성한다. 이들의 셀이 집적하여 stack을 형성한다.

한편, 고체고분자형 연료전지의 과제로서는 백금을 대체할 새로운 재료의 개발, 전해질막의 개량에 의한 내구성의 향상을 들 수 있다.

백금촉매는 연료가스의 일산화탄소에 의한 被毒(poisoning) 작용이 있어 개질

가스 중의 일산화탄소의 제거관리가 엄격히 요구된다. 따라서, 석탄가스화 가스 등 일산화탄소를 많이 함유하는 가스의 이용이 곤란하다. 또한, 특히 Cathode에서는 산화환원반응의 속도가 늦어져 대량의 백금촉매가 필요하여 백금 사용량이 증가하는데, 백금은 희소금속이므로 그 이용은 자원량의 제약도 받는다.

이와 같은 배경에서 백금촉매의 사용량을 적극적으로 저감하기 위한 연구나 대체재료의 연구가 진행되고 있다. 백금의 사용량을 저감하는 데에는 ruthenium 등과의 합금화에 의한 촉매활성의 향상이나 합금을 미립자화 하는 것에 의한 표면적의 확대가 추진되고 있다. 백금의 대체재료로서는 ruthenium계 합금이나 철, 니켈, 코발트계의 합금 등의 개발이 행지는 외에 nanometre(10^{-9}미터=10억분의 1미터) 레벨의 미세한 中空球殼狀의 탄소구조 중에 철, 코발트, 니켈 등의 천이금속 착체를 첨가한 Carbon Alloy라고 하는 신소재도 연구되고 있다.

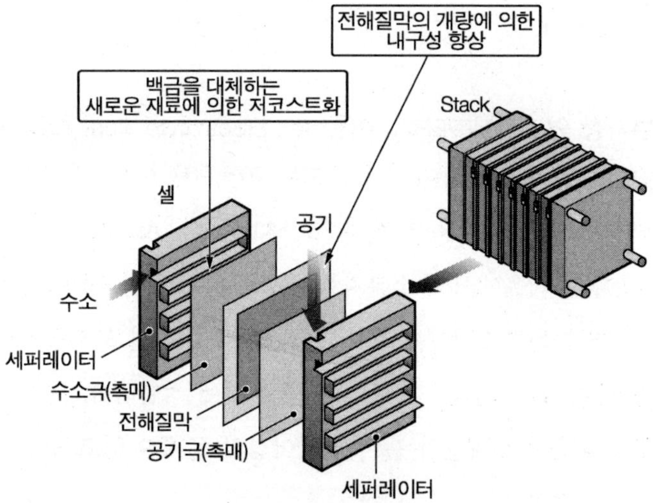

그림 7. 고체고분자형 연료전지(PEFC)의 구성 예

출처 : http://www.env.go.jp/council/32tokubetsu21c/y320-09/mat02-1-2.pdf

3. 연료전지의 보급촉진 및 도입사례

(1) 연료전지 열병합발전의 예

연료전지 열병합발전의 구체 예를 그림 8에 나타낸다. 이 시스템에서는 도시가

스에서 수소를 제조하여 연료전지에 의한 발전을 행하고, 연료전지의 배열에서 온수를 제조하여 난방, 욕조의 급탕 등을 행한다. 이와 같이 연료전지를 시스템의 중심에 놓고 전력과 열을 공급하여 민생부문(주택)의 이산화탄소배출을 대폭 삭감할 수 있다.

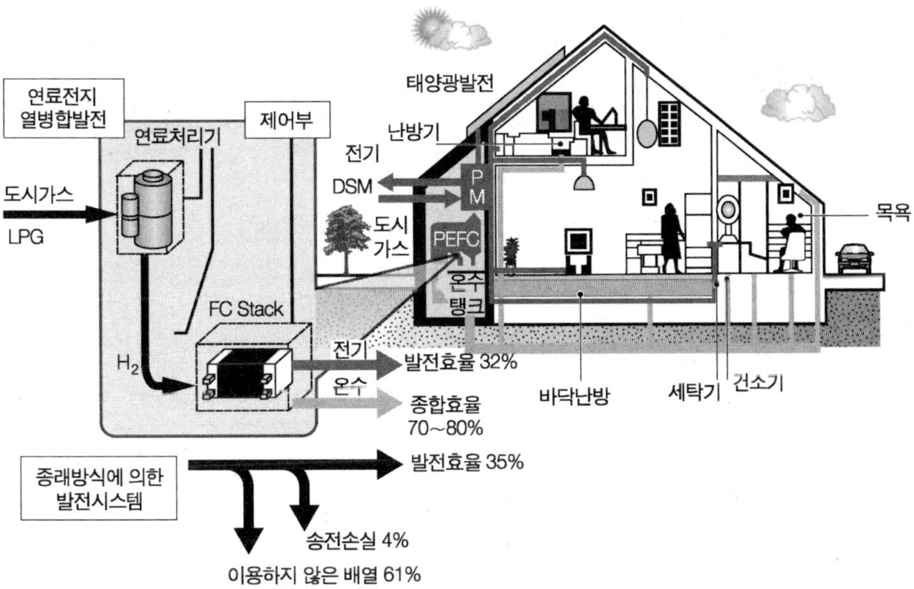

그림 8. 연료전지 열병합발전시스템

LPG : 액화석유가스, H_2 : 수소, FC Stack : 연료전지stack, DSM : Demand side management(전력수요의 수요측 관리), PM : Power management(전력의 관리)

출처 : http://www.env.go.jp/council/02policy/y024-02/mat_02_3.pdf

(2) 폐기물에서의 수소에너지 제조

유기계의 폐기물은 석유 등이 유용한 물질과 마찬가지로 주로 탄소나 수소 등의 원소에서 이루어지고 있다. 이 시스템에서는 목질, 폐플라스틱 등을 태워 폐기물을 열분해가스화하여 수소를 인출한다. 또한, 음식물쓰레기 등 수분이 많아 소각에 부적합한 폐기물에서는 메탄 발효에 의해 메탄을 인출하여 개질하여 수소로 변한한다. 이렇게 생성된 수소를 연료전지로 공급하여 에너지원으로 이용한다(그림 9).

이와 같은 시스템이 보급된다면 폐기물 등의 바이오매스 자원에서의 수소에너지 생산시스템으로서, 순환형사회와 저탄소사회의 확립에 공헌할 것으로 기대된다.

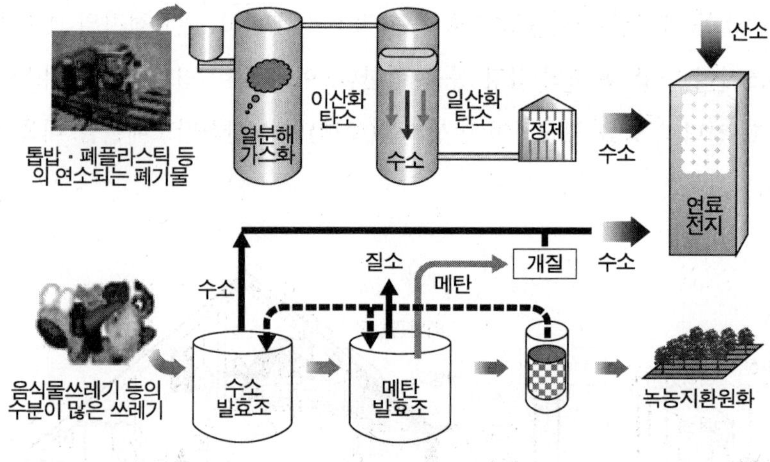

그림 9. 폐기물에서 수소를 제조하는 구조

출처 : http://www.nies.go.jp/kenkyusaizensen/2005-2006/050817.html

(3) 메탄 발효 연료전지도입(Sapporo Breweries)

일본 Sapporo Breweries(株)의 千葉工場(千葉縣船橋市)의 시스템은 맥주제조의 폐액을 메탄발효하여 메탄가스를 인출하고, 그것을 수소로 변환하여 연료전지로 공급하고 있다(그림 10). 이와 같은 시스템은 폐기물에서의 에너지생산시스템의 실시 예라고 할 수 있다.

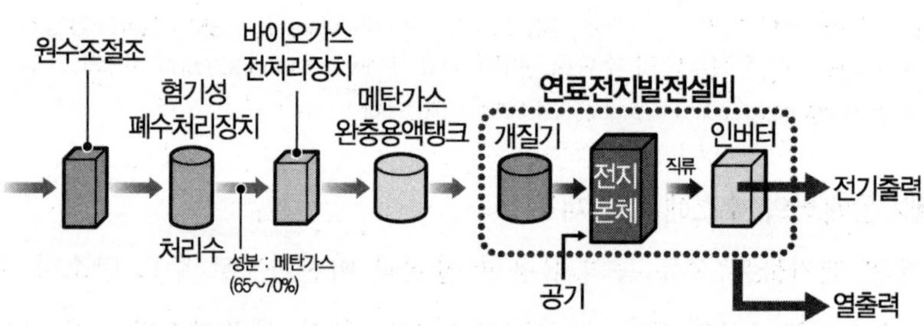

그림 10. 메탄 발효 연료전지시스템의 흐름

출처 : 環境省 燃料電池活用戰略檢討會 「바이오매스資源の有效利用に資する燃料電池活用戰略」
http://www.env.go.jp/earth/report/h15-01/06_3.pdf

3-6 중질잔사유

중질잔사유란 원유를 정제하고 남은 최종 잔재물로서, 감압증류과정에서 나오는 감압잔사유 및 아스팔트와 열분해공정에서 나오는 코크·타르·피치 등을 말한다. 석탄을 액화·가스화한 에너지 및 중질잔사유를 가스화한 에너지 설비는 석탄·중질잔사유의 저급연료를 액화 또는 가스화시켜 전기 또는 열을 생산하는 설비이다.

석탄가스화 복합발전기술(Integrated Gasification Combined Cycle : IGCC)은 석탄, 중질잔사유 등의 저급원료를 고온·고압의 가스화기에서 수증기와 함께 한정된 산소로 불완전연소 및 가스화시켜 일산화탄소와 수소가 주성분인 합성가스를 만들어 정제공정을 거친 후 가스터빈 및 증기터빈 등을 구동하여 발전하는 신기술이다.

석탄액화는 고체 연료인 석탄을 휘발유 및 디젤유 등의 액체연료로 전환시키는 기술로 고온 고압의 상태에서 용매를 사용하여 전환시키는 직접액화 방식과, 석탄가스화 후 촉매상에서 액체연료로 전환시키는 간접액화 기술이 있다.

1. 중질잔사유의 특성

(1) 장점

① 고효율 발전

② SOx를 95% 이상, NOx를 90% 이상 저감하는 환경친화기술

③ 다양한 저급연료(석탄, 중질잔사유, 폐기물 등)를 고부가가치의 에너지화

(2) 단점

① 설비구성과 제어가 복잡하여 설비최적화, 고효율화 및 저비용화가 요구됨

② 소요 면적이 넓고 시스템 비용이 고가이므로 투자비가 높은 대형 장치산업으로 일부 대기업 중심의 기술개발로 한정

2. 중질잔사유의 시스템 구성도

IGCC는 가스화부, 가스정제부와 발전부 등 3가지 주요 Building Block으로 구성된다(그림 1).

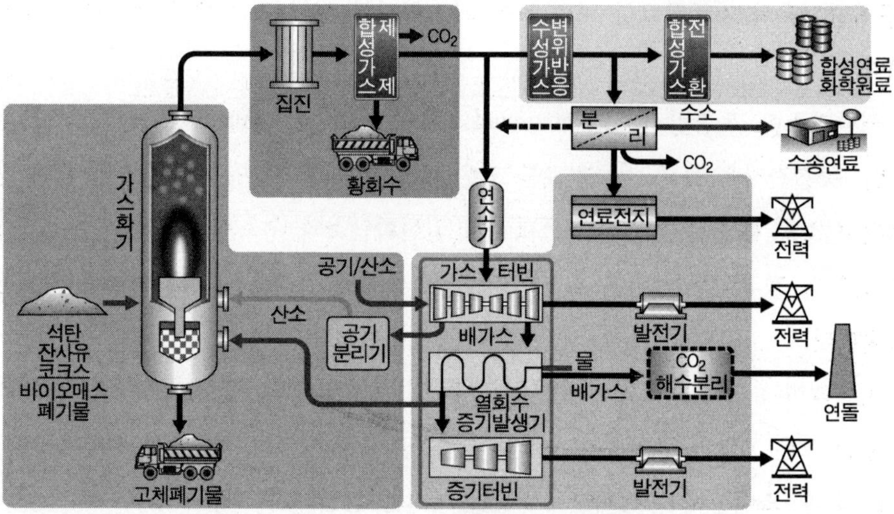

그림 1. 석탄가스·액화시스템 구성도

3. 중질잔사유의 기술 분류

(1) 석탄가스화기술

가장 중요한 부분으로 원료공급방법 및 재(ash)처리 등이 핵심기술로 석탄 종류 및 반응조건에 따라 생성가스의 성분과 성질이 달라진다.

(2) 가스정제공정

생성된 합성가스를 고효율 청정발전 및 청정에너지에 사용할 수 있도록 오염가스와 분진(H_2S, HCl, NH_3 등) 등을 제거하는 기술이다.

(3) 가스터빈 복합발전 시스템(IGCC)

정제된 가스를 사용하여 1차로 가스터빈을 돌려 발전하고, 배기 가스열을 이용하여 보일러로 증기를 발생시켜 증기터빈을 돌려 발전한다.

환경친화형 차세대 대체 에너지로 주목받고 있는 천연가스 하이드레이트(Hydrate)는 바다 속의 퇴적층에서 메탄가스, 천연가스 등과 물이 높은 기압과 낮은 온도(0℃ 26기압, 10℃ 76기압)에서 결합되어 생성된 고체에너지, '불타는 얼음'이라고도 한다(그림 2).

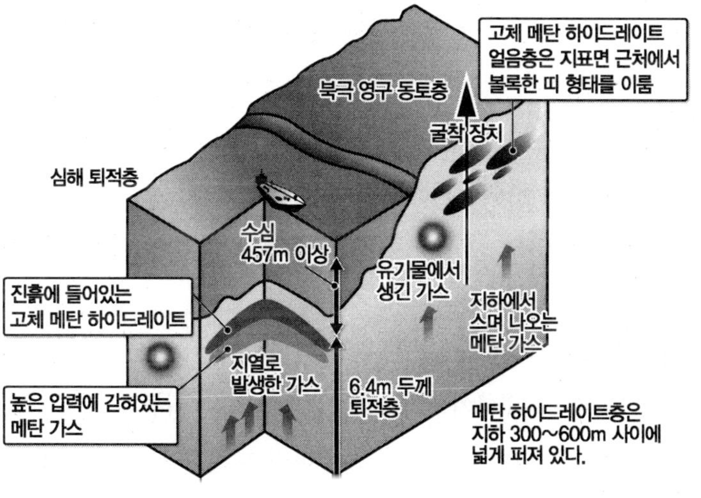

그림 2. 메탄(가스) 하이드레이트 퇴적층

출처 : 미 에너지성 국립에너지기술연구소

일반적인 수화물에서와는 달리 물(얼음)이 주체(Host)이고 가스가 객체(Guest)로서 서로 물리적으로 결합되어 결정을 이루는 화합물로서, 물 분자의 격자 공간에 메탄 등의 천연가스 성분의 분자가 갇혀 있는 형태이다. 또한 매우 작은 부피에 다량의 천연가스가 함유되어 있고, 간단한 온도나 압력의 조작을 통해 쉽게 다량의 천연가스를 얻을 수 있는 차세대 대체 에너지원이다.

하이드레이트는 '물로 둘러싸이다'라는 의미의 화학용어이다. 물 분자 중심에 가스 분자가 함유되어 있다고 해서 '가스 하이드레이트'로도 불리지만, 통상 중심에 있는 가스가 메탄이어서 '메탄 하이드레이트'로 통용된다.

하이드레이트는 전 세계적으로 약 10조 톤이 매장된 것으로 추정되고, 주로 동토지역 및 심해저(1,000～2,000m) 지역에 분포하고 있으며, 한반도 인근 동해 지역에 약 6억 톤이 매장된 것으로 추정되는데, 이 양은 우리나라 천연가스 소비량의 약 30년분에 해당되는 것으로 평가된다.

현재 소비속도에 의하면, 향후 60여 년 후에는 전 세계적으로 천연가스가 고갈될 것으로 예상되고 있는데, 하이드레이트는 매장량이 풍부하며, 메탄가스가 주성분으로 연소시 여타 화석연료에 비해 온실가스인 이산화탄소의 발생량이 적고, 불순물이 배제되어 NOx(질소산화물)와 같은 오염물질이 거의 배출되지 않는다.

DME는 Dimethyl Ether의 약자로서 천연가스를 주원료로 하여 탄산가스와 합쳐서 만든 고부가가치 물질이며, 현재 프레온을 대체하는 스프레이의 추진제로 사용하는 것 이외 정밀화학 중간체의 원료로 사용된다.

DME는 환경친화성을 지닐 뿐 아니라 LPG와 유사한 물성을 지니므로 보관, 수송하기 용이하기 때문에 디젤/LPG 대체 연료로 활용될 것으로 보인다. 더불어 가스전으로부터 쉽게 DME화 시킬 수 있어 중소규모 가스전 개발에 경제적이며 효과적인 방법이다.

화석에너지는 자원의 유한성으로 인해 점차 고갈되어 가고 있고, 심각한 환경오염원으로 대두되고 있어 에너지의 심각한 위기상황에 직면해 있다. 그 중에서 수소에너지는 자원의 무한성과 재사용이 가능하고 다른 형태의 에너지로 변환이 용이해 가능성이 가장 높은 21세기 미래 에너지원으로 떠오르고 있다.

3-7 해양에너지

해양에너지는 에너지 이용방식에 따라 조력, 파력, 온도차발전으로 구분되며, 기타 해류발전, 근해 풍력발전, 해양 생물자원의 에너지화 및 염도차발전 등이 있다. 해양에너지설비는 해양의 조수·파도·해류·온도차 등을 변환시켜 전기 또는 열을 생산하는 설비이다.

우리나라의 서해안은 세계적으로도 조석간만의 차가 크고, 수심이 얕고, 해안선의 굴곡이 심해 조력 발전의 훌륭한 입지조건을 지니고 있으며, 동해안은 수심이 깊고, 연중 파도발생 빈도가 비교적 높아 파력 발전의 가능성이 클뿐 아니라, 동해로 북상하는 쿠로시오 해류를 이용하는 해양온도차 발전도 가능할 것으로 보고 있다. 서남해안 울돌목은 세계적으로 조류가 빠른 지역으로서 조류발전의 후보지로 각광을 받고 있다.

1. 해양에너지의 종류

1) 조력발전

조력발전(Tidal power)은 밀물의 간만으로 해수가 이동하는 에너지를 전력으로 변환하는 발전이다. 지구의 자전이나 달의 공전에 따라 해수에는 조석력이 작용한다. 그 때문에 시간에 따라 조석 현상(潮汐現象)에 의해서 변화하는 바닷면의 높이(潮位)가 변동한다. 입구가 넓은 만내에서는 간만의 차가 크다. 그 때문에 만조시에는 둑을 개방하여 만내에 해수를 도입하고, 간조시에 둑을 폐쇄하여 해수를 터빈에 도입한다. 이 터빈의 회전력을 이용하여 발전기를 돌린다. 장점은 연료가 불필요하며 유해한 배출부가 없는 점, 조석현상을 이용하기 때문에 풍력발전과는 달리 출력의 정확한 예측이 가능한 점이다.

2) 파력발전

파력발전(Wave power)은 수면의 표면파의 에너지를 이용하는 발전이다. 파력에너지의 특징으로는 면적당 에너지로서 태양광의 20~30배, 풍력의 5배이다. 설치장소의 자연환경, 기상에 의한 변동이 있다. 해면의 상하 움직임에 의해 장치내부에 기류를 일으켜 터빈을 작동하여 발전하는 것과, 효율을 높이기 위하여 내부에 저항이 큰 액체를 채워 수류를 발생시켜 터빈으로 발전하는 것이 있다. 파력으로 바람이나 수류를 일으키는 하이브리드형 발전이다.

3) 온도차발전

온도차발전은 해양 표면층의 온수(예 : 25~30℃)와 심해 500~1,000m 정도의 냉수(예 : 5~7℃)와의 온도차를 이용하여 열에너지를 기계적 에너지로 변환시켜 발전하는 기술이다. 열대해역에서 해면의 해수 온도는 20℃를 넘으나 해면으로부터 500~1,000m 정도 깊이의 심해에서는 4℃에서 거의 변하지 않는다. 이런 표층수와 심층수의 온도차로부터 프레온과 같은 저온 비등 매체를 이용하여 발전하는 기술을 해양 온도차발전(Ocean Thermal Energy Conversion : OTEC)이라고 한다. 우리나라의 경우에는 동해 남부 해역에 표층수와 심층수 사이에 상당한 온도차가 존재한다고 알려져 있어 해양 온도차 발전 기술의 개발에 관한 전향적인 검토가 필요하다. 그러나 계절적인 편차가 심하여 개발 착수에는 신중한 접근이 요구된다.

해양에너지 (파랑, 조석, 수온, 해류, 바람, 염도)	1차변환 → OWC 열교환댐	기계에너지	2차변환 → 터빈저낙차 발전	전기, 열	저장 → 축전지 수소발생	이용처 (양식장, 해수순환, 조명, 육상, Grid)

그림 1. 해양에너지 시스템 구성도

표 1. 해양에너지 이용의 종류 및 입지조건

구 분	조력발전	파력발전	온도차발전
입지조건	• 평균조차 : 3m 이상 • 폐쇄된 만의 형태 • 해저의 지반이 강고 • 에너지 수요처와 근거리	• 자원량이 풍부한 연안 • 육지에서 거리 30km 미만 • 수심 300m 미만의 해상 • 항해, 항만 기능에 방해되지 않을 것	• 연중 표·심층수와 온도차가 17℃ 이상인 기간이 많을 것 • 어업 및 선박에 방해되지 않을 것

2. 조류 자원지도

국토해양부에서는 서해와 남해안의 조류 에너지 정보를 한눈에 볼 수 있는 조류 에너지 자원도를 2009년 작성하였다. 조류 에너지는 유속이 강한 곳에 수차를 설치하여 얻어지는 에너지원으로, 조석현상이 우세한 서해와 남해 연안에서 개발 가능성이 높은 것으로 확인되었다.

이 조류 에너지 자원도는 지난 25년간 백령도에서 울산에 이르는 337지점에서 관측한 장기 해수 유동 자료를 분석하여 완성된 것으로 우리나라 연안에서 에너지 밀도가 가장 높은 해역은 2009년 5월 조류발전소가 완공된 전라남도 울돌목 부근(27.8MWh/m^2)이며, 경기만 한강하구의 교동수로(16.1MWh/m^2)가 그 다음인 것으로 나타났다.

또한 전라남도 맹골수도(15.1MWh/m^2), 거차수도(9.3MWh/m^2) 및 장죽수도(8.8MWh/m^2)와 경상남도 대방수도(7.2MWh/m^2)가 높은 에너지량을 보인 것으로 분석되었다(그림 2).

현재 조류 에너지를 활용한 발전시설은 전남 진도 울돌목에 건설되어 있다. 울돌목에는 시간당 1,000kW의 전력이 생산된다. 조류 에너지 지도 확인 결과 울돌목보다 발전에 유리한 지역도 있었다. 전남 진도의 장죽도, 맹골도의 조류가 가장 많은 에너지를 보유한 것으로 확인되었다.

관측 자료를 기반으로 국내 최초로 시도된 이번 연구는 녹색에너지 개발에 활용될 것으로 보이며, 동시에 해양 재생 에너지 관련기업과 연구기관에서 필요로 하는 발전시설 현장시험 및 설치 적지 선정에도 도움을 줄 것으로 기대된다.

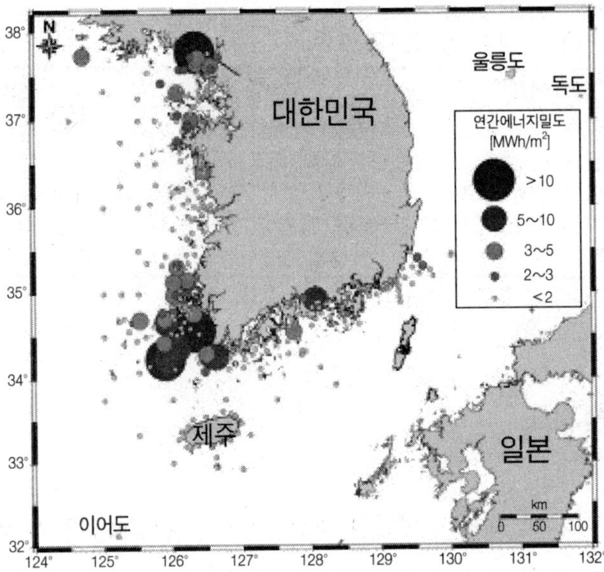

그림 2. 서해 및 남해 연간 에너지 밀도

3. 조력발전

조력(Tidal power) 발전은 바다의 밀물과 썰물의 차이를 이용하는 데, 이러한 조석현상은 달이나 태양의 인력만으로 생기는 것은 아니다. 기조력은 지구가 공전할 때 생기는 원심력의 차이에 의해서도 발생한다.

지구의 자전이나 달의 공전에 수반하여 해수에는 조석력이 작용한다. 그리하여 시각에 따라 조위(潮位)가 변동한다. 입구가 넓은 만 내에서는 간만의 차이가 크다. 그 때문에 만조시에는 둑을 개방하여 만 내에 해수를 도입하고 간조시에 둑을 폐쇄하여 해수를 터빈에 도입한다. 이 터빈의 회전력을 이용하여 발전기를 돌린다.

조력발전은 조석이 발생하는 하구나 만을 방조제로 막아 해수를 가두고 수차발전기를 설치하여 외해와 조지내의 해수를 가두고 수차발전기를 설치하여 외해와 조지내의 수위차를 이용하여 발전하는 방식으로서 해양에너지의 수위차를 이용하여 발전하는 방식으로서 해양에너지에 의한 발전방식 중에서 가장 먼저 개발되었다.

조력발전의 효율을 결정하는 가장 큰 요소는 저수지의 저수량이다. 따라서 썰물과 밀물의 차와 함께 넓은 저수지가 입지할 수 있는 조건이 매우 중요하다.

장점으로는 조력발전은 발전을 하는 지점이 결정되면 그 지점에 있어서 조위(潮位)의 변화를 예측할 수 있다. 연료가 불필요하며 유해한 배출부가 없는 점, 조석현상을 이용하고 있으므로 풍력발전과는 다른 출력의 정확한 예측이 가능하고, 안정된 전력공급이 이루어진다.

단점으로는 얻어지는 유효낙차가 작고, 또한 조위의 변화가 연간을 통하여 균일하지 않으며, 조위가 일정한 시간대에서는 발전할 수 없다는 문제점들이 있다. 또한 간만의 차가 심해야 하므로 지역적으로 한정된 장소에만 적용할 수 있다.

조력발전의 원리는 간단하다. 바닷물이 가장 높이 올라왔을 때, 물을 가두었다가 물이 빠지는 힘을 이용해 발전기를 돌리는 것이다. 수력발전소와 비슷한 원리인데, 차이점은 수력발전의 낙차가 수십m인 데 비해 조력발전은 낙차가 보통 10m 이하라는 점이다. 따라서 효율이 좋은 수차발전기를 개발하는 것이 관건이라고 할 수 있다. 밀물 때 수문을 닫아 두었다가 문을 열면 물이 쏟아져 들어오면서 터빈을 돌려 발전하게 된다. 썰물 때는 터빈의 날개가 반대 방향으로 돌면서 다시 발전하게 된다.

조력발전의 사례로서 가조림 조력발전소가 있다.

○소 재 지 : 충청남도 태안군 이원면 내리~서산시 대산읍 오지리

○발전방식 : 단류식 낙조발전

○입지현황 : 최대조차 7.9m(소조차 2.8m)
조지면적 96km^2
총저수량 6.5억m^3

○사업규모 : 설비용량 520MW(26MW×20기)
연간발전량 950GWH
방조제연장 2,053m

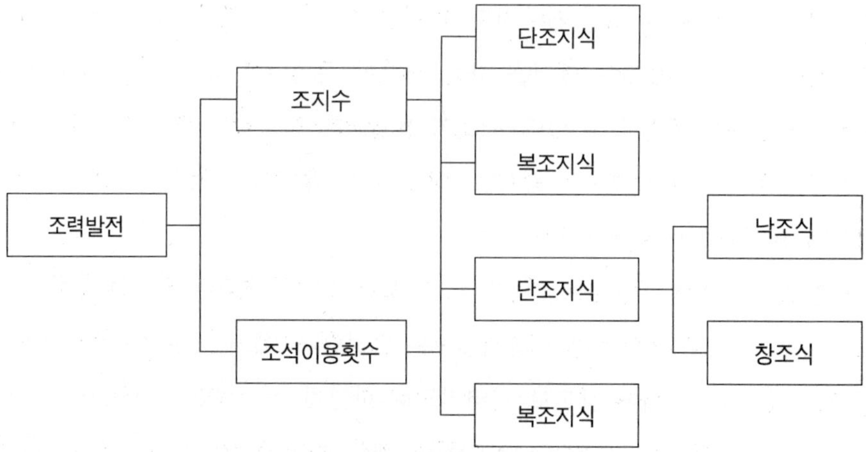

그림 3. 조력발전방식

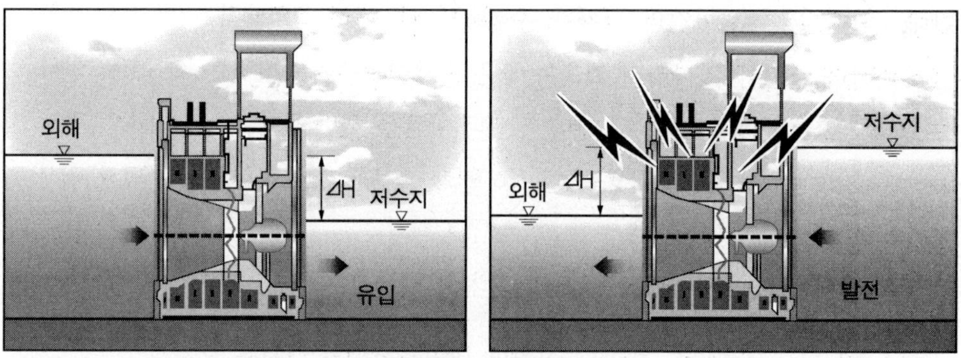

그림 4. 발전방식

그림 5. 조감도

4. 파력발전

바다는 파도 때문에 수면은 주기적으로 상하 운동을 하며, 물 입자는 전후로 움직인다. 이 운동을 에너지 변환장치를 통하여 기계적인 회전운동 또는 축방향 운동으로 변환시킨 후, 전기에너지로 변화시키는 것을 파력발전(Wave force)이라고 한다.

파랑의 운동에너지를 1차 변환하는 방식에 따라 여러 가지로 분류할 수 있으나, 중요한 것으로는 수면에 떠있는 부체가 파랑의 운동에 의하여 상하 또는 회전운동을 하도록 하여 발전기를 회전시키는 가동물체형 방식과, 파랑의 작용에 의하여 공기실 내의 수위가 변동함에 따라 공기실 내의 공기가 압축, 팽창될 때 노즐을 통하여 발생하는 공기흐름으로 터빈을 돌려 발전하는 진동수주방식이 있다.

그림 6. 波浪 에너지 흡수장치

그림 7. 定壓化 탱크

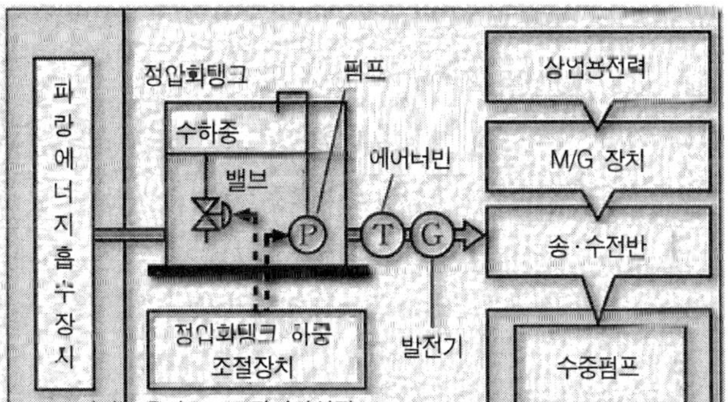

그림 8. 파력발전시스템의 구성

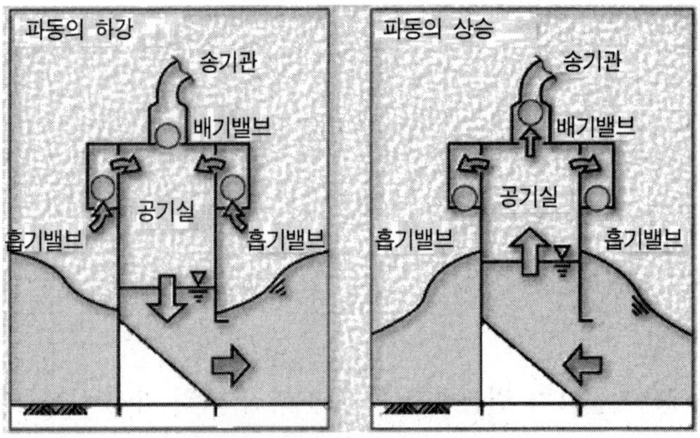

그림 9. 에너지흡수장치의 機構

특장으로는 정압화 탱크를 갖추고 있어 안정된 공기류를 에어터빈·발전기에 보낼 수 있고, 이에 따라 양질의 전력이 얻어진다. 또한 종래의 파력발전보다 대용량의 에어터빈을 사용할 수 있기 때문에 발전 코스트의 저감화를 가능하게 한다.

5. 해양온도차발전

해양온도차발전(ocean thermal energy conversion)은 수심에 따른 바닷물의 온도차를 이용한 발전 방식이다. 열대해역에서 해면의 해수 온도는 20℃를 넘으나 해면으로 부터 500~1,000m 정도 깊이의 심해에서는 4℃에서 거의 변하지 않는다. 이런 표층수와 심층수의 온도차로부터 프레온과 같은 저온 비등 매체(냉매)를 이용하여 발전하는 기술을 해양온도차발전, 줄여서 보통 OTEC이라 부른다.

장점으로는 주·야 구별 없이 전력생산이 가능한 안정적 에너지원으로, 특별한 저장 시설이 필요 없으며 계절적인 변동을 사전에 감안해 계획적인 발전이 가능한 우수한 자원이다.

단점으로는 발전설비를 바닷물의 부식성에 영향을 받지 않는 재료로 만들어야 하고, 생물 때문에 생기는 오염을 막기 위한 대책을 필요로 하며, 실제 OTEC 발전을 통한 전력 생산시 열역학 시스템의 총 효율은 2.5~3.0% 정도이다. OTEC 발전 시스템에서는 그 무엇보다도 적당한 작동유체를 개발하고 이를 향상된 열역학 사이클에 적용하여 그 성능을 측정하고 특성을 연구하는 일이 절대적으로 필요하다.

발전 시스템의 원리로는 열대 부근의 바다는 태양열로 데워진 해수면과 수심 600~700m의 바닷물 사이에 20℃ 이상 온도차가 있다. 가열된 바닷물을 파이프 라인으로 끌어 증기를 만드는 장치에 보내면 뜨거운 바닷물이, 끓는점이 낮은 암모니아나 프레온을 증기로 만들고, 이 증기의 힘으로 터빈을 돌려 발전한다. 터빈을 돌리고 난 증기는 심해의 찬 바닷물로 냉각해서 다시 유체로 만들어 계속 사용한다.

OTEC 발전 시스템의 원리는 일반 발전소의 가동 원리와 같다. 바다 표면층의 더운물과 심층 냉수간 온도차를 이용해 비등액이 낮은 액체를 증발 냉각시킨 뒤 그 입력차를 이용해 발전하는 것으로, 즉 고온의 열원에서 저온의 열원으로 열이 흘러 들어가 터빈을 구동시켜 전력을 생산하는 방법이다.

Cycle system은 표면온수를 사용하여 오존층을 파괴하지 않는 암모니아나 프로필렌 같은 작동유체를 증발시켜 turbine generator를 구동시키는 방법이다. 바다 표면의 온수는 작동유체 시스템에 유입되어 열교환기를 통하여 열전달이 일어나며 이 때 비등을 통해 작동 증기가 생성된다. 이 생성된 증기가 터빈을 회전시켜 전력을 생산하는 시스템이다. 그 다음 turbine을 나온 증기는 해저로부터 끌어올린 심층 냉수에 의하여 응축기에서 응축액으로 바뀌며 다시 재순환된다. 이 시스템은 간단하여 전력 생산만을 위하여 가장 실용적인 방법으로 알려져 있다. 이 때 전력 전환 효율은 약 5%이며, 터빈 효율, 펌프 효율 등을 포함한 전체 시스템 효율은 약 2.5% 정도이고, plant 설비 단가가 저렴하기 때문에 화석연료 시스템과 경쟁력이 있다고 할 수 있다.

Open-loop cycle system은 해양표면 온수를 작동 유체로 직접 사용하는 방법이다. 표면 온수는 펌프로 증발기에 유입되고, 증발기는 진공펌프로 압력을 낮추어 온수가 상온에서 비등하게 하며, 생성된 증기로 저압터빈을 구동시켜 전력을 생산하게 된다. 이어 터빈을 나온 증기는 심해에서 펌프로 퍼 올려진 냉수로 열교환기에서 응축되어 부산물로 담수를 얻게 한다. 이러한 직접접촉 열교환 방식은 그 효율이 높아 더 많은 전력을 생산하는 장점이 있다. 이 시스템은 현재 선진국에서

테스트 중이며 전력 변환 효율은 약 5.5%이고 전체 시스템의 효율은 약 3.0% 정도로 플랜트의 단가는 폐회로 시스템보다 약간 비싸지만, 도서 지방이나 선진국형에 적합할 것이다.

혼합형 hybrid cycle은 폐회로(closed-loop)와 개회로(open-loop) 시스템의 장점을 결합한 것으로 열원을 최대로 사용하도록 설계하여 전력과 담수를 동시에 얻게 하는 방법이다. 유입된 표면온수로 일차적으로 전력을 폐회로 사이클에서 생산하며 여기서 나오는 온수를 이차적으로 개회로 사이클에 보내어 직접 접촉식 증발기를 통과하게 하고 다시 응축기로 보내는 2단계 시스템을 사용함으로써 충분한 담수를 동시에 안정적으로 생산할 수 있게 한다. 아직은 이론적 단계에 있지만 두 시스템의 장점을 조합하였기 때문에 미래의 시스템으로 기대되며, 효율은 개회로 시스템과 거의 같을 것으로 보고되고 있다.

3-8 폐기물에너지

사업장 또는 가정에서 발생되는 가연성 폐기물 중 에너지 함량이 높은 폐기물을 열분해에 의한 오일화기술, 성형고체연료의 제조기술, 가스화에 의한 가연성 가스 제조기술 및 소각에 의한 열회수기술 등의 가공·처리 방법을 통해 고체 연료, 액체 연료, 가스 연료, 폐열 등을 생산하고, 이를 산업생산활동에 필요한 에너지로 이용될 수 있도록 한 재생에너지이다. 폐기물에너지(waste energy)설비는 폐기물을 변환시켜 연료 및 에너지를 생산하는 설비이다.

폐기물 에너지는 에너지 함량이 높은 폐기물을 산업생산 활동에 필요한 에너지로 활용하기 위하여 사업장 또는 가정에서 발생되는 가연성 폐기물을 대상으로 성형고체연료의 제조기술, 열분해에 의한 오일화 기술, 가스화에 의한 가연성 가스 제조기술 등의 가공·처리 방법을 적용하여 얻어지는 고체·액체·기체 형태의 연료와 이를 연소 또는 변환시켜 발생되는 에너지를 의미한다.

1. 폐기물의 관리

폐기물처리에 관해서는 환경에의 부하를 최소로 하면서 자원의 유효이용을 도모하여 지속적인 발전을 가능하게 하기 위해서는 일상의 생활양식을 환경에 배려하여 전환하는 것이 필요하다.

폐기물의 발생량 자체를 우선적으로 줄이고, 발생된 폐기물은 최대한 자원화하여 재활용하며, 처리가 불가피한 폐기물은 환경적으로 안전하고 위생적으로 처리하기 위해서는 4R의 추진을 들 수 있다(그림 1). 또한 폐기물 전처리시설의 공정은 MT(Mechanical Treatment)공정, RDF(Refuse Derived Fuel)공정, BT(Bio Treatment)공정 등으로 대별된다(그림 2).

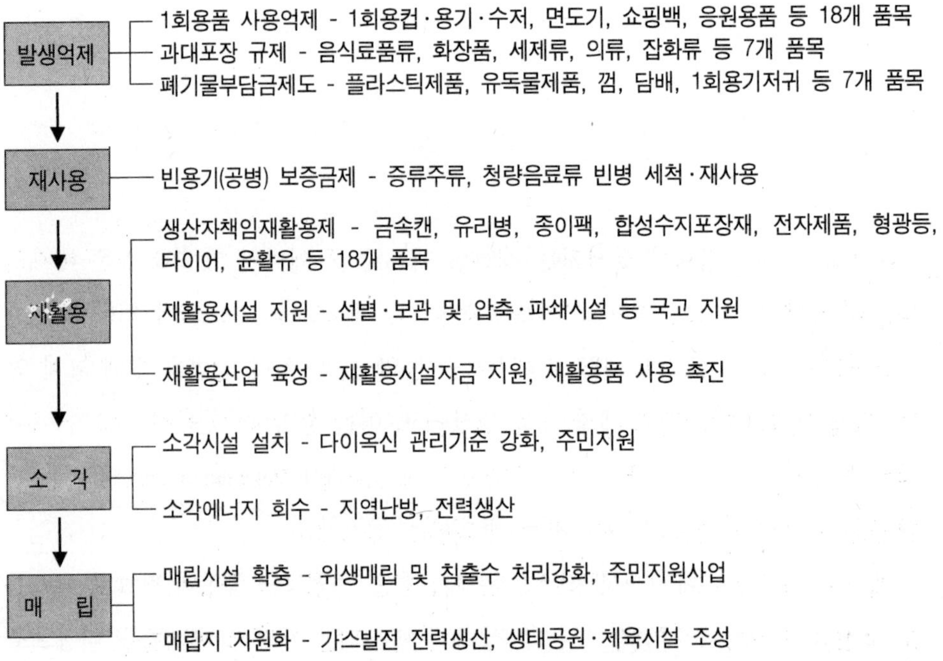

그림 1. 자원순환형 폐기물 관리체계

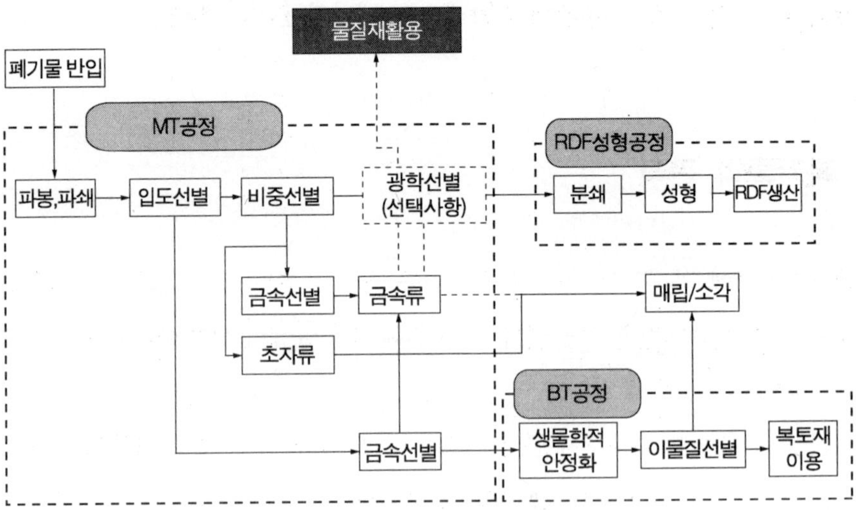

그림 2. 폐기물 전처리시설 공정 개념도

1) Refuse(사절 · 발생억제)

① 과잉 포장은 사절한다.

② 쇼핑에는 장바구니를 지참한다.

2) Reduce(감소 · 배출억제)

① 음식물을 남기지 않는다.

② 일회용 상품은 구입하지 않는다.

3) Reuse(재사용)

① 빈병과 같이 몇 회라도 사용할 수 있어 회수되어 재활용(returnable) 가능한 제품을 선택한다.

② 필요가 없어진 것은 분리배출하여 재활용을 도모한다.

4) Recycle(재자원화)

빈 깡통, 공병, 종이팩, 페트병 등은 분리하여 자원으로 내놓는다.

2. 폐기물의 특성

① 비교적 단기간 내에 상용화 가능하다.

② 기술개발을 통한 상용화 기반 조성이 가능하다.

③ 타 신·재생에너지에 비하여 경제성이 매우 높고 조기보급이 가능하다.

④ 폐기물의 청정 처리 및 자원으로의 재활용 효과가 지대하다.

⑤ 폐기물 자원의 적극적인 에너지자원으로 활용한다.

⑥ 인류 생존권을 위협하는 폐기물 환경문제의 해소가 가능하다.

⑦ 지방자치단체 및 산업체의 폐기물 처리 문제 해소가 가능하다.

3. 폐기물 신·재생에너지의 종류

① 성형고체연료(RDF) : 종이, 나무, 플라스틱 등의 가연성 폐기물을 파쇄, 분리, 건조, 성형 등의 공정을 거쳐 제조된 고체연료

② 폐유 정제유 : 자동차 폐윤활유 등의 폐유를 이온정제법, 열분해 정제법, 감압증류법 등의 공정으로 정제하여 생산된 재생유

③ 플라스틱 열분해 연료유 : 플라스틱, 합성수지, 고무, 타이어 등의 고분자 폐기물을 열분해하여 생산되는 청정 연료유

④ 폐기물 소각열 : 가연성 폐기물 소각열 회수에 의한 스팀생산 및 발전, 시멘트킬른 및 철광석소성로 등의 열원으로의 이용 등

4. 폐기물 고형연료(RDF)

생활폐기물을 RDF로 만들려면 수분을 건조해야 하고, 빈병, 돌, 흙, 철 또는 알루미늄 깡통과 같은 불연물을 제거해야 한다. 이를 위해서 우선 폐기물을 작게 파쇄한 후 건조를 하고, 건조된 폐기물에서 불연물을 선별하며 마지막으로 성형기에서 펠렛으로 생산하며, 성형할 때 공해가스를 줄이기 위해서 석회를 첨가하기도 한다(그림 3).

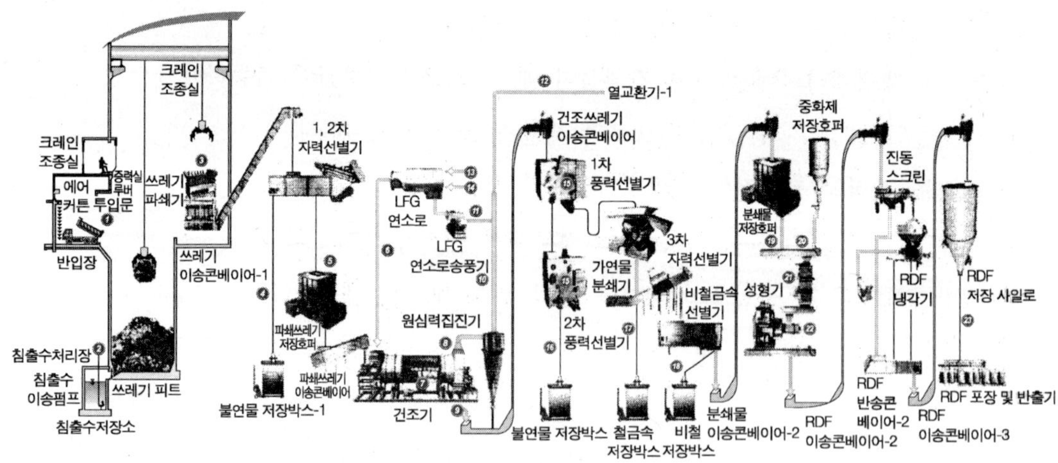

그림 3. 원주시 생활폐기물 연료화시설 공정

5. 열분해 유화

폐기물 에너지화 기술에는 물리적 방법인 고형폐기물의 RDF를 통한 고형연료화와 화학적 방법인 열분해 유화를 통한 오일의 회수, 가스화를 통한 합성가스의 회수, 소각열을 이용한 에너지 회수 등이 있다. 이 가운데 열분해 유화기술은 탄화수소로 이루어진 고분자화합물의 폐기물을 무산소 분위기에서 열을 가하여 분해시켜 2차 오염물질을 최소화하며 에너지를 회수할 수 있는 기술로 연소의 경우 발열반응에 의하여 이루어지는 반면에 열분해는 흡열반응에 의하여 진행된다. 표 1에 화학적 방법을 이용한 폐기물 에너지화 기술의 특징을 나타낸다.

표 1. 화학적 폐기물 에너지화 기술의 특징

구 분		열분해 유화	가스화	소각열 회수 이용
산화제 공급		무산소 분위기	완전연소에 필요한 산소보다 부족한 산소량 공급	완전연소에 필요한 이상의 공기 공급
온 도		400~550℃	750~1,300℃	1,000℃ 내외
생성물	가스상	탄화수소계열의 가스가 주성분인 합성가스(Synthesis Gas)로 응축하여 오일을 얻을 수 있음	CO, H_2가 주성분인 합성가스	CO_2, H_2O가 주성분인 연도가스(Flue Gas)
	고 상	불연물+탄화물	슬랙(용융시) 재(비용융시)	소각재(Ash)
에너지 이용방법		폐기물의 화학에너지를 합성가스로 변환시킨 후 이를 응축하여 액상의 연료로 이용	폐기물의 화학에너지를 합성가스로 변환시킨 후 이를 연료가스 및 화학원료로 이용	폐기물의 화학에너지를 열에너지로 변환하여 열에너지로부터 증기를 얻어 발전 및 난방

6. 가스화

1) 폐기물 가스화 기술

폐기물 가스화 기술은 기존 소각처리와는 달리 공급된 폐기물 내의 탄소 및 수소성분은 고온의 환원조건(부분산화 조건)에서 반응이 진행되며, 가스화 반응에서 생산된 합성가스는 일산화탄소와 수소가스를 주성분으로 생산된다.

폐기물 가스화 기술은 산화제로서 주로 산소를 이용하며 공기를 사용하여 가스화하는 경우도 있다. 산화제로서 산소를 사용함으로써 합성가스 중의 질소성분을 최소화하여 합성가스 중의 CO, H_2 농도를 높일 수 있다.

2) 합성가스 정제기술

폐기물 가스화시 폐기물에 함유된 오염물질이 합성가스 중에 포함되어 있으므로 다양한 방식으로 합성가스를 이용하기 위해서는 합성가스 이용기술에 맞도록 정제를 해야 한다. 폐기물 가스화에 발생되는 주요 오염물질은 HCl, H_2S, COS, NH_4, 분진 및 폐기물에 함유된 미량중금속, 그 외 미량 오염물질이 있다.

폐기물 가스화 합성가스는 발전(연소발전, 가스엔진발전, 복합발전, 연료전지발전 등), 기상 연료화, 액상 연료화(생성된 합성가스를 DME, 메탄올, 수송연료 등으로 전환) 등으로 이용하게 되며, 이러한 합성가스의 이용을 위해서는 각각의 이용기술에 적합하도록 가스화기에서 생성된 합성가스 중에 함유된 오염물질을 정제시키는 기술이 필요하다.

3) 복합발전기술

폐기물 가스화 합성가스를 이용한 발전기술은 합성가스를 연소시켜 발전하는 합성가스 연소보일러를 이용하는 스팀발전, 스팀생산과 발전을 동시에 하는 열병합발전, 합성가스를 직접 이용한 가스엔진 발전, 가스터빈발전 보다 고효율 기술인 연료전지 발전기술이 있다. 그 외 폐기물 가스화를 통해 생산된 합성가스를 이용하여 발전을 하는 기술은 모두 가스화 합성가스 복합발전기술에 포함된다.

4) 합성가스 이용기술

합성가스 이용기술에는 합성가스를 이용한 다양한 발전시스템이 해당되지만, 본 합성가스 이용기술은 합성가스를 이용한 복합발전기술을 제외한 이용기술을 의미한다.

다양한 시료의 가스화를 통해 얻어진 합성가스는 CO, H_2가 주성분으로 적절한 공정을 거쳐 합성하면 다양한 원료물질의 제조가 가능하다.

5) 용융기술

폐기물 가스화 용융기술은 기존 소각로와는 달리 공급된 불연 폐기물을 고온 용융하여 환경적으로 무해한 슬랙으로 처리하는 기술이다.

용융기술은 가스화 용융로 형식의 일체형 기술로 개발되는 것과 가스화기에서 발생된 소각재를 별도의 용융로에서 용융시키는 연결형 용융기술이 있다. 용융기술은 가스화 기술과는 달리 폐기물에 포함된 불연물을 환경적으로 무해화하고 재활용할 수 있도록 하기 위한 불연물 안정화 기술에 해당한다.

7. 소각열회수 이용

폐기물 소각로는 원래 폐기물의 최종 처분기술로 폐기물의 감량 효과가 크고, 안전하게 처리가 가능한 기술로 알려져 있다.

다이옥신을 비롯한 대기 환경오염물질을 거의 완벽하게 제거가 가능하고, 폐기물의 전처리 및 연소조건을 크게 개선함으로써 폐기물을 안전하게 처리할 수 있는 일반적이고 보편적인 기술이 되었다. 특히 유해성폐기물은 탄소중립이기 때문에 폐기물 소각로부터 에너지를 회수함으로써 에너지와 폐기물을 동시에 해결할 수 있고, 기후변화협약에 대처하는 기술로 인식되면서 폐기물 소각로는 새로운 전환기를 맞고 있다.

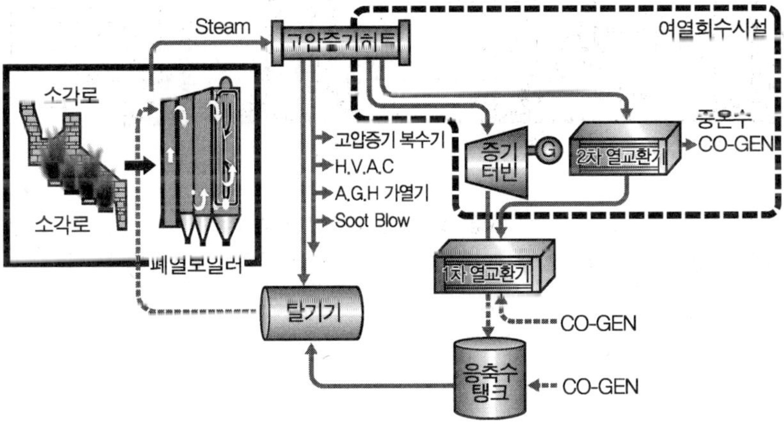

그림 4. 소각로 여열 회수 처리공정도

폐기물 소각과정에서 발생하는 여열을 회수하는 처리공정은 그림 4와 같다.

폐기물 소각열 이용방법으로는 폐열보일러에 의한 온수제조 및 난방, 고압증기를 이용한 발전, 열병합발전을 통한 집단에너지 공급 등이 있다. 온수제조 및 난방기술은 오래 전부터 일반 보일러에도 적용된 기술이지만, 소각로용 폐열보일러는 소각시 분진 및 부식성 가스에 대한 부식성이 문제가 되기 때문에 내식성 재료의 개발 및 사용이 중요하다.

열병합발전(CHP : Combined Heat and Power)은 단일 에너지원으로부터 전력과 열을 동시에 발생시켜 에너지 이용률을 기존 발전소의 2배 이상인 70~85%로 높이는 발전 체계이다. 즉 증기 터빈, 가스 터빈 등 각종 엔진으로 발전기를 구동해 전기를 생산하고, 구동기에서 발생하는 배열을 거두어 지역난방 등에 효율적으로 사용한다(그림 5).

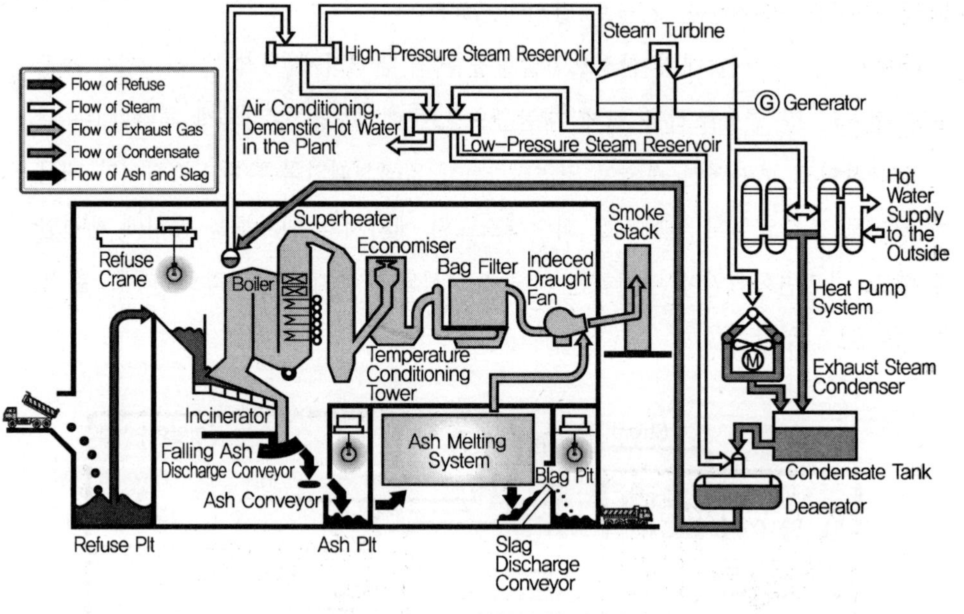

그림 5. 열병합발전 사례

출처 : 일본 Saitama East Waste Management Association CADDET Technical Brochre No.33

3-9 지열에너지

지열이란 지표면의 얕은 곳에서 부터 수 km 깊이에 존재하는 뜨거운 물과 암석을 포함하여 땅이 가지고 있는 에너지를 말하며, 통상 후자에 있어 뜨거운 물을 온천, 녹아 있는 암석을 마그마라고 한다.

태양열의 약 47%가 지표면을 통해 지하에 저장되며, 이렇게 태양열을 흡수한 땅속의 온도는 지형에 따라 다르지만 지표면 가까운 땅속의 온도는 개략 10~20℃ 정도로 연중 큰 변화가 없으나 지하 수 km의 지열온도는 40~150℃ 이상을 유지한다.

우리나라의 경우 일본, 이태리 등과 같은 화산지대가 거의 존재하지 않아 심층 지열 이용은 매우 어려운 것으로 나타나고 있으며, 이에 따라 현재는 지하 100~150m 깊이의 지열을 이용하는 시스템의 개발 보급이 점차적으로 활성화되고 있다.

지열에너지시스템(Geothermal Energy System)은 물, 지하수 및 지하의 열 등의 온도차를 이용하여 냉·난방에 활용하는 기술이다. 지열발전은 지하에 있는 고온층으로부터 증기 또는 열수(熱水)의 형태로 열을 받아들여 발전하는 방식이다. 지열발전은 지열에서 증기를 발생시켜 터빈을 돌려 발전한다. 24시간 발전가능하며, 안정된 출력이 얻어진다.

1. 지열의 특성

지열(Geothermy)은 지중 내부의 열원에 유래하는 열에너지이다. 지열이용의 대부분은 화산의 지하에 있는 마그마를 이용하고 있다. 화산 가까이에서는 지하의 단층이나 암석의 균열 등에 마그마로 뜨거워진 지하수가 증기나 고온수가 되어 축적되어 있고, 지열발전에서는 그 지열저류층(증기나 고온수가 체류되어 있는 곳)에 도달하는 깊은 지하수를 파고, 거기에서 인출한 천연 증기로 터빈을 회전하는 것이다. 이것을 증기발전이라고 한다. 그런데 지하의 온도나 압력이 낮아 고온수만 얻어지는 경우에도 저비점매체를 고온수로 비등시켜 터빈을 회전하여 발전시키는 경우가 있다. 이것을 Binary발전이라 한다. 다만, 지열발전은 화력발전보다 비용은 20% 증가하고, Binary발전에서는 증기발전보다 비용이 더 든다. 그러나 지열발전은 화석연료를 연소시키지 않기 때문에 환경에 우수하고, 연료의 고갈이나 가격 앙등의 우려가 없는 점과 수요에 대하여 안정된 발전량을 얻는 점 등의 장점을 지니고 있어 매우 우수한 에너지이다.

대체에너지원으로 활용하기 위한 지열원으로는 지표면으로부터 수내지 수십 미터 깊이의 흙(Ground Source), 또는 지하수(Ground Water Source), 호수나 강물(Water Source) 등을 들 수 있으며, 이러한 지열은 통상 건물의 냉난방 열원으로 활용되는 데 이를 위한 주요설비로는 지열을 회수하기 위한 열교환기와 회수한 저온의 지열을 유효에너지로 변환시키기 위한 히트펌프(Heat Pump)가 있다.

히트펌프란 지열과 같은 저온의 열원으로부터 열을 흡수하여 고온의 열원에 열을 주는 장치로서 열을 빼앗긴 저온측은 여름철 냉방에, 열을 얻은 고온측은 겨울철 난방에 이용할 수 있는 설비이다.

2. 지열시스템의 구조

지열시스템의 종류에는 크게 3가지 종류로 나눌 수 있다.

즉 땅속에 파이프를 묻고 내부에 유체를 순환시키는 지열시스템(Ground-Coupled)과 지하수 물을 이용하는 지하수시스템(Groundwater), 지표면에 있는 물을 이용하는 지표수시스템(Surface)으로 나눌 수 있다.

현재 미국에서 적용되고 있는 비율은 지열시스템 중 수직형이 46%, 수평형이 38%, 개방형이 15%를 차지하고 있다. 그러나 한국인 경우 지형적 관계로 95% 이상이 수직형시스템이라고 할 수 있으며, 주변에 지하수가 발달되어 있기 때문에 적용검토가 필요하다. 지하수시스템은 한 쪽에서 물을 공급하여 히트펌프냉동기를 거쳐 다시 땅 속으로 배수되기 때문에 지하수오염에 문제가 없고 성능도 기존 시스템에 비해 우수한 편이다.

지열시스템의 종류는 대표적으로 지열을 회수하는 파이프(열교환기) 회로구성에 따라 폐회로(Closed Loop)와 개방회로(Open Loop)로 구분된다.

일반적으로 적용되는 폐회로는 파이프가 폐회로로 구성되어 있는데, 파이프 내에는 지열을 회수(열교환)하기 위한 열매가 순환되며, 파이프의 재질은 고밀도 폴리에틸렌이 사용된다.

폐회로시스템(폐쇄형)은 루프의 형태에 따라 수직, 수평루프시스템으로 구분되는데 수지으로 100∼150m, 수평으로는 1.2∼1.8m 정도 깊이로 묻히게 되며 상대적으로 냉난방부하가 적은 곳에 쓰인다.

개방회로는 수원지, 호수, 강, 우물 등에서 공급받은 물을 운반하는 파이프가 개방되어 있는 것으로 풍부한 수원지가 있는 곳에서 적용될 수 있다.

폐회로가 파이프 내의 열매(물 또는 부동액)와 지열원이 열교환되는 것에 비해 개방회로는 파이프 내로 직접 지열원이 회수되므로 열전달효과가 높고 설치비용이 저렴한 장점은 있으나 폐회로에 비해 보수가 필요한 단점이 있다.

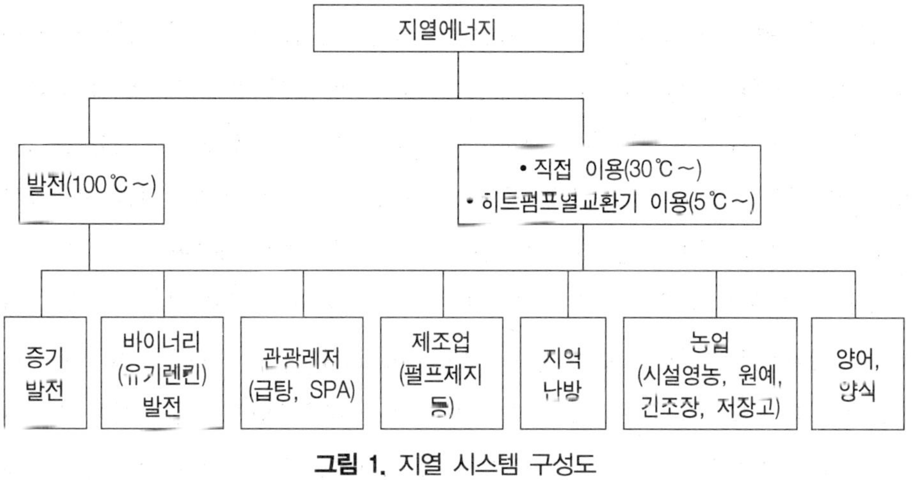

그림 1. 지열 시스템 구성도

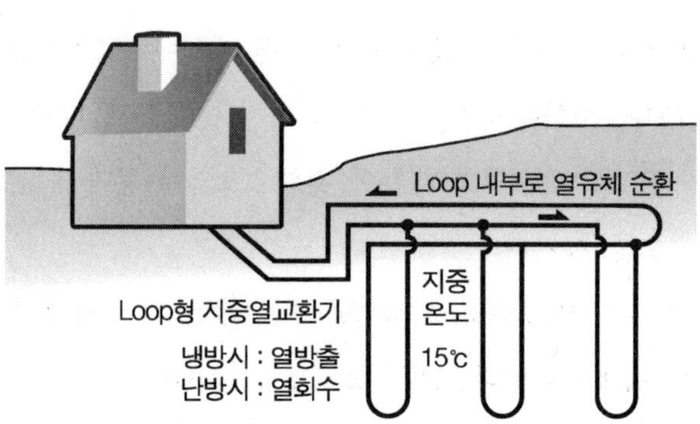

그림 2. 폐쇄형 지열시스템

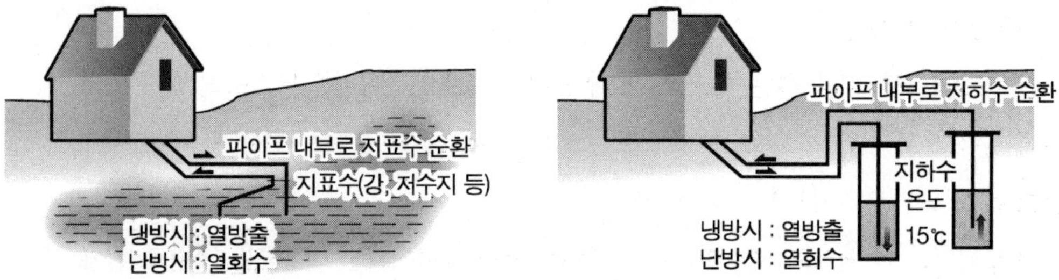

그림 3. 개방형 지열시스템

3. 지열시스템의 작동원리

지열 히트펌프 시스템이란 지열교환기＋지열순환펌프＋지열히트펌프＋2차측 시설(덕트 및 FCU, 바닥코일)의 조합을 말한다. 지열히트펌프 시스템이 냉난방 시스템 중에서 가장 에너지 효율적이고 친환경적이며 비용 효율적인 이유는 태양 에너지의 51%를 흡수한 지표면의 토양이나 수분에 축적된 열에너지를 지열교환기를 이용하여 에너지 효율적이고 친환경적으로 이용하기 때문이다.

난방사이클과 반대의 사이클로 작동되며 압축기에서 생성된 고온고압의 냉매가스는 리버싱(4방)밸브를 통해 응축기(Condenser)를 지나는 부동액(지열)측으로 열을 방출하고 액체냉매 상태로 상변화하게 되며, 저온저압상태의 냉매는 증발기(Evaporator)에서 실내공기 또는 순환수와 열교환되어 냉방 또는 냉수를 생성하게 된다. 이때 응축기 쪽의 상승된 온도의 부동액(지열)은 지열교환기를 순환하면서 적합한 유입수온으로 되돌아오면서 시스템이 지속적으로 이루어진다. 즉, 냉방사이클은 실내에서 발생한 열을 지열히트펌프가 흡수하여 지중의 지열교환기를 통해서 땅으로 방출하는 원리이다(그림 4).

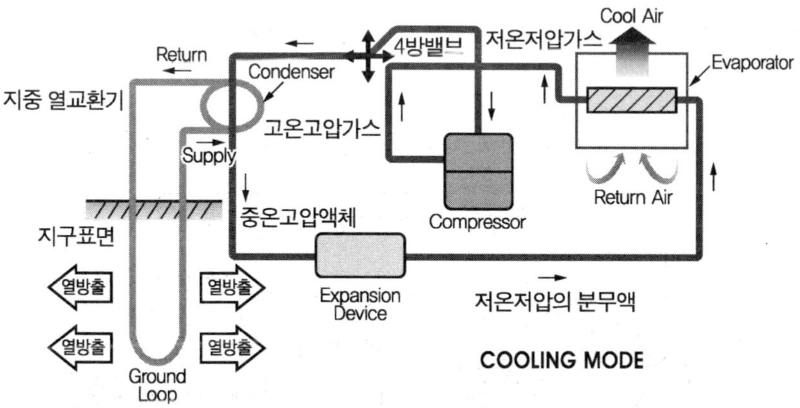

그림 4. 냉방사이클

압축기(Compressor)에서 생성된 고온고압의 냉매 가스는 리버싱(4방)밸브를 통해 응축기(Condenser)로 전달되어 실내공기 또는 순환수와 열교환되어 난방 또는 온수를 생성하게 된다. 열교환에 의한 저온의 액체상태 냉매는 증발기(Evaporator)에서 부동액(지열)측으로부터 열을 흡수하고 증기냉매 상태로 상변화한 후 다시 압축기로 보내져 고온고압의 가스가 되는 사이클을 반복한다. 이때 증발기쪽의 강

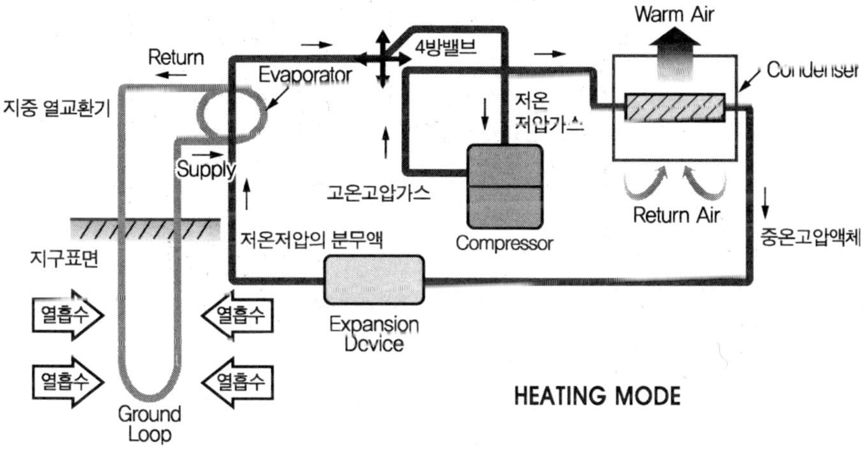

그림 5. 난방사이클

하된 온도의 부동액(지열)은 지열교환기를 순환하면서 적합한 유입수온으로 되돌아오면서 시스템이 지속적으로 이루어진다. 즉, 난방사이클은 지중의 지열교환기를 통해 지열에너지를 지열히트펌프에서 흡수하여 실내로 방출하는 원리이다(그림 5).

지열시스템의 주요 구성요소는 크게 히트펌프냉동기와 지열열교환기 부분으로

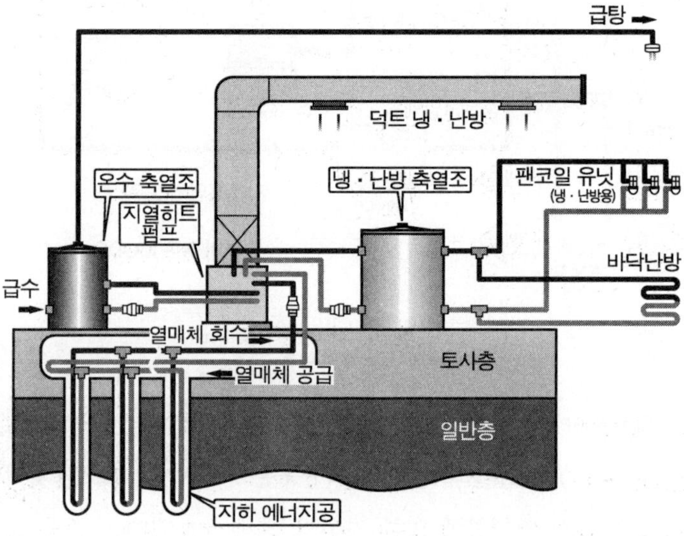

그림 6. 지열시스템

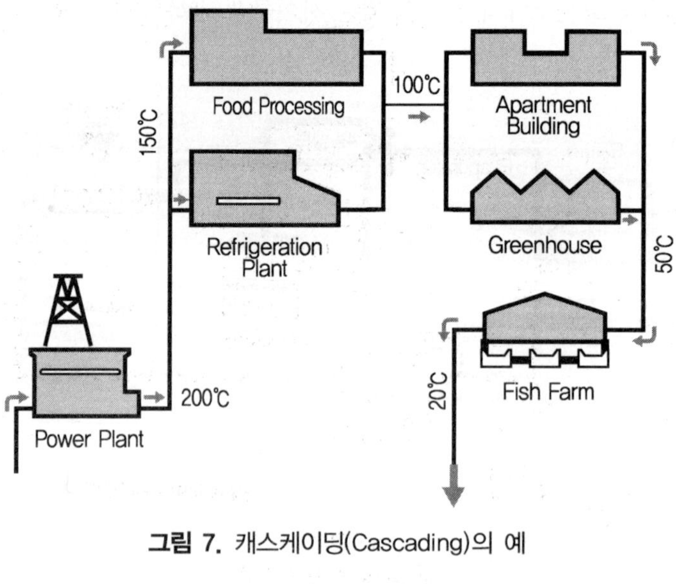

그림 7. 캐스케이딩(Cascading)의 예

나눌 수 있다. 지열열교환기는 땅 속에 100m 이상을 천공하여 위의 U字형 파이프를 삽입하여 파이프 내부에 유체를 삽입하여, 펌프에 의해 순환되면서 땅 속의 열과 열교환을 하기 때문에 성능 및 신뢰성이 확보되어야 한다(그림 6~7).

따라서 지열열교환기에는 HDPE(고밀도 폴리에틸렌 파이프)라는 재질을 사용하여 한 번에 인발하여 양 쪽 끝만 융착하여 사용되기 때문에 누설이나 부식 등의 문제가 없이 60년 이상의 내구성이 유지된다.

4. 지열발전

지열빌전은 시표에서 시추공을 파서 고온의 지하수와 수증기를 뽑아내고, 불순물을 제거하여 수증기는 발전소의 증기터빈으로 주입된다. 지열발전 방식은 현재 건조증기(dry steam), 플래시증기(flash steam), 바이너리 사이클(binary cycle) 방식 등이 상업화되어 있으며, 각 방식은 유체의 상태(물 또는 증기)와 온도에 따라 결정된다.

건조증기 방식은 지중 심부에서 추출한 건조 증기를 이용하여 전기를 생산한다. 즉 관정으로부터 나오는 증기를 발전설비의 터빈으로 직접 보내어 발전하는 방식이다(그림 8).

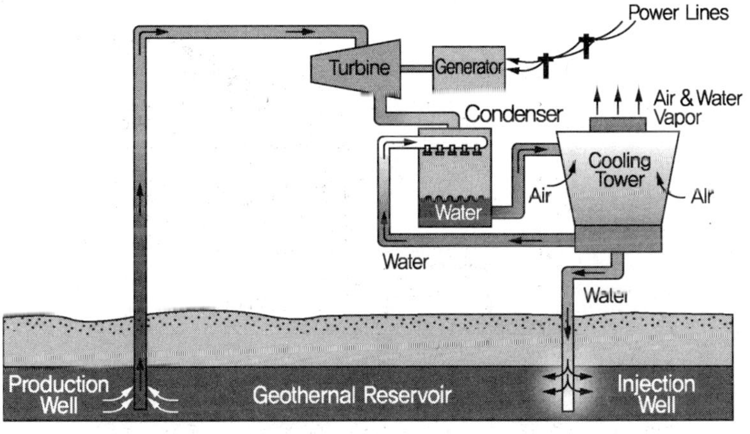

그림 8. 건조증기(dry steam) 발전 모식도

플래시증기 방식은 오늘날 가장 일반적인 지열발전의 형태이다. 고온(182℃ 이상)의 물을 이용하며, 고압 상태에서 추출한 고온수를 양수하여 발전설비의 터빈을 돌린다. 이때 발전설비에 도달한 고온수의 압력을 급격히 낮추면 그 일부가 증기로 변하게 되는데, 이 증기를 이용하여 터빈을 돌리는 방식이다(그림 9).

바이너리 방식은 위의 두 가지 방법, 즉 지하에서 추출한 고온수나 증기를 직접 이용하여 터빈을 돌리는 방식과 비교했을 때 다소 차이가 있다. 지하에서 추출한 중온수(80~120℃)는 터빈과 직접 접촉하지 않고 2차 유체를 증발시키는 데 이용된다. 이때 열교환기를 이용하게 되고, 열교환이 이루어진 2차 유체가 증발하여 터빈을 돌리는 방식이다(그림 10).

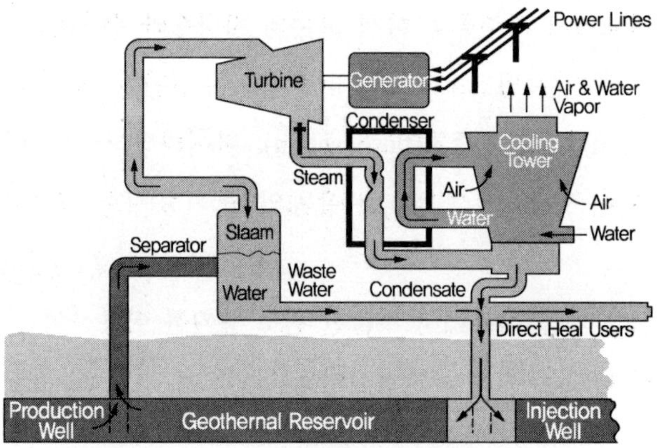

그림 9. 플래시증기(flash steam) 발전 모식도

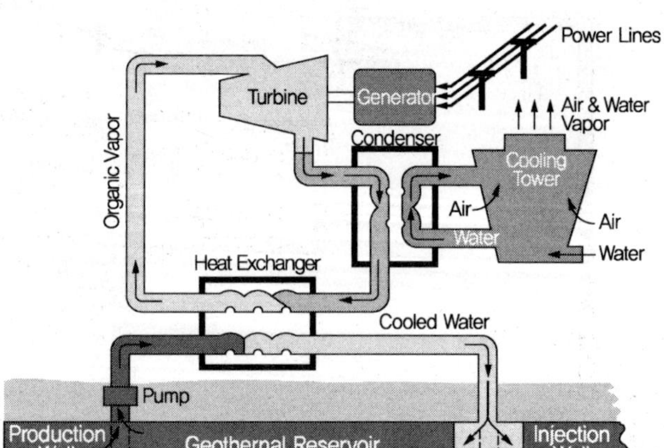

그림 10. 바이너리(binary cycle) 발전 모식도

5. 지열 자원지도

지구 내부는 엄청난 에너지를 갖고 있다. 높은 열을 갖고 흐르는 용암이 대표적이다. 최근 지구 내부의 에너지 특히 열 자원을 활용하려는 노력이 세계적으로 확산되고 있다. 미국을 비롯해 프랑스와 독일, 스위스 등 선진국들은 물론 인도네시아와 케냐 등도 지열 발전을 속속 도입하고 있다. 아이슬란드는 전체 전기 생산량의 16.6%를 지열 발전으로 충당하고 있다.

한국지질자원연구원에서는 국내 지질이 갖고 있는 열물성을 조사하고 지하온도를 단계적으로 측정해 지열 분포도를 만들었는데, 이것은 향후 지열에너지 개발의 최적지를 찾는데 활용된다. 한국지질자원연구원에 의해 수행된 지열 지도에 의하면 지열은 지구 내부의 뜨거운 에너지를 지상으로 끌어올려 발전 등에 활용할 수 있다. 통상 땅속 깊이 5km까지 파고 들어가면 에너지로 활용하기 적합한 지열을 얻을 수 있다(그림 11).

우리나라 땅 속에도 전기를 만들 수 있을 만큼의 열이 있다. 다만 충분한 열을 얻기 위해선 5km 이상을 파내려 가야 하기 때문에 아직은 경제성이 확보되지 않은 상태다. 지역난방에 이용할 수 있는 심부 지열수가 흐르는 지역도 매우 많다. 또 천부지하(지표근처) 열 자원 역시 풍부해 경제성을 인정받고 있다.

지열에너지 개발이 효율적으로 이뤄지기 위해선 먼저 우리나라 지질이 갖고 있는 지하 열 자원의 평가가 이뤄져야 한다. 어느 지역의 땅 밑이 지열이 잘 흐르는지를 나타내는 지열유량 분포와 열생산율 등을 알아내는 것이 선결과제다. 그 결과 우리나라 지열의 근원이 암석이 갖고 있는 방사성원소 붕괴열이라는 사실을 알아냈다. 또 지열 유량을 계산해 지열유량분포도와 지온경사분포도도 만들었다.

이들 지열지도에 따르면 우리나라에서 지열유량이나 열생산율 등이 가장 높은 곳은 경북 포항으로 나타났다. 또 경북 포항에서 부산 동래까지 내려오는 지역이 단층에 의해 지열유량이 높은 것으로 조사되었다. 이 밖에도 강원 속초, 충남 아산만 부근, 경기 포천과 이천 일대가 지열유량이 높았다.

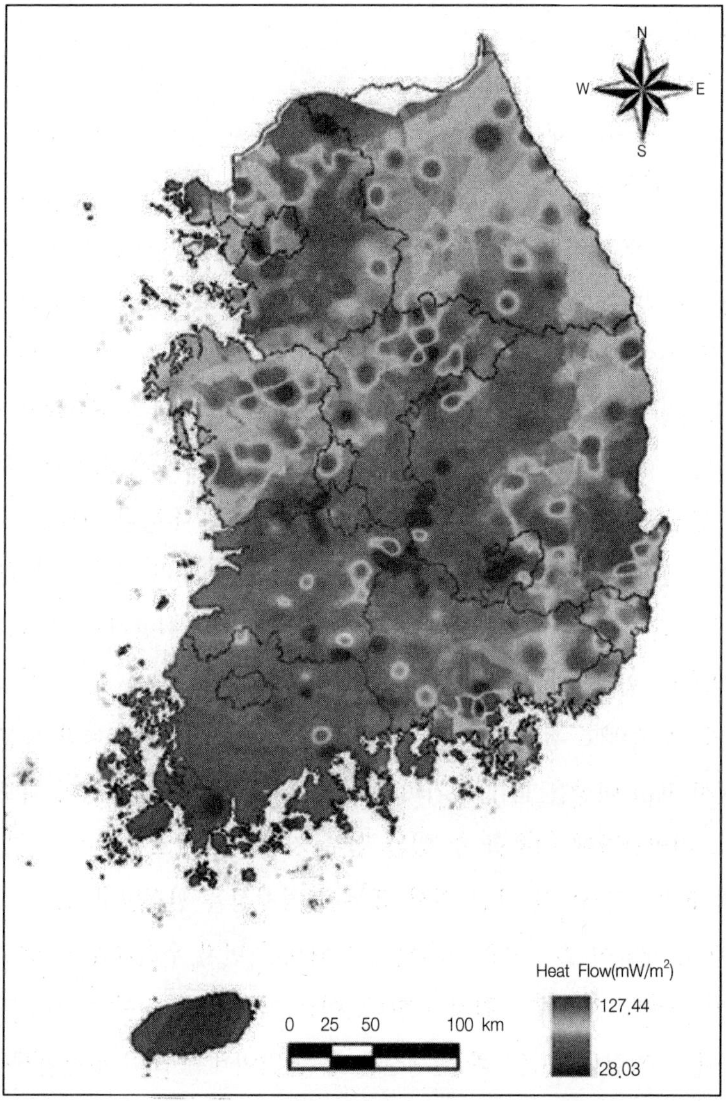

그림 11. 지열자원지도

3-10 수소에너지

수소는 무한정인 물 또는 유기물질을 원료로 하여 제조할 수 있으며, 사용 후에 다시 물로 재순환된다. 자원 고갈 우려가 없으므로 화석연료 자원이 빈약한 국가에 적합한 에너지원이다. 수소는 물의 전기분해로 가장 쉽게 제조할 수 있으나 입력에너지(전기에너지)에 비해 수소에너지가 경제성이 너무 낮아 대체전원 또는 촉매를 이용한 제조기술 연구를 추진하고 있다.

수소는 가스나 액체로서 쉽게 수송할 수 있으며 고압가스, 액체수소, 금속수소화물 등의 다양한 형태로 저장이 용이하다. 현재 수소는 기체로 저장하고 있으나 단위 부피당 수소저장밀도가 너무 낮아 경제성과 안정성이 부족하여 액체 및 고체저장법의 연구를 추진하고 있다.

1. 수소의 특성

수소는 연료로 사용할 경우에 연소시 극소량의 NOx를 제외하고는 공해물질이 생성되지 않고 환경오염 우려가 최소이다(단위에너지 세품기순으로 석탄의 이산화단소 배출량을 100으로 할 때 석유와 천연가스는 각각 80 및 60의 이산화탄소를 배출하지만 수소는 이산화탄소를 전혀 배출하지 않는다).

수소는 산업용의 기초 소재로부터 일반 연료, 수소자동차, 수소비행기, 연료전지 등 현재의 에너지시스템에서 사용되는 거의 모든 분야에 이용가능하다.

수소는 물 전기분해시 순수(純水) 사용과 전기요금, 부생가스의 고순도 제조시 장치비 등으로 가격이 고가여서 특수 분야인 고온 용접기, 반도체분야에 이용되나

표 1. 수소에너지의 기술개발 내용

대분류	중분류	기술개발내용
제조	물로부터 수소제조(세계적으로 연구단계임)	전기분해(SPE, 태양광, 풍력 등 대체전원이용 등)
		저온열분해(산화물, 황화합물, 염화물, 불화물, 요드화물 등)
		광촉매(금속산화물, 페롭스카이트, 제올라이트 등)
		바이오(광합성 직·간접, 혐기발효, 광합성 발효 등)
	화석연료로부터 수소제조	수증기개질(상용화 되어 있음)
		플라즈마 개질(반응기, 플랜트 건설) → 미국 상용화
		고온열분해(이론정립, 촉매, 반응기) → 미국 개발단계
	수소정제	고순도 수소 제조(PSA, MH이용 등) → 선진국 기술확립
저장	물리적 저장	기체저장(상용화 되어 있음)
		액체저장(저장용기, 극저온 연구 등) → 독일 상용화
		고체저장(재료, 고용량저장, 무게 등) → 일부 상용화
		CNT(재료, 합성, 공정기술 등) → 선진국 개발단계
	화학적 저장	CO_2 이용 메탄올, 에탄올 합성(상용화 되어 있음)
이용	이용	가정(전기, 열), 산업(반도체, 전자, 철강 등), 수송(자동차, 배, 비행기) → 수소의 제조, 저장기술이 확립되지 않아 실용화된 사례가 없음
	안전대책	역화방지 등

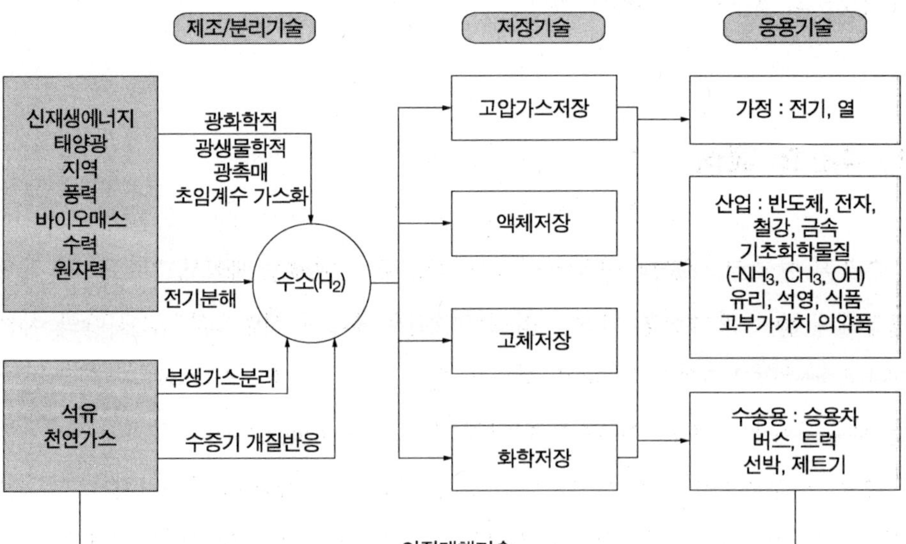

그림 1. 수소에너지시스템

화석연료에 비해 경제성이 확보되면 일반연료, 동력원 등으로 사용가능하다. 수소에너지설비는 물이나 그 밖에 연료를 변환시켜 수소를 생산하거나 이용하는 설비이다.

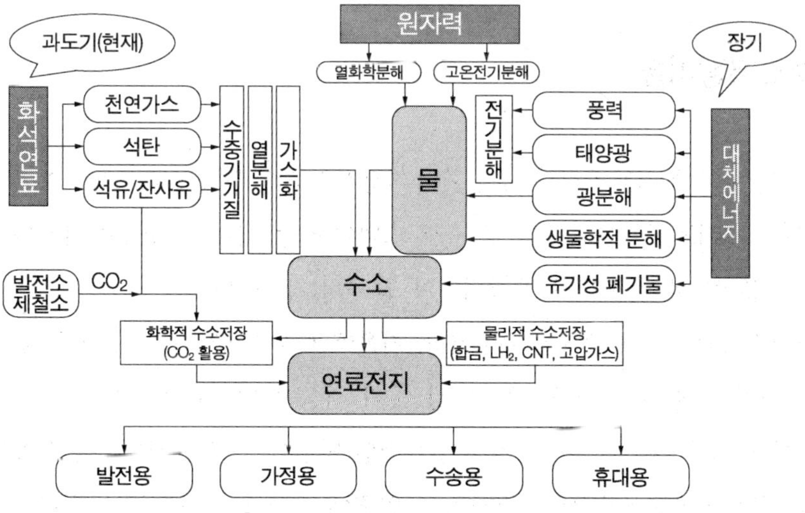

그림 2. 수소에너지의 제조 및 이용 체계도

2. 수소생산기술

수소는 우주에서 가장 풍부한 원소이지만 그 자체로는 자연계에서 존재하지 않고, 열, 빛, 전기 등을 이용하여 화석연료, 물, 바이오매스 등에서 얻을 수 있다.

수소에너지 생산기술로는 천연가스, LPG, 납사, 석탄 등 하서연료의 수증기 개질, 부문산화, 자열반응, 열분해, 플라스마 개질 등의 기술에 의한 수소생산기술과 풍력, 태양광 등의 재생에니지를 이용한 원자력 에너지를 활용하여 물의 열화학적 또는 전기분해방법에 의해 수소를 생산하는 방법이 있다.

수소를 에너지로 사용하기 위해서 단기적으로는 경제성이 있는 화석연료로부터 수소를 제조하되, 부산물로 생성되는 이산화탄소는 분리/저리하여 수소 경제로의 전환을 촉진한다. 궁극적으로는 대체에너지를 통한 이산화탄소의 배출이 전혀 없는 수소제조로 진정한 수소경제 사회로의 진입을 확보하는 것이 필요하다.

국내 수소 생산량은 연간 약 40만톤 정도되는데, 이들 대부분이 석유의 정제공장, 화학공장, 반도체 및 철강산업에서 산업적인 목적으로 주로 사용하고 있으며, 아직은 에너지를 목적으로 거의 사용되고 있지 않다.

3. 수소저장기술

중량 및 부피당 저장밀도가 높은 수소저장시스템은 연료전지 자동차뿐만 아니라 발전용, 휴대용 등 연료전지 및 수소 스테이션 등 많은 분야에서 사용되고 있으며, 각 분야별에서 반드시 개발되어야 할 핵심기술이다.

수소저장기술로는 고압기체 수소저장, 저온액체 수소저장, 수소저장 합금, 나노재료 수소저장, 화학수소화물 수소저장 등의 기술이 연구되고 있다.

수소를 기체상태로 저장하는 가장 일반적인 방법은 고압을 견디도록 설계된 강철이나 경량 복합탱크에 350～700bar의 압력에 수소를 저장하는 방법이다.

안전성 확보를 위해 고압수소저장과 금속 수소화물을 결합한 hybrid 수소저장기술이 시도되고 있으며, 연료전지 자동차용 수소저장기술로 가능성을 보이고 있다.

수소를 재료에 저장하는 방법은 수소에너지 밀도가 압축가스 및 액화가스에 비해 높고 안전하여 수소저장기술로 활발히 연구되고 있다. 수소저장방법은 흡착을 이용하여 수소를 저장하는 방법(유기금속 구조물, 제올라이트, 탄소나노튜브 등), 금속수소화물 수소저장합금방법, 화학반응을 이용하여 수소를 저장하는 방법 등으로 구분된다.

금속수소화물을 이용한 수소저장 합금은 그 기술이 일부 실용화 단계이나, 수소저장량이 낮아 수송용보다는 정치용 등의 특수 목적에 적합한 저장기술이다.

화학반응 재료 중 금속붕소수소화물은 비가역적 가수분해 방법으로 수소를 저장하여 이용하는 것으로 알려져 왔으나, 금속붕소화물에 첨가제를 첨가함으로써 가역성과 불안전성에 대한 한계를 극복하게 됨으로써 세계 각국에서 최근 경쟁적으로 이 기술을 개발하고 있다.

4. 수소운반

수소를 생산하는 곳에서 최종소비자까지 전달해 주기까지의 다양한 분야를 포함한다.

수소운반과 연계된 수소인프라 기술은 수소생산시설로부터 최종 수요처 또는 이용시설까지 수소를 안전하고 원활하게 보급하기 위해 요구되는 시설 및 제도 등 사회기반 기술을 의미한다. 수소인프라 기술개발의 궁극적인 목표는 안전하고 효율적이며 재순환이 가능한 수소에너지원 수급체계 구축 및 활용 시스템의 실현이라 할 수 있다.

수소제조, 저장, 운반의 인프라 구축은 물류비용, 활용편이성, 수요패턴 및 기술수준 및 수소 수요물량에 따라 제조·저장 일체형(on-site)과 분리형(off-site)으로 구분되며, 인프라 구축 초기에는 on-site에서 시작하여 점진적으로 off-site와 적절하게 믹스되는 형태로 발전한다.

5. 가정/상업용 연료전지

가정/상업용 연료전지 시스템은 연료전지에 의하여 생산되는 전기를 이용함과 동시에 연료전지에서 발생되는 열을 동시에 이용하여 온수와 난방을 공급하는 고효율, 청정에너지 시스템을 일컫는다.

고효율 열병합 발전(발전효율 35%, 종합효율 75% 이상)으로 에너지 절감에 유리하고, 마이크로 가스터빈이나 가스터빈에 비하여 시스템의 소음 및 환경오염 배출이 적다.

가정/상업용 연료전지 시스템의 연료로는 수소 인프라가 구축되기까지는 전국적인 배관망을 갖고 있는 천연가스가 주로 사용되고, 다양한 연료전지 중 고분자 전해질 연료전지와 고체산화물 연료전지가 주로 사용되며 1kw급부터 50kw급 이하의 시스템을 일컫는다.

LPG 화력발전과 일반 보일러를 사용하여 전기와 열을 생산하였을 때와 비교하여 가정용 연료전지 시스템은 소비되는 전기 및 가스비가 총 12% 정도 절약되고, 온실가스의 주범인 이산화탄소는 약 40% 감소되며, 또한 약 26%의 에너지가 절감되는 효과가 있다.

6. 발전용 연료전지

발전용 연료전지는 정치형으로 수백kw 이상의 전력을 생산함으로써 기존의 발전설비를 대체할 수 있는 기능을 갖는 연료전지시스템이다.

용융탄산염 연료전지는 사용연료의 개질방식에 따라 내부개질형과 외부개질형으로 구분한다. 내부개질형은 천연가스, 메탄가스 등의 연료를 수증기와 함께 직접 스택으로 도입한 후 스택 내부의 개빌 촉매를 이용하여 연료전지 발전에 사용하는 방식이다. 이에 비하여 외부개질형은 사용연료를 스택 외부에 설치된 별도의 연료개질기에서 개발한 후 스택내부로 도입하여 연료전지를 가동하는 방식이다.

7. 휴대용 연료전지

휴대용 연료전지(portable fuel cell) 기술의 범주는 출력밀도가 비교적 낮지만 휴대의 간편성, 작동의 편리성, 연료 교체의 용이함을 특징으로 하는 휴대가 가능한 수W에서 수십W급의 소형 전자기기용 전원 시스템 및 휴대용 충전 시스템에의 적용을 목적으로 개발하는 연료전지 시스템과 관련기술을 포괄한다. 적용 전자기기의 대상으로는 휴대폰, DMB폰, PDA, 캠코더, 노트PC 등이 있다.

휴대용 연료전지 시스템 개발과 상용화를 위해서 고출력, 신뢰성과 가격 경쟁력 확보 등을 위한 연구개발이 국내외에서 활발하게 진행되고 있다.

4 chapter 생태환경의 창조방법과 기술

4-1 생태 디자인
4-2 비오톱
4-3 자연환경보전
4-4 자연천 만들기
4-5 인공지반 녹화

4-1 생태 디자인

생태 디자인은 경제적, 사회적 및 생태적 지속가능성의 원칙을 따르는 물리적 대상들을 디자인하는 기술이다. 그 범위는 매일의 사용을 위한 조그만 물건들을 디자인하는 소규모에서부터 건물, 도시 및 지표면을 디자인하는 대규모에 이르기까지 다양하다. 생태 디자인의 핵심적인 목표는 재생불능 자원들의 사용을 줄이고, 환경에 대한 영향을 최저화시키며, 사용자들을 자연환경과 친하게 하는 방향으로 장소와 제품들 및 서비스들을 만들어 내는 것이다. 결국, 생태 디자인은 건축 디자인의 부속물이나 보완품이 아니라, 건축 디자인과의 통합을 위한 디자인 과정이다.

1. 생태 디자인의 개념

「생태계」라 함은 일정한 지역의 생물공동체와 이를 유지하고 있는 무기적(無機的) 환경이 결합된 물질계 또는 기능계를 말한다. 「자연생태」라 함은 자연의 상태에서 이루어진 지리적 또는 지질적 환경과 그 조건 아래에서 생물이 생활하고 있는 일체의 현상을 말한다.

생태학(ecology)은 생물과 환경과의 상호작용을 다루는 학문분야이다. 생물은 환경에 영향을 미치고, 환경은 생물에 영향을 미친다. 생태학 연구의 주요 관심은 생물개체의 분포나 수, 그리고 이들이 환경에 어떻게 영향되는가에 있다. 여기서의 「환경」이란 기후나 지질 등 비생물적 환경과 생물적 환경을 포함한다.

생태학의 첫째의 원리는 각각의 생물은 그것을 둘러싸는 환경을 만드는 다른 모든 요소와의 사이에 진행적·계속적인 관계를 가진다는 점이다. 생태계(eco-system)란 「생물·환경 사이에 상호작용이 존재하는 모든 상황」으로서 정의할 수 있다.

생태계는 생물(생물군집)과 그 생물이 존재하기 위한 매체(생육지·서식지)라고 하는 2가지의 구성요소로 이루어진다. 생태계 내에서 종은 식물연쇄에서 상호 관계하고, 의존하고 있다. 또한 생물끼리나 환경과의 사이에서 에너지와 물질을 교환한다.

생태계라는 개념은 여러 가지 스케일의 단위－하나의 연못, 하나의 초지 또는 1개의 나뭇조각 등－에 적용할 수 있다.

미소한 생태계의 단위로 microecosystem라는 용어가 사용된다. 예를 들면 1개의 돌과 그 밑에 존재하는 모든 생물과의 관계를 고려할 수 있다. 마찬가지로 mesoecosystem은 삼림, macroecosystem은 모든 생태지역과 같이 적절하게 사용된다.

1990년대부터 생태 디자인이라는 용어가 활발하게 사용되고 있다. "생태 디자인(ecodesign)"이란 지구환경문제와 아울러 생활하는 새로운 라이프스타일을 불안감이 작고 넉넉함으로 진화시키는 하나의 방법이다.

사물을 형태화한다든지, 공간화하여 실현하는 것이 디자이너의 몫이다. 디자인은 인공계를 기술과 함께 종합적으로 형성하여 왔다. 지구환경문제의 심각화에서 디자이너는 종래와 다른 기법으로 구체적인 해결책이 되는 구상을 행하는 것이 요구되고 있다.

기술적 제안이 추진되고 있는 지구환경대책에서 미학으로서의 디자인으로 가능한 것은 적고, 디자인은 멀리 존재하는 것처럼 여겨진다. 그러나 디자인의 역할은, ① 새로운 생활 장면을 구상하여 제안할 것, ② 사회가 미래에 필요로 할 수 있는 것을 소재와 기술의 가능성을 구사하여 기술적·과학적으로 설계할 것, ③ 형태화·공간화하여 사회미학·생활미학으로서 실현할 것 등이다.

생태 디자인은 디자인의 미학영역에서 "즐거운 생활" 창출력을 통하여 최악의 미래 시나리오를 회피할 낙관론에 가득찬 중요한 방법이고, 풍요롭고 쾌적한 인간 생활을 보장하는 출발점이다.

이와 같이 생태 디자인이란「환경」이 디자인의 방향성 결정을 지원하는 것이다. 환언하면 환경이 제품개발에서 조종자(navigator)의 역할을 담당한다는 것이다. 생태 디자인에서 환경에는 이익, 기능, 미관, 인간공학, 이미지, 그리고 전체적인 품질 등 종래의 산업적 가치와 마찬가지의 위치가 주어지고 있다. 환경이 종래의 비즈니스상의 가치를 향상시키는 것이다.

디자인은 제품개발의 모든 단계에서 환경을 배려하고, 제품의 생애주기(life cycle)를 통하여 환경영향을 최소한으로 억제한 제품제조에 노력하는 것이다. 최종적으로 생태 디자인은 보다 지속가능한 생산과 소비에 이어져야 한다. 유사어로는 환경적합설계(DfE : Development for Environment), 라이프사이클 디자인, 환경배려설계 · 제조가 있다.

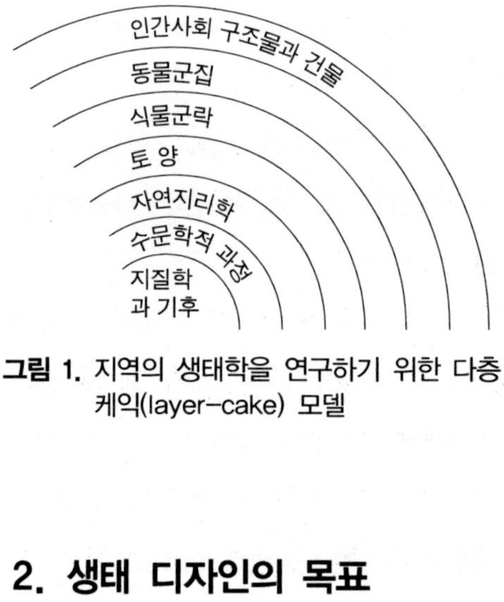

그림 1. 지역의 생태학을 연구하기 위한 다층 케익(layer-cake) 모델

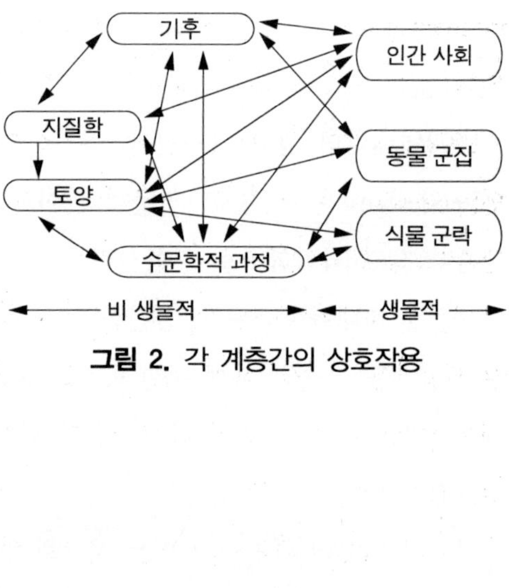

그림 2. 각 계층간의 상호작용

2. 생태 디자인의 목표

생태 디자인의 목표는 환경과의 양호한 생물학적 통합이다. 본질적으로, 생태 디자인은 신중하고 조화롭게 보다 큰 패턴, 흐름과 과정, 그리고 자연계의 물리적 배치와 맞물리는 과정이다. 간단히 말해, 생태 디자인은 생산 자원에서 파괴 및 궁극적인 생태계와 생물권 과정으로의 동화 작용에 이르는, 인간이 만든 모든 환경 및 모든 인간의 활동과 자연 환경과의 일정하고 양호한 환경적 통합이다. 생태학적 디자인이나 생태 디자인에 있어 극히 중대한 전제와 두드러진 문제는, 모든 우

리 인간이 만든 시스템과 자연계 및 생물권 작용과의 효과적인 통합의 문제이다.

인간이 만든 환경은, 우리 인간이 만든 모든 아이템, 부분 그리고 요소들로 구성된다. 여기에는 우리의 건물과 구조물, 도시 기반 시설(예, 도로, 배수 시설, 하수도, 교량, 항구 등), 우리가 제조하고 생산하는 모든 우리의 인공물(예, 냉장고, 장난감, 가구 등)을 포함하는 것, 즉 인간이 만든 모든 것들이 포함된다. 이것의 반대는 지구와 생물권의 모든 생물 및 비생물적 요소들을 포함하는 생물권의 생태계로 구성된 자연 환경이다. 지구의 생태는 모든 우리 인간의 활동과 우리의 건축 환경이 통합해야 할 환경 매트릭스인 궁극적 환경이다.

생물권(biosphere)이라는 개념은 대기, 지구의 표면, 대양과 대양저(ocean floor) 혹은 유기체가 살고 있는 영역을 설명하기 위해 사용된다. 이것은 암석권, 수권(수계), 하계 등을 포함하여 지구를 둘러싸고 있는 얇은 층을 형성한다. 그것은 우리의 구성된 환경이 파생된 원천이다.

생태 디자인의 핵심은 통합이다. 일정한 생태학적 통합은 인간으로서 우리가 생태 디자인에서 뿐 아니라 모든 우리의 활동에서 해결해야 할 가장 우선적인 유일한 기본 문제로 간주된다. 만일 인간이 그들 자신이 만든 전체 환경, 그 환경의 기능(역할) 그리고 전체적으로 모든 그 환경의 작용(과정)을 자연 환경과 양호하고 일정하며 공생관계로 성공적으로 통합할 수 있다면, 우리는 자연 환경에 미친 인간 활동의 부정적 결과에서 비롯된 모든 중대한 문제들을 해결하게 될 것이다.

어떤 디자이너들은, 그린 디자인을, 자연 환경에 미치는 부정적인 결과를 최소화하도록 디자인하는 것으로, 혹은 땅에서 덜 취하고, 사람들에게 더 많이 제공하는 환경을 형성하거나, 나무와 유사한 환경을 디자인하는 것으로 간주한다. 모든 이러한 접근법들은 실제로 포괄적(통합적)이지만, 만일 그로 인해 형성된 디자인 시스템이 그들의 생성 관점에서 자연 환경, 사용(운영)과 재사용, 재활용 혹은 재통합과 통합하지 못한다면, 그들은 현재의 환경 훼손 상태를 개선은 하겠지만 최종적인 해결책에 이르지는 못할 것이다. 성공을 판단하는 궁극적 기준은 구성된 환경을 자연 환경과 얼마나 온전하고, 포괄적으로 통합하는가가 될 것이다. 최종 테스트는 여전히 통합의 여부이다.

예를 들어, 만일 우리가 우리의 산업적으로 구성된 환경에서 나온 모든 배출물과 폐기물(고체, 기체, 액체 폐기물)을 혼란이나 손상 없이 생태계의 자연 주기와 과정 속에서 온전하게 통합할 수 있다면, 실제로 폐기물이나 환경오염과 같은 것들은 없을 것이다.

만일 우리가 에너지 사용률을, 생물권의 자원 유용성 및 자연적 비율을 일시적으로 통합할 수 있었다면, 온실 가스의 환경 영향으로 비재생 에너지 자원의 고갈이나 지구 온난화의 문제는 절대적으로 없을 것이며, 또한 미래 세대를 위한 그들의 지속가능성에 대한 관심의 필요성조차 없을 것이다. 천연 자원과 에너지 자원을 너무 빠르게 사용함으로써, 인간들은, 인류가 시작된 후 오랫동안 지구에 도달하게 될 태양 에너지의 그러한 부분을 낭비하였다. 지난 200년에 걸쳐 인간의 자원 소모는 낭비적이었는데, 자원은 꼭 필요하지 않은 용도에 사용되어서는 안 된다. 천연 자원(즉 화석 연료, 금속 그리고 기타 재료들)은 빠른 속도로 일시적으로 추출되어서는 안 된다. 그들의 더딘 붕괴와 재통합은 지구의 표면이나 자연에 의한 그들의 흡수로 돌아온다. 마찬가지로 조성된 환경에서 생산된 물질들은 조직적으로 증가하거나, 빠른 속도로 생산되어서는 안 된다.

만일 우리가, 물리적으로 모든 우리의 형성된 구조와 하부 시설들을 생물권의 생태계와 통합할 수 있다면, 우리는 서식지의 어떤 붕괴나 생물 다양성의 상실 혹은 그것이 초래하는 문제들과 직면하지 않을 것이다.

물론 우리는 이것이 오늘날 생태학적 디자인이 직면하는 가장 중요한 문제이며 디자인 문제라고 주장할 수도 있지만, 우리는 환경적으로 온전하고 온화한 방법으로 이것을 포괄적이고 성공적으로 이루는 것은 어려운 노력이지만, 여기에 생태학적 디자인의 커다란 도전이 있다는 것을 인식해야 한다.

생태 디자인의 이러한 기초(근거)를 분명하게 설명하기 위해 우리는 세 가지 별도의 차원(수준)에서 biointegration(생물 통합)의 목표에 접근할 필요가 있다. 즉 물리적, 조직적 그리고 시간적 차원(수준)에서. 물리적 통합은, 우리의 조성된 환경의 배열, 지리 및 장소와 생태계의 물리적 특징 및 과정과의 통합이다. 조직적 통합은 우리의 조성된 환경의 흐름, 역할, 작용 및 과정과 생태계와 생물권의 과정 및 역할과의 통합이다. 시간적 통합은 인간과 우리의 조성된 환경에 의한 천연 자원, 생태계 그리고 생물권 과정의 사용과 소비의 지속가능한 비율로 생태계와 생물권에서 발생하는 자연적인 재생 및 재활용 비율과의 통합이다. 이러한 각각의 통합 수준은 온전하고 온화하며 이상적으로 자연 환경에 대한 긍정적인 결과와 함께 달성되어야 한다. 이것은 생태 디자인과 계획의 근본 원칙(원리)이다.

지속가능한 디자인이란 무엇인가? 광범위한 측면에서 지속가능한 디자인은 생태학적 디자인과 같은 뜻이다. 이것은 미래 세대의 가능성을 감소하지 않고도 사회의 요구를 충족시킬 수 있는 사회를 보장하는 디자인으로서 정의될 수 있다. 그것은 그 자체와 자연 환경의 생물 과정을 물리적, 조직적 그리고 시간적으로 통합함으로써 환경적으로 파괴적인 영향을 최소화하는 어떤 형태의 디자인을 포함한다.

건축된 구조물(건축, 기반시설 등)의 경우, 생태 디자인 고려는 전체적으로 형성된 시스템의 디자인뿐만 아니라, 그들의 제조, 수송 그리고 건축에서, 그들의 궁극적인 재사용, 재활용 그리고 재통합 과정까지 발생하는 것을 포함한다. 이것은 디자인 준비에서 부지 선택, 디자인의 개념화 및 개발, 건축 기술, 조경, 건설 폐기물 관리, 사용, 생태계 보호와 사용자 건강에 이르는 모든 관련 문제들을 포함한다. 생태 디자인 고려에 구조물의 과정이 통합해야 할 부지의 생태계와 그것의 생물 및 비생물 요소들 그리고 biointegration의 문제뿐만 아니라 물, 에너지, 재료 및 다른 생물학적 자원의 보존 등이 이러한 구조물들이 배치되는 부지의 보존에 추가될 수 있다. 이러한 고려는 구성된 시스템 자체의 모든 내부적 아이템, 비품, 제품과 장비 등으로 확대되어야 한다.

생태적 공간디자인은 자연환경과의 조화를 출발점으로 하여 에너지와 자원을 효율적으로 이용하며 건강한 생활을 가능케 하는 것을 그 목적으로 하며, 다음과 같은 경향을 가지고 있다. ① 자연채광이나 환기와 공조 등과 같은 물리적 관점에서 실내 환경을 쾌적하게 조성하려는 경향, ② 자연경관과 실내·외공간의 유기적 연계를 꾀하려는 경향, ③ 자연요소의 직·간접적인 도입, ④ 생태학적 소재나 재료의 사용 또는 그러한 이미지를 형상화하려는 경향.

따라서 생태적 공간은 공생과 상생의 친환경적 디자인을 추구하며, 생태학적으로 건강하고 유기적으로 전체에 통합되는 인공환경을 구축하는 데에 그 목적이 있다. 생태적 공간의 기본 이념은 친환경적 디자인, 생태적 심미주의와 참여 미학,

에너지 보존 및 자원 절감으로 분류해 볼 수 있다.

표 1. 생태적 공간 디자인의 이념과 특성

기본 이념	생태적 공간 디자인의 특성
친환경적 디자인	① 보전과 창조의 통합 개념 ② 도구, 제품, 건축, 도시 등을 디자인함에 있어서 지속가능한 설계 ③ 생물학적 다양성과 환경적 통합성을 유지하고 인간의 이용에 의한 영향 최소화
생태적 심미주의와 참여미학	① 생태적 미 : 외관으로만 평가되지 않고 얼마나 인간의 필요성에 봉사하고 생태학적으로 건강한가를 고려 ② 생태주의에서의 미적 가치관 : 재활용이 가능하고, 재활용 소재로 만들어졌으며, 분해 가능하고, 견고하며, 화석에너지를 최대한 절약하고 오랫동안 반복사용을 가능케 하며 구축물이 자연환경에 온전히 통합되는가를 고려 ③ 참여적 환경미학 - 일상생활과의 연속성(Continuity with Ordinary Life) : 일상생활의 여러 요소들이 예술로 통합 - 지각적 통합(Perceptual Integration) : 모든 감각이 모든 미적경험에서 동시적으로 가능 - 대상과 지각자의 참여(Participation of Objects and Perceiver) : 경험이 일어나는 상황으로 구성
자원 보존 및 에너지 절감	① 소비과정에서 에너지와 자원을 절감(Reduce) ② 공해와 폐기물의 배출을 최소화할 수 있으며(Refuse) 사용상의 안전성과 안정성을 최대화 ③ 상품의 수명을 길게 하고 재사용(Reuse)이 가능하도록 함 ④ 일정기간 사용 후 재활용(Recycling) 또는 재생이 가능하도록 하여 자원을 절약하고 순환성을 유지

3. 생태 디자인의 방법

생태계의 과정들은 지형의 특성, 크기, 그 모양과 형태 등에 의해 영향을 받는다. 생물종의 구성과 풍부성은 서식지의 면적이 줄어들거나 2개의 고립된 서식지 사이의 거리가 늘어나면(예를 들어 인간의 관여 등으로) 해를 받을 것이다. 면적이 넓은 지역은 더 높은 지역적 변이성 등으로 인해, 면적이 작은 지역보다 더 많은 생물종을 포함하는 경향이 있다. 지역의 주변과 내부 또한 서로 다른 생물종들을 품고 있다. 생태 설계자는 이러한 고립된 지역들을 연결하여 생태적 연결성을 더욱 높이도록 설계해야 한다.

고립된 지역들 사이의 필요한 연결성의 양은 생물종들에 따라 달라지며 중심 생물종의 풍부성과, 그 종의 공간적 배치 및 운동능력에 따라 달라진다. 이 새로운 연결성, 또는 생태적 회랑 혹은 통로는 수많은 기능을 갖고 있다. 예를 들면, 서식지, 도관, 여과, 장벽, 원천, 그리고 소택지로서의 기능 등이다. 설계자에 의해 어느 지역 내에 새로운 생태 통로가 설계될 경우, 달성될 목적이나 함축된 기능들을 명확히 정의하는 것이 필요하다. 과거부터 많은 혼란들로 인해 회랑(통로)이라는 용어의 정의도 의미가 서로 충돌하는 결과를 초래하였다. 따라서 설계자는 이러한 것들을 설계할 때 통로의 가능한 한 모든 기능들을 포함하도록 역점을 두어야 할 것이다. 생태 통로의 바른 설계와 관리는 처음에 그 통로의 의도된 생태적 기능을 얼마나 명확히 평가하였는지에 따라 크게 달라질 것이다.

서식지 지역의 생태적 중요성은 서식지의 규모나 분포에서 겉으로 보이는 것보다 더 클 수가 있는데, 예를 들면, 강기슭의 식물들은 강의 흐름을 따라 비교적 좁은 띠 형태로 작은 습지에 존재할 수 있다. 비록 그 지역이 작고 연결이 되어 있지 않더라도, 그 지역들은 그 공간적 크기를 능가하는 생태적 기능들을 갖고 있다. 이런 단편적인 통로들은 잉여 영양분들을 저장하는데 중요한 역할을 하고 있는데, 만일 이러한 역할이 없었다면 이것들은 강이나 호수 같은 곳으로 흘러 들어가 부영양화나 산성화를 초래하였을 것이다. 그런데 한 가지 상존하는 위험은 설계자가 겉으로 보기에는 이러한 빈약한 서식지들에 지나친 공정을 설계하거나 또는 이를 전혀 간과해 버릴 수가 있다는 것이다. 겉으로 처음 보기보다 생태적으로 더욱 중요한 다른 서식지로는 과거 산업단지 지역이나 도심 내의 내버려진 지역들을 들 수 있다.

건축 환경의 형태나 물리적 구성 물질은 재생가능 또는 새생 불가능 에너지와 지구의 지각과 그 주위의 다른 자원으로부터 뽑아낸 물질들로써 구축된 것이다. 다시 말하면, 우리의 건축체계는 그 계속적으로 건강한 생존과 보존을 위해서 필요한 에너지와 물질 자원의 공급자인 지구에 의존하고 있다. 따라서, 생태 설계는 이러한 자원 이용에 대한 일종의 신중한 관리의 형태라고 할 수 있다. 우리 인간이 건축한 환경은 더 이상 일방적 처리량 체계가 아닌 폐쇄계 또는 순환계로 설계되어야 할 것이다.

설계자는 생태계가 우리의 건축 환경에 공급해주는 혜택들을 반드시 의식하고 있어야 한다. 이러한 것들은 인간생존을 지원하고 있는 생물권으로부터 흐르는 물질과 에너지 그리고 정보인 것이다. 생태계가 제공하는 그러한 자연적 혜택들은 매우 중요하다. 왜냐하면 그러한 것들 없이는 인간은 생물종으로서 생존할 수 없기 때문이다. 이런 것들은 다음과 같이 요약할 수 있다.

- 주된 생산성－광합성, 산소생성, 대기로부터 이산화탄소 제거 및 탄소를 식물체 형성에 고착함으로써 먹이 사슬의 기초를 형성
- 식물 수분작용
- 해충과 질병들에 대한 생물학적 조절
- 서식지 및 피난지 보호(식량, 질병치료 및 의약품 생산을 위한 유전자원 유지)
- 수자원 공급 및 조정(홍수 통제 식물이 있는 경사면은 헐벗은 경사지에 비해 상대적으로 급격하게 빗물의 흐름 속도를 줄일 수 있음) 그리고 정화
- 폐기물 재활용 및 오염 통제(수많은 분해물질에 의해)
- 영양물질 순환
- 원자재 생산(목재, 가축 풀 사료, 생물자원 연료)
- 토양 형성 및 보호
- 생태계 교란 억제
- 기후 및 풍토 조정

우리 인간이 재생 불가능 에너지(일반 에너지)를 이용하지 않고서는 어떠한 지속성과 감당할 수 있는 기술체계나 어떤 대체물을 가지고 자연이 무료로 우리에게 베풀어주는 이러한 혜택을 대체한다는 것은 불가능하다. 바로 이러한 단순한 이유 때문에 생태 설계는 이러한 피동적이고 비기술적인 수단을 가능한 한 많이 이용해야 한다. 왜냐하면 그러한 디자인 양식은 재생 불가능 에너지 자원의 사용을 요구하지 않기 때문이다. 자연으로부터 오는 이러한 생태계의 혜택을 계속적으로 확보하기 위해서 인간은 생물권의 생태계의 환경적인 건강을 복원하고 유지하는 것이 필수적인데, 이렇게 되면, 생태계는 이에 대한 보답으로 우리 인간의 생명을 지속시켜 줄 것이다.

다음 사항들은 생태학과 생태계(그 특성과 기능)에 대해 설계자가 생태설계나 생태학적 통합 디자인을 위한 근본적인 전제로서 반드시 알아야만 하는 중요 요소들이다. 그것들은 완전히 기술 공학적인 접근법에 비하여, 생태 설계에 접근하는데 필요한 생태학적 교양이나 이해에 대한 근본적인 수준을 결정한다(표 2 참조).

표 2. 생태학적 접근과 공학적 접근의 비교

디자인	생태계	공 학
강 조	생태학과 환경 생물학	기술과 공학
출 발	환경 판별	결정된 시방서
과정 이용	계의 통합	체계 효율
목 표	환경 공생	생산품
특 성	조직적 전체론의 자연	기계적 증분 인공

1) 연결망(Network)

자연계 전체에 걸쳐 우리는 생물체계가 다른 생물체계 내에 자리하고 있는 현상, 즉 한 네트워크 내에 또 다른 네트워크가 존재하는 것을 발견한다. 이러한 생물계의 경계는 서로 분리된 경계들이 아니고 모두 동일한 경계들인 것이다. 모든 생물계는 서로 의사를 소통하고 서로의 경계를 넘어 자원들을 공유한다.

2) 순환(Cycles)

모든 생명체는 생존하기 위해서 그들의 환경으로부터 나오는 물질과 에너지 흐름을 계속적으로 섭취해야만 한다. 그리고 또한 모든 생명체는 계속적으로 폐기물을 배출해내는데, 한 생물종이 배출해 내는 폐기물은 다른 생물종의 먹이가 되기 때문에 생태계에는 순수한 의미의 폐기물은 없다고 할 수 있다. 이리하여 물질은 생명의 거미줄 같은 연결망 속에서 계속적으로 순환된다.

3) 태양 에너지(Solar energy)

태양 에너지는 녹색 식물의 광합성 작용에 의해 화학적 에너지로 전환되어 생태계 순환을 구동한다(그림 3).

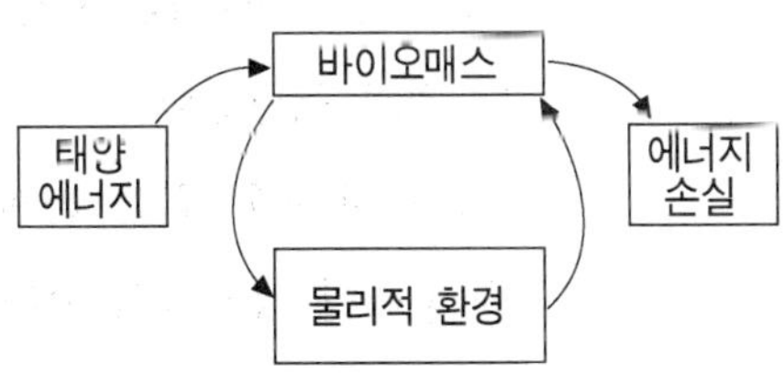

그림 3. 생물권에서의 에너지 순환

4) 동반자 관계(Partnership)

한 생태계 내에서 에너지와 자원의 교환은 광범위한 협력에 의해 지속된다. 생명은 지구를 전투를 통해 접수한 것이 아니라, 협력과 동반자 관계 그리고 네트워킹을 통해 이루었던 것이다.

5) 다양성(Diversity)

생태계는 풍부하고 거미줄 같이 복잡한 연결망을 통해 안정과 탄력성을 유지한다. 생물 다양성이 더 증대할수록 그 탄력성도 더욱 증가한다.

6) 역동적인 균형(Dynamic balance)

생태계는 탄력적이며 항상 변화하는 상호 연결된 네트워크와 같다. 그 탄력성은 몇 겹으로 구성된 귀환 회로의 결과로서, 그 귀환 회로가 생태계를 역동적인 상태로 유지한다. 여기에서 단 하나의 변수가 극대화되는 일은 없고 모든 변수는 최적치에 약간의 편차를 두면서 변화하여 전체적인 균형을 유지한다.

생태학에 대한 이해는 설계자가 설계된 시스템의 형태에 접근하는 방식에 영향을 미친다. 설계자는 그 계획된 시스템의 형태뿐만 아니라 또한 그 시스템과 처리(그 처리 결과), 설계된 시스템이 수명을 다한 이후 재사용, 재순환 그리고 궁극적인 생물학적 분해 및 그 내용물까지도 결정한다.

4. 인텔리전트 생태 디자인

일상생활에서 환경부하의 원인으로 생활인측에서는 주거환경의 변화나 핵가족화, 기업측에서는 기기의 다기능화나 대형화, 서비스 경쟁의 격화 등을 들 수 있고, 환경부하행위는 환경교육이나 계발에서 개선을 촉구하는 데에는 한계가 있다는 점도 예상된다.

그래서 이와 같은 문제를 근본적으로 해결하기 위해 생태 디자인 이론의 구축을 통하여 생산자의 편리성이나 쾌적성, 경제성을 훼손하지 않고, 환경에의 배려를 할 수 있는 제품이나 시스템이 필요하며, 제품측에서 인간을 지원하는 고려를 총칭하여「인텔리전트 생태 디자인(Intelligent eco design)」이라고 정의할 수 있다. 이와 같이 인텔리전트 생태 디자인은 사람들의 능동적인 의식개혁이 아니라 몸에 베인 관습이나 경험을 활용하도록 제품의 기능이나 서비스의 구조를 개선하는 것으로 생산자에게 부담을 주지 않고 환경에의 배려가 이루어질 수 있는 제품이나 시스템의 총칭인 것이다.

제품 재자원화 시의 환경영향이나 효율을 고려하여 제품설계를 하는 inverse manufacturing이 산업계에 정착하고 있다. Inverse manufacturing이란 폐기물의 리사이클을 염두에 둔 생산시스템으로 제품의 설계 개발 물류망 구축 등 여러 단계에서 리사이클을 고려하여 사용이 끝난 제품을 재자원화하기 쉽게 함으로써 자원순환형 사회 실현을 지향하는 상품제조 시스템이다. Inverse manufacturing의 목적은 순환형 제품 life cycle을 실현하는 것으로 부품의 재이용 증진과 제품의 장수명화에 초점을 맞추고 있다. 제품 사용 시의 환경부하를 줄이기 위해서는 이와 마찬가지로 일상생활에서 환경부하를 파악하고, 기획개발이나 디자인에 피드백하는 것이 필요하다.

이것은 이미 사용자공학(usability)의 분야에서 확립되어 있는데, usability가「어떻게 분별하기 쉽고 사용하기 편리한 제품을 개발할 것인가」라는 점에 역점을 두었기 때문에 환경문제가 반드시 검토되지 않았다. Usability란 특정의 이용상황에서 특정의 사용자에 의하여 어느 제품이 지정된 목표를 달성하기 위하여 이용될 때의 유효, 효율, 사용자 만족도의 정도이다.

Inverse manufacturing은 제품을 분석하는 것이 해결의 주된 수단인데, 인텔리전트 생태 디자인은 제품을 통하여 생활인의 환경부하를 발생시키는 행위에 착목하지 않으면 해결의 실마리를 발견할 수 없다.

인텔리전트 생태 디자인은 지속가능한 디자인(sustainable design)의 개념을 구성하는 개념의 하나이다.「환경에 배려한 생활양식」의 실천에 대하여 의식으로서는 중요성을 이해하더라도 현재 향유하고 있는 편리성·쾌적성을 배제할 수 없어 좀처럼 실행에 옮기지 못하는 사람들에 대하여 사람들의 능동적인 의식개혁 없이 제품의 기능이나 서비스의 틀을 개선하는 것으로 생활인의 편리성이나 쾌적성을 훼손하지 않고, 환경에의 배려가 이루질 수 있는 시스템을 가리킨다.

- 인텔리전트(IT나 Hightech) 기술에 의한 조작의 간략(자동)화와 에너지절약·자원절약
- 종래의 생활양식에 변혁을 가져오는 환경배려의 제품이나 서비스
- 디자인의 창조력이나 서비스의 개선으로 생활인의 부담을 경감한다든지, 환경배려행동을 유발하는 시스템

5. 지속가능한 디자인

지속가능한 디자인(Sustainable design)은 환경에의 부하를 줄여 인류가 지구상에서 오래 살고, 번영할 수 있도록, 「대립하는 관계에 있는 경제발전과 환경보호를 조화하는 관계로 되돌리는 방법론」이고, 「자연과 친화하면서 미래와 현재의 균형을 유지」하는 바와 같이 인공물을 디자인하는 것을 가리킨다.

「지속가능한 디자인」이라는 표현의 유래는 "Sustainable Development"(지속가능한 개발)에 있다. 이것은 「미래 세대의 가능성을 저해하지 않고 현재의 필요성에 어울린 개발」로 이해하는 것이 적절할 것이다. 「지속가능한 디자인」은 이와 같은 이해에서 구체적인 인공물의 개발에 디자인의 관점에서 경제발전과 환경보호와의 조화를 도모하는 것이다.

또한 중요한 관점이 되는 것은 지속가능한 디자인은 진화나 발전에 결코 역행해서는 안 된다는 것이다. 「지속가능한 디자인은 원시시대의 가치관으로 되돌아가는 것은 결코 아니다. 그것은 인간에게 동기부여(motivation)와 창조성을 자극하면서 금세기에 인류가 야기시킨 환경파괴의 도정을 역행하면서도 올바른 진로로 유도하는 전향적인 방법론이다」는 인식이 산업계에서 실태적인 구조를 검토할 때에 중요할 것이다.

한국에서는 지금 생태마을(Eco-town) 조성 등 자원순환형 사회의 실현에 여러가지 노력을 하고 있다. 환경보전과 경제발전의 양립을 도모하는 것은 대량생산·대량소비·대량폐기형의 사회를 경험한 우리에게 유일무이의 장대한 테마이다.

자원순환형 사회(Society with an environmentally-sound material cycle)란 「폐

기보다 재사용·재생이용을 첫째로 고려하여 새로운 자원의 투입을 가능한 한 억제한다. 또한 자연생태계에 되돌리는 배출물의 양을 최소한으로 하고, 동시에 환경을 교란하지 않는 물질로 한다」고 하는 환경에의 부하가 저감되는 사회로 규정하는 것이다.

6. 제품사용시의 환경부하

우리가 가전제품이나 자동차 등 특히 에너지를 계속 소비하는 제품은 제품생애주기(product life cycle)에서 보면 생산·수송시 보다 사용시에 환경부하가 커진다. 기업에 의하여 생산자의 손에 넘겨진 제품의 환경영향을 통제하는 것은 불가능에 가깝고, 보다 에너지형의 제품을 개발하는 방법만이 있다.

그러나 물질적으로 풍요로운 생활을 향유하는 한국에서는 쾌적성이나 편리성을 우선한 일상생활에서 낭비되는 에너지도 적지 않다. 가정의 소비전력량의 약 10%는 대기전력에 의한 것이라는 데이터도 있다.

제품생애주기란 제품의 환경영향이나 환경부하를 조사하기 편리하도록 물건의 일생을 설계·재료/부품조달·생산·유통·사용·회수·재활용(reuse)·재자원화(recycle)·폐기라는 과정으로 분류하는 방법이다. 또한 각각의 과정에서 발생하는 환경부하를 종합적으로 평가하는 방법이 LCA(Life Cycle Assessment)이다.

행위의 관찰에서 추출된 문제점은 그것이 야기시키는 원인을 분석하는 것이 대책을 고려하기 쉽다. 여기서는 그 발생원인을 생활인의 「cgo」에서 보고 그 정도에 따라 다음과 같이 분류할 수 있다.

1) 생활인 스스로의 행위에 의하여 환경부하를 발생시키고 있음을 알지 못한다.
2) 환경에 부하가 걸리는 것은 이해하지만, 무의식중에 배려를 잊는다.
3) 환경부하를 회피하는 행위가 귀찮다고 느껴 실행하지 못한다.
4) 본래 환경문제에는 무관심이다.

7. 환경배려의 기본 개념

환경배려의 기본 개념으로 분류된 5가지 문제점은 다음과 같다.

1) 「알지 못한다」 → 「알게 한다」(이해)

그 행위에 의하여 무엇인가의 환경부하가 발생하는 것을 사용자가 이해하기 쉽도록 알려준다.

2) 「잊었다」 → 「깨닫도록 한다」(인지)

시각, 청각 등의 오감을 통하여 환경부하가 발생하는 것을 깨닫도록 한다.

3) 「귀찮다」 → 「단순·생략화한다」

① 신체적 적합성 : 고통이나 피로 등의 신체적 요인에 의한 환경부하를 경감한다.

② 심리적 적합성 : 시간이 걸린다든지 조작이 복잡 등의 심리적 요인에 의한 환경부하를 경감한다.

4) 「무관심」 → 「유의토록 한다」(친화)

은유 등을 활용하여 환경배려행동을 유발시키도록 한다.

5) 「무관심」 → 「참여시킨다」(달성)

환경배려행동에 수반하는 성과에서 생태적인 생활양식에의 흥미를 북돋운다.

또한 환경배려의 기본 개념은 제품이 사람에 대하여 무엇인가의 작용을 하는 것에서 환경배려행동을 "유발시킨다"고 하는 의미에서 「의식적인 환경배려」라고 할 수 있지만, 5가지의 기본개념을 구현화하는 과정에서 다음의 포인트에 착목하여 「의식시키지 않는 환경배려」라는 해결의 수단도 고려한다.

1) 「지원성(Affordance)」

사람이 제품에 접하는 경우 일종의 제약이나 유도를 발견하여 환경배려행동으로 전환하는 것에서 환경영향을 경감한다.

2) 「인공물 생태계」

사람과 인공물(제품) 사이에서 친화·의존이 성립하는 관계를 구축한다.

3) 「감소」

서비스 산업화, 탈물질화를 위하여 마이너스 디자인을 보급시키다(제품 사용시의 자원·에너지·폐기물·시스템을 줄인다).

8. 재래설계와 생태설계의 특성

건축이 전통적으로 구조와 형태, 미의 문제에 관련되는 것과 같이, 또한 엔지니어링이 안전과 효율에 관련된 것과 같이, 우리는 모든 종들의 장기적 생존과 조화를 이루는 설계를 위해 생태적으로 건전한 형태를 의식적으로 개발하여야 한다.

표 3은 재래설계와 생태설계의 특성을 비교한 것이다.

표 3. 재래설계와 생태설계의 특성

주제	재래설계	생태설계
에너지자원	통상 파괴적이고 재생 불가능하다. 화석연료와 핵연료에 의존한다. 설계가 자연자본을 소모한다.	항상 재생가능하고 타당하다. 태양, 바람, 소규모 수력, 혹은 바이오매스 설계는 태양열 도입 범위 내에서 유지된다.
물질사용	고품질의 물질이 사용된다. 독성을 유발하고 저품질의 물질이 토양, 공기, 물속에 버려진다.	하나의 과정에서 쓰레기는 다음 과정에서는 음식이 되는 복원적인 물질순환과정이다. 재사용, 재순환, 유연성, 보수, 지속성에 근거한 설계이다.
오염	막대하고 풍토적이다.	최소화 : 쓰레기 규모와 구성은 쓰레기를 흡수할 수 있는 생태계 능력과 일치한다.
독성물질	살충제로부터 페인트에 이르기까지 일반적이고 파괴직이다.	매우 특수한 상황에서 극단적으로 조금 사용된다.
생태적 회계	환경영향평가서와 같은 강제적 요구조건들과 함께 순응하도록 제한한다.	성교한 구축 : 물질추출과 구성요소의 최종 재순환 과정까지 사업의 전생애주기를 통하여 생태적 영향의 넓은 범위를 망라한다.

주제	재래설계	생태설계
생태와 경제	반대되는 개념으로 인지 : 단기적 관점	상호 조화되는 것으로 인식 : 장기적 관점
설계기준	경제, 관습, 편리	인간과 생태계를 건강하게, 생태적 경제
생태적 맥락에서의 민감성	문화의 장소에 대한 고려없이 지구상에 걸쳐 표준적 판박이가 반복된다. 뉴욕에서 카이로까지 고층건물이 똑같이 보인다.	생물지역에 반응한다. 설계는 지역적 토양, 식생, 재료, 문화, 기후, 지형과 함께 통합된다. 장소로부터 형성된 해결책이다.
문화적 맥락에서의 민감성	동질적, 지구적 문화를 구축하는 경향 : 지역적, 일반적인 것을 파괴한다.	장소와 지역재료와 기술의 전통적 지식을 존중하고 양성 : 광범위한 것을 육성한다.
생물, 문화, 경제의 다양성	고에너지와 물질을 투입한 설계를 고용주들이 일반화시킨다. 그로 인해 생물적, 문화적, 경제적 다양성 잠식한다.	우리를 부양하는 경제와 지역적으로 적응된 문화의 생물다양성을 유지한다.
지시기반	좁은 학제적 관점	광범위한 과학과 다중설계학제를 통합 : 종합적이다.
공간척도	일시에 하나의 척도에서 작업하는 경향이다.	다중 규모를 가로지른 설계통합이다. 큰 척도에서 작은 척도로 작은 척도에서 큰 척도로 영향을 반영한다.
전 체계	놓여진 자연과정을 반영하지 못하는 경계들을 따라 체계를 분리한다.	전 체계와 함께 작업 : 내부 통합과 결합을 가장 큰 가능 정도로 제공하는 설계를 생산한다.
자연의 역할	설계는 편협한 인간요구를 만나고 예측가능성과 통제를 제공하는 자연에 부과된다.	동반자로서 자연을 포함한다. 어디서나 가능하고 물질과 에너지의 무거운 관련성을 위해 자연자신의 설계지능으로 대체한다.
내재된 은유	기계, 생산, 부분	세포, 유기체, 생태계
참여정도	결정적인 설계결정의 사회참여에 관해 공공적 제한을 가지고 의사소통하기 싫어하는 전문가의 횡성수설에 관련한다.	명료한 토론과 토의에 관한 헌신 : 모든 사람이 설계과정에 참여하기 위해 힘을 가진다.
배움의 형태	자연과 기술이 숨겨짐 : 설계는 시간을 통해 우리에게 가르쳐 주지 않는다.	자연과 기술은 보임 : 설계는 궁극적으로 우리를 부양하고 있는 체계로 이끈다.
지속가능성 위기에 대한 반응	자연과 문화에 대한 관점은 적대적, 산재한 가정(假定)에 대한 의문없이 부드러운 보전 노력을 완성함으로써 사물들이 나빠지는 속도를 천천히 하려고 노력한다.	문화와 자연에 대한 관점이 잠재적으로 친화의 관계이다. 실질적으로 인간과 생태계 건강을 낳는 실행을 위한 연구의 구분을 넘어선다.

출처 : 황보철 외 역(Sim Van der Ryn · Stuart Cowan), 생태설계, 보문당, pp.30~31, 2007.

9. 생태 디자인의 6가지 관점

새로운 지적 인프라의 구축을 위한 6가지의 순환의 관점이 있다(그림 4).

"지구의 자정성과 함께 존재하는 자연", "온난화 가스와 대기오염을 일으키지 않는 에너지", "소재와 제품의 단순폐기를 행하지 않는 사물"의 순환을 기본으로 순환형 사회를 받아들인다. "사람의 교류", "정보의 개시", "서비스의 재구축"에 의해 더욱 연마(brush up)된 기능을 현실화한다.

자연의 순환 : "지구의 자정성"을 다시 획득한다. 무기소재(無機素材)에서 재생이 용이한 유기소재(有機素材)에의 전환, 제1차산업의 개선 등 다양한 자연의 순환을 도모한다.

에너지의 순환 : 내연기관에 의존한 에너지 이용이 수소나 바이오매스, 자연에너지 등 다양화로 이행하고 있다.

사물－인공물의 순환 : "소재", "제품", "폐기"의 관점에서 "소비"를 재개념화한다. 신소재, 재자원화, 공유화, 재활용화, 생분해화.

사람－휴먼 커뮤니케이션의 순환 : 기업활동, 생활장에서「지구인」의 가치관과 문화를 형성한다. 구체적인 사회행동을 촉구한다.

정보의 순환 : 지구환경문제에 관하여 보다 입체적인 정보를 재구성한다.

서비스의 순환 : 더욱 연마(brush up)된 상품기능 서비스를 고려한다. 서비스 중시형 라이프스타일을 추진한다.

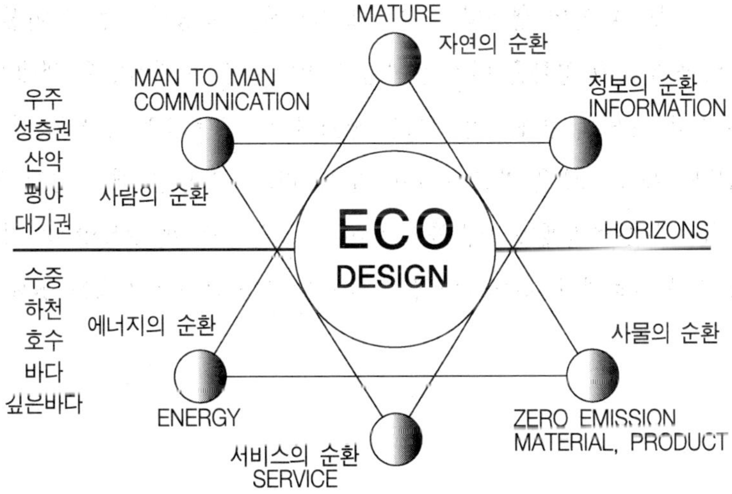

그림 4. 순환형 사회와 생태 디자인의 개념도

10. 생태를 배려한 계획과 디자인

미래의 디자이너는 제안된 건축물, 시설, 제반 시설, 그 정도, 운용, 사용들이 어떻게 행해지고 부여되는가를 결정하기 전에 그 생태계의 특성, 기능, 구조, 과정 등등을 연구하고 목록을 만들 필요가 있다. 그 때 디자이너는 어떤 잠재적인 영향과 이익이 있을지를 예상할 필요가 있다. 간단한 목표는 자연과 어울리는 것이다. 이러한 장소 목록과 분석은 필수적이다. 왜냐하면 디자이너가 선호하는 형태, 강도와 건축물과 시설, 그와 관련된 접근수단, 배치(예를 들면 도로, 기타)와 제반시설의 정도의 설계 양식에 대한 정보를 제공하기 때문이다. 더구나, 그것들은 그 지역의 생태계와 물리적, 체계적, 일시적으로 통합할 수 있는 체계적인 운영의 허용수준을 결정하는 데 도움을 줄 것이다.

모든 디자인을 위하여 먼저 생태학적 그리고 기후적 특성과 디자인을 전제조건으로서 프로젝트 현장의 자연적인 경계(즉 역사적인 지질학, 기후, 자연지리학, 물의 섭생, 흙, 식물, 동물 그리고 토지이용)를 비판적으로 조사하는 것이 필요하다.

야생 지역이었던 곳에 건축이 시작되면, 많은 생물종을 위한 서식지가 줄어든다. 기술이나 패턴 그리고 인간이 만든 환경과 그 물건의 기계적인 형태라기보다는 그 현장의 물리적 또는 생물학적 측면이 최종적인 디자인을 결정하도록 하여야 한다. 프로젝트 현장의 생태학적 그리고 기후적인 특징과 그들이 어떻게 디자인된 시스템과 운용에 영향을 미치는 가를 고려하지 않는 디자인은 생태적이라고 여겨질 수 없다. 개발의 잠재적인 영향을 평가하려면 프로젝트 현장의 개발 전 생태학적 기초와 환경 모델을 만드는 것이 필요하다. 이 모델은 개별 현장 요소들의 필수적인 기능과 상호관계를 기술하여야 하고, 건설 이후에 수용할 수 있는 변경의 한계를 정하여야 한다. 선택적인 환경 모니터링과 검사가 계속될 필요가 있다.

표 4. 건축물에서의 여러 가지 보전기술 이용

기 술	특 성	기능성	신뢰성	구축용이성	유지관리	비 고
자연 환기	내부를 환기시키기 위해 자연압력차를 이용한다.	오염과 채광이 부딪치는 문제를 해결한 단순한 건물계획	환기장치, 통풍 장치, 창문은 유지관리 필요	비재생에너지 사용 안함.	환기, 창문, 자동제동기 등은 유지관리 필요	더운 기후에서 먼지가 많은 공기는 쉽게 걸러지지 못한다.
충분한 방식의 환기	건축물 안으로 유입되는 공기의 흐름을 조절하는데 팬 에너지를 사용한다.	팬 동력이 필요하나 열이 회복되어야 한다.	복합 제어는 양호한 유지관리 필요	유지관리 필요	장비의 유지관리와 필터 공급필요	시스템은 능동적 열저장을 위해 사용될 수 있고 재생에너지로 동력을 제공받는다.
혼합 방식 환기	팬과 창문의 조합방식은 환기를 위해 필요	자연환기와 기계적 환기 사이의 유연성 부여한다.	제어하는데 주의를 요함.	조정 필요	장비의 유지관리와 필터 공급필요	시스템은 능동적 열저장을 위해 사용될 수 있고 재생에너지로 동력을 제공받는다.
빗물 이용	식수나 화장실용으로 빗물이용	강수율에 의존	기후에 의존	단순한 구성요소 기본	화장실용으로는 유지관리가 낮고 식수용으로는 유지관리가 높다.	강수에 의존
흐린 물 회수	화장실용으로 쓰기 위해 설거지물의 회수 및 저장시킴.	강수율이 낮은 지역이나 식수공급이 불확실한 지역	건강 요인	구성요소 기본	보수가 별로 필요 없고 쉬움	시스템이 합성물을 데우기 위해 전기 동력에 의존하지 않는다.
퇴비화 처리 화장실	강이나 호수에서 흘러나오는 물이 저장되고 퇴비가 되는 곳은 수세식 화장실에 대용됨.	하수시설이 없는 곳	수동식	작동부분 거의 없고, 조립식	저렴하고 편리한 유지관리	퇴비를 뜨겁게 하는데 전력공급이 필요없는 시스템
수동적인 열저장	태양열 취득과 열저장 및 냉각 에너지를 조절하는 노출구조	기후 의존적	기후 의존적	재료 가용성에 의존적일 수 있음.	저렴한 유지관리	기후 의존적
적극적인 열저장	에너지저장과 방출을 위한 완전기계 또는 반기계 시스템	팬과 제어를 위하여 에너지 필요 ; 기후 의존적	제어를 제대로 하지 않으면 작동 못할 수도 있음.	일관성 있는 작동을 위하여 양호한 조율 필요	복잡성에 따라 다르다.	제어가 제대로 되지 않으면 부서질 수 있음. 시설 유지관리능력 필요
얼음 저장	피크시간 외의 시간에 냉 에너지 저장하여 낮시간에 냉각에너지 방출	높은 에너지 비용	복합시스템은 계속적인 유지관리 필요	공간을 차지하지 않은 구성요소 사용	냉각기, 펌프, 배관작업과 얼음배관	기술적인 유지관리없이 가끔 부서지는 경우가 있어 양호한 제어와 재정지원 필요
지열 펌프	냉각과 가열을 위하여 열펌프에 작동시키는 잠재적 지열 이용	장소 의존적	시스템 유지관리	구성요소 기본, 시추는 고비용	열펌프와 제어는 유지관리 필요 ; 구멍이 마힐 수 있음.	폐쇄된 구멍 주변은 거의 안정적임, 개방된 주변은 세서수/관개용수를 제공할 수 있음.

출처 : Ken Yeang, ECODESIGN, Wiley-Academy, p.88, 2006.

표 5. 생물권에서 방출의 집적

물 질	폐기 환경			
	육 상		수 생	
	불모의 토양	열대와 온대 토양	해양	민물
물	매우 이익이 됨	이익이 될 수 있다	영향 없음	적은 영향
유기화합물	토양의 미생물을 위한 좋은 양분 신속한 생분해 시간이 바람직		물속의 산소 고갈의 방지하기 위하여 처리 전에 산화에 의하여 제거되어야 한다. 신속한 생분해	
질소(N)	매우 이익적 식물성장에 있어서 제한적 양분이다	이익적 과다하면 지하수에 침투할 수 있다	괜찮음 제한적 영양분이 희석되어 별효과 없음	매우 바람직하지 못함. 해조류 성장에 두 번째로 제한적인 양분
인(P)	이익적 토양에서 낮은 이동성으로 지하수나 표면에 접근할 가능성 낮음	이익적 식물성장에 제한적인 양분	괜찮음 제한적 영양분이 희석되어 별효과 없음	매우 바람직하지 못함. 해조류 성장에 두 번째로 제한적인 양분
칼륨(K)	세척수 농도에서 이익적		영향 거의 없음	
황(S)	이익적		영향 없음	
나트륨(Na)	매우 비바람직 독성 축적 가능성	바람직하지 않음, 진흙을 제외하고 비에 의해 일부 씻겨나감	영향 없음	영향 없음
	식물에 직접적으로 독성, 토양구조물에 파괴적			
pH (산성/알칼리성)	pH 낮춤 바람직	pH 낮춤 바람직	영향 없음	영향 거의 없음
염소(Cl)	바람직하지 않음		영향 없음	영향 거의 없음
보론(B)	세척수 농도에서 식물에 매우 독성 있음		영향 없음	바람직하지 않음
병원성 미생물	적절한 조건에서 무해하게 생분해 됨		희석되지만 질병 전파 가능	질병전파 가능성
산업독성	치명적		매우 바람직하지 않음 희석되지만 생체에 축적됨	치명적

출처 : Ken Yeang, ECODESIGN, Wiley-Academy, p.279, 2006.

4-2 비오톱

도시화 및 산업화 과정에서 도시지역은 자연을 파괴하여 생물의 서식처를 감소시키고 서식환경을 악화시키면서 성장해 왔다. 도시 내부에 있어서는 인간과 생물 간의 접촉할 수 있는 장소가 현저하게 줄어들고 있는 실정이다. 지속적인 도시발전을 위하여 자연생태계를 회복하고 생물의 서식공간을 종합적으로 보전하고 재생해야 한다는 요구가 높아지고 있다. 따라서 도시생태계를 보전하며 시민들에게 다양한 자연체험과 휴양기회를 제공하고 친자연적인 도시계획을 위한 기초 자료로 핵심적인 역할을 하는 비오톱(Biotope) 구축이 요구되고 있어 간석, 습지, 호소, 하천 등의 수역이나 주변산림, 초원 등 지역의 자연을 활용한 여러 가지 비오톱이 정비되고 있다.

이와 같이 비오톱은 현재 많은 해석이 되고 있는데, 주택의 정원에 나무를 심어 비오톱화하는 등의 소규모 비오톱에서 지역 고유의 자연생태계를 구축하기 위하여 하천이나 호소, 삼림, 초지, 습지 등을 정비하는 대규모 비오톱까지 여러 가지가 이루어지고 있다.

1. 도시생태계와 비오톱

(1) 도시생태계의 정의 및 특징

도시생태계는 주로 인간과 자연으로 구성되며, 인간은 독이한 사회구조를 형성하고 경제활동을 하며, 자연을 변형시키고 외부로부터 다량의 물질과 에너지를 도입하여 생산품과 폐기물을 생산하여 배출하는 왕성한 대사활동을 하는 인공생태계이다.

자연생태계는 태양에너지만으로 자기유지를 하는 독립생태계인 데 비하여 도시생태계는 화석, 원자력과 같은 타 에너지의 도움을 받아야 유지되는 종속생태계이다. 자연생태계는 모든 구성원 사이의 자연스러운 순환관계를 유지하는 데 비하여 도시생태계는 순환관계가 원활하지 못하다.

도시생태계의 특징을 요약하면 첫째, 넓은 서식공간을 필요로 하는 포유류 및 맹금류 등 생태계 고차포식자가 서식하기 어렵고, 둘째, 도시환경이 대기오염에 약한 식물과 자연성이 높은 식물군락을 사라지게 했으며, 셋째, 귀화식물과 동물 등 도시환경에 새롭게 적응한 종의 출현이 많으며, 넷째 생물다양성이 저하되고 생태계 구조가 단순화되었다는 것이다. 이 밖에도 토양오염 및 건조화, 태양열 차단, 상대습도 저하, 바람속도의 감소, 강수량의 증가, 온도의 상승, 지하수위 하강 등의 문제가 발생한다.

도시생태계의 자기조절 능력 상실의 주요 원인 중 하나인 생물다양성 감소원인은, ① 도시개발에 의한 생물서식공간의 훼손 및 파괴, ② 대기오염, 토양오염, 수질오염, 건조화, 지하수위 저하, 녹지면적 축소 등으로 생물서식공간의 질적 저하, ③ 도시 내 잔존하는 수림과 습지 등 생물서식공간이 도시개발에 의해 분단되고 고립화된 것을 들 수 있다.

따라서 도시생태계를 복원하기 위해서 현존하는 녹지를 보전하고 인공화된 토지에 자연을 복원하며, 각각의 녹지를 연결시켜 생물들의 서식, 생육공간을 확충하는 것이 필요하다.

(2) 비오톱의 개념

비오톱은 본래 그 지역에 사는 여러 가지 야생생물이 서식할 수 있는 공간이며, 「생물의 서식공간」으로 번역된다. 그리스어에서 「생명」을 의미하는 「bios」와 「장소」를 의미하는 「topos」의 합성어이며, 독일의 생물학자인 Ernst Heinrich Philipp August Haeckel이 제창한 것이 시초라고 한다.

비오톱의 본 고향인 독일에서는 공업화 등에 수반하여 환경문제가 심각화한 1970년대 무렵부터 비오톱이 주목되었다. 1976년에 제정된 연방자연보호법에 비오톱의 보호, 유지, 발전, 회복이 도입되어 생태계보전을 의식한 지역건설이 추진되고 있다. 우리나라에서도 「수질 및 생태계 보전에 관한 법률」(2009), 「자연환경보전법」(2009), 「하천법」(2009) 등이 제정되어 자연을 복원, 재생하기 위한 제도적인 토대가 마련되어 있다.

비오톱은 식물, 곤충류, 양서·파충류, 조류, 포유류 등 야생 동식물이 서식·생육하는 공간을 유형화한 개념이다. 다시 말하면 "특정의 생물군집이 생존할 수 있는 특정의 환경조건을 구비한 균질성을 지닌 제한된 서식공간"으로 정의할 수 있다. 즉 호소, 습지, 초지, 이차림 등 우리 주위에서 다양한 생물서식공간이 각각 유형을 달리한 비오톱이 되는 것이다. 다양한 무생물적, 생물적 요소의 조합으로 이러한 서식지는 비교적 고유한 특성을 가지게 된다. 생태계 내에서 생물군집에 영향을 미치는 환경은 산소, 수분, 토양성분 등 무생물적 요소와 한 개체군 혹은 한 생물체에 대한 생물적인 요소, 즉 생태계 내의 다른 개체군이나 개체의 영향으로 구성된다.

또한 지형, 토양, 기후, 물관리, 식생, 동물상, 인위적인 영향과 같은 인자들에 의해 특징지어진 지표의 한 부분으로 정의되는 경관은 다양한 비오톱의 모자이크로 구성된다. 이러한 모자이크는 숲 또는 농경지와 같이 단일 성격의 큰 공간을 형성할 수도 있지만, 변화가 심한 서식환경에서는 이와 대조적으로 아주 큰 다양성을 보여주기도 한다. 비오톱은 가치중립적인 개념으로 일반인들이 생각하는 것처럼 특별히 가치 있고 보호할 필요가 있는 서식공간만을 의미하는 것이 아니다. 즉 단순한 종으로 구성된 농경지, 종다양성이 높은 습지도 하나의 비오톱인 것이다.

비오톱 개념이 생기게 된 배경에는 특정 희소종의 보전을 목표로 한 전통적인 자연보전 뿐만 아니라 도시와 거주지역에 남겨진 생물의 서식공간과 이동공간이 될 수 있는 모든 종류의 경관단위를 파악할 수 있게 하고, 이곳이 생물들의 서식 및 인간의 여가공간으로서 만족할 만한 역할을 수행할 수 있게 하기 위한, 즉 도시생태계 보전을 목적으로 한 것이다.

2. 도시생태계에서 비오톱의 역할과 가치

(1) 도시지역에서의 비오톱 기능

도시화가 진행되어 점점 자연성을 잃어가고 황폐화되어가는 도시지역에서 비오톱은 다음과 같은 기능을 한다.

- 도시생물종의 은신처, 분산(확산), 이동통로의 기능을 한다.
- 도시가 얼마나 친근감을 느낄 수 있는 공간인가 판별하는 근거로서의 기능을 한다.
- 도시민의 휴식 및 레크리에이션을 위한 공간으로서의 기능을 한다.
- 어린이를 위한 비공식적 놀이공간으로서의 기능을 한다.
- 환경교육을 위한 실험지역으로서의 기능을 한다.
- 도시생태계 연구를 위한 공간으로서의 기능을 한다.
- 도시의 환경변화 및 오염의 지표로서의 기능을 한다.
- 도시환경보호 및 환경 건전성(수질, 기후, 대기질, 소음 등)의 유지를 위한 기능을 한다.

(2) 도시지역에서의 비오톱 가치

자연이 부족한 도시지역에서 비오톱이 제공하는 가치는 지역사회적 측면, 교육적 측면, 경제적 측면, 생태학적 측면, 환경적 측면에서 살펴볼 수 있다.

1) 지역사회적 측면에서의 가치

야생동물서식지역은 도시의 소음과 혼잡으로부터 조용한 휴식처를 제공하며, 지질학적 특이지역은 사람들의 관심을 유도하는 흥미 있는 장소를 제공한다.

교외지역이나 자연지역을 산책하는 것은 사람들이 가장 선호하는 여가활동 중의 하나이며, 자연보호활동에 참여함으로써 지역민들이 서로 만나고 교류할 수 있는 기회를 제공한다.

2) 교육적 측면에서의 가치

야생동물서식 및 지질학적 특이지역은 어린이에게 자연환경을 접하고 이해할 수 있는 기회를 제공하며, 교실에서의 환경교육이 아닌 실천적인 환경교육 프로그램을 위한 장소를 제공하며, 다른 지역에서 이루어지는 교육내용도 서로 교류할 수 있다. 이러한 결과로 지역 자연환경에 대한 이해가 깊어지고 이는 지구적 차원의 환경에 대한 이해로 확대될 수 있다.

3) 경제적 측면에서의 가치

보전·보호를 위주로 한 토지관리는 기존의 토지관리방식보다 비용이 덜 들며, 도시에서 자연과 쉽게 접할 수 있는 쾌적한 환경의 질을 유지하고 있는 도시는 이러한 환경적 우월성으로 보다 많은 고용과 투자를 유도함으로써 지역경제의 발전과 경제적 혜택을 누릴 수 있다.

4) 생태학적 측면에서의 가치

도시의 비오톱은 도시지역에서 일정한 동·식물종을 발견할 수 있는 최후의 장소이고, 몇몇 생물종은 도시환경의 모니터링을 위한 지표종의 역할을 한다. 또한 도시지역은 많은 외부도입종이 서식하고 있어 연구의 대상이 된다.

5) 도시환경적 측면에서의 가치

도시 내 비오톱과 같은 녹지공간은 오염과 먼지 등의 감소효과를 가져와 지역환경을 개선하고, 도시 내 기온을 낮추고 빗물의 빠른 유출을 억제하며, 지구적 차원에서 지구온난화를 억제하는 데 기여한다. 또한 도시 내 녹지공간은 매력적인 도시경관을 제공하여 사람들에게 많은 심미적인 혜택을 주기도 한다.

3. 비오톱 유형화의 방법

(1) 유형화 과정

1) 조사지역의 경계설정

도시에서 비오톱 지도화를 위한 경계는 비정주지에서의 비오톱 지도화와 달리 구체적인 작업 이전에 지형도를 가지고 정할 수 있다. 경계는 일반적으로 도시 내

비오톱과 주변지역과의 생태적 기능을 고려하여 결정되어야 한다. 예를 들면, 도시외곽 비오톱의 특징인 휴양기능에 관한 사항 등이 경계결정에 고려되어야 한다.

2) 기초 자료의 분석 및 평가

비오톱 지도화에 들어가기 전에 조사지역에 대한 기존의 정보와 자료를 취합하고 평가해야 한다. 사전 정보의 종류와 이에 관련된 평가항목들은 표 1에서와 같다.

이러한 많은 정보를 통하여 토지이용도가 만들어지며, 이 토지이용도는 개략적인 비오톱 유형에 관한 도면이다.

표 1. 정주지에서 비오톱 지도화를 위한 사전자료

사진자료	획득 가능한 정보
항공사진	• 비오톱 유형의 종류, 경계 • 식생의 종류, 연령, 밀도, 천이단계
백도(1 : 5,000)	• 비오톱 유형의 종류, 경계, 명확한 토지경계 구분
지형도(1 : 25,000)	• 지형, 전체적인 대략 분류
지질도, 토양도, 기후도, 잠재자연식생도, 현존식생도	• 자연관리와 경관생태학적인 기초자료 • 자연공간분류, 자연에 가까운 비오톱에 관한 자료(토양, 생물군집) • 물과 관련된 비오톱에 관한 자료
인문, 자연역사를 파악할 수 있는 지도, 지역연구자료	• 인구동태 파악, 경관의 변화(토지이용변화, 하천, 녹지의 변화) • 녹지개발, 유휴지의 이전 이용 상태
생물종 분포도, 종목록, 지역식물상, 식생자료	• 종의 유무와 분포, 지역적으로 희귀하거나 위기에 처해 있는 정도
지역적으로 멸종위기 종목록	• 조사지역에서 생물동의 멸종위기도 표시
지정된 보호구역에 대한 도면자료 및 참고문헌 또는 이전의 지도자료	• 기존 또는 계획 중인 보호구역의 위치, 크기, 구조, 생물종 목록, 잠정적으로 보호되고 있는 지역
지역전문가 및 자연보호단체의 자문	• 종의 유무와 분포 • 자연사적 인문사적 특성
자연사박물관, 식물채집가, 개인수집가의 자료	• 기타 자료와 조사지역에 대한 정보
참고문헌, 평가서, 계획 등 기타 자료의 정리	• 환경영향평가서, 토지이용계획, 녹지정비계획

출처 : 오동화, 도시생태계 유지관리를 위한 비오톱 구축방안, 부산발전연구원, p.21, 2003.10.

3) 정주지와 그 주변지역의 비오톱 유형

비오톱 유형의 분류와 경계는 가능한 한 포괄적인 지역자료에 기초하여 이루어진다. 체계화를 위해서는 토지이용도나 항공사진과 같은 자료가 이용되며, 작업도면만으로는 1 : 5,000 지도가 많이 이용된다. 시골 또는 작은 지역의 지도화를 위해서는 각 조사지역에 적합한 축척이 사용되기도 한다. 정주지에 대한 기존의 비오톱 유형(기본 비오톱 유형) 및 지도화된 비오톱 유형과 비오톱 복합체를 비교검토하고 기존의 비오톱 유형에 추가되는 항목을 첨가함으로써 적합한 비오톱 유형을 설정할 수 있다.

비오톱 유형은 지도화하는 지역특성에 맞게 구체화되어 개발되어야 한다. 이것은 지역에 따라 새로운 구체적인 유형이 만들어지고 내용적으로 정의되어야 함을 의미한다. 유형정의는 공간의 시간적 연속성, 토양포장도, 식생구조 등을 기준으로 할 수 있다. 이러한 작업을 통하여 지역특성에 맞게 비오톱 유형이 확장 또는 추가되어야 하며, 필요한 경우 소공간구조도 고려되어야 한다. 도면의 축척에 따라 어느 정도 크기의 비오톱 유형과 그 세부유형을 지도화하고 서술할 수 있을 것인지를 결정할 수 있다. 조사지역의 크기에 따라 정밀도와 정보의 양도 달라진다. 초본식생지역, 관·교목구조, 다양한 정원유형, 생울타리림과 같은 녹지구조는 대축척도면에서는 표시될 수 있으나, 소축척지도에서는 나타내지 못한다.

고속도로나 주요도로, 간선도로는 지도화에서는 독립적인 비오톱 유형으로 구분되지만, 주택가의 작은 길 등은 따로 구분하기 어렵다. 이 경우 작은 길들은 인근의 비오톱에 포함되며, 작은 길이 비오톱 유형의 경계가 될 경우 양쪽 비오톱 경계에 적당히 포함된다.

토지이용이 혼합된 지역의 지도화는 많은 문제가 있으므로 이 작업의 간소화를 위해서는 내부지침이 필요하다.

4) 비오톱의 유형

비오톱은 ① 자연형, ② 보전형, ③ 공원형, ④ 교육형, ⑤ 휴식형의 5가지 형식으로 분류할 수 있다(그림 1).

그림 1. 사람들과의 관계에서 본 여러 가지 형식의 비오톱
(좌에서부터 자연형, 보전형, 공원형, 교육형, 휴식형)

출처 URL : http://www.kkr.mlit.go.jp/plan/kannai2005/02.html

비오톱 조성에 있어서는 생물의 습성에 적합한 공간 조성이 요구된다. 송사리 비오톱에서는 종단수로에 투수성이 있는 진흙이 퇴적하기 용이한 수초도 자라기 쉬운 다공질 콘크리트(Porous concreat)를 조골재로 한 다공질 콘크리트 수로관(Bench flume)이 채용되었다. 또한, 집수조나 횡단수로의 접속용기는 수심을 깊게 하여 송사리의 피난장이나 월동장이 되는 형태가 채용되었다(그림 2).

그림 2. 송사리 비오톱의 수로(좌에서 종단수로, 횡단수로, 각종 용기)

출처 URL : http://www.thr.mlit.go.jp/aomori/medaka/waterway/sentei.html#POLUS

4. 비오톱 지도화의 이용

(1) 다양한 도시관리 분야에의 이용

도시지역의 비오톱 지도화는 효과적인 자연보호와 경관관리의 도구, 자연체험과 삶의 질 증진, 생태적 도시계획의 기초로 이용된다.

비오톱 지도화 방법은 일부 비오톱에 대한 선택적 지도화, 대표성을 띠는 비오톱에 대한 표본지도화, 전체 비오톱에 대한 포괄적 지도화가 있으며, 비오톱 지도화 과정은 준비단계인 조사지역 설정, 기존자료의 수집 및 평가, 조사단계인 비오톱 유형의 지도화, 조사대상지역의 선정, 조사대상지의 지도화, 분석 및 평가단계로 자료정리, 비오톱 유형과 구조 평가, 보호/보전/개발사업 프로그램의 적용, 효과분석, 재지도화의 반복과정으로 이루어진다.

우리나라에서는 비오톱 지도를 통하여 도시계획 등 각종 행정계획 수립의 기초자료로 활용이 가능하며, 도시계획 환경성검토의 기초자료, 토지적성평가의 개발행위허가의 기초자료, 환경영향평가의 자료, 사전환경성검토의 자료 등으로 활용이 가능하다. 또한 생태적 도시관리를 위한 기초자료 제공, 도시 내 생태계보전지역 설정 등의 자료를 제공하여 준다.

(2) 도시생태계 평가에의 이용

우리나라에서 적용하고 있는 도시생태계 평가방법으로는 환경관리분야에 환경영향평가, 사전환경성검토, 생태·자연도가 있으며, 공간계획 분야에 도시계획 환경성검토, 개발행위허가기준이 있다. 각각의 평가방법은 장단점이 있는데, 가장 큰 문제는 이들 모두 조사방법, 조사항목, 조사주기 등이 명확하게 설정되어 있지 않으며, 적용규모가 다르다는 것이다. 비오톱 평가방법은 우리나라에서 활용하고 있는 기존 평가제도에 비하여 현황자료의 도면화, 객관적이고 체계적인 평가틀 구성, 자료의 계량화 기능 등 다양한 장점을 가지고 있어 국내의 기존제도에 대한 개선대안으로 활용가능성이 큰 제도이다.

5. 수생비오톱(생태연못)의 개념

수생비오톱(생태연못)은 습지의 한 유형으로 도시화와 산업화 등으로 훼손되거나 사라진 자연습지를 대신하여 다양한 종들이 자생적으로 서식할 수 있도록 조성된 인공습지의 유형 중 하나이다. 즉, 어류, 잠자리, 수초, 조류 등 모든 생물에게 필요한 서식공간으로 다양한 생물상을 유지시키는 등 생태적으로 순환체계를 이룰 수 있도록 조성한 물이 있는 공간을 수생비오톱이라 한다. 수생비오톱의 구성요소로는 다음과 같이 물, 토양, 식생, 미생물, 동물 등이 있으며 그 특징은 표 2와 같다.

표 2. 수생비오톱의 구성요소

구성요소	특 징
물	• 식물군과 동물군의 구성을 조절 • 야생동물의 먹이나 은신처, 서식처 역할 • 생산성에 직접적인 영향을 미침
토양	• 습지에서 식물이 지탱할 수 있도록 해줌 • 화학물질들의 이동에 있어 매체(medium) 역할 • 미네랄 및 기타식물의 성장에 필요한 물질의 중요한 보고 • 물의 토양과는 달리 함수율이 높아 토양과 대기 사이의 산소교환에 중요한 역할
식생	• 곤충의 먹이뿐만 아니라 산란, 부화장소 및 흡밀원 등의 기능 • 조류에게 먹이를 제공하며, 둥지를 틀 수 있는 서식처 기능 • 습지나 비오톱으로 유입되는 오염물질을 식생대에 의해서 제어하는 역할
미생물	• 유기물과 무기물을 분해하는 역할 • 토양과 침전물의 산화/환원 상태를 조절하여 영양염류, 무기/유기화합물로 연환하거나 유지시킴
동물	• 물과 토양을 기반으로 하면서 미생물과 식생을 먹이로 하는 곤충류, 어류, 양서류, 조류, 포유류 등이 포함되는데, 습지생태계에서 안정적인 먹이사슬 구조를 형성 • 동물은 식물과 함께 중요한 학습소재가 되면서 이용자의 흥미를 유발

그림 3. 월드컵공원 내 수생비오톱

그림 4. 서울 화랑초등학교 내 수생비오톱

6. 주거단지 내 수생비오톱의 필요성

주거단지 내 수생비오톱의 필요성으로는 다음과 같다.

① 훼손된 서식처의 복원 및 생물 다양성의 증진

도시화로 인해 생물들이 살 수 있는 공간이 점차 사라지고 있으며 이에 따라 도시지역에서 생물서식처를 복원하는 것이 중요한 과제로 대두되고 있다. 따라서 주거단지 내의 수생비오톱의 조성은 훼손된 서식처의 복원과 동시에 생물다양성을 증진시킬 수 있으며 궁극적으로 단지 내 생태환경을 향상시킬 수 있게 된다.

② 우수저류와 미기후 조절 기능

포장면적의 증가로 빗물이 땅속으로 스며들지 못하여 비가 많이 오면 일시에 많은 물이 하천으로 흘러들어가 홍수를 일으키게 되고, 비가 적게 오면 지하수가 고갈되는 현상을 초래하게 된다. 따라서 빗물을 저장하는 우수저류 기능을 갖는 수생비오톱의 조성은 홍수를 예방하는 효과가 있으며, 또한 수생비오톱의 수분 증발에 의한 기화열로 인해 여름철에는 주변지역의 기온이 지나치게 상승하는 것을 방지하고, 겨울철에는 얼음의 잠열로 주변기온의 하강을 방지하는 효과를 줄 수 있다.

③ 환경교육의 장 제공

주거단지 내의 수생비오톱 조성은 도시에서 부족한 생태환경의 제공과 단지 내 주민과 주변 학생들의 환경교육의 장소로 이용될 수 있다.

7. 수생비오톱 조성방법

7.1 수생비오톱의 식재원칙

- 수심의 차이에 따라 적절한 수종 선택
- 번식력이 강한 종의 경우 소수의 종과 소수의 수량만을 식재
- 연못의 경계부(완충구역)에 다년생 숙근초화류 식재
- 야생조류의 먹이를 제공하고, 기타 곤충류의 서식처와 은신처를 제공할 수 있는 수종을 우선적으로 선택
- 환경교육 프로그램에 유용한 다양한 식물
- 경계부의 식생처리방안

7.2 수생비오톱 조성계획 과정

수생비오톱 조성은 목적설정과 대상지역의 조사분석을 토대로 기본계획, 설계, 시공 및 유지관리의 과정을 거친다. 각 과정별로 조성하고자 하는 목적에 부합되지 않거나 생태적으로 바람직하지 않은 영향을 미칠 경우에는 피드백을 하여 이전 단계의 내용을 수정·보완한다. 수생비오톱의 조성계획과정은 조성목적 및 기본구상, 조사 및 분석, 기본계획, 설계, 시공, 유지관리의 단계로 나뉜다.

1) 조성 목적 및 기본 구상

- 기존 환경자료로부터 주변지역을 포함한 환경특성 파악
- 환경특성과 조화되는 조성목적 및 기본 구상 수립
- 생물과 생태계에 미치는 영향을 최소화하는 구상

2) 조사 및 분석

- 주변 지역과의 관련성을 포함한 생태계 파악
- 동식물상 조사와 함께 토양, 수질 등의 기반환경 조사
- 수생비오톱을 만드는데 필요한 중요종 파악
- 얻어진 결과에 따라 심각한 영향의 유무를 평가하여 정립된 목적 및 기본 구상의 제고

3) 기본 계획

- 지형변화 최소화, 여러 가지 환경요소의 존중, 수생비오톱의 확보 및 시간의 변화고려
- 생물종의 서식영역 파괴와 생활권, 이동경로의 단절 지양

4) 설계

- 자연식물상에 의거 여러 가지 초화류와 식물 식재
- 직선이나 인공재료 사용을 억제하고, 다공질성 재료를 활용
- 연못 가장자리의 중요성 등을 고려한 수환경과 호안 등의 설계
- 기존 서식처 확보와 자연환경 복원 또는 창출을 모든 각도에서 연구, 검토

5) 시공

- 생물의 서식 및 산란계절을 고려한 시공
- 표토의 보존 및 지역에서 생산되는 재의 이용
- 생태계에 바탕을 둔 기술의 도입
- 시공으로 인한 영향 방지

6) 유지관리

- 사후 조사와 영향을 분석하고 이 결과에 따라 필요한 개선, 보완
- 유지관리 및 운영장소와 자연상태를 유지해야 할 장소를 구분
- 지역주민, 학생, 교사, 시민단체 등과 관리 논의
- 과도한 이용에 따른 생태환경 파괴방지

7.3 수생비오톱 조성기법

1) 수생비오톱의 위치

주변에 생물서식처가 풍부한 곳은 생태 네트워크 구축을 위해 수생비오톱을 가급적 서식처간의 연결이 필요한 곳에 조성하도록 하며 집중 호우시 급류에 의한 토사유실 위험이 없는 곳이어야 한다.

특히 생물서식처가 거의 없는 도시지역의 주거단지에서는 관찰은 용이하지만 사람들의 간섭이 적은 곳으로 자동차, 자전거 등과 같은 소음원을 비롯해 각종 환경오염으로부터 충분히 이격된 곳에 입지하도록 해야 한다. 또한 오염물질이 연못 내로 유입되는 것을 방지하기 위해 도로나 주차장으로부터 물이 직접 흘러들어올 수 있는 시역은 배제해야 하며 가능하면 햇볕이 잘 들고 물의 유입 및 유출에 지장이 없는 곳에 위치시켜야 한다.

2) 수생비오톱의 모양

종의 다양성 증신을 위해 연못의 모양은 부정형이면서 다양한 굴곡으로 복잡하게 조성해 주는 것이 좋고, 형태는 주변환경과 조화되도록 해야 하며, 특히 등고선에 역행하지 않게 조성해야 한다. 또한 주거단지 내에서 넓은 면적을 확보하기 어려울 때는 작은 연못을 여러 개 조성해 주는 것도 생물종 다양성 증진에 도움이

된다.

① 유입구 및 유출구

유입구는 수생식물에 의한 수질정화를 위해 거리를 길게 확보해 주거나 다단의 연못으로 조성해 주는 것이 좋으며 유출구는 평균 수면적의 폭보다 1/3 이하로 유지하거나 유입구 폭의 1/3 이하로 유지해 준다. 그러나 유출구는 영양물질을 보유하거나 침전되는 현상이 많이 나타나므로 유입구보다 좁게 만들거나 만들지 않는 것이 바람직하다.

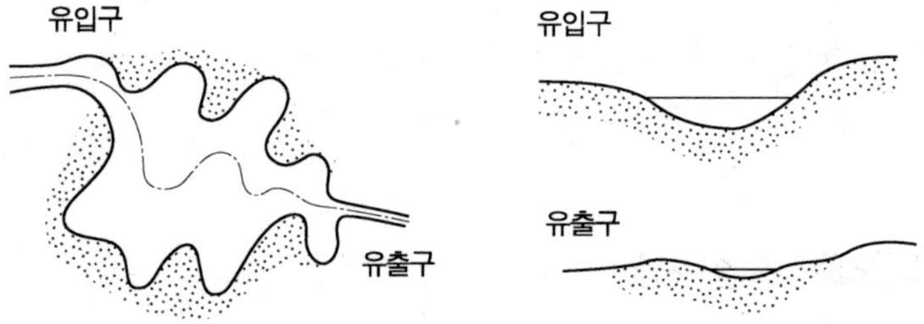

그림 5. 생물종 다양성 증진을 위한 수생비오톱의 형태

출처 : Anne D. Marble, 1990

② 수심 및 폭

주거단지 내 연못의 수심은 어린이의 안전을 고려해 50cm 이하의 낮은 수심으로 조성해주되 동결심도를 고려해 부분적으로 최대 수심을 1m 이상으로 조성해 주는 것이 좋다. 또한 식물 종의 특성에 따라 다양한 수심을 가지도록 조성해 주며 폭은 5～10m 정도가 적절하다.

3) 수생비오톱의 바닥처리

바닥은 점토, 벤토나이트, 콘크리트, 블록, 화강석, 자연석, 자갈, 타일 등 다양한 재료로 시공할 수 있으며 연못의 규모에 따라 설계기준이나 재료를 달리하여야 한다.

방수를 필요로 하지 않는 경우에는 점착성이 강한 진흙이나 논흙을 이용해 바닥을 조성해 주고 수원이 없는 경우에는 인공적인 방수가 필요한데 이때는 자연방수재료인 벤토나이트(광물성 점토), 진흙(투수계수 10m/s) 등을 이용하는 것이

점토공법

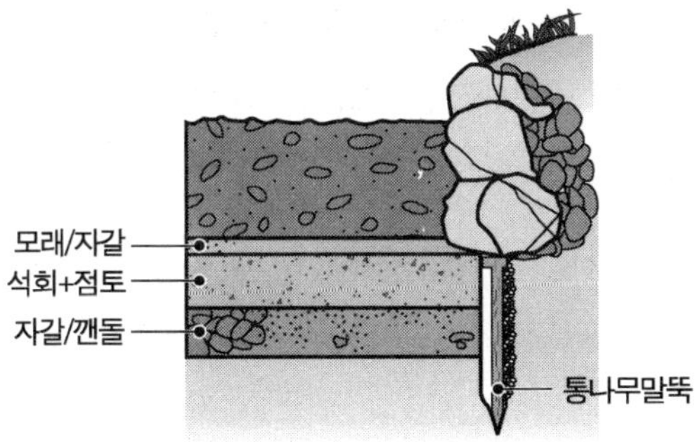

- 지하수위가 높고 통수를 기대할 수 있는 곳에 설치
- 석회와 점토의 혼합토 다짐은 못바닥의 부유물 등으로 인한 오탁을 방지하기 위한 것임.
- 화안의 자연석을 쌓을 경우 통나무 말뚝 등으로 침하를 방지

콘크리트 공법(신축이음부 단면상세도)

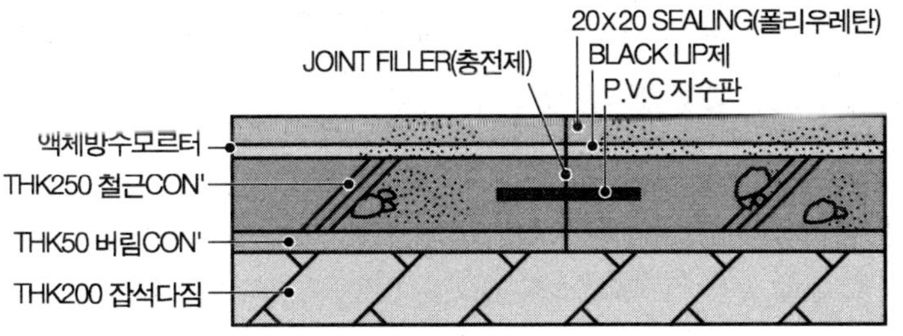

- 지하수위가 높고 인위적 급수가 가능한 곳에 설치
- 큰 규모나 약한 지반에 시공시 구조체 균열 및 침하가 발생할 우려
- 콘크리트의 강도와 두께를 강화하고 철근의 배근도 이중으로 설치해서 좁게 시공하는 것이 바람직

쉬트방수 단면도

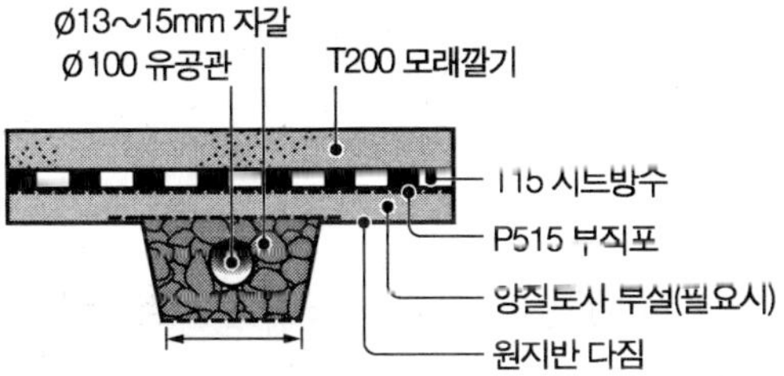

- 콘크리트 공법과 유사한 조건에 설치(지하수위가 높고 인위적 급수가 가능한 곳)
- 터파기 후의 지반침하 및 방수시트의 손상을 방지하기 위하여 모래 또는 양토층 부설
- 미관 및 방수시트의 떠오름을 방지하기 위해 시트 10cm 정도로 모래 또는 자갈 부설
- 연못 가장자리 부분은 자외선 등으로 인한 훼손을 방지하기 위해 콘크리트나 자연석으로 처리하는 것이 바람직

그림 6. 수생비오톱의 바닥 처리 공법(한국조경사회, 조경설계상세 자료, 1997)

효과적이다.

점토공법은 자연적인 습지와 같은 보수성이 좋은 곳에 시공하는 것이 좋으며 그렇지 않은 곳에 설치하면 물이 계속 빠져나가므로 계속적인 급수를 해야 하는 문제점이 생길 수 있다. 콘크리트나 방수시트 공법은 인위적으로 물을 가두는 방법이므로 누수 및 기타 하자 등이 발생하였을 때 보수가 어렵고 특히 못의 규모가 크고 지반이 약할 때 콘크리트로 시공하면 구조체 균열 및 침하가 발생할 수 있다. 이를 방지하기 위해 콘크리트 시공시에는 콘크리트의 강도와 두께를 강화하고 철근의 배근도 이중으로 설치해서 좁게 시공해야 한다.

연못의 바닥은 경사지게 하여 어류의 배설물과 오물 등이 한 곳에 싸이도록 조성해 주는 것이 중요하며, 연못바닥의 토양은 부영양화 방지를 위해 유기물과 진흙의 함량이 적은 토양을 사용하고 바닥면에 웅덩이나 돌무더기 등을 만들어 주어 어류의 피난처로 활용할 수 있도록 한다.

4) 호안환경 조성

수생비오톱에서 호안은 추이대(ecotone) 역할을 하며, 대부분 가장자리 효과(edge effect)로 인해 생물의 종수가 다른 지역보다 훨씬 많이 나타나기도 한다. 따라서 다양한 호안계획을 통해 수생생물의 서식처를 다양하게 제공할 수 있다.

호안환경은 경계부, 경사, 바닥의 형태 및 깊이, 재료 등을 다양하게 조성하여 동·식물 군집을 풍부하게 유지시키는 것이 중요하며 주거단지의 경우 오수가 연못 내로 바로 유입되는 것을 방지하기 위해 쇄석여과층을 두어 여과기능을 부여하거나 일정폭의 식생여과대(VFS)를 조성하여 정화기능을 극대화시키는 것도 바람직하다.

경사는 완만하게(1 : 3 이상, 10° 정도) 조성하고 호안주변은 다양한 습지식물이나 수생식물을 식재하거나 자연석이나 통나무 등으로 다공질 공간을 조성해 준다. 또한 수목식재로 연못 내의 일부 지역에 그늘이 형성되도록 조성해 주는 것도 바람직하다.

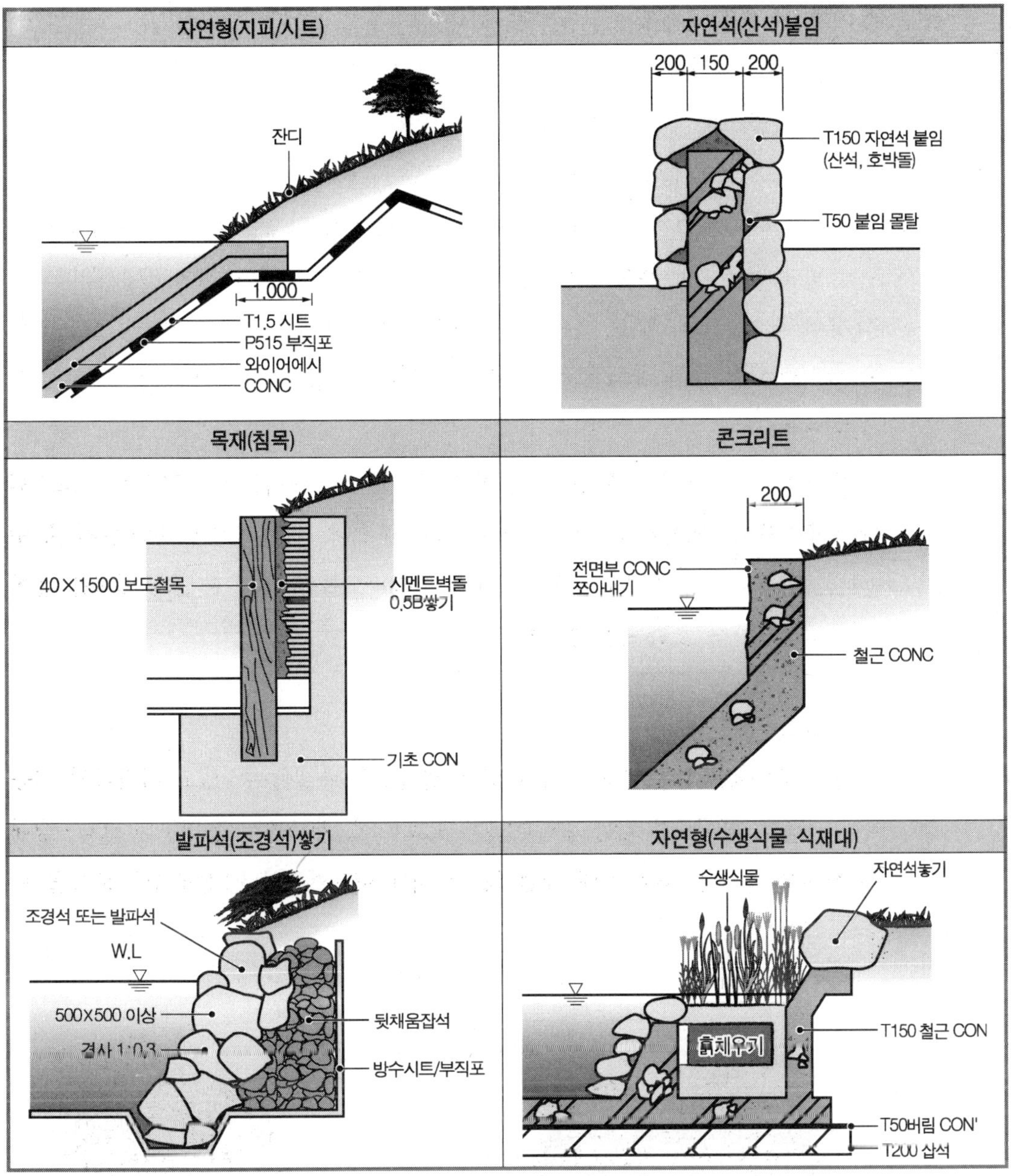

그림 7. 수생비오톱의 호안처리(한국조경사회, 조경설계상세 자료, 1997)

5) 식재

수생비오톱 주변부는 식생의 다층구조화 및 군락화를 기본으로 '물-수변-습초지-건조지-관목덤불숲-동산과 숲' 등과 같은 생태적 연결성이 이루어지도록 하는 것이 중요하며, 야생조류의 먹이와 기타 곤충류의 서식처 및 은신처를 제공할 수 있는 수종을 우선적으로 선택해야 한다.

토양경도는 20mm 이하인 것이 바람직하고, 20mm 이상인 경우는 토양개량을 하는 것이 좋으며, 질소, 인산, 칼리 등의 필요성분이 포함되어 있으면서 유해물질을 함유하고 있지 않은 토양을 사용하는 것이 바람직하다.

수변부 주위는 습지의 환경에 적합한 식물 위주로 식재를 하되, 지나친 관리요구가 필요 없는 자생종을 이용하는 것이 효과적이다. 또한 다양한 생활형의 식물종(정수, 부엽, 침수, 부소, 습생식물 등)을 도입하고 수환경과 토양환경을 고려한 식재가 이루어지도록 해야 한다. 수생식물의 과다성정을 막기 위해 수련의 포트식재도 필요하다.

전반적인 식재계획은 주거단지인 점을 감안하여 어린이들의 환경교육 프로그램에 유용하도록 다양한 식물을 선택하는 것이 좋으며, 이식 작업시 주거단지 내 주민이 자원봉사자로 참가하도록 유도하면 수생비오톱에 대한 관심과 애착을 높이게 되어 한층 더 효과적일 것이다.

6) 프로그램

연못 주변에는 연못에 서식하고 있는 생물들을 관찰할 수 있고 사람들의 이동이나 간섭을 제어하기 위한 관찰데크가 필요하며, 서식하는 동식물의 생리·생태적 특성을 설명해 놓은 안내 해설판을 설치해 어린이들의 환경교육에 도움을 주도록 한다.

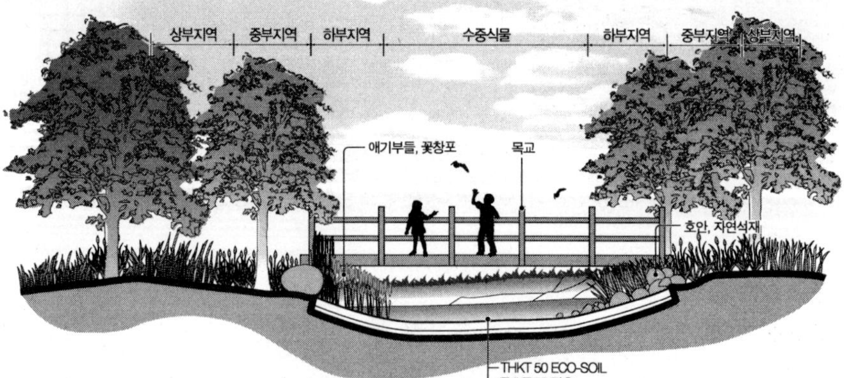

그림 8. 연못부 마감처리상세

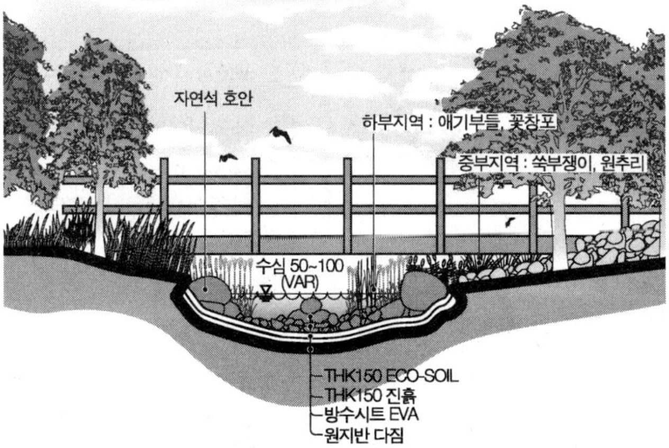

그림 9. 실개천부 마감처리상세

또한 수생비오톱의 주변부는 어린이들이 자연과 친밀해질 수 있도록 펜스를 설치하지 않음을 원칙으로 하되 접근이 허용되지 않는 공간이나 안전을 위해 부분적으로 펜스(목재 울타리)를 설치하는 것이 필요하다.

8. 비오톱 네트워크의 형성 목표

우리나라에서는 지자체, 시민 등 다양한 주체에 의해 여러 가지 비오톱이 만들어지고, 관련기술의 개발도 진행되고 있다. 그러나, 몇 개의 비오톱이 증가하여도 작은 지역 중에 고립하는 것은 생물 서식공간으로서의 역할을 충분히 담당하고 있다고 할 수 없다. 생물 중에는 잠자리와 같이 성장에 따라 다른 서식환경이 필요한 생물이나, 산란이나 번식의 때에만 이동하는 생물이 있다. 또한, 동종이 하나의 서식공간 중에서만 교배를 반복하면 유전적인 문제가 발생하기 쉽다고 한다.

이러한 생물의 습성에 대응하기 위하여 동일한 비오톱을 기본단위로 하여 광역적으로 연결한 것이 비오톱 네트워크이다. 비오톱 네트워크의 기법으로는 주변 산림이나 공원 등을 녹지대로 연결하는 것이나, 공원과 공원 사이에 「섬돌」이 되는 소비오톱을 만드는 등 생물이 이동할 수 있도록 하는 등을 들 수 있다(그림 10).

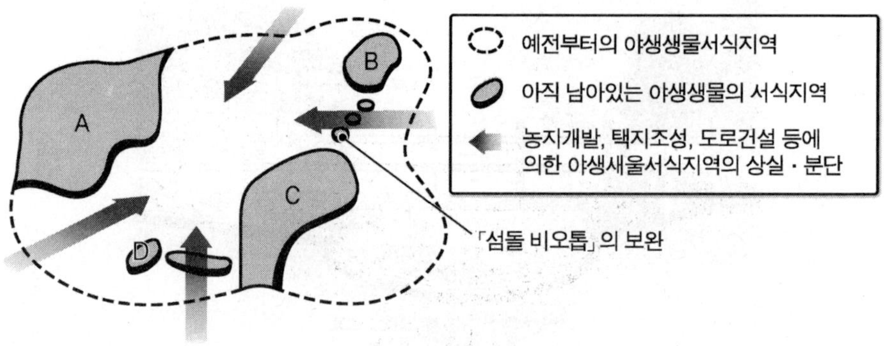

그림 10. 섬돌 비오톱에 의한 네트워크화 개념도

출처 : 文部科學省·環境を考慮した學校施設に關する調査研究協力者會議 「環境を考慮した學校施設(エコスクール)の現狀と今後の整備推進に向けて」, 2002年

금후, 전국에 점재하는 비오톱을 생물다양성의 보전 관점에서 네트워크화하는 것이 요구된다.

9. 수변 비오톱의 시공방법

(1) 비오톱의 형태

비오톱에는 습지, 연못, 삼림, 하천, 초지, 농산촌의 초가지붕이나 돌담까지 여러 가지 형식이 있다. 여기서는 대표적인 「수변공간」으로서의 비오톱을 만드는 방법을 살펴본다. 직경 2m 정도의 경우는 한 사람이 2일 정도 걸려 만들 수 있다(그림 11~12).

비오톱의 형태는 단순한 원형이나 타원형 정도가 좋을 것이다. 시냇물 등 복잡한 형상도 물론 가능하지만 작업이 어려울 뿐 아니라 차수 등의 우려도 있다. 연못의 형상에서 변화를 추구하기 보다는 수심의 깊이 등에 변화를 주는 것에서 식생이 다양하게 된다. 나중에는 식물이 자연에 다양한 공간을 창출한다.

또한 물의 흐름이나 순환을 인공적으로 만드는 것도 가능하지만 순환장치에 비용이 들고, 전기를 사용한다는 것이 비오톱의 주지와는 상반한다. 지수형의 연못에서 어떻게 수질이나 투명도를 유지할 것인가가 중요하다. 기본은 생물정화이다.

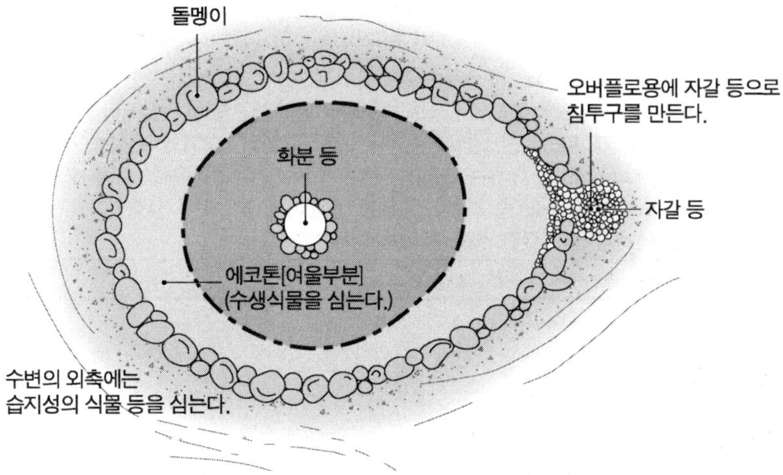

그림 11. 평면도

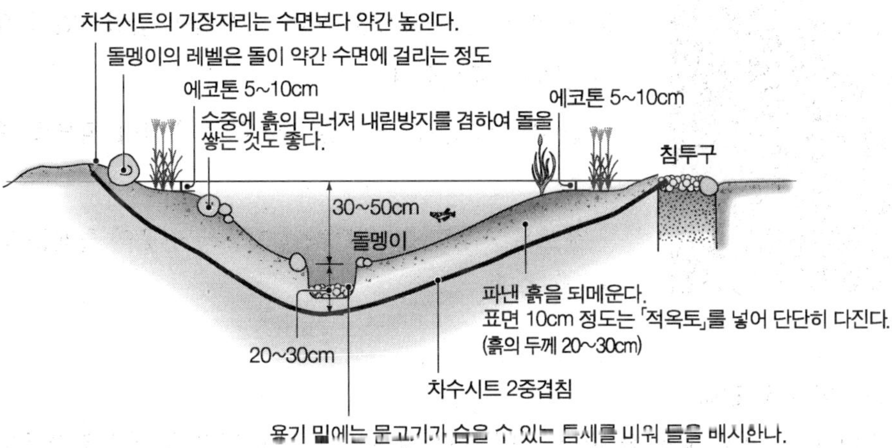

그림 12. 단면도

출처 : www.tapsheet.com

차수시트	물을 막는 것은 차수시트를 이용하다.
돌멩이	물가의 처리에는 여러 가지 방법이 있지만, 돌멩이의 치리를 권장한다. 가장 간단하고, 자연스러운 느낌으로 마감된다. 정원석이 아니라 야산이나 강가의 모래밭에서 볼 수 있는 돌멩이이다.
자갈	직경 3~5cm 정도의 자갈이다.
도자기 화분	직경 30~40cm 깊이 15~20cm 정도의 화분이다.
적옥토	적옥토는 연못의 내부 마감에 사용한다.

수생식물	비오톱의 식물은 생태계 보전의 관점에서 가능하면 「재래종」 중에서 선정한다. 가장 좋은 것은 가까운 수변에 서식하고 있는 식물을 채취하는 방법이지만, 그러한 환경은 제한되어 있고, 최근에는 근린의 식물에도 「외래종」이 많이 혼입되어 있다. 「부레옥잠」이나 「목단부초」 등의 외래종이 많으므로 주의한다. 또한 뿌리가 무성한 식물은 시트를 파괴하여 누수의 원인이 되는 사례도 고려한다.
담수어 등	송사리 등이 좋은데, 최근에는 블루길의 유어나 송사리 비슷한 Gambusia 등 「외래종」도 많이 서식하고 있으므로 주의한다. 수생곤충이나 잠자리 등은 비교적 이미 정착하게 되었지만, 물고기는 자연스럽지 않다. 모기의 번식을 억제하기 위해서도 어느 정도의 어류는 도입한 편이 좋다. 수질의 유지를 위해서도 생물의 균형을 도모하는 것이 중요하다. 그러한 관점에서 담수어를 선정한다. 비오톱 시공 후 1주간 정도 지나서 방류한다.
도구류	삽·가위 또는 커터(시트 절단용)·수준기 등

(2) 시공 순서

1) 구덩이를 판다

먼저 구덩이를 판다. 비오톱 시공에서 가장 힘든 작업이다.

20～30cm의 흙을 넣는 것을 상정하고, 마무리 크기보다 약간 큰 구덩이를 판다. 경사면이 급경사면이 되지 않도록 주의한다.

돌이나 쓰레기는 시트를 파손하는 원인이 되므로 주의한다.

잔토가 가능한 한 발생하지 않도록 연못의 둘레를 약간 올려 쌓는다.

2) 침투구를 판다

오버플로용으로 물을 한쪽으로 모은 경우에는 옆 그림과 같은 침투구를 만든다.

침투구는 단순히 구덩이를 파서 자갈을 채운 것이다. 직경 30～50cm(깊이 30cm 이상 정도)의 구덩이를 판다. 최후에 자갈이나 작은 돌멩이 등으로 마무리한다(침투구는 없어도 지장이 없다).

3) 차수시트를 깐다

구덩이의 형상에 따라 차수시트를 깐다. 조인트가 생기는 경우에는 실리콘 코킹재로 단단히 시공한다.

4) 흙을 넣는다

파낸 흙을 10~20cm 정도 되매운다. 최심부에는 화분을 배치한다. 화분은 직접 시트에 닿지 않도록 흙을 약간 깐 위에 놓는다. 이 화분은 장래 흙이 유입하므로 흙을 파낼 필요가 있다.

발 등으로 다지면서 적옥토를 10cm 정도 넣는다. 적옥토는 물을 뿌려가면서 다진다.

연못의 물가 부분에는 수심 5~10cm 정도의 여울을 가능한 한 넓게 만든다. 여기는 「에코톤」이라고 하는 미생물의 번식역이며, 수초를 심는 장소가 됨과 아울러 수질을 유지하는 중요한 부분이 된다.

5) 돌멩이를 배치한다

연못의 둘레 부분에는 돌멩이를 배치한다. 이 때 시트의 레벨(높이)을 수면보다 높도록 한다. 시트에 직접 돌이 접하지 않도록 흙을 채우면서 시트를 누른다.

돌멩이의 위치(레벨)는 반 정도가 수면에 걸릴 정도가 기준이다.

돌의 옆 부분에도 수생식물을 심으므로 가능한 한 흙은 두껍게 시공한다.

6) 미감

차수시트의 레벨을 확인하면서 남는 시트를 자른다. 가능한 한 돌멩이 가까이에 위치하여 자른다. 돌멩이에서의 틈새가 너무 비어지면 돌멩이가 넘어지는 원인이 된다.

침투구가 있는 경우에는 그 가까이를 수면 레벨에 적합하게 하여 오버플로한 물이 유입하도록 높이를 조절한다.

시트를 보이지 않도록 흙으로 덮어 숨긴다.

최후에 화분 주변과 바닥에 돌멩이 등을 배치한다. 바닥의 돌은 가능한 한 공간을 비워 물고기 등이 피할 수 있는 공간을 만들면 좋다.

7) 물을 채운다

드디어 물을 채운다. 물은 수돗물이나 지하수를 이용하는데, 성분에 따라서는 물고기 등이 서식하는 데에 적합하지 않은 경우가 있으므로 송사리를 잠시 길러본다든가의 확인을 한다.

만수상태에서 돌멩이의 위치 등을 재확인한다. 돌멩이에 수면이 걸리지 않도록 위치를 조절한다.

8) 수초를 심는다

물을 채운 상태에서 수초를 심는다. 삽 등으로 시트를 손상하지 않도록 가능하면 손으로 심는다. 종류에 따라서는 연못의 주변부(돌멩이의 외측)에도 심는다.

수초는 병에 넣은 채 1주간 정도 문제가 없으므로 사전에 시공일 직전 정도에 수배한다.

9) 물고기 등을 방류한다

물고기 등의 생물은 물을 채우면서 1주간 이상 지나 방류한다. 생물이므로 곧 방류한다. 먹이는 일체 필요 없으므로 주지 않도록 한다.

(3) 유지관리

비오톱에는 특별한 유지관리는 필요 없으나 다음의 사항은 유의한다.

- 자연으로 자라는 식물 중 양미역취 등의 「외래종」은 제초한다.
- 증발이나 식물에서의 증산작용 등으로 수량이 감소한다. 수돗물을 적절하게 보급한다.
- 비오톱에는 다음의 생물이나 식물 등은 방류하지 않도록 한다.
  (금붕어, 잉어, 붉은가재, 황소개구리, 청거북, 블랙 배스, 블루길 등의 생물과 부레옥잠, 목단부초, 워터 머쉬룸(순엽혈지초) 등의 외래식물)

4-3 자연환경보전

「국토기본법」(법률 제6654호, 2002.2.4, 제정)이 국토해양부에 의하여 새로이 마련되어 국토관리의 기본이념이 「국토의 지속가능한 발전」으로 명시되었다. 이것을 지원하는 중요정책은 「환경친화적 국토관리」가 되고, '자연환경 및 경관의 보전과 파괴된 자연환경 및 경관의 개선·복원'이 국토관리의 중요한 원칙으로서 규정되어 있다. 이 이념과 원칙에 바탕하여 정부 및 지방행정은 여러 가지 자연회복·재생관련의 정책, 사업을 전개하고 있다.

자연환경을 인위적 훼손으로부터 보호하고, 생태계와 자연경관을 보전하는 등 자연환경을 체계적으로 보전·관리함으로써 자연환경의 지속가능한 이용을 도모하고, 국민이 쾌적한 자연환경에서 여유있고 건강한 생활을 할 수 있도록 함을 목적으로 하는 「자연환경보전법」(법률 제10032호, 2010.2.4, 타법개정)이 환경부에 의하여 마련되었다.

「자연환경」이라 함은 지하·지표(해양을 제외한다) 및 지상의 모든 생물과 이들을 둘러싸고 있는 비생물적인 것을 포함한 자연의 상태(생태계 및 자연경관을 포함한다)를 말한다. 「자연환경보전」이라 함은 자연환경을 체계적으로 보존·보호 또는 복원하고 생물다양성을 높이기 위하여 자연을 조성하고 관리하는 것을 말한다. 「보호」라 함은 자연을 있는 그대로의 모습으로 남기는 것을 의미하고, 원칙적으로 인간의 이용을 배제하는 것이다. 「보전」이라 함은 자연을 유지할 수 있도록 이용을 조절하는 것을 의미한다. 보전의 개념은 개발과 대립하는 것이 아니라 가공한다든지, 이용하는 것을 포함한다. 「자연환경의 지속가능한 이용」이라 함은 현재와 장래의 세대가 동등한 기회를 가지고 자연환경을 이용하거나 혜택을 누릴 수 있도록 하는 것을 말한다.

1. 자연환경보전의 대상

자연환경보전에 있어서는 가능한 한 생태계를 구성하는 다음과 같은 모든 요소를 대상으로 해야 한다. 이들의 어느 것인가의 보전을 목적으로 실시되는 자연환경보전에서도 다른 요소의 보전·복원·회복에 충분한 배려를 도모할 필요가 있다.

(1) 생물종과 생육·서식장소

인간이 생태계에서 받는 지속가능한 자연의 혜택을 회복하기 위해서는 그 토지 본래의 생물다양성을 복원하는 것이 필요하다. 그리하여 생태계의 구성요소인 생물종과 그 생육·서식을 지원하는 장소의 복원·복구·창출이 필요하다. 과거의 생태계를 구성하고 있던 생물종의 조성과, 이들의 종을 유지하고 있던 생육·서식장소의 특징을 이해하고, 무엇이 어떻게 훼손되었는가를 과학적으로 해명하는 것이 중요하다. 그러나 이에 대한 충분한 과학적 해명을 기다리고 있어서는 대책이 늦어질 우려가 있다. 그리하여 현 단계에서의 이해를 하는 데에 필요에 따라 후술의 순응적 관리의 기법을 이용해야 한다.

(2) 생태계의 기능

생물종과 생육·서식장소 및 군집구조와 종간관계의 복원과 회복을 통하여 물순환·물질순환·에너지흐름 등 생태계의 기능을 건전하게 유지할 수 있다. 그 결과, 생물자원의 생산, 수질의 유지, 산소의 공급 등 인간에게 유익한 재나 서비스의 지속적 이용이 가능하게 된다. 이들의 기능을 유효하게 복원하고 회복시키기 위해서는 생태계에 어느 정도의 규모가 확보되어야 한다. 예를 들면 하천·연안생태계의 보전·복원을 도모하기 위해서는 집수역의 삼림이나 토지이용양식을 포함한 유역단위에서의 대책을 강구할 필요가 있다. 건전한 생태계의 기능은 자연 과정에서 발휘되므로 대부분의 인공간석과 같이 반영구적인 토목공사에만 유지되는 상태는 반드시 적절한 자연환경보전이라고 할 수 없다.

(3) 생태계의 관계

생태계는 개방계이고, 자연환경보전 예정지 주변 생태계와의 사이에 생물의 이

출입, 물이나 영양염의 교환 등을 통하여 밀접한 관계를 가지고 있다. 생물에 따라서는 자연환경보전예정지를 포함한 복수의 생태계를 이용하고 있는 경우도 있다. 이와 같은 주변 생태계와의 관계가 잃게 되는 경우에는 그 관계를 복원할 필요가 있다. 다만 본래 격리되어 있던 생태계(다른 산계나 수역 등)의 경우에는 과거에는 없었던 관계가 생김에 따라 생태계의 고유성이 잃어버릴 우려가 있다. 또한 과거에는 없었던 이출입경로가 생긴 경우에는 외래종 등의 바람직하지 않은 생물학적 침입이 생길 우려가 있다. 생태계의 관계를 복원하는 경우에는 이와 같은 사태를 회피하고 지역 생태계의 고유성을 유지할 수 있도록 충분히 배려해야 한다.

또한 생물다양성에는 생태계의 다양성도 포함하고, 여러 가지 형식의 생태계가 존재하고 있는 것이 중요하다. 이들 생태계 사이의 이행대(移行帶·Ecotone)에는 이행대에 특징적인 생물종을 포함한 다양한 생물군집이 성립한다. 따라서 자연환경보전에서는 이행대에 배려한 생태계의 복원을 도모해야 한다.

(4) 사람과 자연과의 지속적인 관계

생태계는 지역마다 사람과의 관계를 포함한 역사 중에서 유지되어 왔다. 어느 시대에서도 인간은 자연의 혜택을 향유하며 살아왔다. 즉, 자연은 인간에게 불가결한 것임과 동시에 고유성을 가지고, 지역마다 다른 자연과 인간의 관계, 즉 풍토가 만들어져 왔다.

자연환경보전이란 인간이 생태계의 구조나 기능을 좌우할 수 있는 존재이라는 자각에 바탕하여 후세의 인간이 지속적으로 생태계의 혜택(재, 생태계 서비스, 문화적·역사적 가치 등)을 계속 받기 위해 지속가능성의 확보라는 목표를 위하여 적극적으로 생태계를 관리하는 행위이다. 그 방도를 찾는 데에는 일찍이 지속적으로 유지되어 온 사람과 자연의 관계에서 배워야 할 것은 많은 것이다.

또한 만약 장래, 지속적이고 건전하게 기능하는 생태계의 인위적 창출이 가능하게 되더라도 사람과 자연의 관계가 역사적 문화적인 것임을 잊어서는 안 된다. 즉 지속적인 생태계의 혜택을 향유할 수 있는 자연과 인간의 관계를 구축하는 것이 필요하다.

2. 자연환경보전을 추진하는 원칙

자연환경보전을 추진하는 데에는 다음의 원칙을 견지해야 한다.

(1) 지역의 생물을 보전한다(풍토성의 원칙)

생물종은 여러 가지 지역개체군으로 성립하고, 동종에서도 지역에 따라 다른 유전조성과 진화의 역사를 가지기 때문에 보전할 대상은 단순한 「종」이 아니라 지역 고유의 계통이다. 따라서 자연환경보전을 시행할 때에는 종이 같으면 어느 지역의 것을 사용하여도 좋은 것은 아니고, 원칙적으로 그 토지에 생활하고, 적응하여, 진화하여 온 그 토지 고유의 계통을 이용해야 한다.

그 토지고유의 계통을 인식하는 데에는 유전적 지표를 이용한 분석이나 생물의 이동범위·분산양식 등의 정보가 유효하다.

(2) 지역의 생물다양성(구성요소)을 복원·회복시킨다(다양성의 원칙)

지역의 생물다양성을 보전하기 위해서는 특정의 절멸위구종이나 지표종에만 주목하는 것은 반드시 적당하지 않다. 자연환경보전에서는 지역의 생태계에 있던 모든 재래종 개체군이 그 지역에서 잃어버리지 않도록 해야 한다. 즉 그 토지의 역사와 함께 진화하여 온 다양한 종으로 이루어지는 생태계 전체를 복원해야 한다. 그리하여 종의 절멸 리스크에 따라 보전상 중요도를 평가할 필요가 있다.

(3) 종의 유전적 변이성의 유지에 충분히 배려한다(변이성 유지의 원칙)

특정의 종을 보호·증식하는 경우에는 개체군 내의 유전적 변이를 유지하는 데 배려할 필요가 있다. 그리하여 대부분의 생물은 유성번식의 조건을 갖추는 것이 중요하다. 왜냐하면 유성번식에서 유지되는 유전적 다양성은 질병에 대한 저항성을 유지함과 아울러 장래의 환경변화 등에 따른 진화를 가능하게 하기 때문이다. 조직배양이나 소수의 부모로부터 길러진 종묘에서 재생된 개체군은 유전적으로 균질하며, 토지 고유의 유전자의 극히 일부만 남겨져 바람직하다고 할 수 없다.

(4) 자연의 회복력을 활용하여 인위를 필요최소한에 머물게 한다(회복력 활용의 원칙)

자연환경보전은 가능한 한 자연이 지닌 회복력을 활용하도록 계획을 세워야 한다. 생태계의 유지기구에 대한 이해가 충분하지 않으면 자주 쓸데없는 일을 하여 자연의 회복력을 점점 잃는 결과가 된다.

적극적으로 환경을 대폭적으로 개변하기 이전에 회복을 저해하는 요인을 제거하는 것에서 보전이 도모되지 않은가, 검토해야 한다. 또한 적극적인 환경개변을 행하는 경우에도 단기간에 대규모 자연환경보전을 행하기보다 장기에 걸쳐 소규모 재생을 계속하는 편이 바람직한 결과를 낳는 경우도 있다. 생태계의 회복을 방해하는 요인을 과학적으로 확인하고, 적정한 규모의 사업을 행해야 한다.

(5) 자연환경보전에 관한 다분야 연구자의 협력(제분야 협력의 원칙)

생물다양성이나 생태계 기능의 열화의 원인은 여러 가지 물리화학적인 환경변화가 단독으로 생기는 것은 아니고, 그들의 복합작용인 경우가 많다. 그 때문에 생태학을 비롯한 생물학의 제분야에 첨가하여 대상으로 하는 자연환경보전에 따라 여러 가지 분야의 연구자 협력이 필요하다.

또한 어떤 생태계를 복원·복구할 것인가에 대해서는 비용 대 효과의 측면이나, 자연과학에서 도출되는 예측과 가치관과의 정합성에 대한 음미가 필요하다. 그리하여 기초·응용분야의 자연과학자뿐만 아니라 인문·사회과학의 제분야 전문가의 협력이 필요하다. 이들 모든 전문가가 협력하여 과학적인 근거에 바탕한 사회·경제적으로 타당하며 실현가능성이 높은 방법을 채택해야 한다.

(6) 전통적 기술이나 문화의 존중(전통존중의 원칙)

전통적인 자연자원관리의 기술이나 문화에는 단기적 편익에는 연결되지 않더라도 지속성의 확보라는 점에서 가치가 높은 것이 많다. 이와 같은 전통적 기술이나 문화는 일단 소멸하면 부활시키는 것은 곤란하다. 따라서, 지역의 자연뿐만 아니라 그 자연에 관한 지역의 기술이나 문화의 특징을 과학적으로 음미할 필요가 있다. 자연환경보전에서는 이를 존중하고, 가능한 한 활용하는 것이 중요하다.

새로운 기술이나 제도의 이용이 고려되는 경우에도 단기적인 비용 대 효과의 평가가 아니라 생태계의 지속가능성 시점에서 주의 깊게 감시하면서 순응적으로 도입해야 한다. 「비용 대 효과」는 장기적·종합적으로 판단해야 하고, 한정된 정보에서의 산출만을 근거로 판단해서는 안 된다.

자연뿐만 아니라 인간사회도 다양하다. 그 다양성이 여러 가지 환경변화에 대한 인간사회의 유연성을 초래하고, 결과적으로 사회의 효율을 높이는 것으로도 지적되고 있다. 전통문화를 존중하여 역사를 통하여 보호되어온 사람과 자연의 관계를 유지하는 것은 사회의 안정에도 기여할 것이다.

3. 합의형성과 제휴

자연환경보전에서는 다음의 사항에 따라 다양한 주체 사이에서의 합의형성에 상호의 제휴를 도모해야 한다.

(1) 과학자가 적절한 역할을 담당한다

자연환경보전에 참여하는 과학자는 생물다양성의 보전, 생태계의 건전성 유지라는 관점에서 목표설정이 타당한가 어떤가, 목표가 달성가능한가 어떤가를 점검하는 역할을 담당한다. 또한 과학자는 그 자연환경보전의 목표가 달성할 수 없는 리스크 및 바람직하지 않은 사태가 발생할 리스크는 어느 정도인가 등을 어느 가정에 바탕한 모델 등을 이용하여 사정하는 역할도 담당한다.

자연환경보전을 행하는 데 있어 가치관의 다름이나 불확실한 데이터의 해석을 둘러싸고, 의견대립이 일어나는 경우가 많다. 전문가로서의 과학자 사명은 먼지 과학적 명제와 가치관에 관한 판단을 구별하고, 전자에 관해서는 신뢰성이 높은 정보나 실증적 분석 결과는 무엇인가, 어떤 조사나 분석에 의해 데이터의 신뢰성을 높일 수 있는가를 하나하나 명시하는 것이다 다른 가치관에서 전개되는 계획이 어떤 귀결을 초래할 것인가에 대하여 과학적인 예측을 제시함에 따라 합의형성에 기여하는 것이 중요하다.

과학적 명제에서도 데이터의 해석을 둘러싸고, 과학자 사이에서 의견이 나뉘어지는 경우가 있다. 이와 같은 경우에는 보다 확실한 검증방법은 무엇인가에 대하여 과학자 사이에서 합의형성에 힘쓸 필요가 있다. 과학자끼리가 상호 이해를 진행하는 과정을 공개하는 것은 이해 관계자 전체의 무용한 대립을 피하는 데 효과적이다.

(2) 자연환경교육의 실천을 포함한 계획을 만든다

자연환경보전에서는 자연환경교육의 실천을 포함한 계획을 만드는 것이 중요하다. 특히 이차적 자연의 보전에서는 사람과 자연과의 지속적 관계를 보전하면서 계승하고, 발전시킬 필요가 있다. 그리하여 차세대를 담당하는 어린이들과 그들을 둘러싸는 어른들이 그 토지 본래의 자연이나 그 토지에서 육성된 전통산업이나 문화(생활기술, 민예 등) 접하여 환경문제에 대하여 함께 검토하는 장을 만드는 것이 중요하다.

또한 설정한 목표를 실현하기 위한 자연환경보전과 관련하여 등산·자연탐험 등 자연과 접하는 여러 가지를 계획하고, 자연환경보전에의 지지를 넓히고, 참여자를 증가하는 것이 바람직하다. 특히 어린이들에 대하여 다종다양한 자연경험의 장을 마련하고, 자연환경보전을 담당할 차세대를 육성하는 것이 중요하다.

(3) 지역의 다양한 주체 사이에서 합의를 도모한다

자연환경보전계획의 입안단계에서 다양한 이해관계자 사이에서 합의를 도모하는 것이 중요하다.

자연환경보전을 위한 사업으로서, ① 자연환경의 실태 및 보전방안에 관한 조사·연구, ② 훼손된 생태계나 종의 복원, 소생태계의 조성 등 생물다양성의 보전, ③ 자연환경보전에 관한 영상물의 제작 및 출판 등 자연교육과 홍보, 등을 하기 위하여 「한국자연환경보전협회」를 둔다.

합의형성의 장면에서는 대화를 반복하여 상호 신뢰관계를 구축하는 것이 중요하다. 가치나 이해에 상위가 있다고 하여도 신뢰관계가 양성되는 것에 의해 상호 양보하면서 납득하고, 합의에 도달하는 것은 가능하다. 합의란 의견 또는 이해나 가치관을 같이하는 사람들의 동의뿐만 아니라 의견 등이 다른 사람끼리가 상호 접근하는 행위이고, 그것을 성공시키기 위해서는 상호 일정의 신뢰관계가 구축되는 것이 중요하다.

(4) 자연환경보전단체와의 제휴를 도모한다

지구온난화나 환경오염에 대표되는 환경문제에의 사회적 관심이 높아져 자연환경의 보전에 관련한 여러 가지 조직이 마련되고 있다. 자연환경보전의 시행에서는 각 지역에서 다양한 조직과 제휴하는 것이 필요하다. 다른 조직이나 사업과의 제휴에서는 자연환경보전에의 지지를 넓힘과 아울러 다양한 가치관을 가진 주체 사이에서의 합의형성에 힘쓰고 민간 자연환경보전단체가 전체적으로 발전하도록 노력해야 한다.

1) 지구온난화 대책사업

지구온난화의 원인에 삼림 감소가 있다는 인식에서 자생종을 이용한 삼림형성을 장려하고, 또한 삼림뿐만 아니라 초지나 수변환경을 포함한 다양한 자연환경의 창출을 요구할 필요가 있다. 또한 바이오매스 작물의 재배에 대해서도 새로운 침입생물문제가 생기지 않는 배려가 요구된다.

2) 비오톱 조성

비오톱 형성의 조직에서는 특히 수변환경의 창출이 중요시되고 있다. 우리나라의 수변환경은 원래 숲과 인접하고, 수변의 생물에는 수역과 삼림의 양쪽을 이용하는 생물이 적지 않다. 이와 같은 점에 관한 이해를 넓히고, 그 토지 본래의 수변환경의 창출을 요구할 필요가 있다.

3) 삶의 개선

예를 들면, 소비자와 농업생산자를 직접 연결짓는 구조에서 주목되는 신토불이의 이념과 실천은 그 토지 본래의 자연과 인간의 지속적 관계의 보전을 둘러싸는 조직으로 고려하는 방법에서 통하는 점이 있다. 대량생산·대량소비에 의존한 환경에의 부하가 큰 우리의 삶을 개선하는 것은 자연환경보전에 관련하는 것이다. 이와 같은 조직을 추진하는 지역의 제단체에 대하여 자연환경보전에의 협력을 요구함과 아울러 이들의 단체의 조직에도 협력하고, 상호의 발전을 도모하는 것이 바람직하다.

4) 기업 활동

환경문제에의 사회적 관심의 확대를 반영하여 환경보전에 적극적인 기업이 증가하고 있다. 지역의 자연환경보전에서는 특히 지역의 지역산업에서 환경보전의 조직과 제휴하고, 상호의 발전을 도모하는 것이 필요하다.

공적자금뿐만 아니라 다양한 자금에 의해 지원을 받는 것이 가능하면 자연환경보전을 보다 큰 규모에서 보다 영속적으로 진행하는 것이 가능하다. 이 점에서는 자연환경보전의 지원을 행하는 경제행위나, 그 생태계에서 얻어지는 자원을 활용한 경제행위를 발전시키는 것이 중요하다. 이와 같은 구조는 자연환경보전의 재정기반을 강화할 뿐 아니라 새로운 고용을 창출하고, 자연환경보전을 지원하는 인재를 확보하고, 사람과 자연의 지속적 관계를 발전시키는 데에도 중요하다.

4. 생태마을의 계획

기존 도시가 '자연과 인위적으로 멀어지게 계획된 공간'이라고 한다면, 생태도시란 '자연과 인위적으로 가까워지게 계획된 공간'으로 정의할 수 있다. 즉 기존 도시가 인간생활만이 고려되는 도시라면 생태도시는 인간과 자연이 조화되는 도시이다.

지속가능 생태도시를 위해서는 5가지 원칙이 있다.

첫째, 미래세대의 원칙을 구현하기 위해서는 도시 내에서의 어떠한 활동도 미래세대의 이익을 손상시켜서는 안 된다.

둘째, 자연보호의 원칙을 추구하기 위해서는 도시생태계가 보호되어야 하며 환경오염을 방지하여야 한다.

셋째, 시민참여의 원칙을 달성하기 위해서는 지역사회가 도시개발의 중심이 되어야 한다.

넷째, 사회형평의 원칙을 성취하기 위해서는 공공재에 대한 공평한 접근기회가 부여되어야 한다.

다섯째, 자급경제의 원칙을 실현하기 위해서는 도시 내의 생산적 자원이 지역의 필요에 최우선적으로 사용되어야 한다.

생태마을의 개념은 개빌과 환경보전을 조화시키기 위한 시속가능한 개발의 한 방안으로 제시되었다고 할 수 있다. 생태마을의 유형적인 특색은 첫째, 녹지 및 쾌적한 수계와 다양한 생물이 서식하는 환경, 둘째, 수질, 대기질, 폐기물의 처리가 친환경적이고, 무공해에너지를 사용하고, 자원을 절약하고 재사용하는 환경순환체계, 셋째, 주민의 편의를 최대한 고려한 건축이 확립된 지속가능한 개발체계이

표 1. 생태마을의 지정기준(자연환경보전법 시행규칙 제26조제1항 관련)

유 형	지정 기준
1. 자연생태 우수 마을	가. 총괄 자연환경 및 경관 등이 잘 보전되어 있는 마을이나 주민들의 노력으로 자연환경 및 경관 등이 잘 조성된 마을 나. 지역환경 여건 (1) 자연환경 및 생태적 가치 : 생태·경관보전지역 등 우수한 생태지역을 포함한 지역 또는 숲·습지·철새도래지 등 생태적 가치가 높은 지역 (2) 경관·녹지공간 확보 : 마을공원 등 녹지공간을 확보한 지역 또는 크고 수령이 오래된 나무, 동·식물 서식지 등 수려한 경관을 갖춘 지역 (3) 친환경 생활양식 : 취락구조·건축물 등의 주변환경과의 조화, 태양열 등 청정에너지의 사용, 돌담·흙벽·나무 등 친환경 건축물의 사용, 무공해 농법의 사용, 오수처리시설 등의 설치 여부 다. 주민활동 및 지역문화 (1) 주민활동 : 환경보전 주민협의체의 구성·운영 또는 무공해 농산물의 생산·판매활동 여부 (2) 보전활동관련 표창의 수상경력 여부 (3) 지역문화 : 전통 문하재이 보유 또는 환경보전 관련 지역축제의 개최 여부
2. 자연생태복원 우수마을	가. 총괄 자연형 하천조성, 녹화, 생태연못, 생태공원 등 오염된 지역이나 생태계가 훼손된 지역을 지역주민의 노력으로 복원하여 그 복원효과가 우수한 마을 나. 복원효과 (1) 복원계획·목표의 달성도 : 주변생태계와의 조화, 생물다양성이 확보 등 복원계획의 적정성 및 목표달성도 (2) 생태계 복원 결과의 효과 및 변화도 다. 활용효과 운영·관리 실태 : 탐방객 수, 복원관리 프로그램의 개발·활용, 주민·환경단체의 자율참여 또는 복원 후의 관리노력

다. 이상적인 생태마을은 이 세 가지 특색들을 모두 만족해야 할 것으로 본다.

생태마을은 생태적 기능과 수려한 자연경관을 보유하고 이를 지속가능하게 보전·이용할 수 있는 역량을 가진 마을로서 자연생태 우수마을과 자연생태복원 우수마을로 구분하여 지정하되, 종류별 지정기준은 표 1과 같다.

현재 전국 각 지자체에서는 농촌마을을 위한 다양한 마을가꾸기 사업을 진행하고 있다. 지속가능한 농촌, 잘사는 농촌을 만들고, 또한 농촌의 전통문화를 보존하여 도시민들에게는 농촌에서 옛 정취를 느끼며 휴식을 취할 수 있는 '복합문화휴식 공간'으로 농촌을 변모시키는 데에도 그 목적을 두고 있다.

따라서 마을과 주민의 특성, 기후와 토질, 역사와 자연환경, 고령화사회라는 점을 고려하여 주거환경 개선과 관련된 사업에 있어서 주민들이 주도하는 사업형태를 꾸준히 개발하고, 시행해서 만족도를 높여나가야 한다.

산촌생태마을의 경우에는 낙후된 산촌지역의 생활환경개선과 소득기반 조성을 통해 산촌주민의 소득을 높이고 삶의 질을 향상시켜 살기 좋은 산촌마을을 만들기 위해 추진되는 사업이다. 산촌생태마을에는 주로 △상·하수도, 마을안길정비 등 생활환경 개선사업에서부터 △소득기반 조성사업 △산림문화회관, 산림체험관, 산채 체험장 등이 조성된다.

5. 생태통로의 설치

생태통로는 도로·댐·수중보(水中洑)·하구언(河口堰) 등으로 인하여 야생동·식물의 서식지가 단절되거나 훼손 또는 파괴되는 것을 방지하고, 야생동·식물의 이동 등 생태계의 연속성 유지를 위하여 설치하는 인공 구조물·식생 등의 생태적 공간을 말한다.

생태통로 설치기준(자연환경보전법 시행규칙 제28조제2항 관련)은 다음과 같다.

① 설치지점은 현지조사를 실시하여 설치대상지역 중 야생동물의 이동이 빈번한 지역을 선정하되, 야생동물의 이동특성을 고려하여 설치지점을 적절하게 배분한다.

② 생태통로를 이용하는 동물들이 통로에 접근할 때 불안감을 느끼지 아니하도록 생태통로 입구와 출구에는 원칙적으로 현지에 자생하는 종을 식수하며, 토양 역시 가능한 한 공사 중 발생한 절토를 사용한다.

③ 생태통로 입구는 지형·지물이나 경관과 조화되게 설치하여 동물의 이동에 지장이 없도록 상부에 식생을 조성한다. 바닥은 자연상태와 유사하게 유지하도록 흙이나 자갈·낙엽 등을 덮는다.

④ 생태통로의 길이가 길수록 폭을 넓게 설치한다.

⑤ 장차 아교목층 및 교목층의 성장가능성을 고려하여 충분히 피복될 수 있도록 부엽토를 포함한 복토를 충분히 한다.

⑥ 생태통로 내부에는 다양한 수직적 구조를 가진 아교목·관목·초목 등으로 조성한다.

⑦ 이동 중 안전을 위하여 생태통로 내부에는 작은 동물이 쉽게 숨거나 그 내부에서 이동하기에 유리하도록 돌무더기나 고사목·그루터기·장작더미 등의 다양한 서식환경과 피난처를 설치한다.

⑧ 주변의 소음·불빛·오염물질 등 인위적 영향을 최소화하기 위하여 생태통로 양쪽에 차단벽을 설치하되, 목재와 같이 불빛의 반사가 적고 주변환경에 친화적인 소재를 사용한다.

⑨ 동물이 많이 횡단하는 지점에 동물들이 많이 출현하는 곳임을 알려 속도를 줄이거나 주의하도록 그 지역의 대표적인 동물 모습이 담겨 있는 동물출현 표지판을 설치한다.

⑩ 생태통로 중 수계에 설치된 박스형 암거는 물을 싫어하는 동물도 이동할 수 있도록 양쪽에 선반형 또는 계단형의 구조물을 설치하며, 작은 배수로나 도랑을 설치한다.

⑪ 배수구 일부 지점에 경사가 완만한 탈출구를 설치하여 작은 동물의 이동이 용이하도록 하고, 미끄럽지 아니한 재질을 사용한다.

⑫ 야생동물을 생태통로로 유도하여 도로로 침입하는 것을 방지하기 위하여 충분한 길이의 울타리를 도로 양쪽에 설치한다.

4-4 자연천 만들기

자연형 하천 만들기(nature-friendly river improvement)란 하천이 본래 가지고 있는 다양한 동생물의 서식, 생육환경이나 경관 등의 자연환경을 보전·창출하고, 치수(flood control)·이수(water utilization)기능과 환경기능을 양립시킨 하천관리를 행하는 것을 말한다. 자연천 만들기에서는 지역의 삶이나 역사·문화와의 조화에도 배려하는 것이 중요하다.

자연천 만들기에 바탕한 하천개수에서는 개수 전의 자연환경의 상태를 유지하는 것을 의식하고 있다. 그리하여 시공개소에 존재하는 식물이나 나무, 돌 등의 소재를 이용한다든지, 자연이 창출하는 유속이나 하천 폭, 수심, 식생의 변화 등을 개선하고자 노력하고 있다.

하천을 자연친화적으로 정비·보전하며 하천의 유수(流水)로 인한 피해를 예방하기 위하여 하천을 적정하게 관리하고, 홍수에 의해 일어나는 재해로부터 하천 주변에 거주하는 사람들이나 토지를 지키는 치수의 목표는 ① 신뢰감 있고 안전하며 안심할 수 있는 국토의 형성(안전), ② 자연과 조화한 건강한 삶과 건전한 환경의 창출(환경), ③ 개성 넘치는 활력있는 지역사회의 형성(활력) 등을 들 수 있다.

1. 하천환경의 정비와 보전

우리나라의 국토는 경사가 심한 산지가 대부분을 차지함과 아울러 습윤한 기후에 강수량이 여름에 집중하고 있다. 그리하여 큰 비가 오면 홍수범람이 발생하기 용이하여 예부터 수해에의 대응이 필요하였다. 하천에 관한 법제도는 이들 치수

(수해의 방지) 및 이수(물이용의 개선)에 관한 문제에 대처하여 정비되어온 경위가 있다.

우리나라에서는 종래, 치수 및 이수에 중점을 둔 하천개발이 실시되어왔다. 이것은 일정의 성과를 올려왔는데, 자연환경의 상실을 우려하는 주민으로부터 댐이나 하천개발에의 금지 요구가 나타나게 되었다. 이와 같은 상황에서 「하천법」을 개정(2009년)하여 「치수」, 「이수」에 첨가하여 「하천환경의 보전·관리」가 규정되었다.

따라서 하천공사 등을 시행하는 경우에는 자연친화적인 공법을 사용하여야 하고, 하천관리청은 하천기본계획을 수립하는 경우에 하천구역 안에서 하천환경 등의 보전 또는 복원이나 하천공간의 활용 등을 위하여 필요한 경우에는 보전지구·복원지구 및 친수(easy access to the water)지구를 지정할 수 있다. 또한 하천관리청은 보전지구 또는 복원지구 안에서 하천환경 등을 보전하거나 복원하는 다음 각 호의 사업을 시행할 수 있다.

하도(河道)의 선형·단면형 및 종단형의 복원, 저수로와 강기슭(河岸)의 복원, 홍수터의 복원, 제방(embankment)의 복원, 동식물 서식처의 복원, 그 밖에 하천의 보전·복원을 위하여 필요한 사업 등이다.

또한, 「환경·교통·재해등에관한영향평가법」(2001년)을 「환경영향평가법」으로 개정(2008년)하여 환경에의 영향에 대하여 사전에 조사, 예측 및 평가를 행하고, 그 결과를 공표하여 지역주민 등의 의견을 청취하여 충분한 환경보전책을 강구하

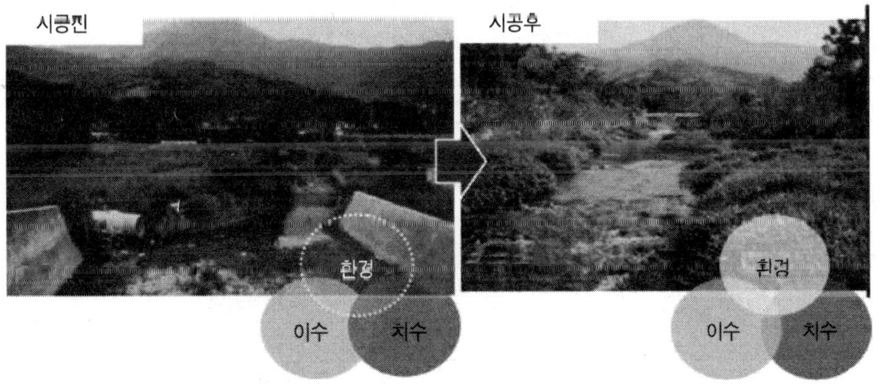

그림 1. 자연친화적 하천조성의 이미지

는 것을 규정하고 있다. 그 사업의 일환으로 수자원의 개발사업, 하천의 이용 및 개발사업 등도 환경영향평가 대상사업으로 하고 있다.

하천에서 자연환경의 보전·복원을 추진하기 위하여 자연친화적 하천조성을 목표로 하고 있다. 이것은 치수상의 안전성을 확보하면서 다양한 자연환경을 가능한 한 보전하고, 개선하는 경우에는 최소한에 머물고, 양호한 자연환경이 복원될 수 있도록 하천 만들기를 행한다는 것이다(그림 1).

2. 자연천 만들기의 설계원리

표 1은 자연천 만들기의 설계원리를 종래기술과 비교한 것이다. 환경통합형기술로 하는 것이 하천 전체 자연의 영위를 고려하고 있고, 자연천 만들기를 지향하는 기술이다. 명확한 상위는 그 목적에 있다. 종래기술은 치수에 중점을 두고 있고, 홍수시에 물을 상류에서 하류로 빠르게 유하시키는 것이 목적이다. 한편, 환경통합형기술에서는 개수 전 자연환경의 상태를 적극적으로 유지하는 것을 의식하고 있다.

표 1. 자연천 만들기 설계원리의 비교

	종래기술	환경통합형기술(자연천 만들기)
유속	가능한 한 빠르게	원형의 상황(완만한 곳은 완만하게)
평면선형	매끄럽게 하고, 지수역을 없앤다.	가능한 한 원형으로, 직선화하지 않고, 피난처(Refuge) 보전
횡단형	수리학적으로 유리한 단면	원형의 미지형이 형성되도록
종단형	동적평형구배, 단차가 있어도 된다.	원형 구배, 인공적 단차가 형성되지 않도록
토사 이동	하천 바닥 높이의 조절	하천 바닥높이의 조절과 적절한 분급
미지형	하천수에 의하여 하천바닥이나 하천둑의 훼손 대책	하천수의 흐름이 빠르고 수심이 얕은 곳과 하천수의 흐름이 느리고 수심이 깊은 곳 등 원형 미지형이 형성되도록
하천 폭의 변화	일정	변화가 있다.
호안	필요에 따라 한다.	가능한 한 하지 않는다.
하안		변형하는 것이 기본
하도 내 수림	없는 편이 좋다.	할 수 있는 곳에 한다.
하반림, 수방림		생태적 기능을 가진 하반림(河畔林)이 중요

	종래기술	환경통합형기술(자연천 만들기)
지천처리	홍수시 배수 및 내수(內水)	(좌) 및 범람시의 상황, 연속성의 확보
경관		직선을 이용하지 않고, 콘크리트가 노출하지 않는 등 경관에 배려
이용		이용에 배려, 적어도 하천에 내린 것
환경중요지점		설치하고, 보전한다.

출처 : 宮城縣土木部河川課, 平成20年度 知水講座資料 「環境統合型の技術としての多自然川づくり」(島谷幸宏)를 바탕으로 편집

이상과 같이 환경통합형기술은 치수중심의 종래기술과는 전혀 다른 것이다. 또한, 치수를 중심으로 고려하여 자연친화적 하천으로 한 것과는 다르다. 치수와 환경의 양쪽을 동시에 고려한 기술이다.

3. 자연천 만들기에서 적용되는 시공기술

다음의 시공기술에서 공통적인 점은 시공개소에 존재하는 식물이나 나무, 돌 등의 소재를 이용하여 시공한다는 것이다.

(1) 호안(護岸)

호안(revetment)은 하천의 흐름에 의하여 하천변이나 제방이 깎여지는 것을 방지하는 것에서 유역에의 홍수 유입을 방지하는 역할을 담당하는 것이다. 종래의 호안은 치수대책을 중심으로 고려되어 있었기 때문에 견고한 콘크리트에 의하여 하천변이나 제방을 보호하는 공법이 주류이었다.

자연천 만들기에서는 콘크리트 호안에 의존하지 않고, 현장의 석재 등을 사용하면서 표면을 식생으로 덮는 공법을 채용한다. 하반(河畔)의 식물도 남겨 식생의 연속성에 배려한다. 호안을 자연석으로 쌓으면 돌과 돌 사이에 틈새가 만들어지기 때문에 그곳에 식물이나 작은 물고기·소동물을 위한 공간이 형성된다. 돌을 쌓은 후 돌과 돌 사이의 틈새를 콘크리트 등으로 다져 보강하는 경우도 있다.

또한, 수제(水制·groyne)라고 하는, 하천의 흐름을 변경하는 구조물을 하도 내에 설치하여 하천의 흐름을 약하게 한다든지, 분단한다든지 하는 것으로 둑을 보

호하는 방법도 있다. 콘크리트 호안을 채용하는 경우에도 표면을 콘크리트 그대로 하는 것이 아니라 복토를 이용하여 숨기는 호안으로 한다.

호안의 구조는 피재(被災)상황, 피재원인, 배후지의 상황, 하천환경, 하천의 규모, 하도상황, 단면형상 및 설계유속 등의 외력에 첨가하여 경제성, 시공성 등을 종합적으로 감안하여 선정하고, 필요에 따라 경사면 복토공, 기초공, 기초보호공 등의 구조물을 조합시킨다.

기초보호공(foot protection)은 호안의 끝이 흘러내려 세굴(洗掘 · scouring · 하천을 흐르는 물에 의해 하천 바닥이나 제방이 깎여짐)되지 않도록 호안의 근원을 눌러주는 구조물로 콘크리트 블록 등으로 만든다.

통수로(sluice)는 용수의 도입이나 배수, 수운 등을 위하여 제방을 횡단하는 암거(conduit (underdrain)로 하여 설치하는 것이다. 바닥다짐(groundsill)은 고수부의 황폐나 하상(riverbed · 하천의 바닥) 저하를 저지하기 위하여 하천을 횡단하여 설치하는 공작물이다(그림 2).

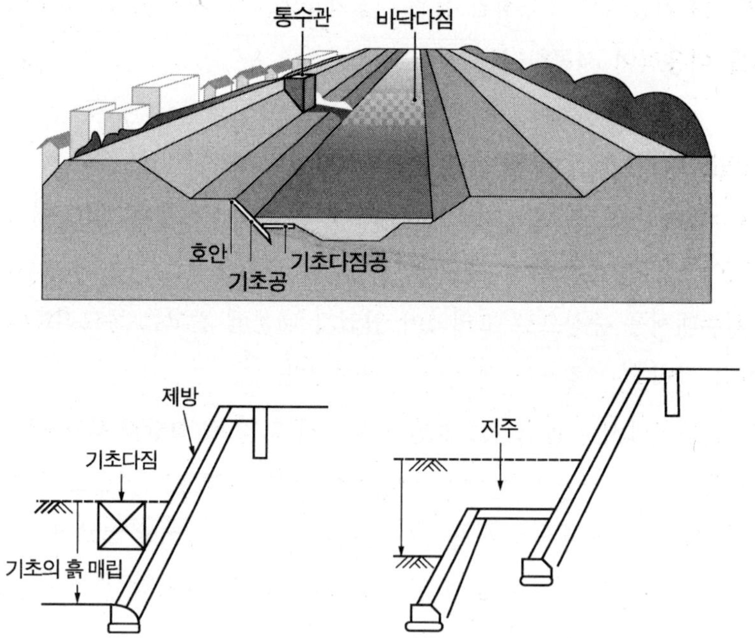

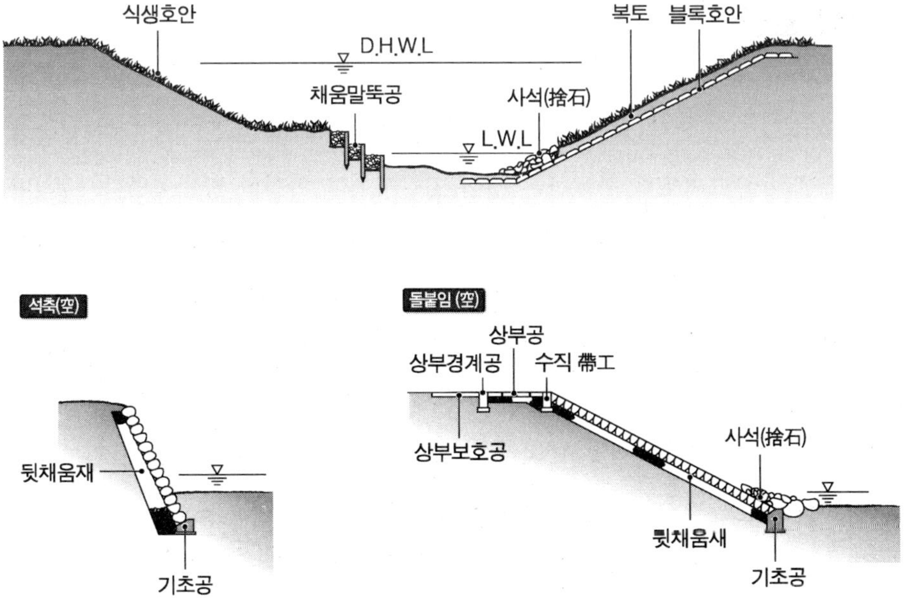

그림 2. 호안의 구조

(2) 하도(河道)

하도(channel)는 유수를 안전하게 유하시키기 위하여 물이 흐르는 부분으로 통상 물이 흐르는 저수로와 홍수 시에만 흐르는 고수부(高水敷)로 분류한다. 종래의 공법에서는 치수대책을 중심으로 하도가 정비되어 있고, 직선화하는 것에서 홍수를 빠르게 배제한다는 방침이었다. 그리하여 하천의 횡단면 형상도 유속을 크게 할 수 있도록 동일형상으로 정비되고 있었다. 이와 같은 공법은 콘크리트 호안과 아울러 치수대책에서 일정 효과를 올렸지만, 하천경관이 획일화한다든지, 수생생물의 서식환경으로서의 질이 저하하는 등이 지적이 되고 있었다.

그래서, 자연천 만들기에서는 자연상태에서의 하천형상을 가능한 한 활용하여 단면이나 유속 등 하천바닥이 자연의 영위에 따라 변화하는 것을 기본으로 하천정비가 이루어지고 있다.

하도의 가장자리에 자연석을 깔아 하천변에 凹凸을 형성하여 유속에 차이가 나타나니 어류 등의 생물의 성상에 양호한 환경을 형성할 수 있다.

4. 식생 호안

치수·이수의 관점에서 효율과 강도를 우선시하여 하천, 호소의 호안이나 농업용수로 등에는 콘크리트를 사용하는 것이 일반적이고 확실한 방법이었다. 그러나 식물을 잃어버린 수변에는 이미 에코톤(Ecotone, Transitional zone)으로서의 기능은 기대할 수 없다. 수변의 콘크리트화에 의한 수변식물군락의 소실이 수변에 가까이 존재한 생물의 소실이나 수질 악화 등의 한 원인이 되고 있는 점이 우려되고 있다.

그래서 주목한 것이 「식생호안」이다. 자연이 남겨진 수변에는 흐름이나 물결이 있음에도 불구하고 특정식물이 번성하고 있는 장소가 있다. 이들의 수변식물군락은, ① 견고하게 뿌리를 뻗다, ② 유연한 잎과 줄기를 가진 다년초에 의해 구성된다. 이와 같은 수변이 식생호안이고, 어느 정도의 홍수나 물결에서 침식을 받지 않고 계속 존재할 수 있다.

식생호안을 창출하기 위해서는 식물의 생육기반을 창출하고 현지의 환경에 적합한 식물종을 선정하여 적극적으로 식재할 필요가 있다.

1) 식물의 생육기반 창출

수변의 식물이 생육하기 위해서는 뿌리를 내리는 기반이 필요하다. 유속이나 침식의 상태 등에서 판단하여 생육기반을 어떻게 창출할 것인가를 결정한다. 이 때 식물재료뿐만 아니라 자연석이나 기존의 콘크리트 호안이나 콘크리트 재료와 조합시켜 강도적인 문제를 해결하는 것이 가능하다.

2) 현지 환경에 적합한 식물종의 선정

식생호안에 머물지 않고, 수변환경의 복원·창출에 있어서는 식재하는 식물종의 선정이 중요하다. 현지에서 생육하고 있는 식물이나 생육가능한 식물을 조사할 필요가 있다. 또한 그 사업 목적도 식물종을 선정하는 데 조건이 된다.

5. 에코톤

에코톤이란 2종류 이상의 생태계의 경계이며, 다른 환경이 이행하는 장소(移行帶 또는 推移帶)를 가리킨다. 예를 들면 수역과 육역의 경우 그 경계인 물가가 에코톤에 해당한다. 인접하는 2개의 공간이 연결된 에코톤은 환경이 서서히 변화하기 때문에 생물이 다양화하고, 생태계를 보전하는 데에 중요한 영역이다.

에코톤에는 물의 깊이나 흙의 수분조건이 약간씩 변화하기 때문에 여러 가지 식물이나 생물이 서식하고 있다. 수변식물은 수중과 육지라는 성질이 다른 환경을 완만하게 연결하는 에코톤으로서의 역할을 담당하고 있다.

수변의 에코톤은 그림 3과 같이 습생식물(습지에 생육하는 식물)이나 추수성식물(물에서 줄기나 잎을 돌출하듯이 생육하는 식물) 등 그 수변공간의 환경조건에 적합한 여러 가지 식물에 의하여 구성된다.

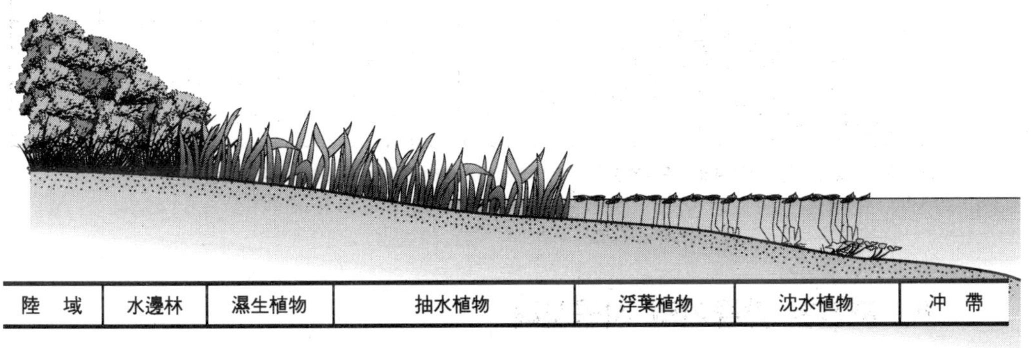

그림 3. 수변의 에코이미지

출처 : 櫻井善雄, 水邊の環境學—生きものとの共存, 新日本出版社, p.222, 1991.

에코톤에는 여러 가지 생태적 기능이 갖추어져 있다. 수변식물은 이들의 제기능을 복합적으로 발휘하는 특징이 있다. 식물에 의하여 뒤덮인 수변을 조금이라도 많이 복원·창출하는 것이 앞으로 시대에 필요하게 되고 있다.

표 2. 수변의 에코톤을 구성하는 식물의 여러 가지 기능

			수변림	습생식 물군락	추수식 물군락	부엽식 물군락	침수식 물군락
동물의 서식장		물고기·새우류의 산란과 치어·유생의 서식장			○	○	○
		들새의 집짓기·새끼 기르기·숨을 곳	○	○	○	+	
		들새의 먹이 공급	○	○	○	○	○
		곤충류·양생류의 서식장과 먹이 공급	○	○	○	○	○
		저생동물이나 조개류에의 먹이 공급	+	+	○	○	○
		부착생물의 양생기체			○	○	○
기타	수질 정화	토사나 오염물질의 유입저지	○	○	○	○	+
		유기물의 분해정화		○	○	○	○
		호수와 바닥진흙에서 영양염의 흡수			○	○	○
		식물 플랑크톤의 억제			○	○	+
	호안보호 (식생호안)	밀생한 뿌리와 줄기에 의한 침식방지	○	○	○		
		밀생군락에 의한 물결제거와 물보라방지	○	○	○	+	+
	자원 공급	인간의 음식물	○	○	○	○	○
		생활용품의 재료	○	○	○	+	+
		가축의 먹이와 농지의 비료	○	○	○	○	○
	온화한 수변경관의 형성		○	○	○	○	+

출처 : 櫻井善雄, 水邊の自然環境–特に植生のはたらきとその保全について–, 新日本出版社, 1991.

6. 자연천 만들기의 시공사례

하반림(河畔林)을 보전하면서 호안 전면을 완만한 하안으로 한다. 또한, 호안의 상단 부분(levee crown)에는 콘크리트로 시공하지 않고 흙을 원래대로 메우고, 가장자리를 완만하게 마감하여 식생의 정착을 촉진한다. 또한, 현지에서 발생하는 자연석을 이용하여 쌓고, 호안 기초부나 지주(underpinning·하천 바닥의 저하 등에 의해 호안 기초의 흙에의 매립이 부족한 경우에 호안의 깊이를 이어주는 공작물)를 눈에 띄지 않도록 처리하여 경관에도 배려한다. 또한, 자연석 쌓기와 아울러 장소에 따라 하안의 형상이나 하천 폭을 변화시켜 다양한 하천변을 형성한다.

서울 구로구에 위치한 도림천과 목감천이 생태하천으로 복원되었다. 도림천은

관악산에서 발원하여 구로구 신도림동과 양천구 신정동 경계에서 안양천에 합류하는 총 길이 14.2km의 지방하천이며, 목감천은 시흥시 목감동을 시작, 부천-광명-구로를 거쳐 안양천으로 흘러가는 총 15.5km의 지방하천이다(그림 4~5).

그림 4. 구로구의 생태하천으로 복원된 도림천

그림 5. 구로구의 생태하천으로 복원된 목감천

자연천 만들기로서 저수호안의 콘크리트블록을 환경친화적 자연형 호안블록으로 교체하고, 저수로에 공업용수를 방류하여 건천화된 하천을 물이 흐르는 하천으로 조성하며 구로디지털단지역에서 도림천으로 쉽게 진입할 수 있도록 진입로 1개소를 설치하는 것이다. 또한 기존 자전거도로 선형을 조정하고 칼라투수콘으로 정비하며 수생식물 등 다양한 수종을 식재하여 조경석과의 조화를 도모하였다.

'수질개선, 생태환경복원, 치수안전성 확보, 사람과 하천이 조화되는 경관조성' 등을 목표로 하여 수질개선과 생태환경복원을 위해 홍수로 흙이 흘러내려가는 것을 막기 위해 설치되었던 콘크리트를 제거해 인위적인 직선형 물길을 자연적인 굴곡형 물길로 만들고 접촉산화법을 이용하는 수질정화시설 1개소를 설치하며 수

초대 및 정화습지 등 자연정화 생태환경을 조성하고 자동차에서 발생되는 비점오염원을 막기 위해 주차장부지를 생태녹지부지로 조성하였다.

홍수로부터 안전한 환경 조성을 위해 저류지를 조성하고 하도시설물도 정비하였다. 사람과 자연이 함께 숨쉬는 공존공간을 만들기 위해 전구간 제방옹벽에 덩굴식물을 도입하고 생태관찰공간, 주민참여공간, 여가와 휴식을 취할 수 있는 체육·휴게공간을 조성하며 하천식물종 식재로 하천건강성을 확보하며 저수호안-둔치-제방사면-옹벽 등 구간별로 차별화된 식물종을 식재하여 다채로운 경관을 만들었다.

4-5 인공지반 녹화

우리가 사는 현대의 도시는 대량으로 사물이나 정보의 생산, 유통, 소비가 반복되어 대단히 편리하며 자극적인 공간이다. 그러나 한편 풍부한 녹지를 콘크리트로 치환하여, 대량의 폐기물이나 배열 등에 의하여 심각한 대기오염이나 수질오염을 초래하고, 「열섬(heat island)」과 같은 국지적인 이상기후를 일으키고 있다. 이들은 편리성과는 반대로 "생명으로서 기주하는 쾌적성"을 희생하고 있는 것이다. 이러한 근대도시가 지닌 한계를 인식하여 21세기의 새로운 도시건설에의 시도가 세계 각지에서 시작되고 있다.

새로운 도시건설 중에서 '도시녹화'가 담당할 수 있는 역할은 매우 크다고 할 수 있다. 직접적으로는 개개의 건축물, 나아가 도시 전체에 녹지를 활용함에 따라 에너지절약형의 시가지 건설이 가능하고, 도시를 구성하는 여러 가지 기술, 장치와 같은 인공적인 것과 녹지가 연결지어 다양한 기능이 생기고, 여러 경제적 효과나 쾌적성, 정신적 효과를 기대할 수 있다.

그리고 이들 도시녹화가 확대되어 '녹지의 네트워크'가 형성되고, "바람 길" 등 도시환경에 바람직한 여러 가지 파급효과가 얻어진다. 결국 도시의 녹지를 활용하는 것에 의해 '도시의 생태계(Eco System)'가 안정·충실하는 것으로 고려된다.

1. 인공지반녹화의 정의와 분류

1.1 인공지반의 정의

인공지반(artificial ground)이란 자연지반과는 공간적으로 분리된 상태에서 인위적으로 자연적인 지반의 조성 상태와 유사한 재료적, 형태적 여건을 조성하여 인간의 적극적인 이용을 도모하는 공간이다. 인공지반은 인공적으로 구축된 지반으로서 토목, 건축구조물로 된 식재를 위한 지반이다.

현대는 건축물이 대형화, 고층화하고, 건축형태도 다양화됨에 따라 옥상정원의 양식에는 헤아릴 수 없을 만큼이나 여러 가지 인공지반의 식재가 행하여지게 되었다.

종래 인공지반의 식재는 건축계획, 구조계획 등이 완료한 후 검토되는 경우가 많았기 때문에 하중 외에 환경조건에 의한 제약이 매우 크고, 설계자의 식재 이미지는 제압되고, 또는 이미지를 살린 경우에는 수세(樹勢)가 저하하는 등의 문제가 발생하였다.

물론 인공지반녹화 시에는 수목이 양호하게 생육하도록 계획되는 것이 원칙이고, 식재 외에 시설도 포함한 평면계획을 적극적으로 활용하는 것을 전제로 하는 것이 바람직하다.

식재지는 건축물의 옥상, 주차장·처리조의 상부, 데크·테라스 등 비교적 넓은 면적에 평탄면이 확보되는 시설 위에 설치되는 예가 많다.

1) 건축물, 토목구조물에 부대하고 있는 공간
2) 식물에 따라 불리한 생육환경을 노정하고 있는 공간
3) 지금까지 그다지 녹화되어 있지 않은 공간
4) 새로운 기술을 이용하여 녹화가 가능한 공간

1.2 인공지반녹화공간의 분류

인공지반녹화공간은 다양한 환경조건을 가지고 있고, 시점을 바꾸는 것에 의해 다음과 같이 2가지로 대별할 수 있다.

(1) 녹화대상공간에 의한 분류

이것은 인간을 주체로 한 분류이며, 인위적으로 만들어진 공간 중 여러 가지 요인에 의해 녹화하기 어렵고, 지금까지 그다지 적극적으로 녹화가 이루어지지 않았던 공간을 새로운 녹화공간으로서 검토하고, 구조나 이용성 등의 측면에서 구분한

것이다. 대상공간은 크게 3가지로 분류할 수 있다.

① 옥상 : 빌딩, 가옥 등의 옥상, 베란다, 고가 위 등의 옥외인공지반
② 벽면 : 빌딩, 가옥 등의 벽면, 고가 등의 벽면, 담, 옹벽 등의 벽면
③ 옥내 : 아트리움, 오피스·가게 등의 실내, 지하공간

(2) 환경요인에 의한 분류

녹지(식물)를 바탕으로 한 분류이며, 식물의 재배에 불리한 환경요인을 바탕으로 구분한 것이다. 이 식물의 재배에 불리한 환경요인으로서는 흙(자연의 지반에 존재하지 않는다), 물(자연의 강우가 아니다), 빛(자연의 일조가 아니다)의 3가지가 주체가 되고, 이들의 구성에 의해 7가지의 공간으로 유형화 된다. 또한 7가지의 공간특성 및 그 사례는 그림 1과 같다.

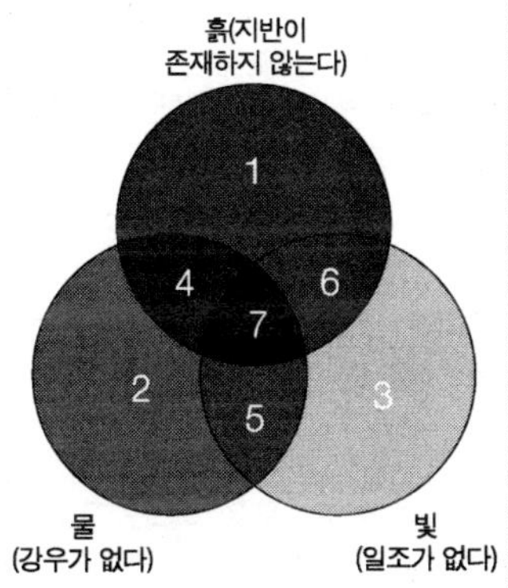

공간	흙	물	빛	사 례
1	×	○	○	옥상·인공지반·보행자고가통로(pedestriandeck)·교량·베란다·테라스·벽면·자연관이 들어오는 반지하·중정
2	○	×	○	자연광이 들어오는 고가밑·처마밑 자연광이 들어오고 지하이용이 없는 아트리움
3	○		×	빌딩의 그늘지 자연광이 들어오지 않는 반지하·중정
4	×	×	○	자연광이 들어오고 지하이용이 있는 아트리움
5	○	×	×	자연광이 들어오지 않는 고가밑·처마밑
6	×	○	×	그늘의 옥상·인공지반·보행자고가통로(pedestriandeck)·교량·베란다·테라스·벽면·반지하
7	×	×	×	지하, 자연광이 들어오지 않는 아트리움 고층빌딩의 중정

그림 1. 환경요인에 의한 분류와 사례

2. 인공지반의 식재기반

2.1 기본적인 유의사항

인공지반조경은 건축물이나 지하구조물의 상부에 설치한 조경을 말한다. 수목의 양호한 생육을 기대한 인공지반녹화를 계획설계하고, 계획책정의 각 단계에서

수목의 생육에 「불가결한 사항」과 「유의하는 것이 바람직한 사항」을 정리하면 표 1과 같다.

또한 「불가결한 사항」이란 수목의 생육에 필요한 대체는 고려되고 있지 않다. 한편 「유의하는 것이 바람직한 사항」이란 적극적으로 만족시키는 것이 바람직한 조건이 된다.

표 1. 기본적 유의사항

계획책정의 단계	기본적 유의사항		
	검토항목	불가결한 사항	유의하는 것이 바람직한 사항
건축계획의 책정	–	–	• 바람이 강한 장소는 피한다. • 일조가 불충분한 장소는 피한다. • 적재하중은 1.2~2t/m^2으로 한다. • 배기통을 설치하지 않는다.
식재계획의 책정	기반정비	• 수목의 크기에 대응한 토층두께로 성토한다. • 객토재는 보수성·보비성(補肥性)이 풍부한 토양(흑토)을 사용하고, 토양개량재를 전층에 혼입한다. • 배수층 또는 암거배수구를 설치한다.	• 슬래브 전면에 성토하는 등 식재지는 지하부에 연속시킨다. • 아교목과 교목 식재지는 단변길이 5m 이상으로 한다. • 배수층두께는 토층두께에 대응한 두께로 한다.
	식재구성	• 아교목과 교목의 분식·열식은 피한다. • 관목의 경우에는 관목에 의한 녹피율 100% 정도 이상의 밀식으로 한다.	• 아교목과 교목 식재의 경우에는 복층구성으로 한다.
	수목의 형상	–	• 수고 3m 정도까지로 하고, 그 이상은 주립상으로 한다.
	수 종	• 아교목과 교목의 경우에는 특성을 가진 수종을 주목으로 한다.	
	관리방법	• 지주 등 양생을 철저히 한다. • 관수시설을 설치한다. • 병충해방제를 철저히 한다.	• 관수를 행한다. • 낙엽·전정가지의 남겨 놓음 등 유기물의 보호(mulching)를 행한다. • 지주목을 설치한다.

2.2 인공지반의 식재기반정비

식재기반정비는 인공지반녹화를 행하는 데에 기초를 하는 것이다.

1) 식재지의 규모

수목의 수평방향에서 뿌리부분을 확보하기 위하여 인공지반은 지하부에서 연속하는 것이 기본이다. 옥상 등의 위 전면에 적정한 토층두께로 성토하는 것이 이상적이지만, 이 경우 표면이 평탄하면 토양이 견밀화하기 용이하고, 보수력·보비력이 저하하기 용이하게 되기 때문에 기복을 형성하는 것이 바람직하다.

전면의 성토가 불가능한 경우에는 식재부분만 성토를 하지만, 식재지를 콘크리트벽 등으로 구분하지 않으며, 식재지의 지하부를 연속시키고, 뿌리의 신장이 가능해지도록 배려한다.

콘크리트벽 등으로 구분할 때에는 아교목과 교목을 식재하는 경우 식재지의 단변길이를 5m 이상으로 한다.

원로에 근접한 콘크리트벽 등의 흙막이는 열의 영향에 의해 토양의 건조 등을 촉진시키기 때문에 높이는 것은 피하고, 식재지에 근접하는 뜰의 도로 등의 레벨과 거의 동등하게 하고, 뿌리가 뜰 도로 밑의 공극에 신장 가능하도록 검토한다.

2) 토양

토양에는 자연토양, 개량토양, 인공경량토양 등이 있다.

각각의 토양은 비중, 필요한 토층의 두께, 관수장치의 필요성 유무, 시공방법 등 특성에 차이가 있다. 하중한도나 대상공간의 조건에 맞는 토양을 선택할 필요가 있다(표 2).

표 2. 토양의 종류와 특성

비교항목	자연토양공법	개량토양공법	인공경량토양공법
특 징	영양분이나 투수성, 보수성 등의 개량을 필요로 하는 경우도 적지 않다.	자연토양에 토양개량재를 혼입하여 경량화를 도모하면서 보수성이나 통기성을 높여 인공지반에 적합도록 한 토양이다.	무기질계의 인공토양과 유기질을 혼합한 인공토양, 유기질계의 인공토양 등 초경량 박형으로 할 수 있다.
습윤시 비중	1.6~1.8	1.1~1.3	0.6~0.8
식재수목과 필요토양압 (관수장치가 있는 경우)	• 산디 : 15cm • 저목 : 30cm • 중목(약 2m) : 45cm • 고목(약 4m) : 60cm	• 잔니 : 15cm • 저목 : 30cm • 중목(약 2m) : 45cm • 고목(약 4m) : 60cm	• 잔니 : 8cm • 저목 : 15cm • 중목(약 2m) : 25cm • 고목(약 4m) : 40cm
배수층	필요	필요	불필요한 경우도 있다.

비교항목	자연토양공법	개량토양공법	인공경량토양공법
관수설비	일반적으로는 필요(토양두께, 식물종에 따라서는 불필요)	좌동	좌동
유지관리	뿌리의 무성함, 고결방지 관리가 필요	좌동. 뿌리의 무성함, 고결 등은 비교적 적다.	관리가 불필요한 제품도 있다.
시공성	무거우므로 운반이나 양육이 번거롭다. 시공시의 비산은 적다.	일반적으로는 현지혼합을 행하므로 운반 이외에 혼합의 수고가 요구된다.	경량이기 때문에 운반이나 양육이 용이하다. 시공시에 바람으로 비산하기 쉬운 것이 많다.
조성비	재료단가는 저렴하지만 시공비용은 든다. 최근에는 양질토의 확보가 어려워 고가격화	자연토양보다 개량재의 코스트와 혼합비용이 더 많이 든다.	재료단가는 높지만 경량화 등에 의해 전체비용은 저렴하게 되는 경우도 있다.

하중은 식물(수목)의 중량과 습윤상태의 토양 중량의 합계치를 고려한다. 수목의 중량은 생장에 수반하여 증가하기 때문에 내하중값에 여유가 없는 경우에는 하중증가를 전정(剪定)관리에서 조절할 필요가 있다.

특히 기존의 건조물에 녹화할 때에는 하중제한이 엄격한 경우가 많아 인공경량토양을 활용한다. 또한 잔디나 관목 등 토층두께를 많이 필요로 하지 않은 식물을 도입하는 등으로 경량화를 도모한다.

3) 토층두께

인공지반에 필요한 생존 토심의 기준은 그림 2 및 표 3과 같다. 건축물의 옥상

표 3. 인공지반 위의 식재기반 확보(단위 : cm)

구 분	잔디/지피식물(생존)	잔디/지피식물	소관목	대관목	천근성교목	심근성교목
성토두께	15	30	45	60	90	150
배수층두께	5	10	15	20	30	30

[주] 1. "지피식물"이라 함은 잔디·맥문동 등 주로 지표면을 피복하기 위해 사용되는 식물을 말한다.
2. "초화류"라 함은 옥잠화·수선화·백합 등 주로 꽃이 좋은 초본(草本)성 식물을 말한다.
3. "관목"이라 함은 교목보다 수고가 낮고, 나무 줄기가 지상부에서 다수로 갈라져 원줄기와 가지의 구별이 분명하지 않은 수목을 말한다.
4. "소관목"이라 함은 조팝나무·수국·모란·누운향나무 등 성목(成木)시 수고 1m 정도로 키가 낮게 자라며 여러 개의 줄기로 자라는 수목을 말한다.
5. "교목"이라 함은 다년생 목질인 곧은 줄기가 있고, 줄기와 가지의 구별이 명확하여 중심줄기의 신장생장이 뚜렷한 수목을 말한다.

과 같은 인공지반은 건조, 바람, 수분부족 등 여러 가지 환경압이 식물의 정상적인 생육을 저해하기 쉽기 때문에 일반적으로 잔디화초류 30cm, 소관목 45cm, 대관목 소교목 60cm, 천근성교목 90cm, 심근성교목 150cm의 토심확보가 필요하다.

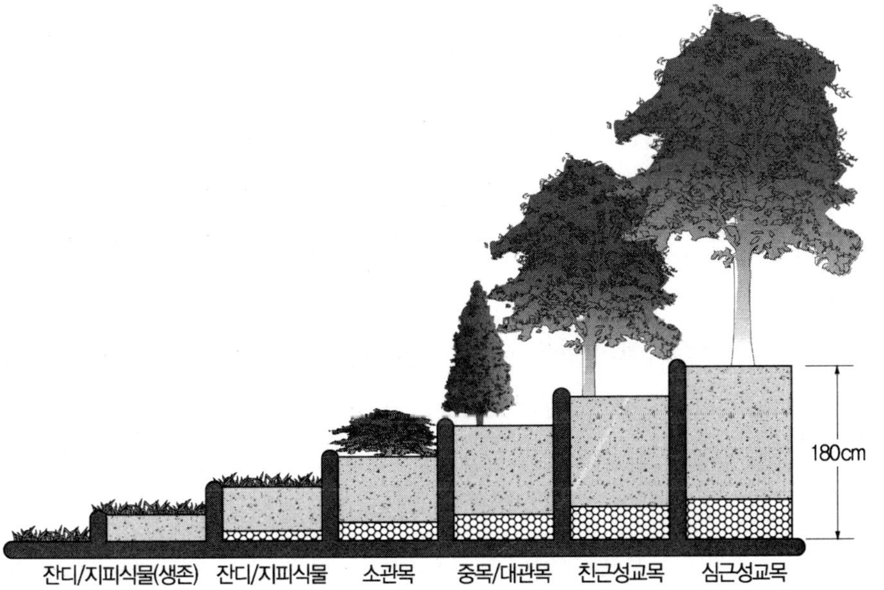

그림 2. 인공지반 위의 식재기반 확보

출처 : 한국조경학회편, 조경설계론, 기문당, p.180, 1999.

4) 객토재

밭흙, 흑토, 반흑토 등 보수력·보비력에 풍부한 비옥한 토양을 사용하고, 적어도 표층 30cm는 적토 등의 사용을 피한다. 강산성토, 강알칼리성토나 견밀토, 점성토 기타 유해물질이 함유된 극단적인 성질의 토양은 피한다. 양호한 토질의 객토를 하는 경우에도 견밀화 방지, 통기성 개선, 보수력·보비력의 강화를 위하여 토양개량재를 혼입하는 것이 원칙이다.

5) 토지개량방법

식물을 재배하기 위해서는 필수적인 것이 용토이다. 용토의 생긴 모양은 간격이 좁은 것과 넓은 것이 있다. 하나는 일반 밭에서 볼 수 있는 종류의 흙인 단립구조, 즉 간격이 좁은 용토이다. 입자 사이의 간격이 좁아 공기유통과 물 빠짐이 느리고 좋지 않다. 또 하나는 간격이 넓은 종류의 흙 입단구조의 용토가 있다. 입자 사이, 즉 흙과 흙의 사이의 간격이 넓어 공기유통과 물빠짐이 좋다. 이런 용토가 식물을 재배하기에 좋은 용토이다.

보통 식물이 생육하는데 바탕이 되는 성분은 주로 광물질로 이루어져 있다. 그 성분으로 보면 무기성분 95%와 유기성분 5% 정도가 함유되어야 한다. 유기성분이 5% 이하가 되면 식물이 자라기 어려운 용토가 된다. 따라서 식물이 자라기 좋은 용토 조건은 유기성분이 25% 정도 포함되어야 한다. 용토 속에 유기질이 풍부하면 무기질성분의 용토도 유기질로 변하여 흡수되어 좋은 용토가 된다. 그러나 유기질이 부족하면 흡수되지 않아 영양결핍이 되기 쉬워 식물의 성장에 지장이 나타난다.

토양의 물리적·화학적 성질을 식물생육에 알맞도록 개선하기 위하여 사용하는 각종 제품으로 토양의 단립화(團粒化)를 촉진하기 위해서는 폴리비닐 계통의 고분자화합물의 투입이 실시되며, 토양의 화학적 성질의 불량성을 개량하기 위해서는 벤토나이트·제올라이트·펄라이트·버미큘라이트 등이 이용된다. 이 밖에 이탄(泥炭)·아탄(亞炭)을 화학처리한 부식산(腐植酸)인 암모늄·마그네슘·석회염 등이 있다. 또한 퇴비(두엄)·구비(외양간 두엄)·볏짚·보릿짚·들풀 등에도 토양의 단립화를 형성하는 능력이 있으므로 일종의 토양개량제라고 할 수 있다.

시판되고 있는 생명토는 습지의 갈대 등 물가식물이 퇴적한 것으로 제조한 검고 찰기가 있는 점토질 토양이다. 일반 관엽 혹은 초화에 집중적으로 이용되는 유기질 발효 용토이고, 물빠짐이 아주 좋은 편은 아니다.

보통 분경에 사용하기 적당한 배합은 생명토 5 소립마사 5를 넣고 배합하면 찰흙 같던 생명토가 분경에 적당한 점도가 된다. 그리고 석부용은 생명토 7 소립마사 3 비율로 혼합하거나, 여기에 수태(물이끼)를 가위로 잘게 썰은 것을 10% 정도 가미해 사용할 수 있다.

개량재의 종류와 혼합율은 다음과 같은 예가 양호한 효과를 나타내고 있다.

- 펄라이트, 베이크(페놀수지)퇴비, 후지모래의 3종 혼합(후지모래를 제외하고 용적비 30%)
- 펄라이트, 베이크퇴비(용적비 20%)

전층에 혼입하는 것이 바람직하지만, 견밀화 방지를 위하여 전층에 펄라이트 등 무기질계 토양개량재를 혼입하고, 뿌리가 집중 분포하는 표층(약 15cm)에 양분조건의 개선을 위하여 베이크퇴비 등 유기질계 토양개량재를 교반혼입하면 효과적이다. 또한 펄라이트 등 소성암석의 단일사용(용적비 30～50%)에서도 어느 정도는 유효하다.

개량재의 혼입은 토양의 경량화 효과도 있고, 표층부분에서는 강우, 관수 등에 의하여 토양의 유출이 예상되기 때문에 보호(mulching)를 하는 것이 바람직하다.

강풍이나 석양의 영향을 받는 장소에서는 보수성을 강화하기 위하여 토양개량재는 불가결하고, 지표면을 노출시키지 않는 것이 원칙이다. 그 방법으로서는 베이크, 지푸라기 등에 의한 보호(mulching) 외에 지피, 아교목류의 도입, 또는 관리단계에서 낙엽·전정가지 등이 고려된다.

6) 토중배수방법

옥상 등에 배수구배를 확보하는 것은 불가결하다. 흙속의 잉여수를 배수하고, 괸물(湛水)을 방지하기 위하여 토층의 최하층에 배수층 또는 암거배수구를 설치하는 것이 원칙이다(그림 3).

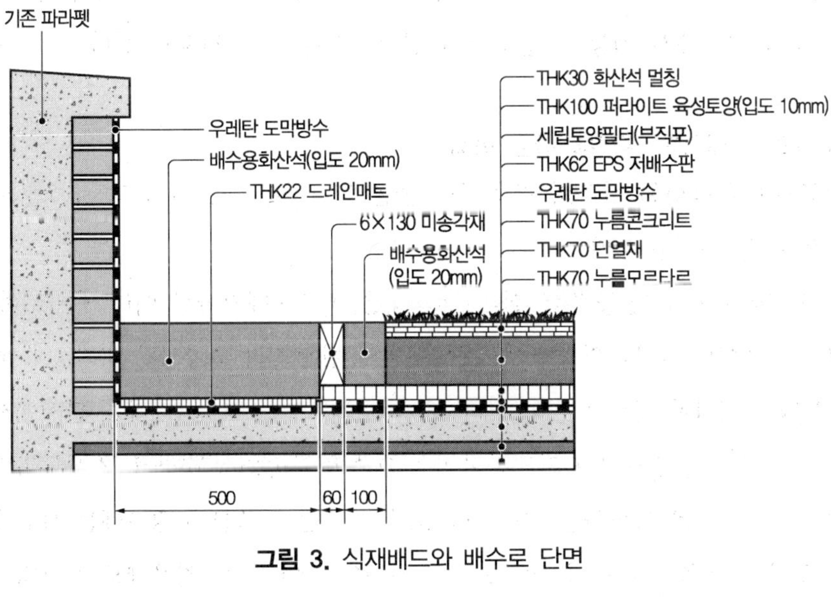

그림 3. 식재배드와 배수로 단면

지하층 전면에 배수층을 설치하고, U자구, 배수호스 등의 암거배수구를 망 형태로 돌려 집수하는 것이 바람직하다.

배수층의 두께는 15cm를 표준으로 하는데, 토층두께에 따라 표 4와 같이 한다.

배수층의 자재는 펄라이트 등의 다공질에서 통기성이 양호한 소성암을 이용하고, 구멍이 막히기 쉬운 화산자갈, 경질자갈 등은 피한다. 배수층만으로도 잉여수의 배출에는 효과가 있지만, 암거배수구의 설치만으로는 효과는 적기 때문에 피해야 한다.

표 4. 배수층의 두께

토층두께(cm)	배수층의 두께(cm)
15~35	5~10
45~50	10~15
60~70	20
90	20~30
105~120	30
150 이상	30

3. 인공지반녹화의 실현

3.1 인공지반녹화의 고려방법

(1) 인공지반녹화의 검토(stance)

1) 영속적인 녹화의 목표

인공지반의 녹지는 건축·구조물의 수명에 따라 존속기간이 한정되지만, 기본적으로는 각 장소에서 계통적, 건전하게 생존시키는 것을 전제로 한다.

2) 녹화의 대상과 실상에 따른 녹화

인공지반의 녹화는 신축의 건축·구조물뿐만 아니라 기존의 건축·구조물도 그 대상으로 검토할 수 있다.

인공지반은 옥상·인공지반, 실내·아트리움, 벽면·베란다로 여러 가지이며, 그 규모도 창변이나 베란다의 수m^2의 단위에서 대형건축의 옥상이나 처리장의 위 등 1ha를 넘는 것까지 범위가 넓다. 신축·증축의 경우에는 계획·설계의 단계에서 필요로 하는 요건을 검토하여 안전하며 확실한 녹화기술을 선택하고, 지상부와 마찬가지로 본격적으로 녹화하는 것이 바람직하다. 기존 건축물의 경우에는 사전에 조사를 행하고, 녹화의 가능성, 정도를 검토하여야 한다. 어느 경우에도 각각의 공간의 조건, 예산, 목적에 따라 본격적인 것에서부터 콘테이너방식과 같은 간이한 것까지 실상에 따른 녹화기법이나 기술을 활용하여 녹화를 추진한다.

3) 무리없는 녹화

인공지반의 녹지에 환경개선이나 에너지절약, 에코업, 공간이용, 경제 등 여러 가지 효과를 기대할 수 있고, 각각의 기능을 발휘하는 녹화의 방법이 필요하다. 또한 녹화의 방법에 따라서는 나중의 관리에 큰 수고가 드는 것에서 거의 관리가 불필요한 간이한 것까지 다양하다. 따라서 녹화에 있어서는 목적이나 관리내용에 대하여 충분히 고려하여 추진하는 것이 중요하다.

(2) 녹화의 포인트

식물의 생육조건이 엄격한 인공지반의 녹화를 위하여 다음의 포인트를 만족하는 것이 중요하다.

1) 식물이 자라는 환경의 개선

인공지반은 본래 식물의 생육을 위하여 필요한 조건 중 일부가 훼손된 공간으로 되어 있다. 녹화에 있어서는 토양(적정 토양의 선택, 토양 두께의 확보), 채광, 급배수, 공조 등의 설비 등을 감안하여 식재환경의 개선을 도모하는 것이 필요하다.

2) 공간특성에 따른 식물의 선정

인공지반녹화에는 건축물이나 시설로서의 기능이나 용도 등에서 공간특성이 있다. 또한 식물의 생육환경에 대해서도 지상부의 녹화에 비하여 일반적으로 엄격한 상황에 있다. 녹화를 고려한 경우 식물의 재배저해요인을 인공적으로 완화하고,

표 5. 공간별 환경개선의 필요성

공간의 구분	빛	물	흙	온도	바람
옥 상	○	△	×	○	×
벽 면	○	△	×	○	×
옥 내	△	×	×	×	△

○ : 개선이 필요없음, △ : 장소에 따라 필요, × : 개선이 필요

양호한 재배환경을 형성하는 데에는 한계가 있다. 그러므로 이들 조건을 검토하여 녹화의 목적이나 형태, 재배환경 등의 공간특성에 적합한 식물을 선정하는 것이 무엇보다 중요하다(표 5).

3) 안전하며 적절한 관리

인공지반녹화는 통상의 녹화공간에 비하여 환경조건이 엄격하기 때문에 지상부와 같은 방법으로 녹화를 행하면 관리가 힘든 경우가 있다. 또한 관리방법이나 내용이 다르고, 재래의 방법으로는 대응할 수 없는 경우도 있다.

인공지반녹화를 쾌적한 녹화공간으로 유지하는 데에는 그 녹화형태에 따른 적정한 유지관리가 필요하다. 특히 인간의 생활과 밀착한 옥내(아트리움)나 옥상, 인공지반, 지하 등의 각 공간에서는 병해충의 방제, 고사한 식물의 바꿔심기 등 신속한 대응이 필요한 경우가 많고, 관리경비의 소요와 그것을 추진하는 체제 등이 중요하다. 당연히 이러한 관리작업이나 시공의 효율을 검토하여 녹화방법의 선택이나 공간의 정비가 사전에 이루어지는 것이 포인트가 된다.

또한 작업의 자동화나 생력화, 우수나 중수·태양에너지 등의 이용, 환경에 부담을 주지 않는 유지관리 등 "환경에 배려한 관점"이 앞으로 점점 중요하게 될 것이다.

3.2 공간별 유의점과 사례

각 공간이 가진 특수한 환경특성계획조건을 충분히 파악하고, 계획설계를 행한다.

(1) 옥상·인공지반상

일조와 우수에 대해서는 기본적으로 충분히 확보되고, 넓은 면적에 지상과 같은 녹화가 도모되는 공간이다. 다만 높은 위치에 설치되는 것일수록 바람의 영향(강풍, 건조 등)을 받기 쉽고, 또한 엘리베이터시설, 냉각탑 등의 부속시설이 있기 때문에 녹화할 수 있는 공간은 의외로 한정되는 경우가 많고, 이들에의 대응 등이 필요하다(표 6~7).

표 6. 환경조건과 계획상의 유의점

조건항목	환경·특성	계획상의 유의점
바람	• 높이에 따라 풍속이 증가하고, 과잉 증발산과 바람에 넘어질 위험성이 있다. • 장소에 따라 조풍해의 우려가 있다.	• 방풍대책·방풍식재·내풍성 및 내조성이 있는 식물의 선정 • 바람에 넘어짐방지형틀의 검토
온도	• 장소에 따라 하계의 혹서온열환경(50~80℃)의 우려가 있다.	• 내고온성이 있는 식물의 선정
습도 (토양수분)	• 지하에서의 수분보급이 없고, 건조화의 우려가 있다.	• 보수성이 있는 토양의 선정 • 관수장치, 멀칭의 검토
일조	• 일조조건은 옥상은 방해되는 것이 없어 양호하지만, 주변의 건물상황에 따라 그늘이 되는 경우가 있다.	• 내음성, 내일조성이 있는 식물의 선정
기타	• 경우에 따라 공조냉각수의 비산오염, 설비배기에 의한 식물생리장애의 위험성이 있다. • 구조재의 콘크리트는 강알칼리성	• 식재위치, 완화책의 검토 • 적정식물·토양의 선택

표 7. 기타 계획조건과 유의점

계획조건	계획상의 유의점
하중제한(경량화)	토양의 종류, 구조, 식물재료의 박층화의 검토
토양의 과습, 건물에의 누수대책	기반구조의 검토(배수, 방수, 방근방법)
이용자에의 안전대책	전락방지울타리의 검토(높이 1.1m 이상), 식재의 배치
간이한 녹화	플랜터, 컨테이너에 의한 녹화의 검토
관리의 생력화	자동관수장치의 검토, 생력관리형의 녹화기법의 검토
• 에너지절약·재활용효과 • 에코업효과 • 경관효과 • 이용·경제효과	효과, 목적별의 녹화기법의 검토

옥상·인공지반상의 주된 녹화기법에는 조성형의 녹화와 용기형의 녹화가 있다.

1) 조성형의 녹화

넓은 공간에서 항구적인 녹화를 도모하는 경우에 유효한 기법이다. 디자인의 자유도도 높고, 지상부와 다르지 않은 녹화를 할 수 있다(그림 4).

2) 용기형(시스템 배치형)의 녹화

간이하게 녹화를 도모하는 경우에 유효한 기법이다. 최근 정식용기의 조합에 의한(시스템 배치형) 녹화기법도 개발되고, 조성형에 가까운 다양한 변화가 가능하다(그림 5).

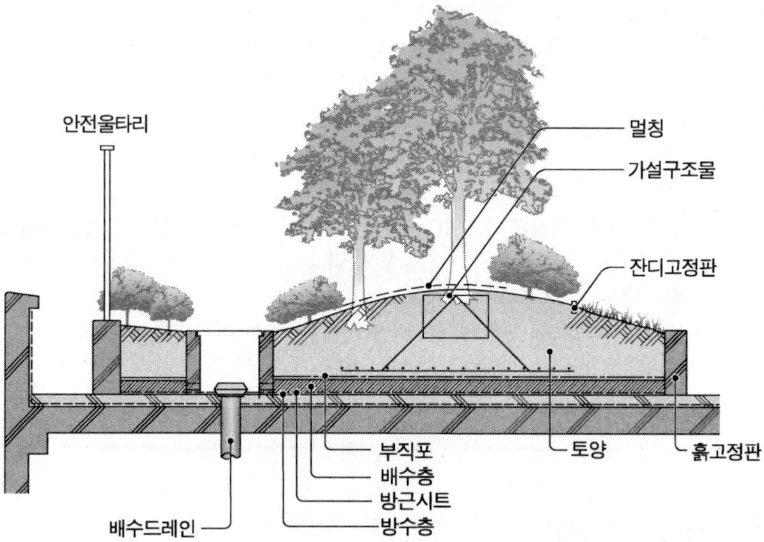

그림 4. 조성형의 녹화

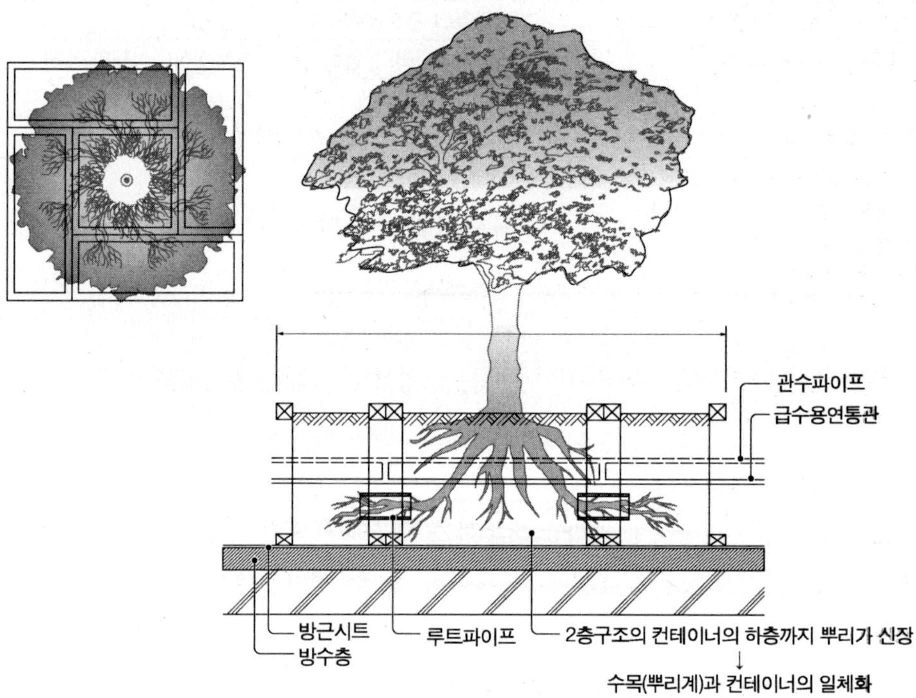

그림 5. 용기형(시스템 배치형)의 녹화

(2) 벽면·베란다

벽면의 자연환경조건은 옥상·인공지반상과 유사하지만, 노상, 외부에서 보아 경관상 중요한 장소임과 아울러 녹화면의 일조, 우수공급, 바람의 영향 등에 차이가 있고, 이의 대응이 필요하다(표 8~9).

표 8. 옥외벽면의 환경조건과 계획상의 유의점

조건항목	환경·특성	계획상의 유의점
바람	• 풍환경은 복잡하며, 바람이 닿는 면에서는 상승풍, 하강풍, 소용돌이 등이 일어나고, 측면에서는 강한 박리풍이 분다. • 상부일수록 풍속이 크다. • 장소에 따라 배기가스 등에 의한 피해의 우려가 있다.	• 박리방지, 위로 성장 보조의 유인형틀의 검토 • 내건조성의 식물 선정 • 대기오염에 강한 식물의 선택
온도	• 지하에의 열전도가 없는 벽면의 온도는 지상에 비하여 뜨거워지기 쉽고 차가워지기 쉬운 상태, 특히 하계의 고온과 동계의 저온이 문제가 된다.	• 한란의 차이에 강한 식물의 선정 • 형틀 등에 의해 벽면에서 식물체를 떼어 놓는다.
습도 (토양수분)	• 장소에 따라 지하에서의 수분보급이 없고, 건조화의 우려가 있다.	• 물 저장성의 토양선정 • 관수장치의 검토 • 내건조성의 식물선정
일조	• 면의 방위나 주변 건물의 상황, 벽면의 색 등의 차이에 의해 일조조건이 크게 변한다.	• 일조조건을 고려한 식물의 선정

표 9. 기타의 계획조건과 유의점

계획조건	유의점
간이한 녹화	플랜터, 컨테이너에 의한 녹화의 검토
관리의 생력화	자동관수장치의 검토 관리의 편리성을 고려한 녹화기법의 검토
• 에너지절약·재활용효과 • 에코업효과 • 경관·이용·경제효과	효과·목적별의 녹화기법의 검토

벽면·베란다의 주된 녹화기법은 다음과 같은 것이 있다.

벽면을 녹화하는 방법으로는 크게 분류하면 식물이 위로 올라가며 녹화하는 등반형(A)과, 반대로 식물이 벽면을 밑으로 드리우면서 녹화하는 하수형(B), 그것과 벽면의 전면에 식물을 배치하여 녹화하는 형(C)이다. 등반형에는 각각 식물의 지지 방식의 차이에 따라 각종의 형식으로 분류된다. 또한 벽면 앞 식재형식에는 espalier기법이나 플랜터 등을 설치하는 형식 등 각종의 형식이 있다(그림 6).

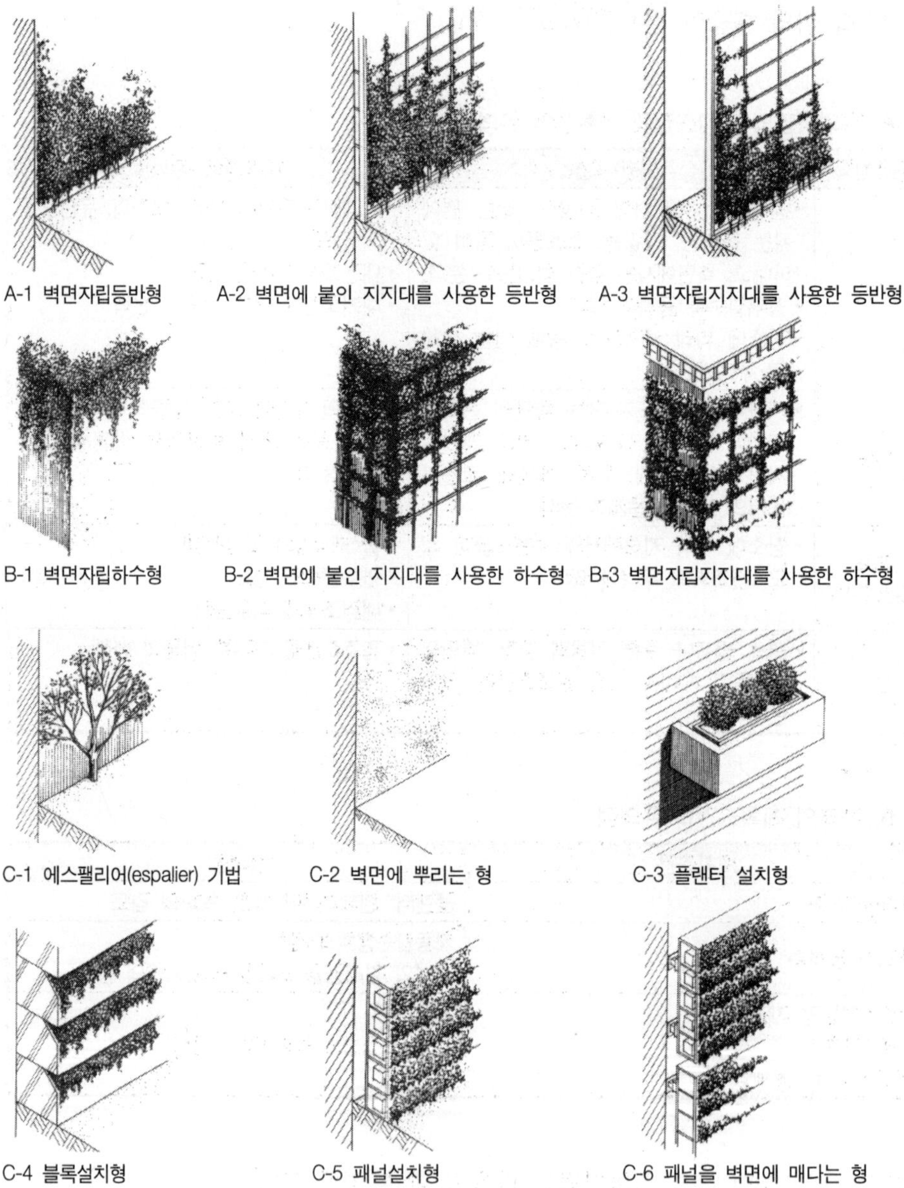

그림 6. 벽면·베란다의 주된 녹화기법

녹화하는 공간의 상황, 벽면의 구조에 따라 적절한 기법을 선정할 필요가 있다.

(3) 옥내 · 아트리움

자연광 도입의 유무, 실내의 볼륨, 공조방식 등 여러 가지 경우가 검토되는데, 기본적으로 일조, 우수, 온도, 기류가 외부환경과 달리 이의 대응이 필요하다(표 10～12).

표 10. 환경조건과 계획상의 유의점

조건항목	환경 · 특성	계획상의 유의점
일조	• 자연채광의 아트리움의 경우 외부광의 85% 이하에서 일반적으로 40% 정도만 도입된다. • 실내조명에 의해 24시간 일조의 가능성도 있고, 식물생리상 문제가 되는 경우도 있다(6시간은 어두울 필요가 있다). • 지하공간의 경우 기본적으로 자연광은 원할 수 없다. • 보조광원의 검토	• 식물의 선정 및 식물배치 계획의 검토 • 조명 스케줄, 조도조절의 검토
기류	• 옥내의 인공 공기의 흐름은 대인간과 대식물에서는 좋아하는 결과가 일치하지 않는 경우가 있다. • 통기구멍 등 바람의 배출구 가까이의 식물은 항상 바람이 닿아 건조하기 쉽다.	• 인공풍, 자연풍의 도입 등의 검토 • 식물의 배치 검토
온도	• 인공관리를 위하여 계절적인 변화가 없고, 특히 동계에 공조의 가동시와 휴지시의 온도차가 커지고, 하계에는 냉방에 의해 온도의 일교차가 작아진다.	• 식물의 선정 및 식물의 배치 검토
습도	• 기본적으로 인간이 쾌적하게 지내는 습도로 유지하는 경우가 많고, 식물이 좋아하는 조건과 다르다.	• 토양의 종류, 관수장치, 가습장치의 검토
기타	• 자연토양을 사용하는 경우에는 더럽고, 냄새나고, 부패균의 방지 등에의 배려가 필요하다.	• 실내에 인공토양(Hydro-culture) 등의 검토

표 11. 인공토양에 적합한 식물예(물을 좋아하고, 직사일광을 그다지 필요로 하지 않는 것)

Araceae科	Potos, selloum, Syngonium 등
Commelinaceae科	Zebrina, toradesukantia 등
Palmae(Arecaceae)科	elegans, lutescens 등
Araliaceae科	담쟁이덩굴, Schefflera 등
뽕나무 Moraceae科	고무나무, 벤자민, 榕樹 등
草 花	베고니아(begonia), Saintpaulia, Cyclamen 등

표 12. 조도조건과 실내의 용도, 식물의 생육

실내의 조건	조도 Lux	식물의 조건
하계청천시 옥외의 최대조도의 목표	100,000	
청천시 옥외조도의 목표	30,000	
창가의 직사일광이 닿는 장소의 조도	30,000	종류에 따라 잎이 타지는 등의 강한 일조장애가 나온다.
밝은 아트리움 내의 조도	3,000	낙엽광엽수 등의 양성식물에서의 녹화가 가능. 항구적으로는 무리
창가의 직사일광이 닿지 않는 장소의 조도	2,000	구실잣밤나무를 항구적으로 식재가능. poinsettia, Hibiscus, Cactaceae류, 감귤류의 생육한계
	1,800	Kalanchoe의 생육한계
창가의 청천시의 조도	1,000	Ananas류, 베고니아류, croton의 생육한계
	800	Monstera, Guzmania, 고무나무류의 생육한계
KS규격에서의 세밀한 시작업을 하는 사무실, 설계·제도실의 조도기준의 최저치	600	kapok, 소철류의 생육한계
	500	주요한 관엽식물의 필요최저조도의 하한치 이들 식물에서 항구적 녹화가 가능, 야자나무류의 생육한계
일반사무소의 바닥면조도의 목표	400	Dracaena류, Potos의 생육한계
	300	내음성이 풍부한 관엽식물, 조원식물의 건전생육이 가능 수종선택을 잘 하면 항구적인 녹화도 가능
	200	내음성이 풍부한 관엽식물의 빛보상점 2~3년마다 교환하는 형태로 녹화가 가능 일부 Dracaena류, Aglaonema 등의 생육한계
KS규격에서의 통상의 시작업을 하는 사무실, 회의실의 조도기준의 최저치	150	내음성이 풍부한 관엽식물, 조원식물의 생존이 가능하지만, 녹화를 행하는 경우에는 매년 갱신할 필요가 있다.
화장실, 세면장 등의 조명 부근에서의 조도의 목표	100	대부분의 식물은 생존불가
KS규격에서의 사무소의 복도, 계단, 화장실 등의 최저치 KS규격에서의 로비, 응접실, 휴게실 등에 필요한 조도기준의 최저치	60	
심야방범을 위한 최저조도	2	

출처 : 龜山章他, 最先端の綠化技術, ソフトサイエンス社
Pflanzenliste-Ein Ausgewahltes Programm fur die Hydrokultur-, HYGRENO Hydrokultur
近藤三雄, アトリウム綠化技術の現狀と將來展望, 建設工業調査會, ベース設計資料66, 1993, 日本建築學會, 建築設計資料集成2, 丸善
仁科弘重他, アメニティ-植物としての盆栽の栽培環境の評價, 農業氣象學會講演要旨集, 1993.
KS 조도기준

옥내·아트리움의 주된 녹화기법은 다음과 같다.

① 조성형의 녹화

아트리움 구조의 실내나 넓은 개방적 공간을 가진 옥내에 적합한 기법이다. 디자인적으로 자유로운 녹화가 가능하다(그림 4).

② 용기형(간이설치형 용기)의 녹화

옥내에 간이하게 녹화하는 경우나 식물의 교환이 필요한 경우 등에 유효한 기법이다. 용기를 단일체로 설치하는 간이한 설치형과 규격화된 콘테이너의 구성에 의해 대규모로 디자인된 녹화가 가능한 시스템 설치형으로 분류된다. 최근에는 단일체로 설치하는 간이한 설치형에서 관목 등의 유지관리가 자동화된 것이나 피트 내 설치형의 것도 검토되고 있다(그림 7).

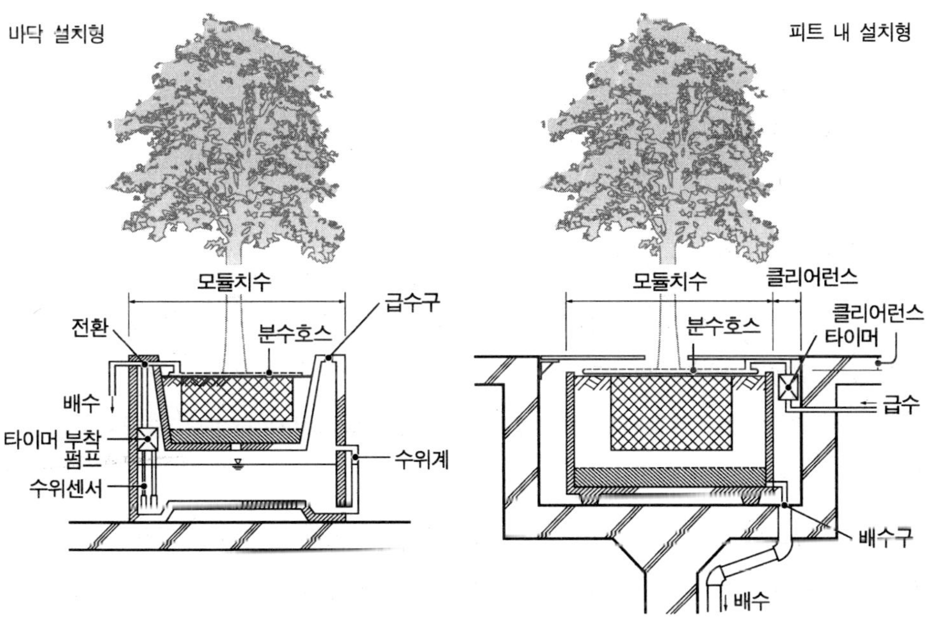

그림 7. 용기형(간이설치형 용기)의 녹화

③ 양액재배형의 녹화

인공토양(발포연석)을 사용한 하이드로컬쳐에 의한 녹화기법이다. 배양액을 급액하는 시스템을 설치한 재배배드에 발포연석을 깔고, 거기에 관엽식물 또는 조원수목을 식재하고 녹화를 한다. 이 기법은 조성형에도 용기형에도 적응할 수 있고, 유지관리도 용이, 토양에 의한 주변의 더러움의 우려도 없다(그림 8).

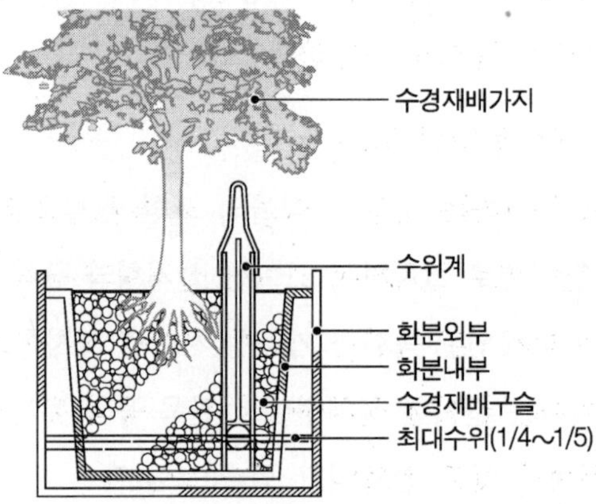

그림 8. 양액재배형의 녹화

4. 인공지반녹화를 지원하는 기술

4.1 토양과 하중

인공지반에서 사용되는 토양에는 자연토양, 개량토양, 인공경량토양[1]이 있다.

각각의 토양은 비중, 필요한 토층의 두께, 관수장치의 필요성 유무, 시공성 등 특성에 차이가 있다. 하중빈도나 대상공간의 조건에 적합한 토양을 선택할 필요가 있다.

하중은 식물(수목)의 중량과 습윤상태 토양 중량의 합계치를 고려한다. 수목의 중량은 생장에 수반하여 증가하기 때문에 내하중치에 여유가 없는 경우에는 하중 증가를 전정관리하여 조절할 필요가 있다.

특히 기존의 구조물 위에 녹화할 때에는 하중제한이 엄격한 경우가 많고, 인공경량토양이나 경량백업재(발포스티롤의 상자) 등을 활용한다. 또한 잔디나 소목 등에 토층두께를 많이 필요로 하지 않은 식물을 도입하는 것 등에 따라 경량화를

---

1) 인공지반녹화에 사용되는 토양으로는 전술한 것 외에 양액재배(하이드로컬쳐)용의 인공토양(발포연석)이 있다.

도모한다(표 13).

표 13. 국내에서 공급 가능한 육성토양

종 류	원 재 료	함습비중	특 징
바이오그로콤포스트	자연토양+토양개량제	0.5~0.8	텃밭 등에 활용
배스토(besto)	화산석(lava)+유기물(25%)	0.8~0.85	배수성능 우수
세라소일(cera-soil)	세라믹+유기물	0.65~0.78	배수성능 우수
파라소(paraso)	펄라이트(perlite)+액비	0.65~0.76	가장많이 생산

직상부 중량의 산정식의 예는 다음과 같다.

$$W = k\pi\left(\frac{d}{2}\right)^2 Hw(1+p)$$

여기서 d : 눈높이 직경(m, 지상 1.2m의 줄기 직경)

H : 수고 (m)

k : 수간형상계수(수종·수령에 따라 다르지만, 개산의 경우에는 0.5)

w : 수간의 단위체적당 중량(1,100~1,500kg/m^2)

p : 가지와 잎의 다소에 의한 할증률(0.2~0.3)

4.2 기반의 구조

지상에 심어진 식재는 남은 수분을 지하에 침투시켜 식물의 생육에 적합한 토양의 수분환경이 유지되고 있다. 그런데 인공지반은 콘크리트에 둘러싸여진 풀장과 같은 공간이므로 과잉 수분을 방치하면 식물의 뿌리를 손상하고, 마르게 하는 경우가 있다. 인공지반에서는 남은 분량의 토양수분을 배수할 필요가 있다(그림 9).

또한 식물의 뿌리가 콘크리트 균열에 침입하는 것을 방지하고, 건물에의 누수를 방지하기 위하여 방근, 방수를 기반정비 시에 충분히 행할 필요가 있다.

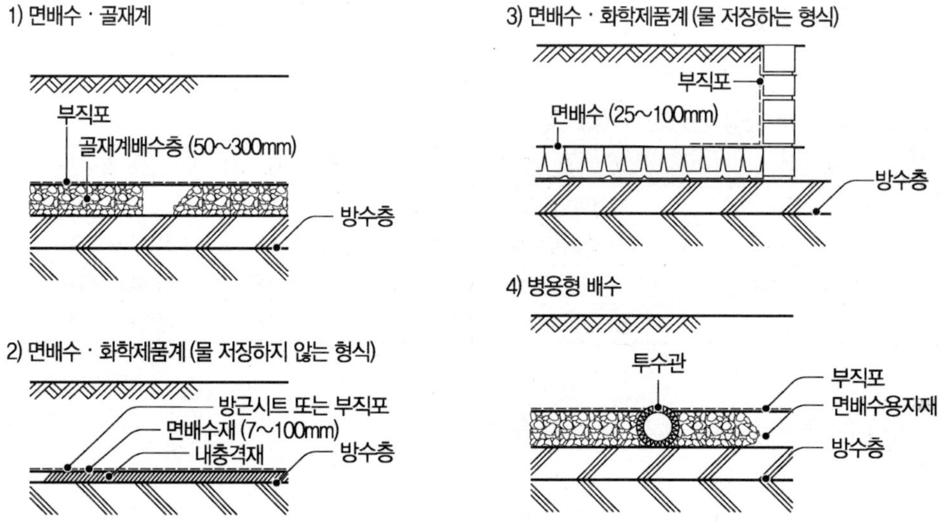

그림 9. 기반구성의 예

방수방법은 그 재료나 공법에서 아스팔트방수, 시트방수, 도막방수로 분류된다. 건축에 요구되는 방수성능이나 각 공간에 요구되는 용도나 시공조건에 의해 선택한다(그림 10).

방수의 종류	아스팔트방수
중량	4~6kg/m²(torch) 8~10kg/m²(열)
내근성	내근 루핑 또는 방근시트 사용이 바람직하다.

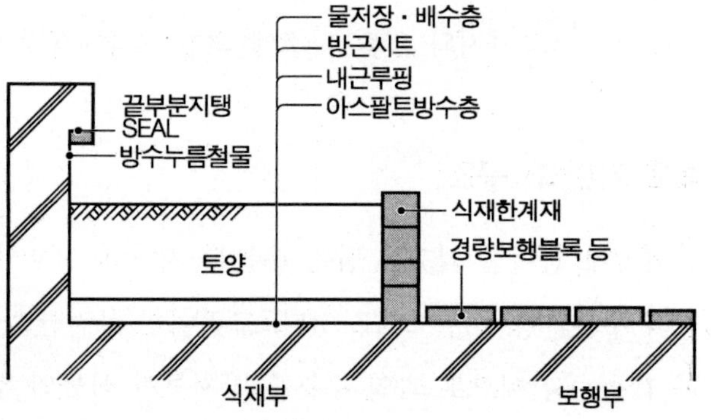

그림 10. 방수층의 구조와 특성의 예

4.3 관수·보수

옥상·인공지반, 벽면녹화의 기반은 토양의 두께가 제한되고, 지하층에서의 수분의 보급이 기대할 수 없는 점에서 일조, 바람의 영향을 받아 건조하기 쉬워진다. 또한 옥내에는 비에 의한 물의 공급이 없다. 이상의 점에서 인공지반에서는 관수장치를 설치하여 인공적으로 관수를 행하여 과잉의 건조를 방지하는 검토가 필요하다.

관수방법은 그 제어방식에 의해 수파(水播), 수동, 자동으로 분류되고, 수동, 자동에 대해서는 관수장치가 필요하다. 또한 인공지반의 특성에 따라 지상관수, 지중관수, 저면관수 중에서 최적의 방식을 선택한다. 옥상·인공지반의 경우에는 지상, 실내, 벽면에 대해서는 지중·저면관수방식이 채용되는 경우가 많은 것 같다.

건조방지를 위해서는 식재토양의 표면을 멀칭(mulching)재로 피복하는 것이 유효하다. 멀칭은 건조방지 외에 동계의 보온, 잡초의 번식을 방지하는 등 효과를 지닌다.

4.4 식물(공간특성에 적합한 식물의 선정)

각각의 공간에 적합한 식물은 많지만, 대략 다음과 같은 조건을 만족하는 것이 바람직하다(표 14).

표 14. 공간특성에 따른 식물 선택

공간의 구분	식물종류 선택에 있어 체크포인트
옥 상	• 지역의 기후, 풍토에 적합한 식물을 선정한다. • 바람이나 건조에 강한 식물(화소목, 세덤, 허브류 등)이 비교적 힘들지 않다. • 성장이 빠른 고목이나 심근성의 수목은 이식, 유지관리에 힘이 든다. • 콘크리트면이 열화한 장소에서는 뿌리의 파괴력이 강한 대형의 대나무류 등은 피하는 편이 좋다.
벽 면	• 지역의 기후, 풍토에 적합한 식물을 선정한다. • 녹화조건(지지틀의 유무, 기어오름, 아래로 드리우는 등)에 적합한 식물을 이용한다. • 일반적으로는 덩굴식물을 이용한다(Hedera류, 담쟁이덩굴의 이용이 많다). • 벽면에 플랜터나 패널에 의해 특별한 기반을 설치하면 중·소목의 사용이 가능하다.
옥 내	• 공간의 조도, 온도조건에 견딜 수 있는 식물을 선정한다. • 일반적으로 관엽식물이라고 불리는 열대·아열대성의 식물이 가장 힘이 들지 않는다. • 온대~한대의 식물을 이용하는 경우 등에는 사전에 순화처리한 것을 선정한다.

일반적으로 피복용으로는 돌나물, 땅채송화, 섬백리향, 외래세덤류 같은 지피식물을 적용하고 군식용으로는 구절초, 둥근잎꿩의비름, 두메부추, 매발톱꽃 같은 초화류를 적용할 수 있다(표 15~16).

표 15. 번식력에 따른 식물 분류

번식력 정도	식 물 종	비 고
강한식물	돌나물, 좀사사	번식력이 강하여 다른 식생의 생육을 방해할 가능성이 있는 식물
보 통	외래세덤류, 땅채송화, 바위채송화, 애기기린초, 섬기린초	번식력이 강하지만 다른 식생의 생육을 방해하지 않는 식물
약한식물	제주양지꽃, 리시마키아, 누무라리아, 한라구절초	번식력이 강한 식물에 의해 생육을 저해받을 가능성이 있는 식물

표 16. 토심별 옥상녹화 식재

토심구분	식 생	설계시 고려사항
10cm 이내	기린초, 태백기린초, 애기기린초, 바위솔, 돌나물, 땅채송화, 사철채송화, 섬백리향, 세덤, 둥근잎꿩의비름, 제주양지꽃, 두메부추, 종지나물, 조개나물, 아쥬가, 상록패랭이, 매발톱꽃, 한라구절초 등	• 지피류로 피복률이 좋음. • 얕은 도심과 건조한 기후에 잘 견디는 것들로 다육질 잎의 식물이거나 고산지대에 자생하는 식물들로 이루어짐. • 식재설계시 인접부분에 식생 선택을 잘해야 서로 경쟁하지 않고 공생함.
10cm 이상 20cm 이내	• 10cm 이내에서 성장가능한 식물을 모두 포함 • 구절초, 층꽃나무, 타래붓꽃, 벌개미취, 쑥부쟁이, 돌마타리, 금꿩의다리, 범부채, 애기원추리, 독일붓꽃, 할미꽃 등	• 주로 군식용으로 지피류 가운데 point 식재로 활용. • 다양한 경관이 연출됨. • 꽃을 보는 자생초화류가 주를 이룸.

생태적 지속성을 가질 수 있는 식재플랜을 작성하기 위해서는 인접식생끼리의 양분의 경합 또는 생육을 저해하는 배치는 피해야 하며, 식물사회학적인 관점에서 서로 공생하면서도 양질의 피복을 유지할 수 있도록 계획하여야 한다.

5. 옥상녹화시스템의 기술 현황

수변식물은 「미기상의 완화」 기능을 가지는 것으로 알려져 있다. 이 기능을 옥상에 응용하여 온도상승 억제효과가 높은 「옥상습생화원」을 구성할 수 있다(그림 11).

습생식물은 옥상녹화에는 부적당한 것으로 여겨지지만, 다음과 같은 특징에서 장점을 알 수 있다. 이 특징을 활용하여 옥상녹화의 변화가 넓어진다. 옥상습생 화원단독으로의 사용뿐만 아니라 기존의 옥상녹화기술과의 조합 등에 의해 보다 다양한 옥상녹화가 가능하다. 또한 옥상에 인공습지가 창출됨에 따라 디딤돌 비오톱으로서의 효과도 기대된다(그림 11).

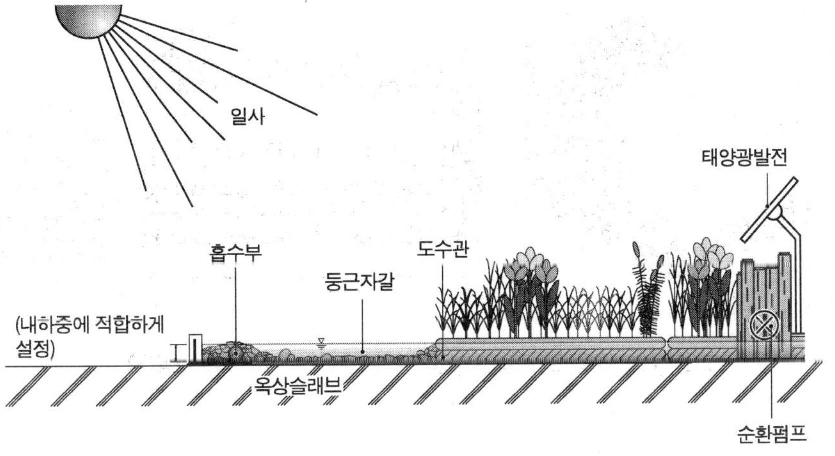

그림 11. 습생식물을 위한 옥상녹화의 구조

- 증발산에 의하여 열을 발산시켜 온도상승 억제효과가 높다.
- 수위의 설정이 용이하며 내하중 60kg/m^{2}에 적합한 설계가 가능하다.
- 토양에서는 없는 야자섬유를 기반으로 하기 때문에 토사류 유실 등의 장애를 방지한다.
- 배수층이 없으므로 우수를 효율적으로 저류가능하다.
- 관수를 위한 번적인 배관이 불필요하다.
- 바람에 나부끼는 초원과 그 안에서 피는 꽃이 계절감을 연출한다.

최근의 국내 기술개발현황은 초경량 토양을 사용하여 하중부담을 감소시켜 인공지반을 구성하는 K사의 파라소 공법이 있고, 유럽형 옥상녹화 시스템으로서 도입하여 국내 기후에 적합하도록 식생부가 개선된 된 H사의 저관리·경량형 A.R.T Greening System 공법이 있다. 또한 무관리·경량형의 옥상녹화시스템으로 최대 녹화하중 120kgf/m^2 이하로 설계된 평균 토심 10cm 이하의 R사의 레인보우 옥상녹화시스템이 있고, 조립형 시스템으로서 H사 세덤블록은 재질이 고밀도 폴리에틸렌(P.E)으로 되어 있고, 이는 규격 570mm×380mm×두께 80mm로서 무게는 5.06kg/m²로 공장생산이 가능하며, 주로 세덤류와 같은 식생을 적용하는 데에 매우 효과적이다(그림 12~16).

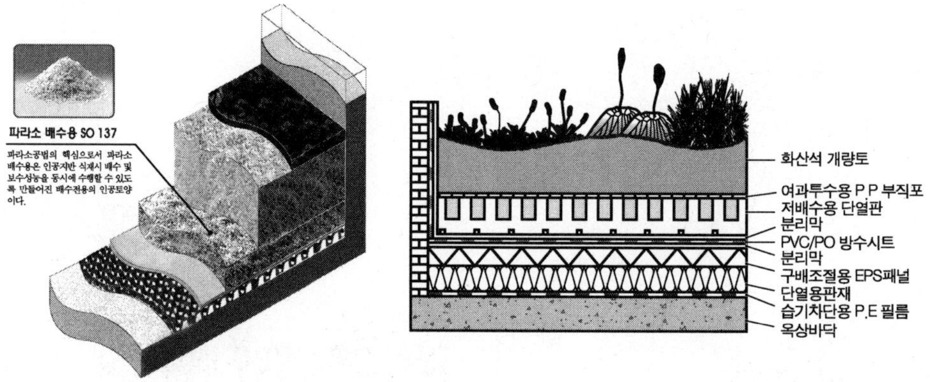

그림 12. 파라소 공법(좌) 및 A.R.T Greening System(우)

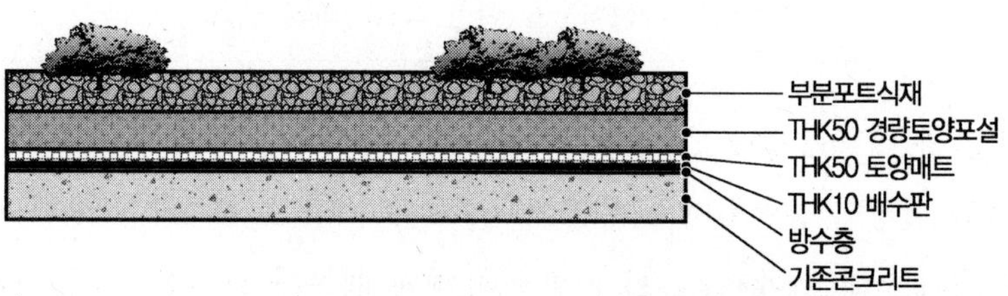

그림 13. R사의 레인보우 옥상녹화 시스템

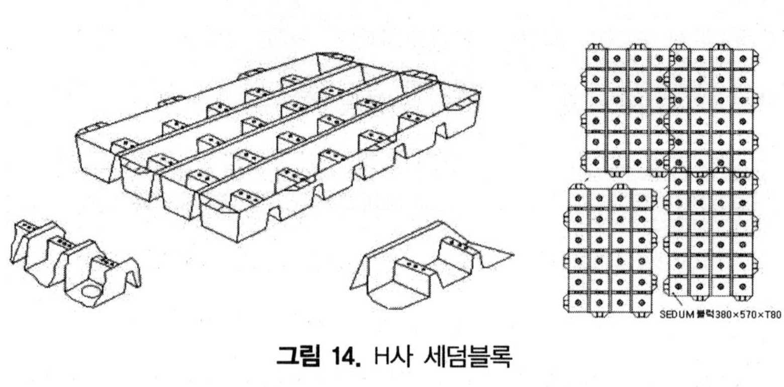

그림 14. H사 세덤블록

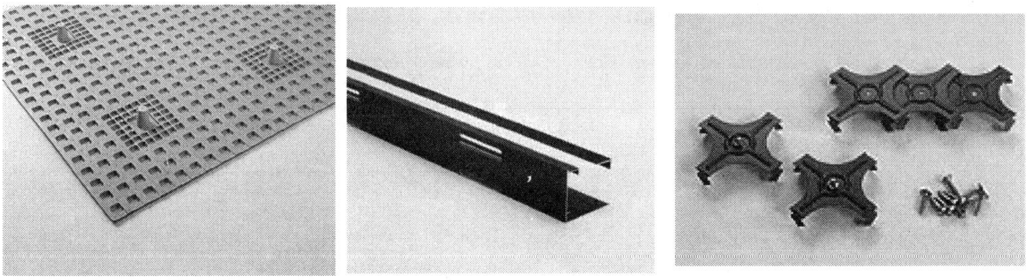

그림 15. Ecom 유닛 부품

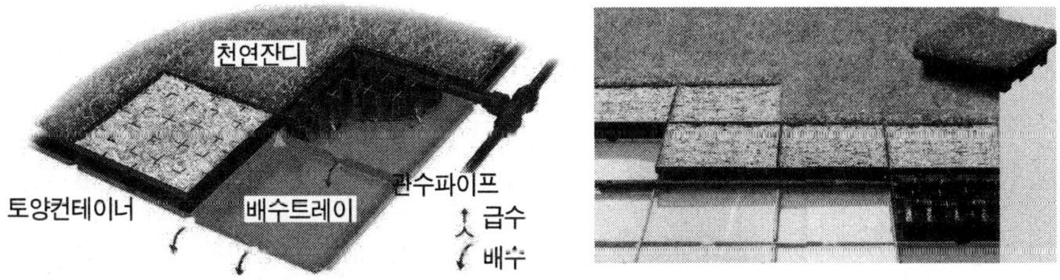

그림 16. 저수형 스퀘아타후 시스템

6. 벽면녹화시스템의 기술 현황

고밀화 도시건물의 전형적 특징인 측벽부의 콘크리트벽 마감면은 미관상 문제뿐만 아니라 도시열섬현상에 있어서도 부정적 영향을 미친다. 최근 건축뿐만 아니라 토목분야에서도 지자체의 주도로 방음벽 녹화사업, 푸른담장 녹화사업 등과 같은 도시경관 개선이나 도시열섬현상을 줄이기 위한 대안으로서 식생을 통한 벽면녹화가 활성화되고 있다.

국내에서도 단순한 등반형이나 하수형과 같은 형태를 벗어난 형식의 녹화방식으로서 플랜트를 부착하여 우수를 순화시킨 H사의 플랜트 부착형이 있다. 수분공급에 소요되는 전기를 태양열을 이용하여 공급받음으로써 별도의 동력없이 장기간 사용이 가능하다. 또한 R사의 플랜트부착형의 경우는 아파트 발코니, 대부분의 아파트에 개구부 없는 측벽부 내지는 단지 내 옹벽용 녹화기법으로 개발하였다. 또 다른 대안으로서 매트를 이용한 이끼녹화가 있다. I사가 개발한 초경량(2.7~

6.5kg/m^2)형 공법은 270mm×570mm×5mm 크기의 서리이끼 또는 털깃털이끼류로 생장된 식생매트를 쉽게 재단하여 실리콘을 접착하는 방식으로 다양한 연출의 가능하며, 시공이 용이하여 저비용 벽면녹화 대안을 제시한다. 특히 이끼는 수분공급만 원활하게 이루어지면 쉽게 성장하며, 성장 후에는 별도 관리가 필요 없으므로 녹화부 내구성 문제나 토양층 이탈현상 등이 근본적으로 해결될 수 있어 장기적으로 활용잠재력이 매우 크다고 할 수 있다(그림 17~18).

그림 17. 플랜트부착형 방식의 벽면녹화 (서울여대 및 청담 D아파트)

그림 18. 현재 적용 가능한 매트 유형 및 적용사례 (박문여고)

5 chapter 생태환경의 관리방법과 기술

5-1 빗물과 그레이워터의 이용
5-2 먹는물의 정수
5-3 배수의 정화
5-4 토양과 지하수오염의 정화
5-5 건설폐기물의 처리와 재활용

5-1 빗물과 그레이워터의 이용

각 가정이나 빌딩 등의 건축물에서 빗물을 저류하면 일상적으로 살수나 세차 등에 사용하거나, 재해 등의 비상시 생활용수에 이용하는 외, 빗물의 집중적인 유출을 억제하는 효과에서 도시형 홍수의 방지에도 이어진다. 또한, 지하에 침투시켜 지하수원으로 이용하면 환경보전이나 개선효과를 기대할 수 있다.

이 빗물이용의 기능이나 효과를 모두 동시에 만족하는 것은 곤란하므로 장소, 목적, 규모 등에서 가장 적합한 이용방법을 검토하여, 「빗물」도 귀중한 수자원으로 유효활용을 도모한다.

수돗물은 하천수 등을 정수하여 수도관을 통하여 각 가정에 음용수로 보낸다. 일정 이상의 수질을 확보하여 음용으로 공급되는 것이다.

깨끗한 수돗물을 음용은 물론 요리나 목욕·세탁에 사용한다. 그러나 화장실이나 살수에는 수돗물이 아니라 빗물을 사용한다. 빗물은 귀중한 담수자원이다. 지하수나 하천이 없는 지역에서는 음용수에도 사용하고 있다.

빗물을 이용하는 것은 단지 갈수대책뿐만 아니라 방재대책, 환경보전(빗물의 저류를 빗물의 침투 시스템과 병용하여 홍수방지, 지하수의 함양에 활용하고, 또한 댐건설에 의한 대규모 환경파괴의 방지)에 유효하다.

대체 수자원으로 '그레이워터'(Greywater)가 주목받고 있다. 그레이워터란 한 번 사용한 물을 재활용하거나 정화 과정을 거쳐 그 순도에 따라 공업용수나 농업용수, 때로는 음용수로까지 재사용하는 재생수를 일컫는다. 물의 순도와 용도에 따라 사용을 효율적으로 분배해 고갈 속도를 늦추고, 이미 사용한 물 또한 정화과정을 거쳐 재사용함으로써 지속가능한 물의 순환을 이끌어낼 수 있다.

1. 비가 되는 과정

비가 되는 것은 구름에 의해 결정되지만, 그 구름의 본디가 되는 수증기는 어디에서 오는가. 지구상 물의 99%는 바다에 있으므로 비의 본디가 되는 수증기는 바다에서 증발한 것으로 보이지만, 실제는 바다에서 생성되는 비의 80%는 바다에 내린다.

바다에서 기류에 의해 육지에 온 수분은 육지에 비가 되어 내리는 수분의 1/3 밖에 지나지 않는다. 비가 된 수분의 2/3는 육지에서 증발한 수분이고, 그 대부분은 식물에서의 증산인 것이다.

지상에 내린 비는 지하에 침투하여 지하수가 됨과 아울러 지표나 식물에서 증발산하는 것이며, 다시 비가 되는 것이 본래 빗물의 순환이다.

2. 빗물저류의 목적 및 용도

물의 수요는 하수도의 보급 등 생활수준의 향상 및 라이프스타일의 변화 등에 의해 도시용수를 중심으로 증가하는 것이 예상되고 있는데, 댐 등의 새로운 수자원의 개발을 둘러싸고 환경은 이전에 비하여 엄격해지고 있다. 또한 지하수 이용에 대해서는 전국적으로도 과잉 취수에 의한 지반침하나 연안부의 염수화 등이 발생하는 등의 문제 사례가 있다. 이에 대하여 빗물저류의 목적은 현재에는 그다지 이용되고 있지 않은 빗물을 새로운 수자원으로 이용하도록 하는 것이다. 또한 용도에 대해서는 음료수와 같은 정도의 수질을 필요로 하지 않은 화장실용수 및 조복의 살수 등의 잡용수로 사용하는 것이다.

3. 빗물·그레이워터 이용의 효과

빗물은 지구에서 물이 순환하는 과정에서 일어나는 강수현상인데, 통상의 빗물에는 상공의 기온차에 의해 차가운 빗물과 따뜻한 빗물의 두 종류가 있다. 어느 빗물도 재이용하여 유효하게 사용되고 있다.

차가운 빗물이란 대기 중에 있는 구름의 온도가 빙점하의 때에 내리는 빗물이다. 이것은 구름이 과냉각의 물방울이 만들어지는 경우에 핵이 될 수 있으면 빙정(氷晶)이 급격히 성장하고, 빙정이 어느 정도의 크기가 되면 중력에 견딜 수 없게 되어 지상으로 낙하한다. 이 때 빙정이 낙하하는 도중의 기온이 0℃보다 높으면 빙정은 녹기 시작하고, 완전히 녹으면 빗물이 된다. 녹을 수 없는 경우에는 눈이 된다.

따뜻한 빗물이란 대기 중에 있는 구름의 온도가 빙점 이상의 온도의 경우에 내린 빗물이다. 따뜻하고 습한 공기가 상승하면 단열팽창에 의해 냉각이 일어나고, 응결고도에 도달하면 과포화 상태가 된다. 그리고 대기 중의 에어로졸을 응결핵으로 서서히 구름입자(雲粒)가 성장한다. 구름입자끼리의 병합과정에 의해 일부 구름입자가 급속히 성장하여 중력에 견딜 수 없을 정도로 커져 빗물이 된다.

지붕, 옥상, 베란다에서의 빗물을 탱크에 저류하여 식목의 살수, 세차, 수세식 화장실의 세척수 등의 그레이워터로 하고, 잡용수, 방화용수 등에 유효하게 활용한다(그림 1~2). 그레이워터는 건물·시설 등에서 발생하는 오수를 다시 처리하여 생활용수·공업용수 등으로 재이용하는 것이다.

빗물·그레이워터 이용은 생활용수 중에서 수세식 화장실용수, 냉각·냉방용수, 살수 등의 용도에 생활배수·하수 등의 그레이워터나 빗물 등 수돗물과 비교하여 낮은 레벨의 수질의 물을 사용하는 것이다.

빗물·그레이워터 이용의 효과로서는 수돗물의 사용량 감소, 절수의식의 향상 등 한정된 수자원을 유효하게 활용하고, 갈수에 강한 사회 형성에 도움됨과 아울

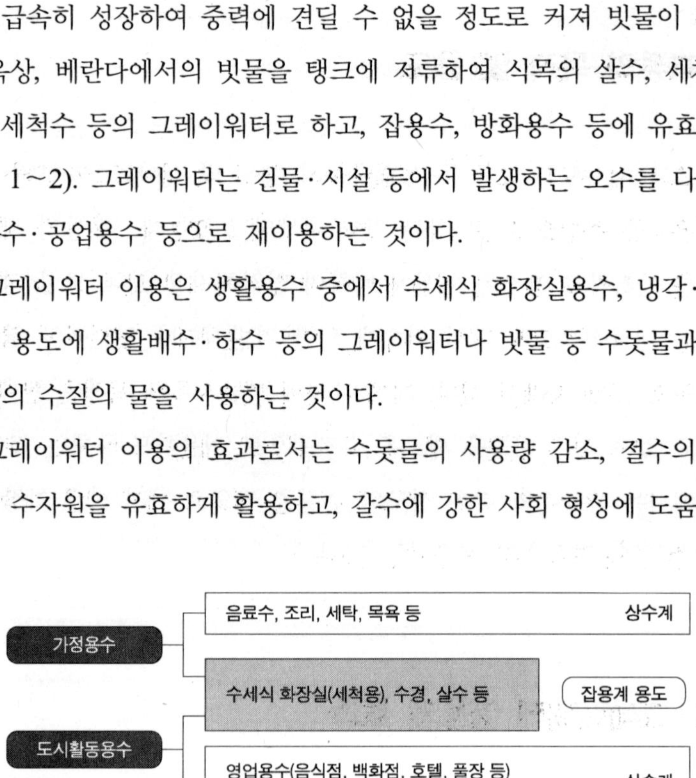

그림 1. 빗물·그레이워터의 용도

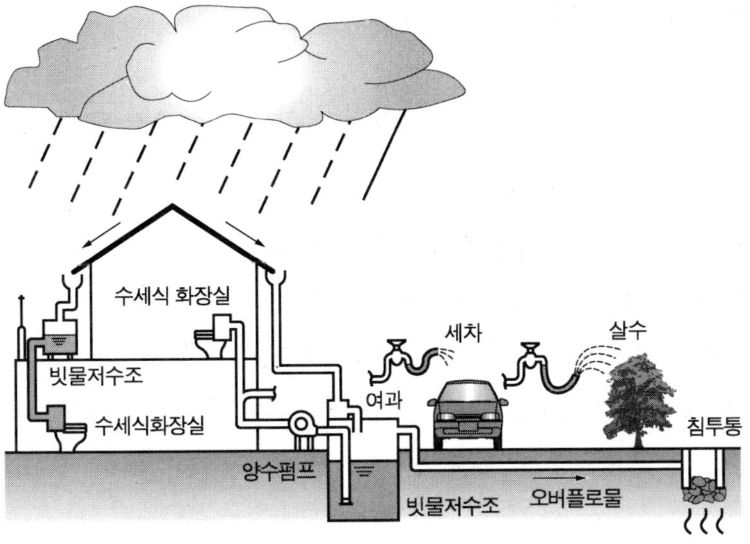

그림 2. 빗물이용시스템

러 오수의 감소에 의한 수역환경의 향상 등 환경면의 효과도 기대할 수 있다.

4. 빗물·그레이워터 이용의 형식

대별하면 배수를 정화하여 재이용하는 방식과 빗물을 활용하는 방식이 있다.

1) 배수재이용방식

하나의 건물에서 배수를 정화재이용하는 「개별순환방식」, 지구 중의 건축물이 공동으로 잡용수도를 운영하는 「지구순환방식」, 하수처리장의 처리수 등을 광역적으로 공급·이용하는 「광역순환방식」이 있다.

2) 빗물이용방식

빗물을 잡용수 용도에 이용하는 방식으로 배수의 재이용과 병용하는 경우도 있다. 대규모적인 것 외에 가정용의 빗물탱크에 의한 이용도 있다.

5. 빗물·그레이워터 이용의 목적

빗물·그레이워터 이용의 목적, 효과로는 다음과 같은 점을 들 수 있다.

1) 그레이워터나 빗물을 이용하여 수돗물의 사용량을 감소시키고, 물수급이 어려운 지역에서 수급 간격 완화책의 하나가 된다.

2) 배수량 및 오염부하량의 감소에 의해 하수도 등의 배수처리시설의 부담이 경감됨과 함께 공공용수역의 수질보전에도 기여한다.

3) 그레이워터를 이용하는 잡용수 이용자에 의해 수도의 급수제한시 등에 그 제약을 어느 정도 완화할 수 있다.

6. 빗물·그레이워터이용의 방식

빗물·그레이워터이용의 방식에는 사무소 건축 등에서 당해 건축물 내에서 배수를 정화재이용하는 개별순환방식, 대규모 공동주택이나 시가지재개발지구 등 복수의 건축물이 공동으로 잡용수도를 운영하는 지구순환방식, 하수처리장에서 재생처리된 그레이워터를 광역적으로 공급·이용하는 광역순환방식의 외 주로 빗물을 이용한 비순환형의 방식이 있다.

빗물·그레이워터를 이용하는 방식에는 그 대상의 확대에서 「개별순환」, 「지구순환」, 「광역순환」의 3형식과 「빗물을 이용」하는 방법이 있다.

① 개별순환방식

사무소 건축 등 하나의 건물에서 그 건물 내에서 발생하는 배수를 자가처리하여 잡용수로 순환이용하는 것이다(그림 3).

건물 내에서 발생하는 잡배수, 주방배수, 목욕장배수 등을 생물처리나 막처리 등의 방법에 의해 재생처리하여 화장실 세척수 등에 이용한다.

② 지구순환방식

비교적 정리된 좁은 지역. 예를 들면 대규모 공동주택이나 시가지재개발지구

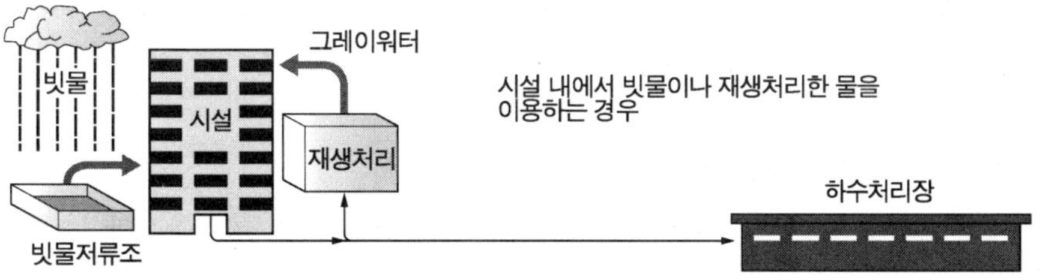

그림 3. 빗물이용의 개별순환방식

등에서 건축물 소유자 등이 공동으로 잡용수도를 운영하고, 그 지구의 잡용수 수요에 따라 급수하는 것이다(그림 4).

복수의 건물에서 발생한 배수를 한 개소에 모아 생물처리나 막처리 등에 의해 재생처리하여 잡용수로 화장실 세척 등에 이용한다.

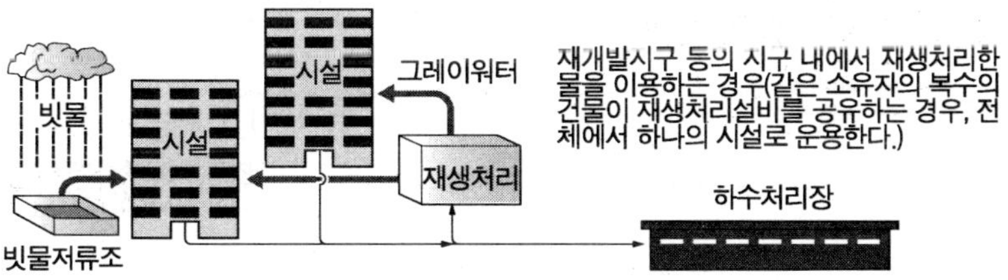

그림 4. 빗물이용의 지구순환방식

③ 광역순환방식

보다 넓은 지역 내에서 사업소나 주택 등의 일반잡용수 수요에 따라 잡용수도에 의해 대규모로 잡용수를 공급하는 것이다(그림 5).

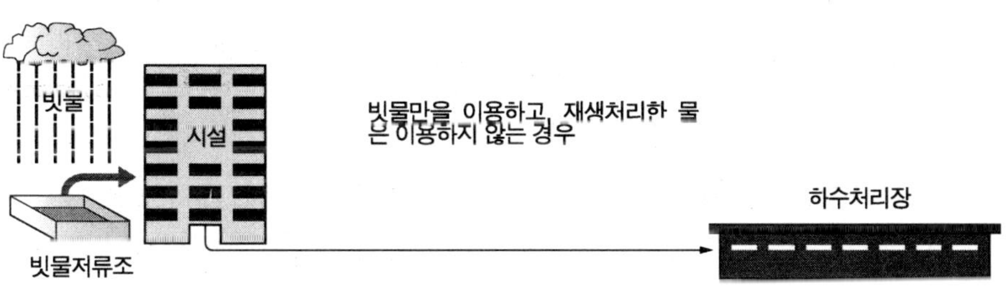

그림 5. 빗물이용의 광역순환방식

하수처리장에서 재생처리된 그레이워터를 잡용수도로 특정 지역에 공급하여 지역 내 수용자는 이것을 저수하여 화장실 세척 등에 이용한다. 또한 공업용수도를 잡용수로 이용하는 경우도 있다.

④ 빗물이용(비순환방식)

빗물이용시스템은 건축물의 옥상 등에서 모인 빗물을 여과처리나 멸균처리 등을 하여 잡용계 용도에 이용하는 것으로 빗물을 단독으로 이용하는 경우와, 배수를 재이용하는 개별순환·지구순환·광역순환방식과 병용되는 경우가 있다(그림 6).

옥상이나 지상에서 모인 빗물을 모래여과 등의 처리를 통하여 화장실 세척 등의 용도에 사용한다.

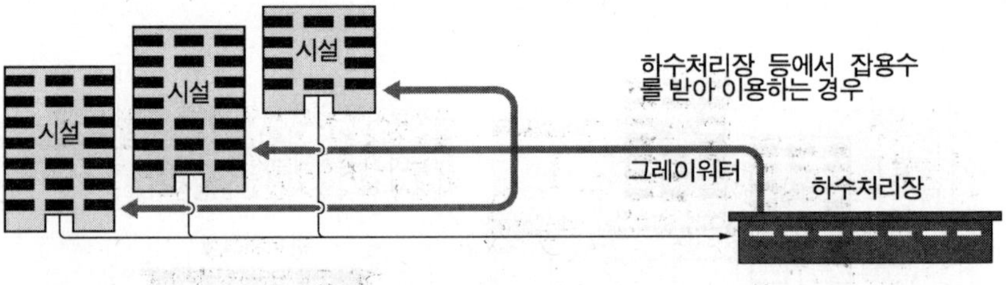

그림 6. 빗물이용의 비순환방식

7. 빗물저류 시스템의 흐름

① 빗물집수설비

지붕 등에서 빗물을 모아 빗물처리·저류설비까지 유도하기 위한 시설로 지붕면, 루프드레인, 홈통, 빗물집수관, 빗물집수용기로 구성된다.

② 루프드레인

빗물을 빗물집수관에 유도하기 위하여 옥상 등에 설치하는 배수구용의 기구이고, 스트레이너 등이 있어 빗물과 함께 유입하는 나뭇잎이나 쓰레기를 제거한다.

③ 초기빗물커트설비

내리기 시작한 빗물(대기 중의 분진, 유황산화물, 질소산화물, 집수면의 더러음을 흡수한 수질의 더러운 물)을 제거하여 양질의 빗물만을 집수하는 시설이다.

④ 빗물처리설비

빗물의 수질을 개선하는 설비의 총칭으로 빗물여과장치 등이다.

⑤ 빗물저류설비

빗물을 저류하기 위한 설비로 침사지·침전조·저류조 등으로 구성된다. 빗물탱크도 그 하나이다.

⑥ 빗물소독설비

이용 목적에 따른 수질로 하기 위한 살균장치이다.

⑦ 빗물처리수조

빗물처리수 및 보급수를 일시 저류하는 시설이다.

⑧ 수도용수 보급장치

집수한 빗물이 부족한 영우에 수도용수를 보급하는 장치이다.

⑨ 급수설비

빗물을 사용개소에 급수하는 설비이다.

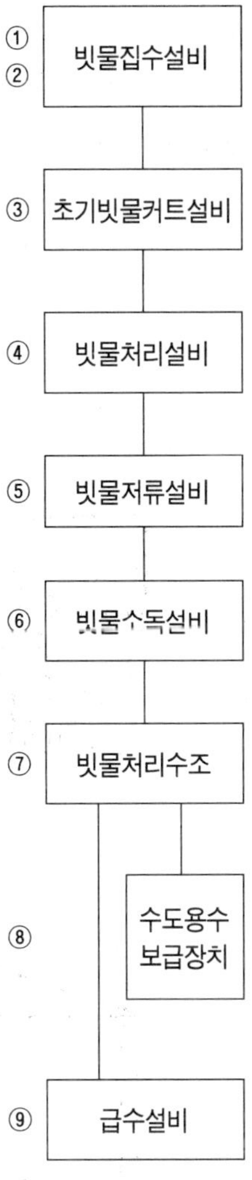

8. 주택에서의 빗물이용시스템

주택에서의 빗물이용 시스템에 대하여 개략계통을 다음의 순서에 따라 설명한다(그림 7~8).

1) 지붕에 내린 빗물은 홈통을 통하여 빗물탱크에 들어간다.

2) 빗물탱크에 들어간 빗물은 필터(0.4mm 이상의 쓰레기는 여기서 제거된다. 또한 비교적 무거운 쓰레기는 U자관의 밑에 침강, 배출한다.)를 통하여 빗물탱크

에 저장된다.

3) 빗물탱크에 모아진 빗물은 화장실이나 살수전을 열면 펌프가 기동하여 각 개소에 공급된다.

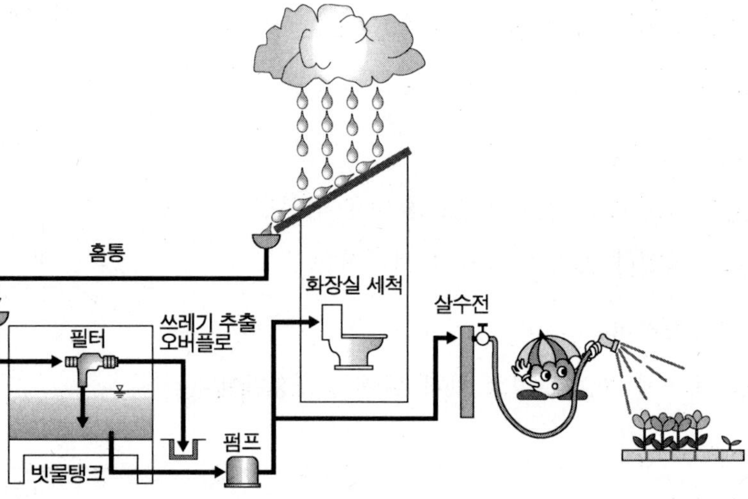

그림 7. 주택에서의 빗물이용시스템(1)

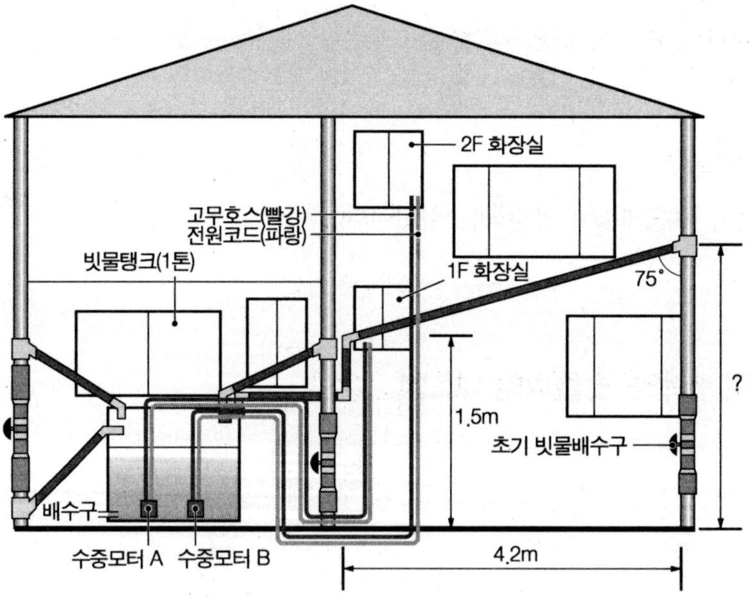

그림 8. 주택에서의 빗물이용 시스템(2)

또 하나의 방법은 다음과 같다(그림 9).

① 빗물은 홈통을 통하여,

② 2F 베란다에 설치한 여과기(겸 빗물탱크)에 들어간다.

③ 여과기를 오버플로한 빗물은 세탁기용의 호스와 염화비닐관을 통하여,

④ 1층의 빗물탱크(90L)에 저수한다.

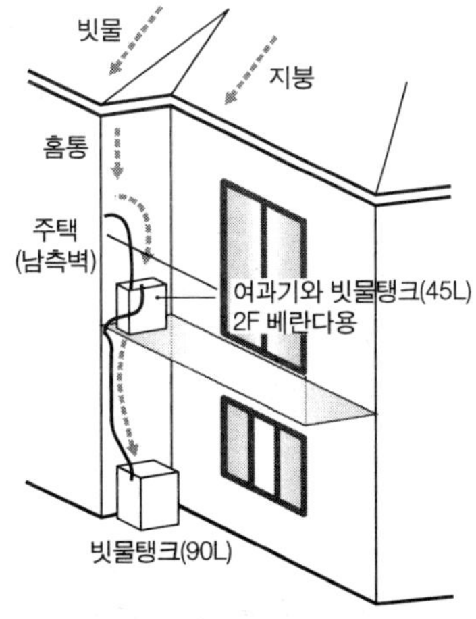

그림 9. 주택에서의 빗물이용시스템(3)

탱크 내에 대하여 설명하면 다음과 같다(그림 10).

1) ①에서 탱크 내에 들어간 빗물은 필터에 의해 0.4mm 이상의 쓰레기가 제거되고, ②의 U자관에 들어간다. 무거운 쓰레기는 U자관 내에서 침전한다.

2) 초기 빗물배출 밸브는 일정량 열어 흘려 내보낸다. 여기서 초기빗물과 U자관 내에서 침전한 쓰레기는 ③을 통하여 배출된다.

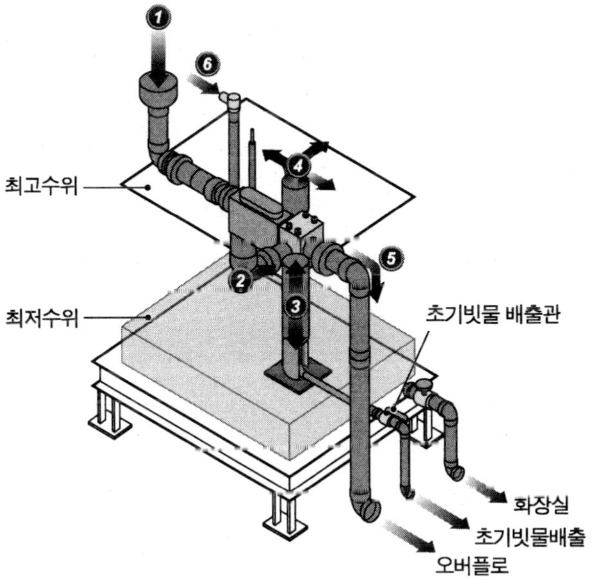

그림 10. 빗물이용시스템의 배관구조

3) 흘려 내보내는 유량보다 유입량이 많아지면, ④에서 탱크 내에 빗물이 저장된다.

4) 유입량이 많아지면 필터의 세정기능에 의해 필터부분이 청소되고, ⑤에서 배출된다.

5) 빗물탱크의 빗물이 최저수위 이하가 되면 탱크 내에 설치한 플로트(float)가 내려가고, 볼탭이 자동으로 열리고, ⑥에서 수돗물을 탱크 내에 공급한다.

9. 화장실 세척수의 사용량

빗물을 화장실에 사용한다면 어느 정도가 될까. 화장실의 세척에 필요한 수량은 1인당 1일 50L이다. 4인 가족의 경우에는 1일 약 200L, 1년간에 화장실에 사용하는 수량은 약 73,000L＝73m^{3}이다.

200L의 빗물이 탱크에 있으면 1일의 화장실 세척수가 공급된다. 그러나 실제 비가 내린 것은 평균 4일에 1일 정도이며, 장기간 내리지 않은 경우도 있다. 그래서 1일에 사용하는 수량의 20～30배 이상의 저수량이 바람직하다.

따라서, 4인 가족의 화장실 세척수를 빗물만으로 공급하는 데에는, 6,000L(6m^3＝6t)의 탱크가 바람직하게 된다. 6톤은 상당히 크지만, 만일 소형 탱크를 사용하면 빗물의 이용효율이 상당히 내려간다.

왜냐하면 비가 내리지 않아 탱크 내의 수량이 고갈되면 수돗물을 급수하지만, 탱크가 소형이면 그것이 빈번히 이루어져, 반대로 모처럼 강우가 있을 때에는 탱크 내에 상수가 저류하게 되어, 빗물이용으로는 효율이 매우 좋지 않게 되는 것이다.

5-2 먹는물의 정수

먹는물은 통상 사용하는 자연상태의 물과 자연상태의 물을 먹는데 적합하게 처리한 수돗물, 먹는샘물 등을 말한다. 샘물이란 암반대수층 안의 지하수 또는 용천수 등 수질의 안전성을 계속 유지할 수 있는 자연상태의 깨끗한 물을 먹는 용도로 사용하기 위한 원수를 말한다. 이에 비하여 먹는샘물은 먹는물에 포함되며 자연상태의 깨끗한 샘물을 그대로 음용하는 것이 아니라 다시 한번 물리적인 처리 과정을 거친 물이라는 점이 다르다.

먹는물로서 수중의 각종 유해물을 제거하는 것이 물의 정수화(淨水化)이고, 물을 깨끗하게 하는 장치가 정수기(淨水器)이며, 정수기에 의하여 깨끗해진 물이 정수(淨水)이다. 정수(整水)는 물에 미네랄 등을 첨가하여 미네랄 균형 등을 갖춘, 보다 건강에 좋은 물이다. 활수(活水)는 활성수(活性水)이고, 통상은 물보다 본래 에너지가 높은 물 또는 무엇인가의 방법으로 에너지를 높인 물을 의미한다. 음용에는 알칼리이온수를 비롯하여 고주파환원수, 전자수, 세라믹스처리수 등이 있다. 강산화수, 강환원수 등도 사용되기 시작하고 있다.

1. 수질의 오염 원인

(1) 붉은 물(赤水)

수돗물의 착색에는 3가지의 원인이 있다.

1) 급수관의 녹슬음에 의한 붉은 물(red water)

그 원인이 되는 점을 들면,

① 관내에 물이 체류하는 시간이 길다.

② 수온이 높다.

③ 수질의 pH가 낮은 산성, 용존산소가 많고, 잔류염소가 많고, 경도가 낮다.

등에 의해 부식성이 강한 경우이다.

2) 철 박테리아에 의한 붉은 물

철 박테리아는 철을 산화하여 자체의 몸에 들러붙는 성질을 지닌 박테리아이다. 배관이 산화했을 때 나오는 약간의 에너지를 사용하여 서식하고 있다. 이 박테리아가 지하수 등에 번식하고, 그 덩어리(colony)가 지하수와 함께 양수되어 이것이 염소소독에 의해 산화되어 진한 붉은색이 되어 붉은녹이 된다. 그리고 이것이 수도관 내에 부착 퇴적하여 단수의 충격 등 유수의 급격한 변화에 의해 이탈하여 붉은 물이 되어 나온다.

3) 망간에 의한 붉은 물

망간이 철이 혼합되어 나오는 것이 이 붉은 물이다. 지하수에는 경우에 따라 망간이 함유된 경우가 있고, 이 망간이 함유된 물을 염소소독하면 망간이 산화되어 산화망간이 되어 물을 흑에서 흑갈색으로 물들인다. 산화망간 자체는 흑색이지만 철과 함께 나오면 초콜릿과 같은 색이 되는 경우가 많다.

(2) 푸른 물(青水)

여기에는 다음의 4가지 패턴이 있다. 정확히는 최초의 3가지는 녹색의 물에서 그린워터라고도 한다.

1) 동(銅)에 의한 푸른 물(특히 지하수의 경우)

이것은 동관의 동이 용해되어 물이 푸르게 되는 경우이다.

이와 같은 물은 탄산가스를 다량 함유한 지하수나 오염된 하천수에 대량의 약제를 이용하여 정수한 물을 동관을 사용하여 급수했을 때에 나타나기 용이하다. 사실은 보통 동은 보호피막(산화피막이라고 하여 동 자체가 약간 부식하여 그 개체생성물이 표면을 덮은 것)에 의해 부식을 억제하고 있다. 그 생성이 방해되어 동이 용해하는 것이다. 이와 같은 물은 폭기 또는 알칼리제에 의한 중화 등의 수처리를 행할 필요가 있다.

동에 의한 청수(상수, 급탕의 경우)

이것은 상수, 급탕의 물 그것은 푸르지 않지만,

① 입주시에 세면기의 물이 떨어지는 부분에 푸른 더러움이 나온다.

② 사용하는 수건이 푸르게 된다.
타일 욕조나 세면기 내면의 수면부분 주변에 부착하는 탕때가 푸르게 변한다.

③ 욕조에 물을 채우면 푸르게 보인다.

등의 현상이 나타나는 경우이다.

원인으로는,

①의 경우, 동의 보호피막이 발생하기까지의 과도기(보통 수주간에서 수개월)에 동 이온이 용출, 농축하여 어느 종류의 동염(銅塩·CuX)을 생성한 것에 의한다. 과도기가 지나면 문제는 없어진다.

②의 경우, 동의 보호피막이 발생하기까지의 과도기(보통 수주간에서 수개월)에 용출 동 이온과 사용된 비누가 화합하여 푸른색의 불용성 동비누와 지방산을 만들어내는 것에 의한다. 수건은 중성세제로 세탁하면 좋고, 푸른 탕때는 암모니아수와 식초로 번갈아 씻으면 제거할 수 있다.

③의 경우, 물이나 욕조(아이보리세)의 벽에 실내 산란광의 장파장측의 빛이 흡수되어 푸르게 보이는 정도이다. 일반적으로 동에 의한 것으로 오해되고 있다.

2) 조류(藻類)에 의한 푸른 물

이것은 조류의 혼입에 의한 녹색수이다. 저수지나 호수에 많은 조류 플랑크톤이 번식했을 때에 급속여과법으로 정수하면 그 조류가 차단되지 않고 수돗물 안에 들어가기 때문이다. 그래서 가장 곤란한 것은 풀장의 물이 녹색이 된다든지, 제빙회사에서 푸른 얼음이 만들어지는 것이다.

3) 청조(靑潮)라고 하는 푸른 물

청조란 해수에 함유된 유황이 콜로이드(colloid)화하여 해수가 뿌옇게 흐려지는 현상이다. 이 특유한 색은 용존유화물이 산소를 함유하는 표층수와 접촉하여 산화를 받은 결과, 생성한 유황입자를 주성분으로 하는 물질의 광학적 산란효과에 의한 것으로 추정되고 있다.

이 부영양화(생활배수 등에 함유된 질소, 인 등의 유입에 의해 조류 및 수생식물 등이 증식하여, 수질이 점점 좋지 않는 것) 대책으로서 BOD나 COD의 처리수준을 높여 질소, 인 제거를 목표로 한다. 이에 따라 폐쇄성 수역(내해, 호소 등)의 수질개선이 이루어질 수 있다. 첨언하여 적조는 플랑크톤이 대량 발생하여 모아져 해수를 변색시키는 현상으로 청조와 마찬가지로 부영양화에 의해 일어난다.

(3) 하얀 물(白水)

이것에는 2가지의 패턴이 있다.

1) 기포에 의한 하얀 물

직결급수하고 있는 주택에서 하얀 우유와 같은 수돗물이 나오는 경우가 있다. 그 경우 컵에 물을 받아 두면 잠시 후에 점점 맑아져 하얀 색은 없어진다.

이것은 상수가 수전에서 나올 때에 일어나는 압력 감소에 의하여 그 때까지 과포화상태에서 용해되어 있던 수중의 공기가 석출하여 무수의 작은 기포가 만들어지기 때문이다. 그것은 과포화상태가 어떤 때에 발생하는가 하면,

① 배수 펌프에서 공기가 흡수되었을 때
② 저수지 저층수와 같이 큰 압력이 걸려있을 때
③ 지하수, 저층수와 같이 물이 차가워졌을 때

등이다. 공기는 압력이 높을수록 수온이 낮을수록 또는 물의 순도가 높을수록 물에 용해하기 쉽다.

어느 것이나 이 기포에 의한 하얀 물은 인체에는 무해하다. 다만, 수중에 용해하고 있는 공기(용존산소)가 과잉이면 배관의 부식을 촉구하므로 주의하여야 한다.

2) 아연에 의한 하얀 물

이것은 배관재료로서, 수도용 아연 도금 강관이나 배관용 탄소강 강관을 사용하는 경우에 그 아연이 유출한 것에 의한다.

원래 아연 도금 강관은 수질이 양호하면 아연이 수산화아연의 보호피막을 형성하여 부식 진행을 방지한다. 그런데 수질이 부식성이면 일정한 보호피막의 형성은 기대할 수 없고, 먼저 국부적으로 아연이 용출한다. 거기에 따라 철이 노출하고, 철과 아연에서 국부전지를 만들고, 아연의 용출을 빠르게 하고, 철을 보호한다. 또한 아연이 용출하여 철이 노출하게 되면 철의 국부부식이 시작되고, 철 이온이 용출하여 붉은 물의 시작이 된다. 그 결과 현재는 아연 도금 강관은 사용되지 않게 되었다.

그런데 밀폐계 배관의 경우에는 초기 단계에서 용존산소 등의 영향으로 부식현상이 보이는데 시간 경과와 아울러 산소가 소비됨에 따라 문제가 되는 부식장애는 진행하지 않게 되므로 백가스관이 현재까지도 사용되는 것이다. 그 경우 하얀 물이 나오는 것이다. 참고로 먹는물 수질기준에서 아연은 3mg/ℓ 이상에서 끓이면 하얗게 흐려지므로 외관적으로 위생상 바람직하지 않다고 하여 3mg/ℓ 이하로 정해져 있다.

(4) 노란 물(黃水)

이것은 크롬에 의한 것으로 크롬은 도금공장 등에서 사용되고 있는데, 크로스커넥션(cross connection · 음료수관과 우수나 배수 등의 위생상 안전을 위협하는 중수도가 연결되어 있는 상태)에 의해 급수관에 역류한 경우가 있다. 특히 육가크롬은 수중에서 CrO_4^{2+}의 황색 이온으로 존재하여 독성이 강하므로 주의하여야 한다. 먹는물 수질기준에서 육가크롬은 0.05mg/ℓ 이하로 정해져 있다.

(5) 검은 물(黑水)

여기에는 2가지의 패턴이 있다.

1) 망간에 의한 검은 물

망간과 철이 혼합하여 나오면 붉은 물이 되는데, 망간이 단독으로 나오면 검은 물이 된다. 또한 작은 입상의 망간이 나오는 경우가 있는데, 이 경우에는 검은 이물질이라는 느낌이다.

2) 분말활성탄에 의한 검은 물

이것은 정수장에서 분말활성탄을 사용하면 급속여과지에서 누수하여 수돗물에 혼합하여 수전(faucet)에서 나오는 경우가 있다. 보통 정수처리가 정상으로 이루어지면 누수하는 일은 없지만, 약품주입이 적절하지 않다든지, 무리한 여과를 계속한다든지 하면 미세한 분말활성탄은 완전히 차단되지 않고 일부가 누출하는 것이다.

2. 먹는물의 분류

(1) 목적에 따라 만들어진 물

현재 전 세계의 먹는샘물의 종류는 크게 네 가지로 분류된다. 첫째는 내추럴 워터(Natural water)로 특정수원(지하수 포함)에서 퍼올린 지하수를 원료로 사용하여 침전·여과·살균 이외의 화학적 처리를 하지 않는 물을 말한다. 둘째는 내추럴 미네랄워터(Natural Mineral water)로 내추럴 워터 중 지하수에 있는 무기염류가 녹아 있는 지하수를 원료로 한 물이다.

셋째로 미네랄워터(Mineral water)는 내추럴 미네랄워터를 원료로 하고 품질을 안정시키기 위해 미네랄을 조정하거나 여러 곳의 내추럴을 혼합한 물이며, 넷째로 보틀 워터(Bottle water)는 지하수에서 퍼 올려 소독(UV 등)을 하는 등(먹는 수돗물 포함) 처리방법에 구체적 제한이 없다.

먹는샘물은 주로 지하수를 이용한다. 우리나라의 먹는샘물 제조공정은 다음과 같은 과정으로 이루어진다.

먼저, 개발된 지하수공으로부터 펌핑한 지하수를 일정한 크기의 저장조에 보관한다. 이후 안트라사이트(Anthracite) → 자갈 → 모래 순으로 여과조에서 여과한 다음, 막여과를 거치고, 이온교환기술 중의 하나인 한외여과(UF : ultrafiltration)를 통과시켜 최종적으로 자외선(UV : ultraviolet)에 의해 살균시킨 후 병입(Bottling) 하여 생수를 제조하게 된다.

여러 가지 방법으로 만들어진 물은 각각 목적이 다르다. 목적과 응용에 따라 분류하여 보면 그림 1과 같다.

기능수는 목적을 가지고 만들어진 물이다. 인공적으로 만들어진 물 모두를 기능수라고 할 수 있다. 활성수의 큰 틀 속에 기능수가 있고, 활성수 중에서도 특정의 정보를 가진 기능수를 정보수라고 한다.

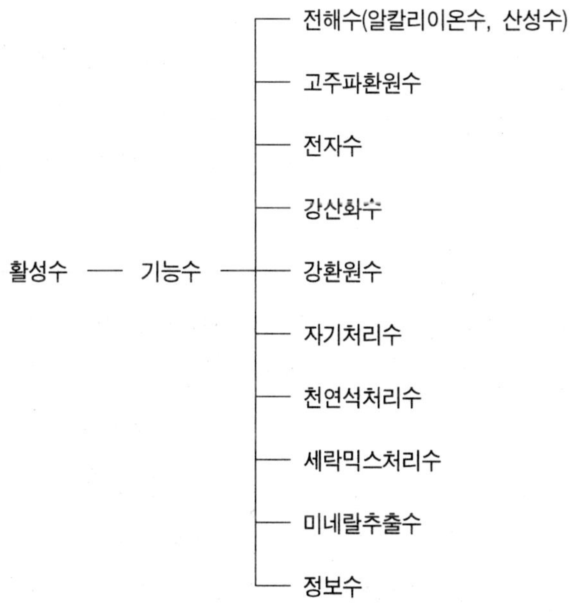

그림 1. 먹는물의 분류

생수라면 광천수(natural mineral water), 용천수(spring water), 정제수(purified water) 세 가지로 구분된다.

유럽연합의 정의에 따르면 광천수란 "지하 대수층의 자연적 또는 인공적 구멍에서 퍼올리거나 아니면 자연적으로 솟아난, 미생물이 전혀 없는 물"이라고 한다. 광천수는 오염으로부터 철저히 차단된 물이지만, 살균소독이 되지 않았기에 세균이 자라기도 쉽다. 미국의 식약청(Food and Drug Administration)에서는 용존고형물질이 250ppm 이하이고 지하에서 퍼올린 깨끗한 물을 광천수로 정의하고 있다.

육각수 이론은 통상 5각형 고리 형태로 결합되는 물 분자들이 영하에 가깝도록 찬물 또는 알칼리 이온을 함유한 물, 자기(磁氣)처리를 한 물 등에선 6각형 고리 형태가 많아지며, 이 육각수가 인체 세포를 활성화하고 각종 질병에도 효능을 나타낸다는 이론이다.

(2) 전기분해에 의해 만들어진 물

수돗물을 전기분해하면 미네랄성분 중 플러스의 이온, 예를 들면 나트륨이나 칼슘 등은 마이너스의 전극 부근으로 이동하고, 염화물이온은 플러스의 전극 부근으로 이동한다.

전기적인 에너지를 주므로 물의 산소와 수소의 결합도 끊어지게 된다. 상온에서도 이온의 결합이 끊어져 물은 약간이지만 수소이온과 수산화물이온으로 분류된다. 이것을 해리(解離) 또는 전리(電離)라고 한다. 보통 상태에서도 물은 일부 해리하고 있다.

정수(整水)는 정수한 물에 미네랄 등을 첨가하여 미네랄 균형을 좋게 한 물이다. 알칼리이온수 생성기에서는 전기분해하여 알칼리이온수를 만드는 이 장치는 엄밀히 말하면 정수기(整水器)가 아니라 활수기(活水器)의 중간에 들어간다. 또한 알칼리이온수라고 하는 것도 알칼리성이라는 성질만이 평가되고, 그 밖의 중요한 요소가 경시되고 있는 것 같다. 알칼리이온정수기(整水器)에는 탱크식(Barch식)과 연속식(유수식)이 있다. 수돗물에 함유된 유기염소화합물을 활성탄 등으로 제거한 후 전기분해를 하여 음극측에서 생성하는 음극수가 알칼리이온수라고 하는 것이다.

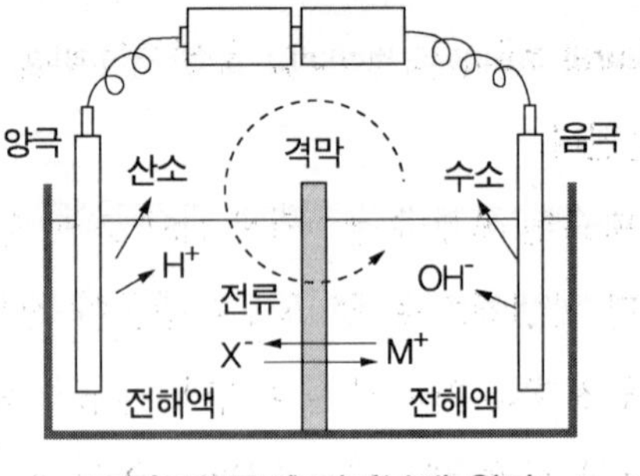

그림 2. 물의 전기분해 원리

수소이온(H^+)은 플러스이므로 마이너스의 전극 쪽으로 끌어당긴다. 반대로 마이너스의 수산화물이온(OH^-)은 플러스의 전극에 모인다. 2개의 전극 사이를 격막하면 플러스극측의 수소이온은 전극반응에 의해 수소가스가 되는 것이다.

이와 같은 물의 전기분해반응이 일어난 결과 플러스극측에서는 수소이온 농도가 높아져 산성의 물, 마이너스극측에서는 수산화물이온 농도가 높아져 알칼리성의 물이 만들어지는 것이다.

(3) 알칼리이온수의 이용법

유수식의 알칼리이온수 생성기의 경우 유수량을 조절하여 pH나 산화환원전위를 조절할 수 있도록 되어 있다.

유수식의 경우 생성한 물을 마시는 것이 기본이다. 활성화된 눌의 하나의 지표인 산화환원전위는 산화제인 공기에 접촉되면 서서히 플러스의 방향으로 이행한다. 결국 물의 환원활성이 낮아지고, 환원하는 힘이 약해지는 것이다. 알칼리이온수의 산화환원전위(ORP : Oxidation Reduction Potential)가 플러스가 되는 것은 최초의 레벨에 가까워지는 데 수일이 걸린다(표 1 참조).

표 1. 전해에 수반하는 수질의 변화

	양극수(산성산화수)	음극수(알칼리성환원수)
Na^+, K^+, Mg^{2+}, Ca^{2+} 등	원수에 비하여 어느 것이나 감소	원수에 비하여 어느 것이나 증가
H^+	증 가	감 소
OH^-	감 소	증 가
Cl^-	증 가	감 수
발생가스	O_2, Cl_2, O_3	H_2
용존산소	증 가	감 소
특 성	산성으로 HClO를 함유 산화수 Astringent 효과	알칼리이온수

생성한 물을 마시는 외에 알칼리이온수에는 여러 가지 이용법이 있다. 차나 커피의 색깔이 잘 나타나고, 순한 맛이 된다. 또한 요리에 사용하면 맛을 내기 위한 국물량이 적게 든다. 야채잎을 살짝 데치면 색깔이 선명하게 나오고, 쌀을 씻을 때

부터 사용하면 씻는 횟수가 줄어들고, 물의 양을 감소하여도 부드럽게 부풀어 있게 된다.

(4) 산성산화수

전기분해하면 양극에서는 산화반응이 일어나 수소이온이 많은 물이 만들어진다. pH는 수소이온농도이므로 산성의 산화수가 만들어지는 것이다. 수중에는 여러 가지 물질이 함유되어 있는데, 주된 것은 산소, 이산화탄소, 탄산, 염소화합물인 차아염소산, 각종 미네랄 성분 등이다. 전기분해에 의하여 이온의 이동이 일어난다.

(5) 고주파환원수

전기를 사용한 수처리에서도 고주파환원수는 특수한 파형을 사용하고, 물에 전기적 에너지를 준다. 고주파에 의한 수처리의 특징은 pH를 크게 변화시키지 않고 염소냄새를 제거하고, 음용에는 천연의 의왕석을 사용하기 때문에 미네랄성분이 충분한 물이 만들어지는 것이다. 물에 염소가 함유되어 있는가 어떤가는 잔류염소측정용액(O-tolidine) 반응으로 확실하게 나타날 수 있는데 고주파처리를 하여 염소냄새가 없어지더라도 염소가 함유되어 있는 반응을 나타낸다. 고주파가 작용하

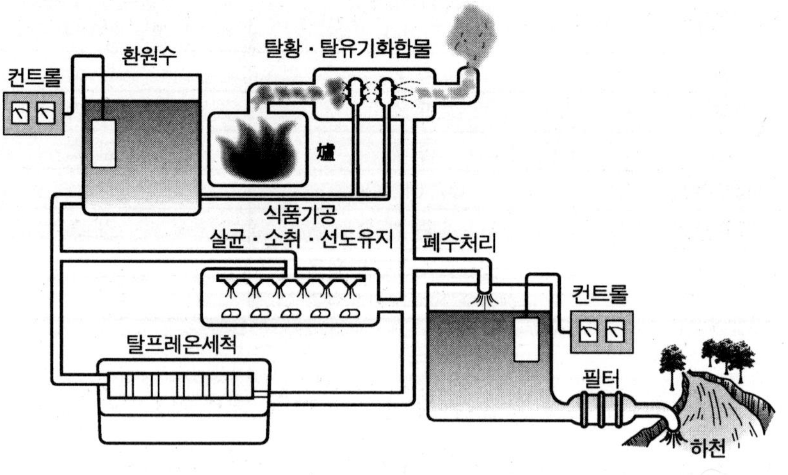

그림 3. 물과 공기의 환원정화시스템

출처 : 早川英雄, シンポジウム, 高周波還元技術とその應用, ウォーターデザイン研究會, 1994.

여 냄새가 블록되어 있는 것은 아닌가 보인다.

고주파환원수의 또 하나의 특징은 산화환원전위가 낮아지는 것이다. 고주파환원수는 전압이나 시간을 조절하여 산화환원전위를 자유로이 조절할 수 있고, 여러 분야에 응용되고 성과를 나타내고 있다.

공장 등 공기의 정화, 공장 배수의 정화, 기름찌꺼기의 세정, 프레온 대체(代替)로서 사용되고, 공기환원장치, 소각로에의 응용 등도 검토되고, 실용화할 수 있는 이용범위는 넓어지고 있다(그림 3 참조).

(6) 전자수

수조에 비장탄(備長炭)을 넣고 2개의 전극 중 한편을 수조 내에, 또 한편을 밖에 내어 고전압을 건다.

물의 맛이 변하고, 전자수로 반죽한 빵이나 떡은 맛이 좋고, 꽂꽂이용으로 자른 꽃가지에 사용하면 꽃이 싱싱해진다.

(7) 강산화수

원리는 알칼리이온수의 생성법과 같은데, 전기분해를 쉽게 하기 위하여 염화나트륨을 소량 넣고, 비교적 높은 전압에서 전기분해하여 얻어지는 양극수이다.

pH가 2.7 이하라고 하는 pH가 낮은 산성수이며, 살균력이 있다. 피부를 청정하게 하고 지혈이 용이하게 이루어지고, 상처자리가 좋게 아물어지는 등의 작용이 있다.

(8) 자기(磁氣)처리수

물은 영구자석 사이를 지나게 하면 분자집단이 작아지고, 물을 마시면 생체에 흡수되기 쉽고, 세포를 활성화시킨다고 한다. 보일러나 배수관의 물 때 처리나 방지에 사용된다. 또한 콘크리트의 강도가 증가한다든지, 살균, 이끼방지, 녹슬음방지 등의 효과도 있어 고가수조 물처리에도 이용되고 있다(그림 4).

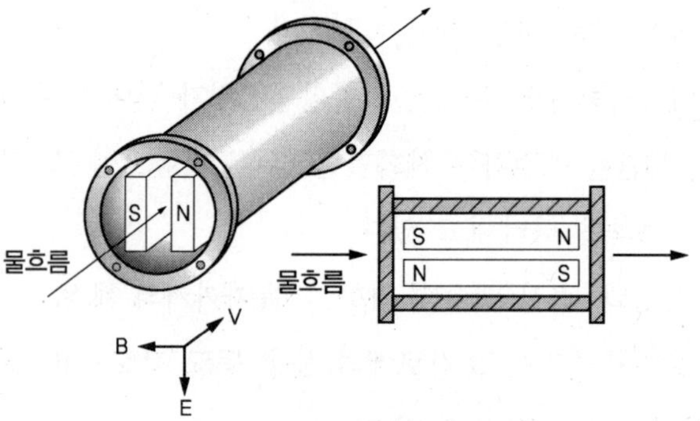

그림 4. 물의 자기처리

(9) 천연석처리수

천연석으로서 흑요석, 토르말린, 맥반석, 크리스트바라이트, 의왕석 등은 방취, 항균력 등이 있고, 물을 활성화시키는 작용도 있다. 음료수뿐만 아니라 풀장의 물이나 하천, 목욕물, 식품가공, 농업 등 각 분야에서 천연석을 사용한 정수(浄水)·활수(活水)의 실용화가 확대되고 있다.

(10) 미네랄추출수

작용이나 효능은 천연석과 비슷하지만, 액체(Liquid)로 되어 있어 농도를 자유로이 조절할 수 있으므로 편리하다. 응집·산화·살균·탈취·지혈·세포활성화 등의 작용을 가지고 있다. 원액은 황산추출을 하여 pH는 0.4～1.0으로 낮지만, 실제 사용할 때에는 100ppm 정도로 희석하여 사용하는 경우가 보통이며, 중성에 가까워진다. 배수처리, 탈취, 물고기의 양식이나 활어조, 수경재배, 야채, 벼농사 등에 이용된다.

(11) 정보수

활성수 중에서도 특정의 기능을 가진 물이 정보수이다. 파이(π)화 시스템에 의하여 생체수에 함유된 성분의 2가3가철염이라 하고, 유전자에 정보를 주는 유기염에 의하여 유도된 물이다. 물에 자장을 걸거나 강력한 전류를 흘려보냄으로써 물이 뭉치는 단위(클러스터)를 작게 만들고 육각형 구조를 늘린 육각수의 일종이다. 식품이 오랫동안 보존되고 노화를 촉진하는 활성산소를 제거해 노화 예방 효과도 있다고 한다. 파이(π)워터(π화된 물)를 식물에 주면 성장이 좋아지고, 꽃꽂이용으로 자른 꽃가지나 식품에 사용하면 썩기 어려워지고, 항암작용, 항바이러스작용 등이 있다고 한다.

3. 먹는물의 정수처리

(1) 고도정수처리

1) 활성탄처리

활성탄은 목재, 톱밥, 숯 등의 탄소물질에 활성을 주어 제조한다. 내부에 다수의 가는 구멍이 분포하여 비표면적은 1,000m^2/g에 미친다. 용해성 물질은 이 가는 구멍(細孔) 안에 들어가 내부표면을 흡착의 장으로 하여 흡착되고, 수중에서 제거된다. 흡착과정의 모식도를 그림 5에 나타낸다. 정수처리의 경우 액경막확산(液境膜擴散)과 입내확산(粒內擴散)이 전체 흡착현상의 속도를 지배한다.

활성탄은 형상에 의해 분말탄과 입상탄(粒狀炭)으로 분류되고, 분말탄은 입경이 0.075mm 이하, 입상탄은 0.5～2.5mm로 종류가 많다. 수도에서는 1.0～1.5mm의 것이 많이 이용된다.

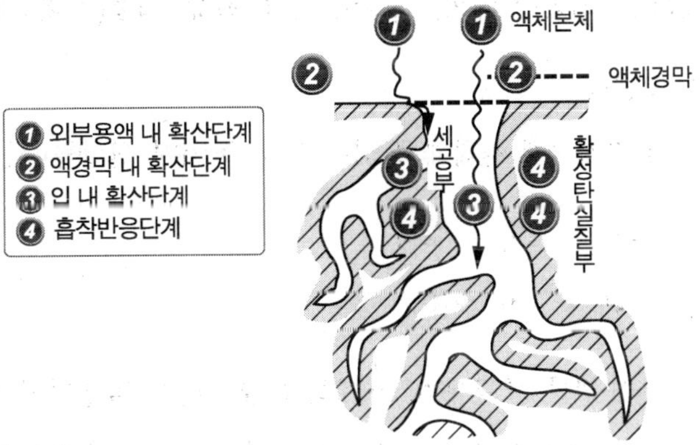

그림 5. 흡착과정모식도

① 처리방법

분말활성탄을 이용하는 방법과 입상활성탄을 이용하는 방법이 있다. 계절적인 취기의 발생 등을 응급적으로 처리하는 경우에는 분말활성탄처리가 유리하다. 이 방식은 활성탄을 슬러리 모양으로 20~30mg/ℓ 정도 원수중에 주입한다. 사용하고 버리기 때문에 2~3개월 이상 주입하는 경우에는 경제적인 방법이 아니다. 입상활성탄처리는 활성탄을 충전한 여과지에 물을 통하여 처리하는 방법이며, 1년에 걸쳐 원수수질이 좋지 않은 경우 적용된다. 활성탄은 처리를 계속함에 따라 처리능력이 저하한다. 이 때에는 활성탄을 여과지에서 꺼내어 재생하여 재이용할 수 있다.

② 활성탄에 의한 처리효과

활성탄처리는 비교적 저농도의 취기, 트리할로메탄(Trihalomethane) 등의 유기염소화합물, 트리할로메탄 전구(前驅)물질(precursor molecule)의 제거에 효과가 있다. 최근에는 활성탄처리의 전단계에서 오존처리를 하여 활성탄층 내의 미생물에 의한 분해작용을 촉진시키는 생물활성탄처리(Biological Activated Carbon : BAC)가 주목되고 있다. 활성탄 단독처리에 비하여 BAC처리가 활성탄의 수명이 연장된다.

2) 오존처리

오존은 특유의 냄새를 가지고, 0.1ppm 정도의 농도에서도 냄새를 느낀다. 오존은 산화력이 강하고, 취기의 제거, 색도의 제거, 살균, 살조(殺藻)에 효과가 있다.

① 오존의 발생원리

오존은 산소원자가 3개 결합하고 있는 분자 O_3이며, 생성원리는 다음과 같다.

$$O_2 \rightarrow [O] + [O]$$

$$[O] + O_2 \rightarrow O_3$$

화학적으로 불안정한 물질이며, 용이하게 분해하여 발생기의 산소를 내놓는다. 오존이 강한 산화력을 가진 것은 이 발생기의 산소에 의한다.

공업적으로 오존을 발생시키는 데에는 무성방전법이라고 하는 방법을 이용한다. 평행으로 배치한 전극의 사이에 유리 등의 도전체를 놓고, 교류전압을 건다. 이 때 조용한 방전이 생기고, 공기 또는 산소를 통하면 오존이 발생한다. 그림

6에 오존발생의 개념도를 나타낸다.

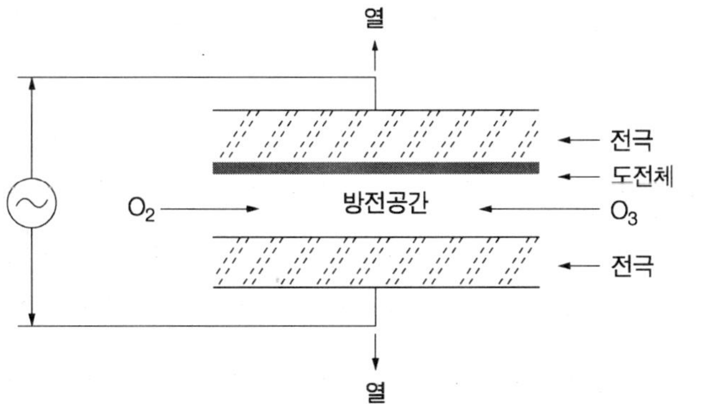

그림 6. 무성방전에 의한 오존발생의 기초개념도

② 오존처리설비

오존처리설비는 그림 7과 같이 원료공기를 승압, 냉각, 건조 후 오존발생기에 유도하여 오존을 발생시킨다. 발생한 오존은 접촉조에 주입되어 피처리수와 반응한다. 미반응의 오존은 상부에서 꺼내고, 배기오존처리 후 대기에 방출한다. 발생하는 오존농도는 12~20g/m^3, 발생시의 소비전력은 13~15kwh/kg-O_3이다.

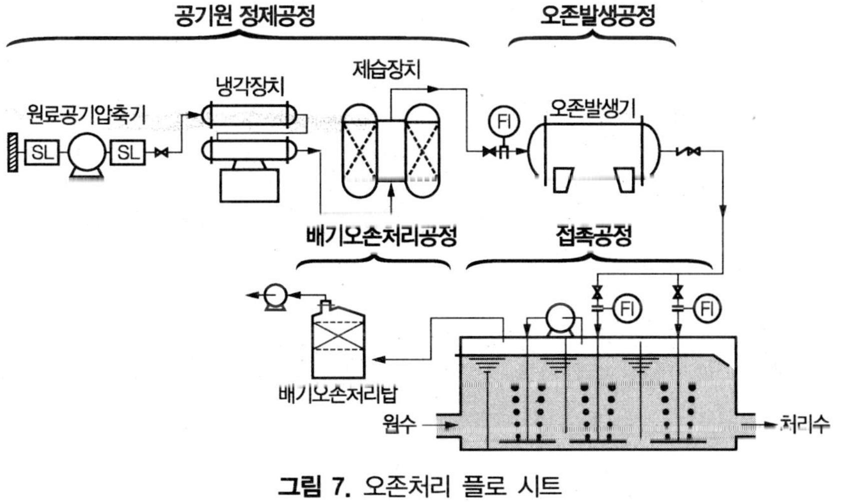

그림 7. 오존처리 플로 시트

③ 오존에 의한 처리효과

오존처리는 고도정수처리의 대상이 되는 성분 중 취기, 색도, 트리할로메탄 전구물질의 제거에 대하여 효과적이다.

3) 생물처리

강에 함유된 오염물질은 흐름에 따라 강 밑바닥의 돌이나 바위의 표면에 부착한 미생물의 움직임에 의해 자연으로 정화되는 것은 예부터 알려져 오고 있다. 이 자연의 정화작용의 능력을 효과적으로 이용한 것이 생물처리장치이다.

미생물이 부착한 생물막은 세균이나 조류(藻類) 등과 조류나 미생물을 포착하는 원생동물, 후생동물에 의해 구성되고 있다. 원생, 후생동물이 사멸하면 사체는 조류에 의해 분해되고, 생물막 중에서는 복잡한 먹이사슬이 이루어지고 있다.

고도정수처리로서의 생물처리의 제거대상물질은 암모니아성 질소, 취기원인물질, 조류이다. 특히 암모니아성 질소의 농도는 염소주입량과 크게 관계하고, 암모니아성 질소의 저감이 트리할로메탄 등 미량유기염소화합물의 생성억제에 관련된다. 다른 고도정수처리법에서는 BAC처리를 제외하고, 암모니아성 질소의 제거를 할 수 없기 때문에 생물처리에 의존하지 않을 수 없다.

① 생물처리법

생물처리에는 많은 처리기술이 있는데, 정수처리에서 이용되는 것은 다음과 같다.

ⓐ 침적여상방식(접촉산화방식)

벌집, 물결 모양 등의 접촉재를 수중에 침적하여 표면에 생물막을 형성시키고, 원수와 접촉시켜 정화하는 방법이다.

ⓑ 회전원판방식

40% 정도 수중에 침수된 원판을 천천히 회전시키고, 원판표면에 부착한 생물막과 물을 접촉시켜 처리하는 방법이다.

ⓒ 생물접촉여과방식

안스라사이트(Anthracite), 세락믹 등의 입상 여과재를 충전한 접촉조에서 여과재 표면에 형성한 생물막과 원수를 접촉시켜 정화하는 방법이다.

② 정화기구

그림 8에 생물막에 의한 정화의 메커니즘을 모식적으로 나타낸다. 암모니아성 질소나 취기성분은 접촉재 표면에 부착한 미생물에 의해 이산화탄소, 물, NOx 등에 산화, 분해된다.

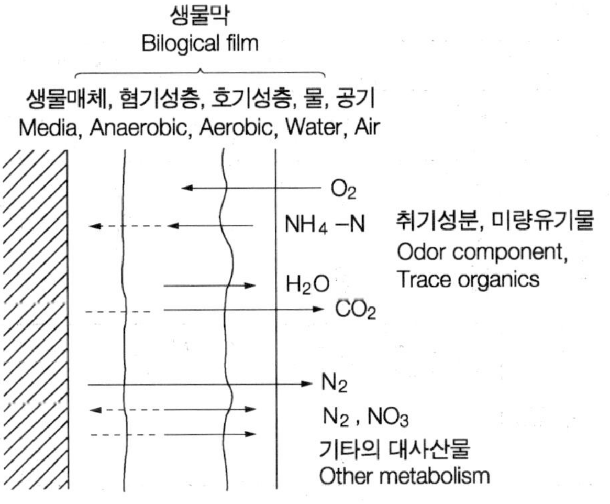

그림 8. 생물막에서의 대사의 모식도

③ 처리효과

수온이 낮은 때에는 효과가 저하하지만, 65～90%의 효과를 기대할 수 있다.

4) 고도정수처리기술의 적용

실제의 정수처리시설에서는 원수의 수질 등을 충분히 조사하여 활성탄처리, 오존처리, 생물처리를 조합하여 사용하는 것이다.

(2) 막처리기술

수원수질의 악화, 부지취득의 곤란, 정수시설의 노후화 등 수노를 둘러싼 환경의 변화에 대응하기 위하여 막을 이용하여 효율적이고 콤팩트한 정수방법을 확립한 것이다. 또한 이 방식은 응집제 등의 약품처리가 불필요하기 때문에 약품에 의한 맛의 저하를 방지하고 맛있는 물 공급의 방법이 될 가능성도 크다.

1) 막의 종류

막의 종류는 부류별로 나눌 수 있는 입자의 크기에서 분류하면 눈금이 가는 것에서 역삼투압여과(RO), 나노여과(NF), 한외여과(UF), 정밀여과(MF)로 분류된다. 표 2에 분리막과 제거할 수 있는 물질의 관계를 나타낸다.

표 2. 물질의 크기와 분리막

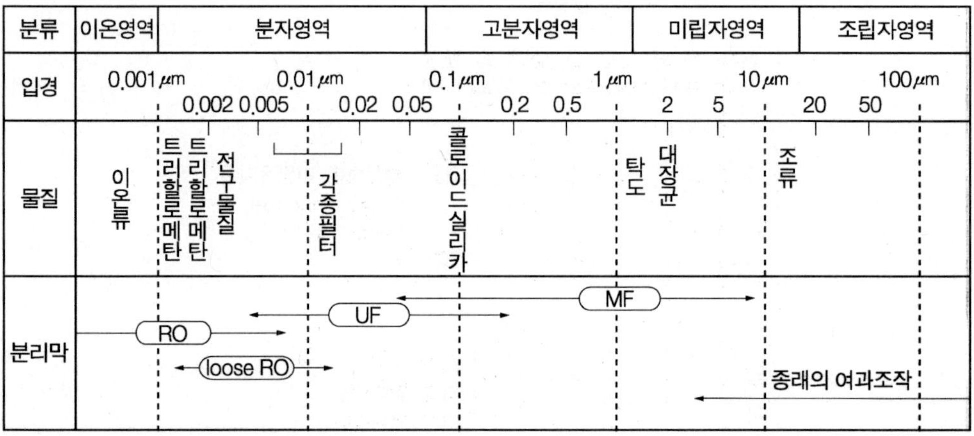

① 역삼투압여과막(Reverse Osmosis : RO)

해수의 담수화를 목적으로 개발된 것이며 수용액측에 침투압(50~100kgf/cm^2) 이상의 압력을 걸고, 저분자의 용해성 유기물이나 용해성 무기염류를 제거한 것이다.

② 나노여과막(Nanofiltration : NF)

역삼투압여과막보다 낮은 압력(3~20kgf/cm^2)에서 처리하는 것으로 제거율은 낮지만 저압에서 처리한다.

③ 한외여과막(Ultrafiltration Membrane : UF)

교질(colloid)이나 수용성 고분자물질을 분리대상으로 하는 것이며 0.5~10 kgf/cm^{2}의 압력으로 처리한다.

④ 정밀여과막((Microfiltration : MF)

막의 구멍지름은 0.01~수μm 정도이다. 탁도나 대장균이 전처리 없이 제거할 수 있어 정수처리에서의 응집침전, 모래여과법의 대체로서 이용할 수 있는 가능성이 크다.

2) 막의 형상

막의 형상에는 필름 모양으로 되어 있는 평막형, 비교적 큰 관 모양의 관형(지름 10mm 이상), 가는 관 모양의 모세관(capillary)형(지름 0.5～2mm), 중공의 실 모양으로 되어 있는 중공사형(지름 1mm 정도)이 있다. 일반적으로는 표면적을 크고, 용적이 작아지도록 모듈에 장착하여 사용한다.

3) 정수처리에의 적용

현재의 정수공정에서 제거대상이 되는 탁도는 MF막을 이용하고, 전처리 없이 충분히 처리할 수 있다. 또한 색도, 철, 망간도 불용성의 것은 처리가능하다. 응집침전, 모래여과의 대체법으로서 충분히 평가할 수 있는 것이다. 그러나 용해성의 색도, 취기성분, 트리할로메탄 전구물질은 제거불가능하며, 활성탄처리나 RO막과의 병용이 필요하다.

MF막 이용 정수시스템은,

① 응집침전, 모래여과에 비하여 시설을 콤팩트하게 할 수 있다.

② 무약주(無藥注)에서 처리가능하기 때문에 약품대의 삭감을 도모한다.

③ 소규모 정수시설에서는 무인화가 가능하다.

등의 특성이 고려된다. 그러나 이 특성을 활용한 정수공정에서 이용하는 데에는 막 폐색시의 세척방법 확립, 막 수명의 확인, 고탁도 시의 대응책 등 해결해야 할 과제도 많다.

5-3 배수의 정화

공공용수역의 수질을 보전하고, 개선하기 위해서는 오염물질을 수역에 유입시키지 않고, 오염물질을 수역 내에서 생산되지 않도록 한다. 수질보전의 기본은 생활배수나 산업배수 등의 오수가 수역에 들어가기 전에 정화하는 데에 있다. 그 기술을 배수처리라 하고, 오수 중의 현탁 및 용해하고 있는 오염물질을 제거하는 것이다. 수질 및 수생태계 보전에 관한 법률에는 배수기준이 정해져 있고, 이 기준을 만족하도록 각종의 배수처리가 시행되고 있다.

수역정화는 발생원 대책에 의한 것이 가장 효과적이지만, 현상의 배수처리시설에 관련되는 법제도에서는 소규모 배수나 생활잡배수까지 배수규제하는 것은 불가능에 가깝다. 또한 면원(面源)부하를 근본적으로 제어하는 것도 기술적으로는 매우 곤란하다.

생활하수나 공장폐수와 같이 정해진 장소에서 발생되는 '점오염물질'에 대한 관리는 꾸준히 관리되고 있어 더 이상 '점오염물질'을 줄이기는 어렵다. 그러나 강우시에 토사, 독성물질, 농약 등의 오염물질이 빗물과 함께 하천에 흘러들어가는 '비점오염물질'이 제대로 관리되지 않으면 물고기가 폐사하는 등 생태계 파괴로 이어질 우려가 있다. 이밖에도 지역에 따라 기름, 중금속, 폐타이어처럼 분해가 어려운 물질이 유입되는 경우도 있어 지역특성에 맞는 처리시설 설치가 필수적이다.

비점오염을 줄이는 구체적인 방법으로는 빗물을 가능한 많이 토양에 흡수시키는 방법, 대기 및 토양오염을 줄이는 방법, 오염된 빗물이 하천에 유입되지 않도록 저류하였다가 처리하는 방법 등이 있다.

1. 비점오염저감

(1) 비점오염원의 종류와 특성

도시화는 인근 호소나 하천에 다양한 종류와 양의 오염물질의 유입을 증가시킨다. 비점오염원(Nonpoint Pollution Source)은 특정 산업시설이나 하수처리장 등 특정 점에서부터 배출되는 점오염과는 달리 여러 분산원에서 배출된다. 이것은 강우나 관개수가 지표면 위 또는 넘쳐흐를 때 발생하며, 이 때 여러 종류의 오염물질의 이동 매개체 역할을 한다. 가장 일반적인 비점오염원으로는 기름, 그리스, 독성 화학물질, 영양소, 살충제 그리고 중금속 등이 있다. 합류식 하수처리일 경우 하수처리의 종류 및 양의 증가와 더불어 미처 처리되지 못한 하수에 의한 수질오염을 초래, 별도의 빗물처리 시설이 없을 시 하천의 오염부하량 증가를 초래한다. 오염부하량의 증가는 인근 하천이나 호소의 물고기 및 야생 동·식물의 서식환경을 위협하거나, 식수원의 오염도 증가, 그리고 레크리에이션 자원의 안전성을 위협하기도 한다.

「수질 및 생태계 보전에 관한 법률」에 의하면 "점오염원"이라 함은 폐수배출시설, 하수발생시설, 축사 등으로서 관거·수로 등을 통하여 일정한 지점으로 수질오염물질을 배출하는 배출원을 말하고, "비점오염원"이라 함은 도시, 도로, 농지, 산지, 공사장 등으로서 불특정 장소에서 불특정하게 수질오염물질을 배출하는 배출원을 말한다. "폐수"라 함은 물에 액체성 또는 고체성의 수질오염물질이 혼입되어 그대로 사용할 수 없는 물을 말하고, "강우유출수(降雨流出水)"라 함은 비점오염원의 수질오염물질이 섞여 유출되는 빗물 또는 눈녹은 물 등을 말한다고 정의하고 있다.

점오염원(點汚染源)은 오염물질의 유출경로가 명확하여 수집이 쉽고, 계절에 따른 영향이 상대적으로 적은 만큼 연중 발생량 예측이 가능하여 관거 및 처리장 등 처리시설의 설계와 유지/관리가 용이하다. 수질 및 수생태계 보전에 관한 법률상 공장, 사업장 등의 폐수배출시설을 예로 들 수 있다. 이에 비하여 비점오염원(非點汚染源)은 오염물질의 유출 및 배출 경로가 명확하게 구분되지 않아 수집이 어렵고 발생량/배출량이 강수량 등 기상조건에 크게 좌우되기 때문에 처리시설의 설계 및 유지관리가 어렵다.

비점오염에는 농작물에 흡수되지 않고 농경지에 남아있는 비료와 농약, 초지에 방목된 가축의 배설물, 가축사육농가에서 배출되는 미처리 축산폐수, 빗물에 섞인 대기오염물질, 도로 노면의 퇴적물, 합류식 하수관거에서 강우시 설계량을 초과하여 하천으로 흘러드는 오수/하수와 빗물의 혼합수 등이 있다.

점오염원과 비점오염원은 상대적 개념으로서, 공장을 예로 들면 관거를 통해 수집되어 수질오염방지시설을 통해 처리되는 공장폐수를 배출하는 공정시설은 점오염원인데 비하여, 그 외 처리를 거치지 않고 하천으로 유입되는 강우유출수를 배출하는 야적장 등 공장 부지는 비점오염원이다(표 1).

표 1. 점오염원과 비점오염원의 특성 비교

구 분	점오염원	비점오염원
배출원	공장, 가정하수, 분뇨처리장, 축산농가 등	대지, 도로, 논, 밭, 임야, 대기 중의 오염물질 등
특 징	• 인위적 • 배출지점이 특정/명확 • 관거를 통해 한 지점(주로 처리장)으로 집중적 배출 • 자연적 요인에 영향을 적게 받아 연중 배출량의 차이가 일정함 • 모으기 용이하고 처리효율이 높음	• 인위적 및 자연적 • 배출지점이 불특정/불명확 • 희석, 확산되면서 넓은 지역으로 배출 • 강우 등 자연적 요인에 따른 배출량의 변화가 심하여 예측이 곤란함 • 모으기 어렵고, 처리효율이 일정치 않음

비점오염원은 산업시설이나 하수처리장 등 특정 점에서부터 배출되는 점오염과는 달리 여러 곳에서 배출되는데 이는 주로 강우 시 인근 하천이나 호소로 유입되어 수질오염을 초래하게 된다. 이때 강우유출수는 비점오염원의 이동 매체역할을 하며 이러한 이유로 비점오염원관리를 위해서는 강우유출수의 관리가 필요하다. 이러한 비점오염원을 관리하기 위해서 환경부에서는 여러 가지 비점오염원저감시설을 제시하고 있는데 관리 시설물은 크게 저류형, 침투형, 식생형, 그리고 장치형으로 나눠지며, 저류형에는 연못, 저류지, 습지가 있으며, 침투형에는 침투조, 침투도랑, 침투포장이 있다. 식생형은 주로 식생 수로대의 여과대로 나눠지며, 장치형에는 여과장치, 관거연결, 그리고 하수처리형 시설 등이 포함된다.

(2) 비점오염 저감시설의 종류

1) 자연형 시설

① 저류시설

강우유출수를 저류(貯留)하여 침전 등에 의하여 비점오염물질을 줄이는 시설로 저류지·연못 등을 포함한다.

② 인공습지

침전, 여과, 흡착, 미생물 분해, 식생 식물에 의한 정화 등 자연상태의 습지가 보유하고 있는 정화능력을 인위적으로 향상시켜 비점오염물질을 줄이는 시설이다.

③ 침투시설

강우유출수를 지하로 침투시켜 토양의 여과·흡착 작용에 따라 비점오염물질을 줄이는 시설로서 유공(有孔)포장, 침투조, 침투저류지, 침투도랑 등을 포함한다.

④ 식생형 시설

토양의 여과·흡착 및 식물의 흡착(吸着)작용으로 비점오염물질을 줄임과 동시에, 동·식물 서식공간을 제공하면서 녹지경관으로 기능하는 시설로서 식생여과대와 식생수로 등을 포함한다.

2) 장치형 시설

① 여과형 시설

강우유출수를 집수조 등에서 모은 후 모래·토양 등의 여과재를 통하여 걸러 비점오염물질을 줄이는 시설이다.

② 와류(渦流)형 시설

중앙회전로의 움직임으로 와류가 형성되어 기름·그리스(grease) 등 부유성(浮游性) 물질은 상부로 부상시키고, 침전 가능한 토사, 협잡물(挾雜物)은 하부로 침전·분리시켜 비점오염물질을 줄이는 시설이다.

③ 스크린형 시설

망의 여과·분리 작용으로 비교적 큰 부유물이나 쓰레기 등을 제거하는 시설로서 주로 전(前) 처리에 사용하는 시설이다.

④ 응집·침전 처리형 시설

응집제(應集劑)를 사용하여 비점오염물질을 응집한 후, 침강시설에서 고형물질을 침전·분리시키는 방법으로 부유물질을 제거하는 시설이다.

⑤ 생물학적 처리형 시설

전처리시설에서 토사 및 협잡물 등을 제거한 후 미생물에 의하여 콜로이드(colloid)성, 용존성(溶存性) 유기물질을 제거하는 시설이다.

(3) 비점오염원 관리기법의 종류와 특성

비점오염원 관리는 공학적인 접근과 토지이용 및 생태학적 접근을 통한 접근으로 이루어질 수 있다. 일반적으로 공학적인 접근은 처리형을 말하며, 토지이용 또는 생태학적 접근은 저류, 침투, 식생형이라고 불리고 있다(표 2~3).

표 2. 저감시설 설치대상사업

사업분야	적용 대상사업
① 도시개발	도시개발, 아파트지구개량, 대지조성, 택지개발, 도시재개발, 유통단지조성, 공동집배송단지 조성, 여객자동차터미널 건설, 화물자동차터미널 건설
② 산업단지	국가산업단지, 지방산업단지, 농공단지, 중소기업단지, 수출자유지역, 공장, 공업용지
③ 도로건설	도로, 교량 건설
④ 수자원개발	댐 또는 하구언, 저수지 건설, 보설치
⑤ 하천개발	하천공사
⑥ 매립	매립
⑦ 관광단지	관광사업, 관광지 및 관광단지, 온천, 도시공원, 유원지, 자연공원
⑧ 산지개발	묘지, 초지
⑨ 체육시설	청소년수련시설, 체육시설, 경정·경륜시설
⑩ 폐기물·분뇨처리시설	분뇨처리시설, 매립시설, 소각시설 설치

출처 : 환경부, 주요 비점오염원에 대한 효과적인 관리방안, 2005.

표 3. 개발사업의 비점오염원 관리대상 및 방법

주요 비점오염원	규제대상	관리방법
대규모 개발사업	환경영향평가대상 이상 개발사업 중 도시개발, 산업단지·관광단지 개발사업, 수자원의 개발, 공항의 건설, 개간·산지 개발, 체육시설 설치 사업, 토사·골재 채취 사업	비점관리시설 신고 및 설치 의무화
	도로, 항만 등 기타 환경영향평가 대상 개발사업	비점관리계획서 작성 및 자발적 관리
소규모 개발사업	보존용지 내 개발사업으로서 사전환경성 검토 대상사업 22개	비점관리계획서 제출 및 자발적 관리
	기타 10,000m^2 이상 각종 개발사업 및 토지형질 변경 사업	비점저감방안 지도 및 자발적 관리

출처 : 환경부, 주요 비점오염원에 대한 효과적인 관리방안, 2005.

1) 저류형 시설

비점오염원 처리시설로 가장 일반적인 것은 초기우수를 저류시키는 방법이다. 초기우수 내 입자상 오염물질의 침전에 의해 제거되기 때문에 저류형 시설은 입자상물질과 입자상물질에 부착되어 있는 오염물질을 제거하는 데 효과적이다. 용존성 물질을 제거하는데 한계가 있고 저류형의 경우에는 충분한 체류시간 확보를 위해서 넓은 부지가 요구되는데, 도시지역의 경우 부지의 확보가 어려우며, 처리시설이 자칫 혐오시설이 될 우려가 있어 인근 주민들의 수용여부에 대한 고려가 선행되어야 한다.

① 지역 외 저류시설

유역의 말단부에 설치되어 유역으로부터 유입된 우수를 조절할 목적으로 설치되며, 우수 유출수에 의한 피크유량의 감소와 비점오염원의 저감뿐만 아니라 동·식물의 서식공간 제공, 녹지경관 조성 등의 기능도 수행한다.

도시지역에서의 식생은 불투수성지역을 감소시키고 우수유출수의 침투 및 고형물 포획 효과의 기능이 있다. 종류에는 이중목적저류지, 인공습지, 저류연못 등이 있다(그림 1, 표 4).

지역 외 저류시설은 일반적으로 지역 내 저류시설보다 규모가 크며 오염물질 제거뿐만 아니라 치수 등의 목적으로 활용할 수 있다.

저질은 오랜 기간 동안 쌓인 침전물 및 오염물질을 의미한다. 이 저질은 오랜

시간에 걸쳐 저질층을 형성한다. 대부분의 오염물질은 저질층에 단단하게 결합되어 있다.

그림 1. 지역의 저류시설(좌 : 완충저류지연못, 중 : 초기우수저류연못, 우 : 도로변저류침전시설)

출처 : 환경부, 비점오염원의 관리, 2003.

표 4. 지역 외 저류시설

종류	오염물질제거율(%)	특 성	적용성 및 유지관리
저류 연못	부유물질(30～100) 질소(30～65) 인(30～65) 금속(30～100)	• 물리적 침전과 미생물에 의한 생물학적 오염물질을 제거함. • 넓은 토지가 필요하므로 도시 조성시에 계획함. • 건기에도 물이 항상 고여 있어야 함으로 바닥을 불투수성으로 시설해야 함.	• 영양물질 부하가 높은 주택지역과 상업지역에 적합함. • 호소나 하천 등 공공수역에 적합함. • 정기적으로 저질제거를 해야 함. • 연못의 처리기능을 높이고, 준설 주기를 길게 하기 위해 전처리 시설이 필요함.
이중 목적 저류지	부유물질(30～65) 질소(0～65) 인(0～65) 금속(0～65)	• 범람조절과 하천수질개선 목적으로 설치함. • 강우유출수의 질과 양을 관리하기에 적합함. • 고형물의 침전에 의해 효과적으로 제거되거나 용해성물질의 제거효율은 저조함. • 오염제거효율을 높이기 위해 저류지 후단에 연못 및 습지를 시설해야 함.	• 5,000m^2～수만m^2 규모의 배수구역에 적용함. • 도시형 비점오염원 관리에 적합함(주택, 상가, 공업지역) • 불투수층 지역이 넓고 침전물, 중금속, 탄화수소류 유출이 많은 곳임.
인공 습지	부유물질(70～95) 질소(40～70) 인(40～70) 금속(30～100)	• 식물에 의한 여과, 흡착과 식물부착미생물의 활동에 의한 오염물질을 제거함. • 유기물 및 질소·인 처리효율이 우수함. • 수문학적 특성에 따라 자유흐름 시스템, 부유식물 시스템이 있음.	• 도시형 비점오염원처리에 적용함. • 하수처리 방류수에 대한 고도처리 등 비점오염원과 점오염원에 모두 적용 가능함. • 습지시설면적은 배수면적의 1～5%가 필요하므로 기존 도시에 적용이 어려움.

출처 : 경기도보건환경연구원, 비점오염원 관리방안, 2001.

② 지역 내 저류시설

소단위 구역 내의 강우를 저류하는 시설로 강우유출수를 지하침투시켜 비점오염원물질의 억제를 유도한다.

종류에는 지하, 건물간, 주차장, 공원, 교정, 지붕 시설의 우수저류시설이 있다(표 5).

표 5. 지역 내 저류시설

종 류	오염물질제거율(%)	특 성
지하 저류		• 우수저류시설을 지하에 설치하여 지상부를 주차장, 공원 등 다른 용도로 이용할 수 있도록 구조화한 것으로 지가가 비싼 시가지 계통에 설치함. • 홍수 다발구역인 고밀도 주택가에서 사용하는 방법이며, 이 시설은 주로 고층주택 및 큰 건물 등의 지하공간을 이용하여 설치하는 것이 유리함.
건물간 저류		• 연립주택 및 건물사이 공간을 지역 내 저류시설로서 긴급차량의 진입, 건축물의 보호에 대한 안전대책 및 관리 등을 고려하여 저류가능량을 설정해야 함. • 저류수심은 과거 경험과 주거지에 대한 안정성 확보 등을 고려해서 30cm를 표준으로 함.
주차장 저류	부유물질(45~100) 질소(45~100) 인(45~100)	• 주차장저류를 설계하는데 있어 자동차 브레이크 장치가 잠기지 않도록 하고, 우수를 저류시킴에 따라 주행에 지장이 없도록 저류수심은 약 10cm로 제한함. • 주차장의 저류시설의 경우 강우 종료 후 물이 고이는 것을 방지하고 체류시간을 단축시키기 위해 투수성 포장을 도입함.
공원 저류		• 공원 녹지 등의 저류시설로써 이용하는 경우에는 공원의 기능, 이용자의 안전대책, 경관 등을 배려하여 저류장소 및 저류 가능용량을 결정함. • 아동공원의 형태는 얕은 굴착식이며, 근린공원은 운동장을 조합한 구조가 가능함.
교정 저류		• 교정저류는 교정전체에 우수를 저류하는 방식으로 구조는 수심이 얕은 굴착식을 원칙으로 함. • 학교 운동장은 교육시설 기능을 훼손하지 않도록 적절한 관리 외에도 우수 유출억제 기능에 관한 관리가 필요함.
지붕 저류		• 공동주택 등의 옥상을 지역 내 저류시설로써 이용하는 경우에는 지붕방수 및 건축물의 기본구조도의 영향을 배려해서 저류 가능용량을 산정하도록 함. • 효율적인 우수저류를 위하여 정기적인 점검을 실시해야 함.

출처 : 최지용·신창민, 비점오염원 저감을 위한 우수유출 관리방안, 한국환경정책평가연구원, 2002.

2) 침투형 시설

침투형 시설은 우수를 지하로 침투되도록 유도하는 시설로서 주로 지표면이나 지하의 일정공간에 쇄석 등의 다공질 매질을 충전하여 우수를 지표 또는 지표면 보다 얕은 곳에서 불포화층을 통해 분산 침투시키는 시설물로서 환경적으로 바람직한 기법이다(그림 2, 표 6).

표 6. 침투형 시설

종류	오염물질제거율(%)	특 성	적용성 및 유지관리
침투조	부유물질(45～100) 질소(45～65) 인(45～65) 금속(45～100)	• 강우유출수를 집수하여 토양침투를 유도하는 시설임. • 부유고형물 기름류는 효과적으로 제거되나 용존성 영양물질은 효과가 적음. • 부유물질 부하가 높은 지역에서는 강우유출수를 처리한 후 침투조로 유입시켜야 함.	• 침투성이 좋은 배수지역에 적용함. • 연간 최고 지하수위가 최소 90cm인 지역이 적합함. • 시설위치가 음용수 관정으로부터 최소 30m 이상 떨어져 있어야 함. • 부적절하게 관리하면 악취, 모기 서식 등 문제가 발생함.
침투 도랑	부유물질(45～100) 질소(0～100) 인(40～65) 금속(45～65)	• 강우유출수 수집, 임시저장을 통해 지하수 함양을 돕고 강우의 첨두유량을 감소시킴. • 다른 BMPs(Best Management Practices)와 병행하여 사용하는 것이 효율적임. • 도랑의 표면막힘을 방지하기 위해 전처리 시스템을 설치함.	• 침투성이 좋은 토양조건인 지역으로 소규모 주거지 상업지역, 주차장, 공원에 적합함. • 연간 최고 지하수위가 지표면에서 120cm 이상인 지역이 적합함. • 고농도 오염부하지역에 적용할 수 없음.
침투성 포장	부유물질(45～95) 질소(80～85) 인(30～65) 금속(65～100)	• 도로 등 불투수층을 최소화하여 강우유출수의 지하침투를 유도하는 시설임. • 침투성 포장은 포장하부에 굵은 모래층, 쇄석층, 여과섬유로 구성되어 우수의 저장과 지하 침투가 가능한 구조임.	• 주차장, 공원, 인도, 고수부지의 체육시설 등 교통량이 적은 불투수층지역에 적용함. • 균열이 발생되지 않도록 공학적인 설계에 의한 안정화 장치가 필요함.

출처 : 경기도보건환경연구원, 비점오염원 관리방안, 2001.

그림 2. 침투형 시설(좌 : 주택주변 초기 우수침투 도랑, 중 : 도로변 자갈침투 배수로, 우 : 다공성 재료포장 주차장)

출처 : 환경부, 비점오염원의 관리, 2003.

주택 앞의 뜰, 공원이나 녹지 등을 이용하여 침투율을 증가시키는 방법과 보도나 주차장 같은 불투수면을 투수성이 높은 재료를 이용하여 침투가 가능하도록 하는 방법이 있으며, 또한 빗물이 수로에 흐를 때 지하로 스며들도록 유도하는 시설로 침투조, 침투도랑, 침투성 포장 등이 있다.

3) 식생형 시설

식생형 시설은 우수유출수에 의한 피크유량의 감소와 비점오염원의 점감뿐만 아니라 동·식물 서식공간 제공, 녹지경관 조성 등의 기능도 수행하며, 종류에는 식생 수로대와 식생 여과대가 있다(그림 3, 표 7).

식생수로는 강우시 토양의 침식을 줄이기 위해 수로에 식생을 도입하는 것으로서 부유 고형물과 금속성 오염물질 제거에도 효과적이고, 강우 유출량 조절 기능도 갖고 있다. 식생여과대는 지표 강우 유출수내 오염물질 제거를 위해 사용된다.

유입된 유출수가 식생여과대를 통해 흐르면서 유속은 감소되고 침전물과 오염물질은 여과, 흡착, 중력 침전과정을 통해 오염물질이 제거된다. 따라서 강우 유출수가 여과대면을 균등하게 흐르고 단회로(short-circuit·반응조 내에서 유입된 물

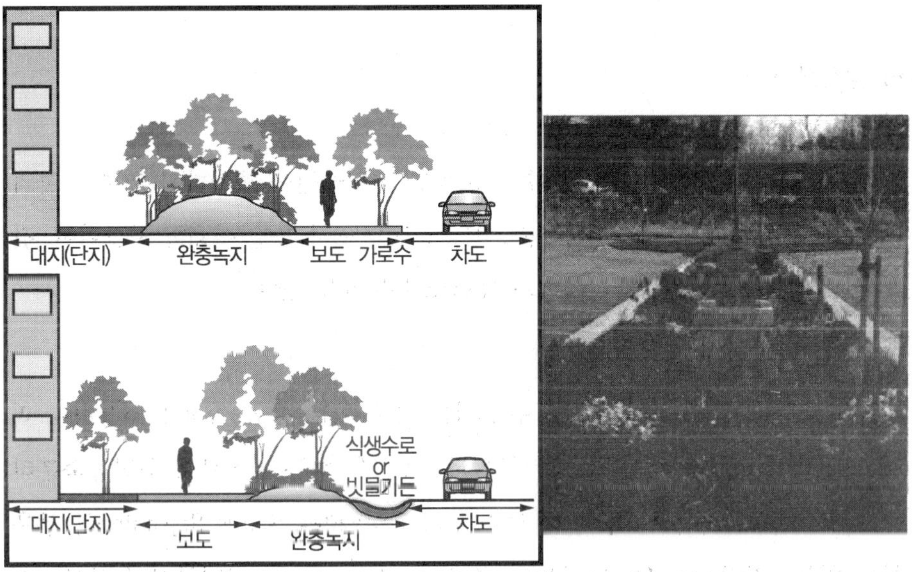

그림 3. 식생형 시설(좌 : 식생수로시설 활용구조도, 우 : 식생수로시설)

출처 : 박은진, 물순환을 고려한 도시녹지 기능 제고 방안, 2007. 경기개발연구원(좌), 환경부, 비점오염원 관리, 2003.

표 7. 식생형 시설

종류	오염물질제거율(%)	특 성	적용성 및 유지관리
식생 수로대	부유물질(0~100/평균 60) 질소(0~40/평균 10) 인(0~100/평균 20) 금속(30~100/평균 60)	• 강우유출시 토양침식을 줄이기 위해 수로에 식생을 도입하는 기술임. • 식생, 사석, 물망태, 매트를 이용하여 시설함. • 부유고형물과 금속성 오염물질 제거에 효과적임.	• 목장, 골프장, 경작지 및 산림지역에 적합.
식생 여과대	부유물질(0~100/평균 60) 질소(0~40/평균 10) 인(0~100/평균 20) 금속(30~100/평균 60)	• 강우유출수 흐름방향과 수직으로 길게 설치하며, 여과대 내에서 유속이 감소되면서 침전, 흡착, 여과에 의해 오염물질 제거함. • 부유물질, 금속류 및 유기물질 제거에 효과적임. • 식생여과대의 위치에 따라 생육에 적합한 식물종을 선택하여야 함.	• 하천연변관리와 목장, 골프장 등 농촌형 비점오염원 관리 및 도시의 공원, 도로주변 등 소규모 지역에 적합함. • 유출수의 단회로 현상을 방지해야 하며, 대규모 배수구역은 토지가 많이 필요하여 적용이 곤란함.

출처 : 경기도보건환경연구원, 비점오염원 관리방안, 2001.

이 완전 혼합되지 않고, 유입한 물의 일부가 순간적으로 외부로 유출되는 현상) 현상이 없는 이상적 조건이 유지된다면 여과대는 침전물 제거에 매우 효과적이다.

4) 장치형 시설

① 여과 장치형 시설

여과 장치형 시설은 우수유출수에 포함된 오염물질을 제거하기 위하여 물리·화학적 장치를 이용하는 관리기술로서 스크린, 모래 등을 이용한 시설이며, 강우여과조(Storm Filter)와 모래여과조(Sand Filter)가 있다.

② 관거 연결형 시설

장치형 시설은 우·하수관거로 유입되는 강우유출수를 물리적 분리장치에 의해 처리하거나 다른 처리시설로 연결하는 역할을 하는 시설로서 회전농축분리기(Swirl Concentrators), 부유/침전물 분리장치(vertex Solids Separators), 부유물/오일분리기(Water Quality Inlets/Oil-grit Separator), 고형물질/유분분리기(Storm-ceptor), 관거/매입오염처리시스템(Wilson System) 등이 있다.

습지, 연못, 여과지 등 시설의 전처리, 도시지역의 초기 강우처리, 도로, 주차장, 공항, 버스터미널 등에 다양하게 적용된다.

③ 하수처리형 시설

각종 하수처리형 시설은 에너지 소모적이고, 비용이 높으므로 이러한 시설을 이용해 비점오염원을 처리하는 방법은 대부분 비경제적이다.

하지만 고도로 개발된 지역의 경우에는 우수유출수에서 오염물질을 제거하기 위한 방법으로 하수처리형 시설을 설치하여 직접 처리하는 방법도 가능하다.

처리시설의 규모는 초기유출수를 차집하여 처리할 수 있는 규모와 일정확률 강우량의 유출수를 처리할 수 있는 규모로 설치하는 두 경우가 있다.

처리방법은 크게 물리·화학적 처리, 생물학적 처리방법이 적용되고 있다.

(4) 식물에 의한 수질정화

수변식물이 가진 제기능의 하나에 「수질정화」기능이 있다. 수초정화나 식생정화 등이라고 불리기도 한다. 평가는 좀처럼 하기 어려운 측면이 있지만, 수변식물이 형성된 수변에서는 많든 적든 간에 수질정화기능이 발휘되는 것으로 고려된다. BOD 등을 지표로 하는 유기오염부하나 질소, 인 등 수질오염을 나타내는 항목은 많다. 이들의 정화를 수변식물은 인위적인 에너지를 첨가하지 않고서도 행한다. 콘크리트가 노출한 수변에서 식물에 뒤덮인 수변공간으로 개선하는 것에서 약간씩이지만 수환경을 개선할 수 있을 것으로 여겨진다. 또한 식재수로나 인공습지를 활용하는 것에서 보다 부하가 작은 물을 환경에 배출하는 것이 가능하다.

식물에 의한 수질정화라고 하면 갈대나 줄 등의 대형 추수식물(抽水植物), 물옥잠이나 물냉이 등의 외래종으로 이분되는 경향에 있었다. 대형의 추수식물은 수질정화에 이용된 실적은 많지만, 경관상의 문제나 제거할 때에 발생하는 바이오매스의 처리 문제 등이 존재한다.

그런데 수질정화에는 점원부하대책과 면원부하대책으로 대별된다

점원부하는 공장배수나 생활잡배수 등 배출원이 분명한 경우의 수질오염원을 나타낸다. 이 경우 인공습지나 식재수로의 응용으로 집약적으로 처리하는 방향에서 검토된다. 그 때 필요최소한의 에너지를 투입하여 폭기나 식재수로 내에서의

물순환을 행하는 것에서 수질정화 효율을 보다 향상시킬 수 있다.

수질오염을 확실히 방지하기 위하여 기존의 정화시설에서 처리한 물을 더욱 고도 처리하는 것도 유효하다. 용지가 확보되면 비교적 저코스트로 실현할 수 있는 시스템으로 기대할 수 있다.

면원부하는 농지에 살포한 비료 등이 약간씩 하천에 유입하여 발생원을 특정하기 어려운 수질오염원을 나타낸다. 이와 같은 수질오염은 이미 희석되어 넓어져 있어 효율적으로 제거하는 것은 곤란하다. 콘크리트가 노출한 물가에 에코톤을 창출한다든지, 인공습지를 창출하여 물을 순환시킨다든지 하는 방법에서 착실하게 제거할 수 있다. 식생부도도 일정의 수질정화효과를 확인하고 있으므로 한 기법으로서 유효하다.

그림 4. 추수식물·습생식물에 의한 수변 에코톤

그림 5. 폭기, 반송을 조합한 수질정화 식재 수로(점원처리)

2. 배수 정화

(1) 배수 처리

배수처리는 그림 6에 제시한 것처럼 물리화학처리와 생물처리로 대별된다. 물리화학처리는 주로 부유물질이나 무기물을 제거하는 데에 이용되고 있다. 본 방법은 단독으로 이용되는 경우는 적고, 생물처리의 전처리나 마감처리(고도처리)로 사용된다. 이와 같이 배수처리의 주체는 생물처리에 있다.

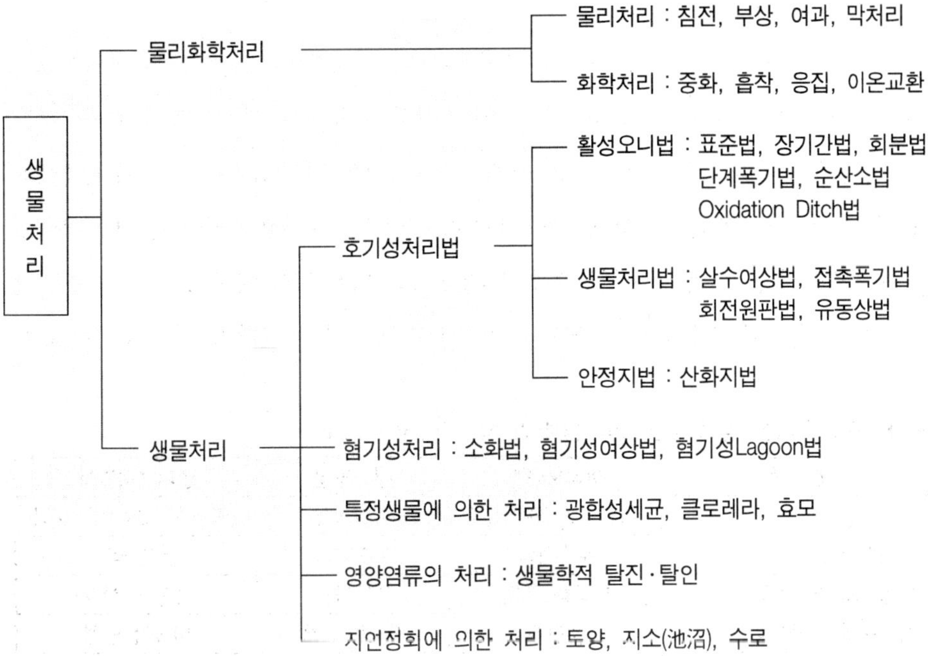

그림 6. 배수처리의 종류

생물처리에는 호기성처리, 혐기성처리 등이 있고, 각각 호기성미생물, 혐기성미생물의 대사를 이용하고 있다. 호기성처리에서 유기탄소화합물은 이산화탄소와 물, 질소화합물은 암모니움염 또는 초산염이 된다. 혐기성처리에서 유기물은 유기산, 알코올 등을 거쳐 분해의 부산물로서 이산화탄소, 메탄, 수소, 황화수소, 질소, 암모니움염 등을 발생한다. 호기성대사에서는 미생물체에 합성되는 비율은 크지만, 혐기성대사에서는 그 비율이 매우 작다. 즉 오니발생량은 호기성처리의 쪽이 상당히 높다고 한다.

호기성처리의 하나인 활성오니법은 처리효율이 높기 때문에 배수처리라고 하면 활성오니법이라고 할 정도로 보급되어 있다. 그렇지만 활성오니법은 관리가 어렵고, 오니발생량이 많기 때문에 최근에는 생물요법을 중심으로 한 각종 새로운 처리법이 개발되어 소규모 배수에 채용되고 있다. 세계적으로 보면 산화지(酸化池)와 같은 간이처리도 상당히 보급되어 있다. 또한 자원절약·에너지절약, 오니감량화 및 탈질(脫窒)·탈인(脫燐)을 위하여 호기성처리와 혐기성처리를 조합시킨 것이 많이 나오고 있다. 표 8에 활성오니법, 생물막법 및 혐기성처리법의 처리성능을 비교하여 나타내고 있다.

배수 중 가장 문제가 되는 것은 생활배수이다. 생활배수는 인간의 생활활동에 수반하여 배수되는 오수, 특히 생활잡배수이다. 생활잡배수는 생활배수에서 분뇨를 제외한 것이다. 즉 주방, 욕실, 세탁기 등에서의 생활잡배수이다. 수환경에의 오염부하의 약 60%는 생활배수에 기인하고 있다. 수역에 따라서는 70~80%를 넘는 곳도 있다. 이것은 생활잡배수가 미처리로 방류되기 때문이다. 그리하여 생활잡배수 대책이 발본적으로 되지 않는 한 수질개선은 그다지 기대할 수 없다.

표 8. 활성오니법, 생물막법, 혐기성처리법의 처리성능 비교

항 목	활성오니법	생물막법	혐기성처리법
유입수의 BOD	100~수1,000mg/ℓ	0~500mg/ℓ	200~1000mg/ℓ 이상
처리수질	우수하다	우수하다	좋지 않다
유입수의 부하변동	대응성 작다	대응가능	대응성 작다
처리수질의 안정성	불안정	비교적 안정	비교적 안정
장애미생물의 발생	많 다	적 다	거의 없다
오니발생량	많 다	약간 많다	적 다
저온에의 대응	비교적 좋다	비교적 좋다	좋지 않다
동력소비량	많 다	많 다	작 다
반응조의 용적	크 다	크 다	현저히 크다
유지관리	어렵다	용 이	약간 어렵다
유지관리에 의한 기능향상	대응가능	대응성 작다	대응성 작다

출처 : 盛岡 通, 環境をまもり育てる技術, 株式會社 ぎょうせい, p.43, 1994.

(2) 생태계의 기능을 활용한 정화

수질의 정화방식은 하천이나 연못과 늪에서 정화하는 방법(직접방식)과 오수를 흡상하여 배수처리와 마찬가지로 장치화된 반응조 중에서 정화하는 방법(분리방식)으로 분류된다. 직접방식으로서 폭기법, 접촉재충전수로정화법, 저니(低泥)준설법, 조류(藻類)·수생식물회수법, 수생식물식재법, 침전지법 등이 있는데, 단독의 기술로 현저한 수질개선을 기대할 수 있는 실적은 아직 얻어져 있지 않다. 분리방식은 배수처리와 마찬가지로 수량이나 부하의 제어가 가능하므로 고도한 시설이 필요하다(그림 7).

직접정화법에는 물리화학적인 조작을 고려하는 것이 필요하지만, 생태공학(Eco

Technology)을 활용한 기술을 중심으로 하여야 한다. 그 개념은 그림 8에 나타내는 바와 같다.

- 직접정화
  - 수역·수로이용정화방식 (직접방식)
    - 폭기법
    - 정화용수희석법
    - 복류정화법
    - 박층류정화법
    - 침전지(대수지)법
    - 저니준설법
    - 조류·수생식물회수법
    - 접촉재충전수로정화법 } 분리방식으로서도 활용
    - 활성탄정화법 } 분리방식으로서도 활용
    - 수생식물식재법
  - 퍼올림·바이패스정화방식 (분리방식)
    - 배수처리법의 활용
    - 자갈접촉산화법
    - 모래여과법
    - 응집침전법

그림 7. 직접정화법의 종류

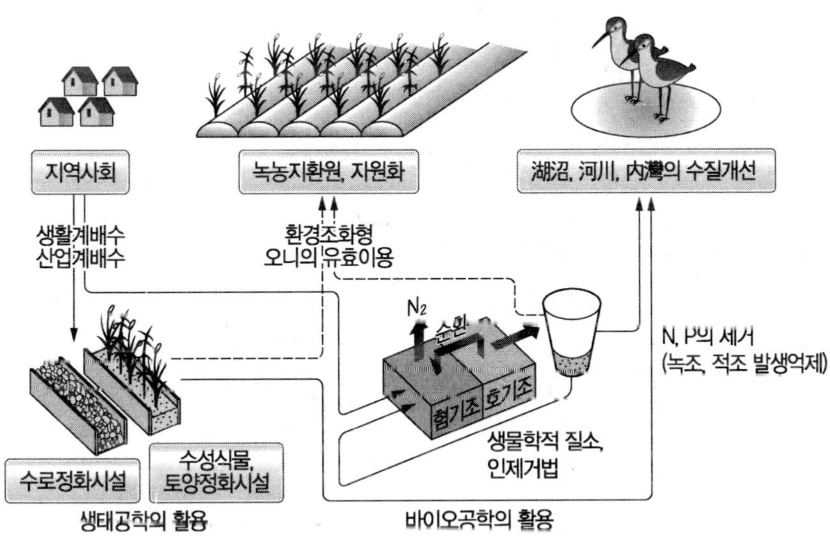

그림 8. 수환경개선을 위한 생태공학과 바이오공학의 조합

분리방식으로서는 배수처리기술이 응용된 것이 많은데, 배수처리와 관점을 다르게 한 정화방법을 모색할 필요가 있다. 수질정화는 광대한 면적(긴 시간) 또는

다대한 에너지(또는 다량의 미생물체, 약제)의 어느 쪽에 의존하지 않는 한 달성되지 못한다. 소하천이나 지소(池沼) 등에서도 수량은 수십~수백m^3/일 이상이 된다. 또한 농도는 배수에 비교하면 상당히 낮다. 이와 같은 물의 정화는 생태공학의 입장에서 기본적으로 개선할 필요가 있다.

(3) 유역관리

생활배수대책은 삼림에서 시작하여 하천, 호소에 이르기까지 유역관리의 일환으로 이루어진다. 그 개념도는 그림 9와 같다.

인구밀집지역에서는 하수도, 집락에서는 커뮤니티 플랜트 및 농업집락배수시설로 대응하고, 소집락이나 주택분산지역에서는 합병처리정화조로 대응하는 것이 바람직하다. 정화조 등이 신속하게 대응할 수 없는 지역에서는 당분간 생활잡배수의 단독처리를 시행하지 않을 수 없다. 또한 어떤 지역에서라도 주방 등의 발생원 대책은 함께 행하는 것이 바람직하다. 지역특성에 따라 처리대책의 도입이 필요하며, 유역 전체로서 수질 개선을 최적화할 수 있는 방향이 모색되어야 한다.

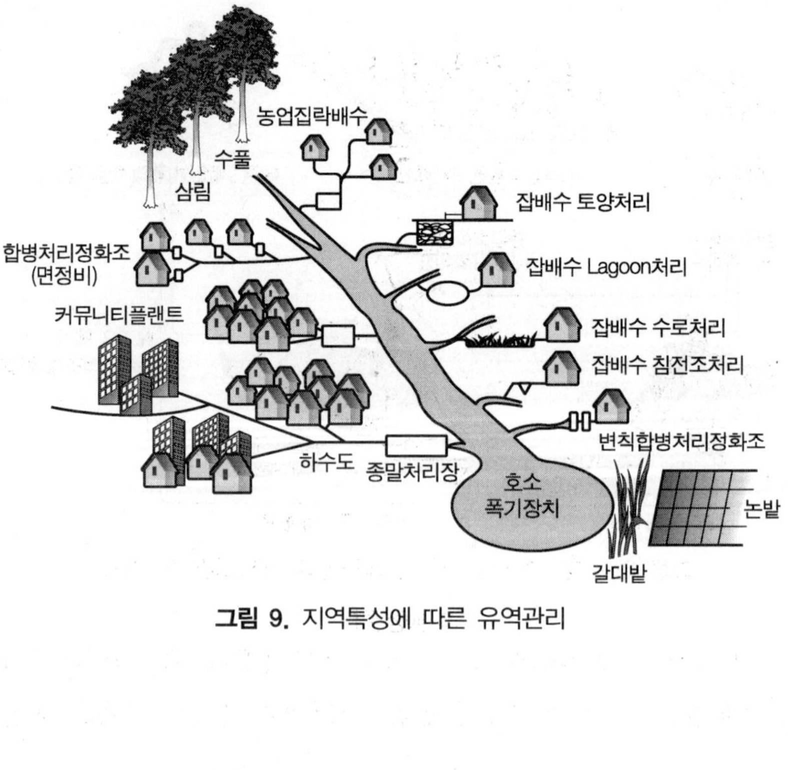

그림 9. 지역특성에 따른 유역관리

5-4 토양과 지하수오염의 정화

기업활동에 수반하여 환경에의 배출부하삭감이나 기업의 이해관계자(Stakeholder)와의 리스크 커뮤니케이션 등 환경에의 배려를 세계전략으로 검토하는 기업이 증가하고 있다. ISO14000 시리즈의 인증을 비롯하여 기업의 환경 신용평가의 분위기도 높아지고 있고, 이러한 환경 마인드의 향상이 토양이나 지하수 등 지하환경문제에 대한 기업의식에 혁신적인 변화를 가져오고 있다.

토양의 조사에 의해 오염이 판명되면 대부분의 경우 오염원인자나 토지소유자는 사회적 책임의 무게와 대책에 요하는 경비에 직면하고, 야기한 환경문제의 중대성을 느낄 것임에 틀림없다. 오염된 토양·지하수공간을 환경기준치까지 개선하는 데에는 긴 시간과 다대한 경비가 들기 때문이다.

토지·지하수오염은 축적성의 오염이고, 원위치에서 오염물질을 무해화하거나 제거하지 않는 한 오염상태는 오래 지속하게 된다. 여러 가지 부수기술 중에서 토양굴삭이나 토양수에 용해한 오염물질, 또한 토양가스 중에 기화한 휘발성물질을 단순에 제거하는 복원기술은 있지만, 환경기준을 만족시키지 않는 한 굴삭토양은 본니도 되돌아가지 못하고, 용이한 오염토양처리로는 최종처분장에 매립 이외에 적절한 방법은 없다. 게다가 최종처분장의 수용량에는 한도가 있고, 역시 토양지하오염의 복원은 원위치에서 오염물질을 무해화하거나 제거하는 원위치정화가 기본이라고 하지 않을 수 없다. 다종다양한 토양오염의 대책을 실시하기 위해서는 풍부한 지식·기술·경험이 필요하다.

1. 토양오염의 특성

토양은 일단 오염되면 유해물질이 축적되고, 오염이 장기에 걸치는 특징이 있다. 휘발성유기화합물(VOC)은 토양 중에서 분해되기 어렵고, 벤젠을 제외하면 비중이 물보다 무겁기 때문에 지하에 깊이 침투하여 언제까지나 토양이나 지하수 중에 잔류한다. 지하수의 흐름에 따라 오염이 확산한다든지, 광역화하는 경우가 있다. 또한, 중금속은 물에 용해되기 어렵고, 토양에 흡착하기 용이하므로 지표 가까이의 토양 중에 존재한다(그림 1). 자연유래에서 원래부터 하층의 토양에 존재하는 경우나 6가크롬 등 이동하기 용이한 물질을 제외하고, 지하수오염을 일으킬 가능성은 그다지 높지 않다. 이들 물질 이외에 초산성질소나 아초산성질소, PCB (polychlorinated biphenyl · 폴리염화비페닐)나 다이옥신류 등은 토양이나 지하수의 오염물질이 되고 있다.

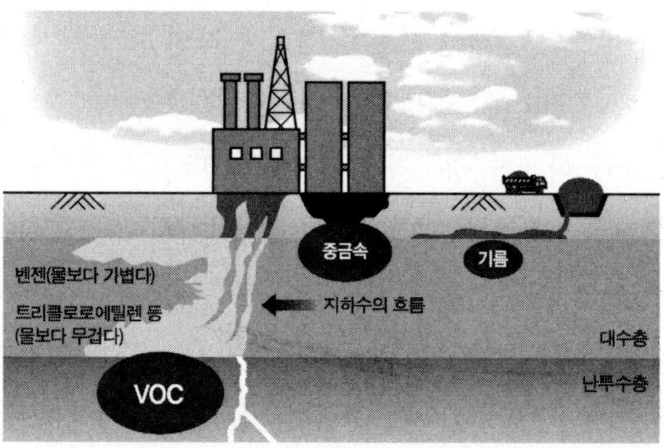

그림 1. 토양·지하수 오염의 거동

토양에서는 중금속이나 휘발성유기화합물, 다이옥신류에 의한 오염이 문제가 된다. 또한, 지하수에서는 초산성질소나 아초산성질소, 휘발성유기화합물, 비소 등의 이동하기 용이한 물질이 문제시된다.

이들의 오염은 오염물질의 부적절한 취급에 의해 누출한다든지, 이들의 물질을 함유한 배수가 지하에 침투하는 것이 주된 원인으로 고려된다. 이 외에 중금속은 자연원에서도 발생하고, 초산성질소나 아초산성질소는 농지나 시가지가 발생원이

되고 있다.

토양을 적정하게 관리·보전하기 위한 「토양환경보전법」(2007년)에서 규정한 토양오염물질은 다음과 같다.

① 카드뮴 및 그 화합물, ② 구리 및 그 화합물, ③ 비소 및 그 화합물, ④ 수은 및 그 화합물, ⑤ 납 및 그 화합물, ⑥ 6가크롬화합물, ⑦ 아연 및 그 화합물, ⑧ 니켈 및 그 화합물, ⑨ 불소화합물, ⑩ 유기인화합물, ⑪ 폴리클로리네이티드비페닐, ⑫ 시안화합물, ⑬ 페놀류, ⑭ 벤젠, ⑮ 톨루엔, ⑯ 에틸벤젠, ⑰ 크실렌, ⑱ 석유계총탄화수소, ⑲ 트리클로로에틸렌, ⑳ 테트라클로로에틸렌, ㉑ 벤조(a)피렌, ㉒ 기타 위 물질과 유사한 토양오염물질로서 토양오염의 방지를 위하여 특별히 관리할 필요가 있다고 인정되어 환경부장관이 고시하는 물질

2. 토양오염의 영향

토양오염은 사람의 생산활동에 수반하여 배출된 유해물질이 흙에 축적된 상태를 말한다. 오염물질은 흙 속에서는 수중이나 대기중에 비하여 이동하기 어려운 성질이 있다. 그리하여 사람의 건강이나 동식물(생태계)에 장기간에 걸쳐 영향을 미친다. 토양오염에 의한 영향으로는 사람의 건강에의 영향이나, 농작물이나 식물의 생육저해, 생태계에의 영향 등이 검토된다(그림 2). 토양오염이 사람의 건강에 영향을 미치는 잘 알려져 있는 유해물질의 독성은 표 1과 같다.

표 1. 사람의 건강에 영향을 미치는 토양 유해물질의 독성

물 질	급성독성	만성독성	발암성의 평가
납	지체의 마비, 구토, 혼수 등	감각장애, 피로, 두통 등	발암성의 가능성이 있는 물질
비소	구토, 설사, 복통 등	피부의 각화증, 흑피증 등	발암성의 충분한 데이터가 있다.
수은	구토, 설사, 신경장애 등	지각이상, 신장장애 등	발암성의 평가가 되어 있지 않다.
PCB	눈을 자극한다.	소화기장애, 수족의 마비 등	발암성의 가능성이 있는 물질
유기인	경련, 호흡기능불량 등	신경계에의 영향 등	발암성의 평가를 할 수 없는 물질

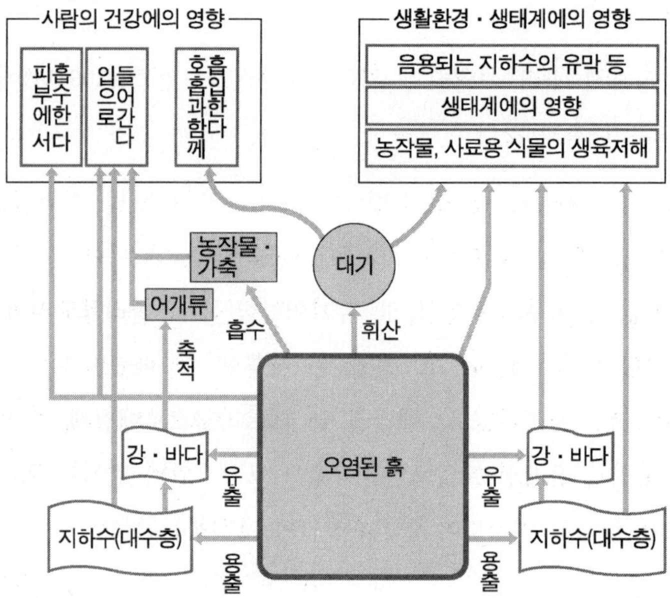

그림 2. 토양오염의 영향

토양오염의 환경 리스크의 크기는 토양이 유해물질에 오염된 정도와 오염된 토양에 접한 양(폭로량)에 의해 결정된다. 오염된 토양에 접촉하지 않거나, 오염된 토양에서 유해물질이 지하수에 용해되어 나오지 않는다든지, 예를 들어 용해되어 나오더라도 오염된 지하수를 마시지 않은 경우, 즉 폭로량이 없는 것으로 고려되는 경우에는 토양오염에 의한 환경 리스크는 문제가 되지 않는다.

3. 토양오염조사

토양오염이란 인간의 활동에 의하여 토양이 법에 정해진 지정유해물질로 오염된 상태를 말하고, 토양오염조사란 그 토양오염의 상태를 조사하는 것이다. 지정유해물질의 종류나 조사단계에 의해 조사방법도 다르다(그림 3).

① 자료 등 조사 : 등기부등본이나 주택지도 등의 서류자료에서 토양오염의 우려를 평가하는 방법이다.

② 토양가스조사 : 휘발성유기화합물의 초기조사이며, 깊이 0.8～1.0m의 조사

구멍에서 토양가스를 채취하여 분석한다.

③ 표층토양조사 : 중금속·농약 등의 초기조사이며, 깊이 0.0～0.5m까지의 토양시료를 채취하여 분석한다.

④ 상세조사 : 토양가스 조사 또는 표층토양조사에서 규정치를 초과하여 검출된 물질에 대하여 보링조사를 행한다.

토양조사에서는 토지의 이용상황이나 특정유해물질의 사용이력 등 대상지에 대하여 입수한 정보에 바탕하여 조사대상지를 오염 리스크의 정도에서 분류한다.

또한 눈에 보이지 않은 지하를 상상하면서 조사가 진행되므로 조사의 실태를 이해하지 못한 채 결론에 도달하는 사례도 적지 않다.

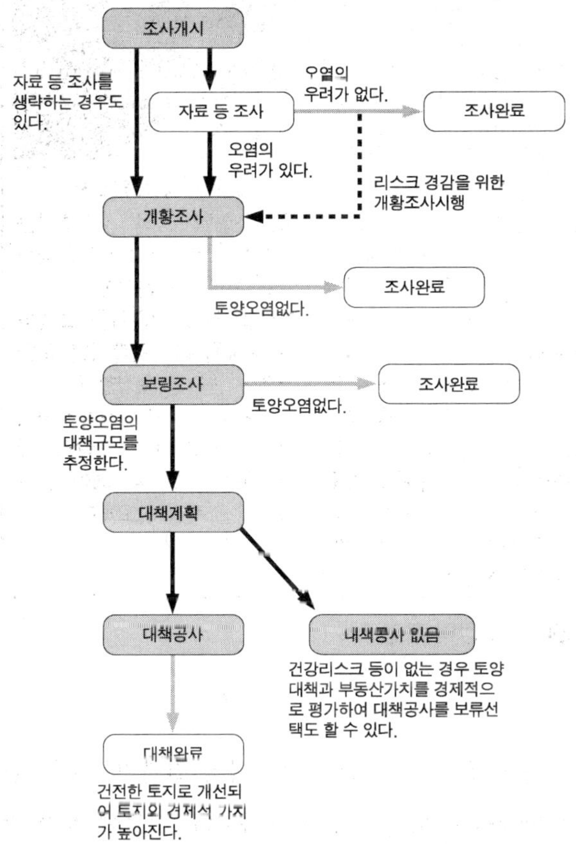

단계 1. 자료 등 조사

등기부등본/주택지도/항공사진/고지도 등의 자료를 평가하여 토지의 사용이력에서 토양오염 리스크를 판정하는 조사이다.
현지의 토양시료 채취나 화학적인 분석작업은 시행하지 않는다.

단계 2. 개황조사

토지의 사용이력에 기초하여 조사구획을 설정한다. 설정한 조사구획의 표층부 토양을 조사하여 오염범위를 판정한다.

단계 3. 토양오염대책

토양오염의 범위와 깊이를 상세하게 조사한 후 토양오염의 대책공사를 하여 토양오염 리스크를 해소한다.
중금속 등에 의한 토양오염대책은 오염토의 굴삭제거가 일반적이다.
휘발성유기화합물에 의한 토양오염은 현지 정화에 의한 코스트 다운도 가능하다.

그림 3. 토양오염조사의 흐름

3.1 개황조사와 보링조사

1) 개황조사

표층부의 토양을 조사하여 토양오염의 존재와 오염의 면적을 확인한다.

토양오염의 우려가 작은 토지에서는 30m격자(900m^2)에 1지점의 비율로 조사한다. 토양오염의 우려가 있는 토지에서는 10m격자(100m^2)에 1지점의 비율로 조사한다(그림 4).

조사의 목적은 토양오염의 존재와 토양오염의 규모를 확인하여 이 조사에서 오염이 확인되면 조사대상지에 토양오염의 우려가 없다고 판정된다.

코어제거와 간이보수	**토양가스조사**	**표층부의 토양조사**
바닥에 콘크리트가 있는 경우에는 다이어몬드커터로 「코어제거」하여 토양의 표면을 노출시킨다. 콘크리트의 밑에 쇄석이나 찌꺼기가 있을 때에는 토양의 표면까지 그것을 제거한다. 이 「코어제거」 작업 시에 굴삭수가 비산하지 않도록 청소기로 회수하면서 작업한다. 조사 후에는 모르타르 등으로 간이 보수한다.	휘발성유기화합물의 초기조사이다. 흙의 입자간에 존재하는 기체 → 토양가스를 채취하여 분석하고, 유해물질의 존재를 조사한다. 직경 2cm 깊이 0.8~1m의 조사구멍에서 토양가스를 채취하고, GC-PID분석에 의해 정량하한치를 넘는 농도가 검출되면 심도 10m의 보링조사를 하여 토양오염의 심도 방향에의 확대를 조사한다.	중금속·농약 등의 초기조사는 표층과 표층~50cm의 토양시료를 채취하여 분석한다. 분석의 결과 기준치를 초과하여 유해물질이 검출되면 토양오염의 존재를 확정한다. 중금속·농약 등의 보링조사의 심도는 5m이며, 용출량조사에서 기준을 초과할 때에는 지하수의 조사가 필요하다.

그림 4. 토양의 개황조사

2) 보링조사(상세조사)

토양가스 조사에서 정량하한치를 넘은 구획, 토양시료분석의 결과기준치를 넘은 구획에서는 보링조사에서 심도방향에의 오염 규모를 조사한다. 필요에 따라 지하수오염이나 지하수의 흐름에 대해서도 조사한다(그림 5).

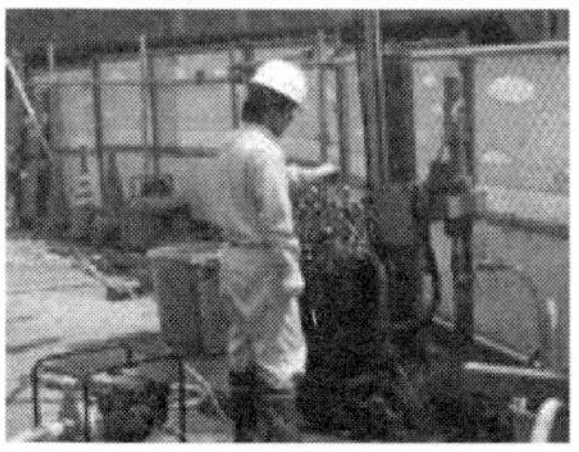		
보링조사 기계를 조작하여 보링조사를 행한다.	**지하수조사** 지하수위가 얕아 토양가스 조사가 곤란한 경우나, 토양용출량이 기준치를 넘어 검출했을 때에는 지하수의 조사를 행한다.	**광유류의 조사** 광유류에 의한 오염은 다른 오염물질과 달리 물구덩이에 유막이 보인다든지 기름냄새의 불쾌감이 있으므로 문제는 심각하다.

그림 5. 토양의 보링조사

3) 분석작업과 조사결과의 해석

채취한 토양이나 토양가스 시료를 분석하여 토양오염의 유무를 판정한다. 또한 토양오염이 어떻게 존재하고 있는가, 어떻게 하면 최적 정화가 가능한 가를 검토한다.

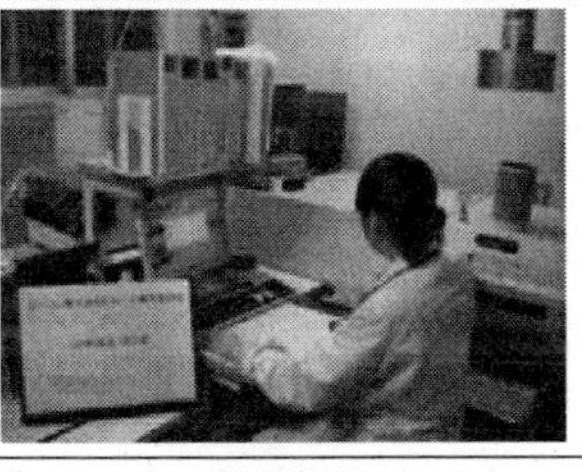	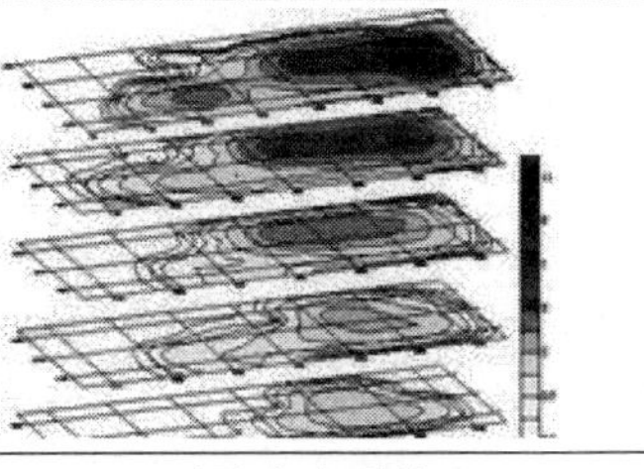
분석작업 채취한 토양시료, 토양가스시료, 지하수시료를 분석한다. 현지에서의 토양가스 시료분석은 시료채취에서 1시간 정도에서 완료된다. 중금속등·농약 등의 용출량/함유량분석은 약 2주간 정도의 일수가 필요하다. 다이옥신류의 분석에는 3주간~1개월 정도 시간이 걸리므로 그 시간을 가미한 작업계획이 된다.	**조사결과의 해석** 토양시료의 화학적 분석결과에서 오염의 확산을 판정하고, 시질특성의 고찰을 첨가하여 오염상황을 해석한다. 확실한 조사결과가 없으면 최적 정화계획을 도출할 수 없다.

그림 6. 토양의 분석작업과 해석

출처 : http://www.celery.co.jp

3.2 토양오염대책

토양오염은 오염물질의 성상이나 지질, 오염의 깊이나 규모, 농도가 여러 가지이며, 환경에 미치는 영향도 다르다. 이러한 점에서 토양오염대책기술은 조사기술에서부터 오염처리기술까지 매우 다양하고, 각각의 오염상황에 대응한 대책을 도모할 필요가 있다.

오염대책은 「응급대책」과 「항구대책」으로 분류할 수 있다. 응급대책은 항구대책을 수립할 수 없는 경우에 행하는 대책이며, 출입금지 울타리나 지하수 음용방지의 지도, 시트 등에 의한 피복 등 오염이 확산되는 것을 방지하는 대책 등이다.

또한, 토양오염의 항구대책은 표 2와 같이 분류할 수 있다. 정화는 오염토양이나 지하수에서 오염물질을 제거하는 대책이다. 봉입은 오염물질을 함유한 오염토양을 우리가 생활하는 환경에서 격리하여 오염이 확산되는 것을 방지하는 대책이다.

표 2. 토양·지하수오염대책의 분류

조 치	분 류		내 용
정화	원위치 정화	원위치분해	오염토양·지하수에 함유된 오염물질을 지하(원위치)에서 분해하는 기술
		원위치추출	오염지하수 또는 토양중의 오염물질을 지상으로 제거하는 기술
	굴삭제거		대상지에서 오염토양을 굴삭하는 기술
봉입	원위치 봉입		현장의 토양을 이동시키지 않고 원위치에서 오염토양을 봉입하는 기술
	굴삭제거 후 봉입		토양을 일단 굴삭하여 다시 오염토양을 봉입하는 기술

항구대책의 실시상황을 보면 중금속 등은 굴삭제거의 사례가 대부분을 차지하고 있다. 이것은 중금속류는 토양에 흡착하기 용이하고, 원위치에서의 정화가 어려운 점 등에 의한 것으로 검토된다. 휘발성유기화합물에서는 원위치정화가 많이 채용되고 있다.

오염물질이나 오염농도, 대상이 되는 현장상황에 따라 공법은 여러 가지이다. 여기서는 실적이 많은 2예를 소개한다.

1) 굴삭제거공법

중금속 등·농약 등에 의한 토양오염대책 공사에서는 오염토양을 굴삭제거하여 장외의 처분장에 반출하고, 건전흙으로 되메움 공법이 확실히 공기단축을 도모할 수 있으므로 많은 현장에서 채용되고 있다(그림 7).

굴삭공사 오염토양을 유압shovel로 굴삭하여 장외에 반출한다. 시멘트 재료로서 처분하는 등 전문 처분상에서 안전하게 처분하고, 처분의 최종확인은 「반출오염토양관리표(manifest)」로 확인한다.	**시공관리** 대책범위와 깊이에 따른 시공관리를 행한다. 또한 오염토양의 반출이나 굴삭시에 주변에 비산되지 않도록 세심한 오염확산방지처리를 행한다. 어느 심도 이상이 되면 지하수 대책이나 주변의 붕괴방지비용이 커지는 단점이 있다.	**건전토 되메움** 사전에 건전성을 확인한 안전한 흙으로 되메움을 한다. 이 공법의 장점은 확실히 토양오염 리스크가 해소되어 공기가 단축된다. 건전토의 운반거리에 따라 덤프트럭의 왕복횟수가 결정되고, 코스트가 증감한다.

그림 7. 토양의 굴삭제거공법

2) 현지정화공법

굴삭공사 대부분의 휘발성유기화합물은 물보다 무겁고 침투하기 용이한 성질이므로 지하 깊이가지 오염이 확대되어 있는 경우가 있다. 유압shovel로 지상에서 굴삭할 수 없는 경우에는 지층이나 지하수의 상황에 따른 굴삭공법을 검토한다.	**현지정화** 생석회와 오염토양을 섞어 화학반응에 의한 발열을 이용하여 오염물질을 휘발회수하고 있는 모습이다. 이 외에도 부압환경하에서 휘발을 촉진한다든지, 세립화하여 폭기효과를 높인다든시, 많은 현지정화공법이 있다.	**되메움** 현지정화처리 후에는 법에 정한 분서을 시행하여 기준치를 하회하고 있는가를 확인한다. 안전성을 확인한 후에 되메움하여 시공이 완료된다.

그림 8. 토양의 현지정화공법

출처 : http://www.celery.co.jp

휘발성유기화합물에 의한 토양오염대책공사는 오염물질의 휘발성을 이용하여 현지에서 유해물질을 토양에서 휘발회수하여 토양정화하는 공법이 경제적이다. 대규모 굴삭공사를 할 수 없는 가동 중의 공장 등에서는 미생물을 지중에 주입하여 유해물질을 분해하는 방법도 유효하다(그림 8).

3.3 지하수 조사

휘발성유기화합물의 보링조사에서, 보링구멍에서 지하수를 채취할 수 있을 때에는 지하수조사를 한다. 중금속 등·농약 등으로 용출량기준을 초과했을 때의 보링조사에서, 보링구멍에서 지하수를 채취할 수 있을 때에는 지하수조사를 한다.

지하수의 채취 보링의 조사의 보링구멍 또는 관측우물에 채수기를 삽입하여 지하수를 채취한다. 지하수의 채취에서는 채수기를 세척하여 주변에의 지하수의 비산 등에 배려한다.	**지하수 보존에의 배려** 휘발성유기화합물이나 광유류에 의한 지하수오염의 경우 지하수시료는 유리병에 기포가 남지 않도록 밀폐한다. 채취한 지하수시료는 냉암보존하여 분석공정으로 이행한다.
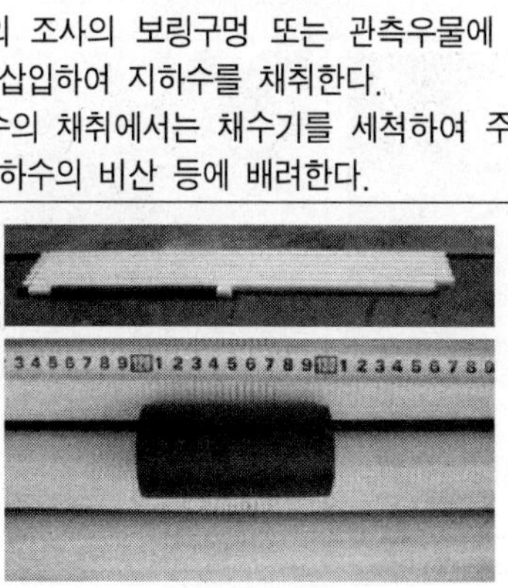	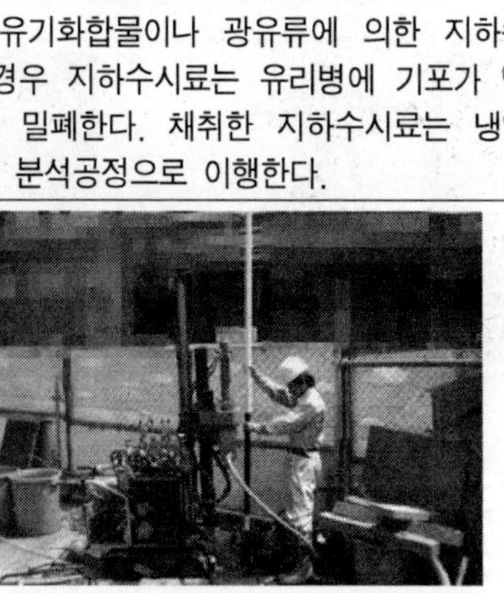
지하수관 관측우물의 지하수관은 0.5mm slit의 지하수관을 사용한다. 통상 지하수관은 직경 20~60mm의 수지소재의 제품을 사용하지만, 휘발성유기화합물의 오염농도가 매우 높을 때 등에는 스테인리스제의 관재를 사용한다.	**지하수관의 삽입** 관측우물을 착정하는 상황.

지하수위의 측정	**양수시험**
부저식의 수위계를 사용하여 지하수위를 측정한다. 수평측량에 의한 기준높이를 바탕으로 복수의 관측우물의 지하수위를 비교하여 지하수의 흐름방향을 정확히 판정할 수 있다.	컴프레서를 사용한 airlift법에 의한 양수시험의 상황이다. 지하수대책에서 양수량의 정보는 매우 중요하며, 플랜트의 시방도 양수량과 오염물질의 농도에서 결정한다.

그림 9. 지하수의 조사

출처 : http://www.celery.co.jp

지하수는 반드시 조사하여야 하는 것은 아니고, 소정의 보링 심도 내에 지하수가 없을 때에는 지하수조사를 생략할 수도 있다(그림 9).

4. 오염 확산의 방지 기술

토양오염의 확산을 방지하는 기술에는 액상의 시멘트나 물유리(water glass) 등의 고화제를 이용하여 토양을 단단하게 하고, 안정화하는 기술, 약제를 이용하여 토양을 용해하기 어렵게 하여 안정화시키는 기술, 오염토양을 가열하여 고형화하는 기술이 있다(표 3).

표 3. 토양오염의 확산방지기술

대 책	기술 예	대책물질		개 요
		VOC	중금속	
확산방지	고화	○	○	액상의 시멘트나 물유리에 의해 고화한다.
	불용화		○	유신제1철 등의 약제를 사용하여 불용화한다
	용융고화	○	○	고압전류를 통전하여 토양을 고형화한다.
	봉입	○	○	차단공, 차수공에 의해 봉입한다.

이들은 오염물질을 제거하는 기술은 아니기 때문에 적용 후에도 모니터링이 필요하다. 모니터링으로 토양오염우려기준을 초과하여 토양오염이 나타난 경우에는 차단공, 차수공 등의 봉입 대책이 이루어진다(그림 10).

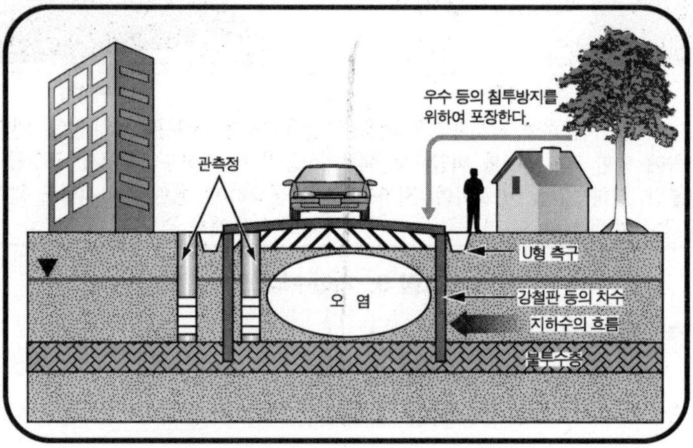

그림 10. 원위치에서의 제한 조치

5. 오염물질의 분해·제거 기술

오염물질을 분해·제거하는 기술에는 「굴삭제거」와 「원위치정화」로 대별할 수 있다.

오염된 토양은 고화, 불용화되는 외, 세척, 화학적 처리, 자외선 조사, 열분해, 생물처리 등이 이루어진다.

굴삭제거 후의 처리는 원래대로 메운다든지, 관리형 최종처분장에서 재처리되는데, 후자의 쪽이 많은 것이 현상이다. 최종처분장의 확보가 어려워지고, 저코스트에서 오염현장에서의 토양처리가 가능한 기술이 요구되고 있다.

굴삭하지 않고 오염물질을 제거·분해하는 「원위치정화」기술에는 분해기술과 추출(제거)기술이 있다. 표 4는 현재 실제 채용되고 있고, 실용화되고 있는 기술예를 정리한 것이다.

표 4. 원위치정화의 기술 예

대책	기술 예	대책물질		개 요
		VOC	중금속	
분해	산화분해	○		지하수계에 산화제를 직접 주입하여 VOC를 분해한다.
	철분법	○		오염된 토양이나 지하수에 철분을 혼합하여 VOC를 분해한다.
	생물적 환경 정화 (Bioremediation)	○		미생물이 지닌 유해물질의 분해 능력을 이용하여 정화한다.
	반응성 배리어법	○		오염지하수의 하류역에 철분을 함유하는 투과벽(Barrier)을 설치하여 분해한다.
추출 (제거)	토양가스 흡인	○	○	지표면과 지하수면 사이(불포화대)에 존재하는 오염물질을 진공펌프 등으로 흡인하여 제거한다.
	지하수 양수	○	○	오염지하수를 양수하여 오염물질을 분리하고, 활성탄 등으로 흡착시켜 정화한다.
	공기분사 (Air Sparging)	○		토양 중이나 지하수 중에 공기를 주입하여 VOC의 기화를 재촉하여 정화를 촉진한다.
	전기영동 (Electrophoresis)		○	중금속류를 지중에 장착한 전극에서 전류를 흘러 제거한다.
	고압세척 양수폭기처리	○	○	흙의 입자에 흡착한 오염물질을 고압수와 공기로 세척, 폭기하여 정화한다.
	식물정화법 (Phytoremediation)	○	○	오염물질을 축적·분해하는 식물의 능력을 이용하여 정화한다.

5-5 건설폐기물의 처리와 재활용

건설폐기물 중 건설폐재는 분리, 선별, 파쇄 등의 중간처리과정에 따라 대부분 재활용이 가능하다. 그러나 건설폐기물에서 얻어진 재생골재의 재활용은 현재까지 저조한 실정이다. 재생골재는 콘크리트 제품 제조용, 도로포장용 아스팔트 등으로 충분히 활용이 가능함에도 불구하고, 대부분 단순 처분에 그쳐 성토용 또는 복토용이나 매립용으로 사용되고 있는 실정이다. 또한 일부 도로공사 등에서는 도로 보조기층재 등으로 사용하고 있으며, 도시가스관 및 주차장 노면 조성용 등으로 일부 사용되고 있을 뿐 실질적인 재활용은 매우 낮은 형편이다.

이와 같이 재생골재의 사용이 저조한 원인은 여러 가지 이유가 있겠으나, 첫째, 제도의 부재를 들 수 있으며, 둘째, 건설공사 발주자의 인식부족이며, 셋째, 재생골재 생산시설의 취약 등이라고 할 수 있다.

일반적으로 건설폐기물의 재활용리사이클링은 건설현장의 분리배출 및 보관, 수집운반, 중간처분, 재생골재 사용과정 등 4단계로 구분할 수 있다. 건설폐기물은 다른 폐기물과 달리 건설현장의 분리배출 여부에 따라 재활용이 크게 달라진다.

1. 폐기물의 분류

(1) 생활 · 사업장 · 지정폐기물

종전에는 유해성을 기준으로 일반폐기물과 특정폐기물로 분류하였으나 현재는 발생원별 관리형태로 크게 생활과 사업장으로 구분하고, 사업장폐기물은 발생 특성 및 성상에 따라 다시 사업장일반, 건설, 지정(의료폐기물 포함)으로 세분하고 있다(그림 1).

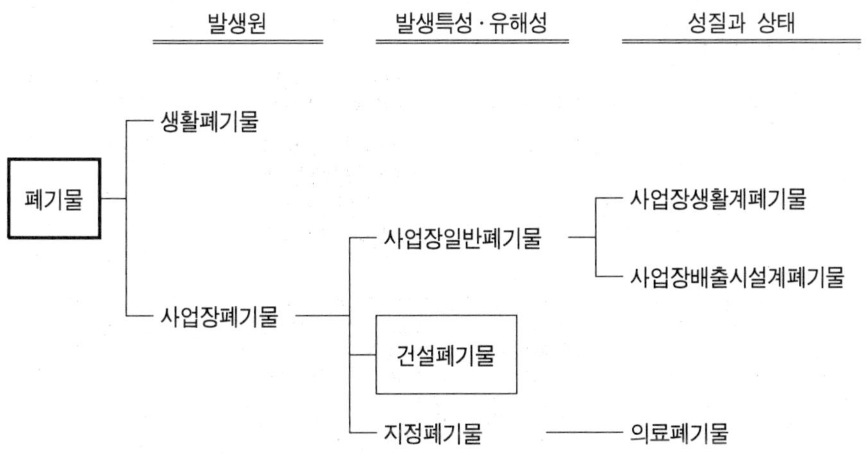

그림 1. 폐기물의 분류체계

「폐기물관리법」에 의하면, "폐기물"이란 쓰레기, 연소재(燃燒滓), 오니(汚泥), 폐유(廢油), 폐산(廢酸), 폐알칼리 및 동물의 사체(死體) 등으로서 사람의 생활이나 사업활동에 필요하지 아니하게 된 물질을 말한다. "생활폐기물"이란 사업장폐기물 외의 폐기물을 말한다. "사업장폐기물"이란「대기환경보전법」,「수질 및 수생태계 보전에 관한 법률」 또는「소음·진동관리법」에 따라 배출시설을 설치·운영하는 사업장이나 그 밖에 대통령령으로 정하는 사업장에서 발생하는 폐기물을 말한다. "지정폐기물"이란 사업장폐기물 중 폐유·폐산 등 주변 환경을 오염시킬 수 있거나 의료폐기물(醫療廢棄物) 등 인체에 위해(危害)를 줄 수 있는 해로운 물질로서 대통령령으로 정하는 폐기물을 말한다. "의료폐기물"이란 보건·의료기관, 동물병원, 시험·검사기관 등에서 배출되는 폐기물 중 인체에 감염 등 위해를 줄 우려가 있는 폐기물과 인체 조직 등 적출물(摘出物), 실험 동물의 사체 등 보건·환경보호상 특별한 관리가 필요하다고 인정되는 폐기물로서 대통령령으로 정하는 폐기물을 말한다.

폐기물 관리법의 체계는 그림 2와 같다.

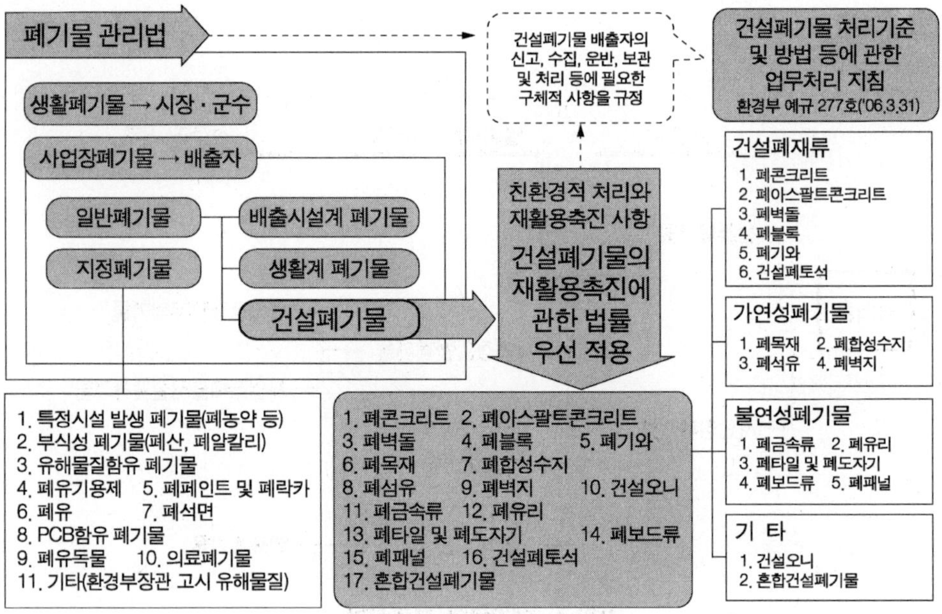

그림 2. 폐기물 관리법의 체계

(2) 건설폐기물

건설공사로 인하여 공사를 착공하는 때부터 완료하는 때까지 건설현장에서 발생되는 5톤 이상의 폐기물은 건설폐기물로 처리한다. 건설공사가 아닌 공사는 전기공사, 정보통신공사, 소방설비공사, 문화재 수리공사 등이다.

건설폐기물은 발생원에 따라 매우 다양하며, 그 종류도 분류방법에 따라 다양하다. 건설현장에서 발생하는 건설부산물은 건설폐재, 잔토, 준설토, 폐목재 등이며, 이중 건설폐재는 주로 폐콘크리트와 폐아스팔트 등으로 구성되어 있다.

「건설폐기물의 재활용촉진에 관한 법률」 제2조제1호의 규정에 의한 건설폐기물은 다음과 같다.

① 폐콘크리트

② 폐아스팔트콘크리트

③ 폐벽돌

④ 폐블록

⑤ 폐기와

⑥ 폐목재(나무의 뿌리, 가지 등 임목폐기물이 5톤 이상인 경우는 제외한다)

⑦ 폐합성수지

⑧ 폐섬유

⑨ 폐벽지

⑩ 건설오니(굴착공사·지하구조물공사 등을 하는 경우 연약지반을 안정화시키는 과정 등에서 발생하거나 건설폐재류를 중간처리하는 과정에서 발생하는 무기성오니를 말한다)

⑪ 폐금속류

⑫ 폐유리

⑬ 폐타일 및 폐도자기

⑭ 폐보드류

⑮ 폐패널

⑯ 건설폐토서(건설공사에 발생되거나 건설폐기물을 중간처리하는 과정에서 발생된 흙·모래·자갈 등으로서 자연상태의 것을 제외한 것을 말한다)

⑰ 혼합건설폐기물(제1호부터 제15호까지의 건설폐기물 중 둘 이상의 건설폐기물이 혼합된 것을 말한다)

⑱ 건설공사로 인하여 발생되는 그 밖의 폐기물(생활폐기물과 지정폐기물은 제외한다)

이를 건설공사의 종류에 따라 살펴보면, 폐콘크리트는 콘크리트구조물의 해체과정에서 발생하고, 폐아스팔트 콘크리트는 도로의 개·보수, 재개발사업 등에서 발생한다. 건설잔토는 도로, 지하철, 댐, 준설매립 등에서 발생하고, 폐목재는 목조구조물 해체과정에서 발생하게 된다(표 1).

건설폐기물은 토목공사에서 발생하는 토사, 암블록, 폐콘크리트 등이고, 건축자재로는 강재형틀, 철파이프 등의 금속류 등이 있나. 또한 해체를 수반하는 건축공사시에 배출되는 부산물의 종류로 공정별 종류의 차이가 시간적인 불균일성을 유발하는 구체적인 예는 표 2와 같다.

표 1. 건설공종에 따른 건설폐기물의 종류

종류 / 공사종류	오니	건설폐재	금속조각	폐목재	폐플라스틱	잔토	준설토	비 고
포장공사	-	◎	-	-	-	△	-	도로보수시 포장폐재 다량 발생
교량공사	○	-	△	△	-	○	-	항타공사시 폐이수 발생
도로·지하철공사	△	-	△	△	-	◎	-	실드공법시 폐이수 발생
댐·제방공사	-	△	-	△	-	◎	-	
준설공사	-	-	-	△	-	○	◎	
매립공사	-	-	-	△	-		△	
토공사(굴삭, 절토, 성토)	-	△	△	△	-	◎	-	
목조신축	-	△	-	△	-		-	
건물신축(목조외)	○	△	△	△	△	◎	-	항타공법 등에 따라 폐이수 배출
목조해체	-	○	△	◎	△	△	-	
건물해체(목조외)	-	◎	△	○	△	△	-	

[주] ◎ : 대량 배출, ○ : 보통량 배출, △ : 소량 배출, - : 극소량
출처 : 厚生省環境衛生局水道環境部産業廢棄物對策室, 建設廢棄物의 手引き, 1962.

표 2. 해체를 수반하는 건축공사에서의 공정별 부산물 배출특성

해체공사	기초공사	골격공사	마무리공사	설비공사	옥외공사
콘크리트 철근·철골 목재 석타일·블록 아스팔트 목재 합판 플라스틱 창틀, 문틀 장식재 설비기기	폐수 벤토나이트오니 굴착토사 콘크리트파편 콘크리트말뚝파편 토류 강재	콘크리트절삭조각 비닐시트 모르타르시트 블록조각 철근조각	콜타르, 피치 타일조각 슬레이트조각 포장조각 코킹재조각 기와조각 돌조각 플라스틱보드조각 융단조각	테이프조각 파이프조각 도자기조각 덕트조각	아스콘조각 콘크리트조각 콘크리트2차제품조각

출처 : 한국자원재생공사, 건설폐기물 재활용 가이드라인 설정 및 재활용 촉진 방안, 1995.10.

2. 폐기물처리시설의 종류

발생된 폐기물은 환경적으로 적정 처리하여 그 오염이 최소화되어야 하며, 그러기 위하여 「폐기물관리법」에서는 폐기물을 폐기물처리시설에서 처리하도록 규정하고 있다. 이와 같은 폐기물처리시설은 처리방법에 따라 크게 폐기물의 이화학적 변화를 초래하여 최종처리의 효율성을 도모하거나 재활용할 수 있도록 하는 중간처리시설과 최종처리시설로 크게 대분된다(표 3).

그러나 압축시설, 파쇄·분쇄시설, 절단시설, 용융시설에 대하여는 「대기환경보전법」이나 「소음·진동규제법」의 배출시설에 해당하는 규모로 폐기물처리시설에 포함되는 경우를 한정하여 규정하고, 시간당 폐기물 소각능력 25kg 미만인 소형 소각시설은 「폐기물관리법」에서 설치를 금지하고 있다(시행규칙 제36조).

표 3. 폐기물처리시설의 종류

구 분	세분류	세부시설명
중간처리 시설	소각시설	일반소각시설, 고온소각시설, 열분해시설, 고온용융시설, 열처리조합시설, 시멘트 소성로 및 용광로(검사기관으로부터 인정받은 경우)
	기계적처리시설	압축시설, 파쇄·분쇄시설, 절단시설, 용융시설, 연료화시설, 증발·농축시설, 정제시설, 유수분리시설, 탈수·건조시설, 멸균·분쇄시설
	화학적처리시설	고형화·안정화시설, 반응시설, 응집·침전시설
	생물학적처리시설	사료화·퇴비화·소멸화 시설, 호기성·혐기성 분해시설
	기타 환경부장관이 고시하는 시설	
최종처리 시설	매립시설	차단형 매립시설, 관리형 매립시설
	기타 환경부장관이 고시하는 시설	

(1) 중간처리시설

1) 소각시설

① 일반 소각시설

② 고온 소각시설

③ 열 분해시설(가스화시설을 포함한다)

④ 고온 용융시설

⑤ 열처리 조합시설(①~④ 중 둘 이상의 시설이 조합된 시설을 말한다)

⑥ 시멘트 소성로 및 용광로(폐기물을 처리하기 위한 투입설비 등을 갖춘 시설로서 법 제30조에 따른 검사기관으로부터 해당 폐기물처리시설과 동등하거나 그 이상의 성능이 있다고 인정을 받은 경우로 한정한다)

2) 기계적 처리시설

① 압축시설(동력 10마력 이상인 시설로 한정한다)

② 파쇄·분쇄 시설(동력 20마력 이상인 시설로 한정한다)

③ 절단시설(동력 10마력 이상인 시설로 한정한다)

④ 용융시설(동력 10마력 이상인 시설로 한정한다)

⑤ 연료화시설

⑥ 증발·농축 시설

⑦ 정제시설(분리·증류·추출·여과 등의 처리시설을 이용하여 폐기물을 처리하는 단위시설을 포함한다)

⑧ 유수 분리시설

⑨ 탈수·건조 시설

⑩ 멸균·분쇄 시설

3) 화학적 처리시설

① 고형화·안정화 시설

② 반응시설(중화·산화·환원·중합·축합·치환 등의 화학반응을 이용하여 폐기물을 처리하는 단위시설을 포함한다)

③ 응집·침전 시설

4) 생물학적 처리시설

① 사료화·퇴비화·소멸화 시설(1일 처리능력 100킬로그램 이상인 시설로 한정하며, 건조에 의한 사료화·퇴비화 시설을 포함한다)

② 호기성·혐기성 분해시설

5) 그 밖에 환경부장관이 폐기물을 안전하게 중간 처리할 수 있다고 인정하여 고시하는 시설

(2) 최종 처리시설

1) 매립시설

① 차단형 매립시설

② 관리형 매립시설(침출수 처리시설, 가스 소각·발전·연료화 처리시설 등 부대시설을 포함한다)

2) 그 밖에 환경부장관이 폐기물을 안전하게 최종 처리할 수 있다고 인정하여 고시하는 시설

3. 건설폐기물 재활용정책 추진체계

건설폐기물의 적정처리 및 재활용과 관련된 업무는 환경부와 국토해양부가 각각 역할을 분담하여 추진 중에 있으며, 환경부는 폐기물관리 및 재활용기본계획 수립 등 건설폐기물의 적정처리 도모와 재활용의 촉진을 위한 전반적인 정책을 수립·집행하고, 국토해양부는 건설현장에서의 환경관리, 건설공사에서 발생된 건설폐기물을 적정처리한 후 생산된 순환골재의 수요처 기반 마련 및 건설분야 전반의 정책수립을 관장하고 있다(표 4).

표 4. 건설폐기물 재활용 관련 제도

관계기관	법률 및 지침	주요내용
국무총리실	공공기관의 폐기물 재활용촉진을 위한 지침	폐기물의 재활용을 촉진하기 위한 공공기관의 의무를 규정
환경부	폐기물관리법	폐기물의 처리방법, 재활용 자재의 품질기준 등 규정
	자원의 절약과 재활용 촉진에 관한 법률	시정부산물(도사, 폐콘크리트, 폐아스콘 등)을 규정하고, 건설업체에 대하여 지정부산물에 대한 재활용 계획 수립과 재활용 의무를 부여

관계기관	법률 및 지침	주요내용
환경부 · 국토해양부	건설폐기물의 재활용 촉진에 관한 법률	건설폐기물의 적정 처리 및 순환골재의 사용 활성화 기반 조성을 위한 근거 마련
	순환골재 의무사용 건설공사의 순환골재 의무사용량 제정고시	순환골재 의무사용 건설공사의 용도별 의무사용량을 규정
국토해양부	건축법	건축폐자재의 사용 비율에 따라 용적률 등 건축기준의 완화를 규정
	건축폐자재의 활용기준	건축물에 건축폐자재 사용 비율 및 기준완화에 대한 세부 규정
	건설표준품셈	건설폐기물 발생원단위를 규정
	건설기술관리법	발주자 및 건설업체의 재활용 의무, 폐기물처리비 산정 기준을 규정
	건설폐기물의 재활용요령	건설폐기물의 처리 및 재활용 의무, 폐기물처리비 산정 기준을 규정
	순환골재 품질기준	순환골재 재활용과 건설공사의 안전과 품질확보를 고려한 용도별 품질기준 규정
	순환골재 품질인증 및 관리에 관한 규칙	순환골재 품질인증의 기준, 관리방법, 절차에 관하여 필요한 사항을 규정

4. 건설폐기물의 처리체계

일반적으로 자원에서 제품을 제조하기까지의 과정은 자원을 개발하여 원료로 하고, 원료에서 소재를 제조한 후 제품으로 가공한다. 이 자원에서 제품으로의 제조과정을 그림 3에 나타낸다. 이 과정 중에서 건설폐기물은 대별하여 ① 자원을 개발하여 원료로서 거기에서 소재를 제조하여 제품으로 만들기까지의 과정에서 발생하는 것(공장에서의 폐재), ② 제품을 건축공사 현장에 운반하여 현장에서 가공하여 실제로 가공하는 과정에서 발생하는 것(현장에서의 폐재), ③ 건축물을 개수 또는 철거할 목적으로 해체하여 처리하는 과정에서 발생하는 것(해체에서의 폐재) 등이 있다. 또한 이 중에서 발생하는 건설폐기물에서 제품의 상태로 아직 사용되지 않은 것과 사용이 끝난 것이 있어 재활용할 때에 큰 열쇠가 된다. "재활용"이란 건설폐기물을 처리하는 과정에서 생산된 순환골재 또는 순환골재 재활용 제품 등을 당해 건설공사에 직접 사용하거나 다른 건설공사 또는 다른 용도로 다시 사용하는 것을 말한다.

이 점에서 건설폐기물은 자원, 원료, 소재, 제품 등 여러 가지의 상태에서 발생하고, 이들을 재활용하기 위하여 여러 가지 기술개발이 추진되고 있다. 그리고 이들의 건설폐기물을 재생한 경우에도 아직 자원, 원료, 소재, 제품 등의 무엇인가의 형태로 재활용되는 것이 사회적으로도 원해지고 있다. 따라서 대부분의 재활용기술은 자원, 원료, 소재, 제품 등 여러 가지 상태에서 건설자재로서 재활용하기 위한 기술이지만, 이 외에도 건설자재가 아닌 것으로 재생되어 유효하게 이용되는 기술도 있는 것을 고려하여야 한다. 또한 산업폐기물이나 일반폐기물에 대해서도 사용량이 많은 건설자재로 재활용하기 위한 기술이 개발된다면 보다 한층 효과적이다.

자원 → 개발 → 원료 → 제조 → 소재 → 가공 → 제품

그림 3. 자원에서 제품에의 제조과정

환경부 자료에 의하면, 건설폐기물은 신도시건설·재개발사업 등으로 급격히 증가하여 2006년 현재 건설폐기물 1일 발생량은 168,985톤/일이고, 건설폐기물 매립량은 3,935톤/일(가연성 10톤/일, 혼합 폐재류 등 3,925톤/일)으로 나타났다. 따라서 건설폐기물의 연간 발생량은 61,679,525톤 규모로 추정된다.

건설폐기물은 소각가능한 폐기물과 소각이 불가능한 폐기물에 따라 분류한다(표 5).

표 5. 건설폐기물의 종류별 분류체계

분 류	종 류	
가연성	폐목재(5톤 이상의 임목폐기물 제외), 폐합성수지, 폐섬유, 폐벽지	
불연성	건설폐재류	폐콘크리트, 폐아스팔트콘크리트, 폐벽돌, 폐블록, 폐기와, 건설폐토석
	건설오니, 폐금속류, 폐유리, 폐타일 및 폐도자기	
가연성·불연성 혼합	폐보드류, 폐패널, 혼합건설폐기물	
기 타	건설공사에서 발생하는 그 밖의 폐기물(생활폐기물과 지정폐기물은 제외한다)	

건설폐기물은 첫째, 중간처리업체로 반출되어 선별 재활용되거나 둘째, 공사현

장에서 자체재활용되거나 셋째, 수집·운반업체를 통하여 매립장 등 최종처분장으로 직접 반출 처리되는 것이 일반적이다(표 6).

표 6. 건축공사 공종별 폐기물 및 부산물의 발생 및 처리방법

공 종	발생폐기물	분 류	처리실태	비 고
토 공 사	토사	토사	재활용	
	암석	골재	재활용	
	흙막이 재료(토류판)	폐목재류	소각	
	H-형강, 강재	금속류	재활용	
	콘크리트 2차 제품 폐재	건설폐재류	처리업자	
	이수, 벤토나이트수	오니류	처리업자	지정폐기물
형틀목공사	각재, 합판	폐목재류	소각	
	강재 형틀	금속류	재활용	
	각종 동바리	금속류	재활용	
철근공사	철근 잔재	금속류	재활용	
콘크리트 공사	폐콘크리트	건설폐재류	처리업자	
비계공사	철파이프	금속류	재활용	
	안전망, 분진망	폐합성수지	처리업자	
조적, 방수, 미장, 타일, 바닥공사	모르터	건설폐재류	처리업자	
	공포	폐종이류	소각	
	벽돌류	건설폐재류	처리업자	
	타르, 피치, 고무시트	폐유	처리업자	지정폐기물
	깡통(제품통)	금속류	재활용	
	메탈라스, 메쉬류	금속류	재활용	
	타일파편	건설폐재류	처리업자	
	보양재(종이)	폐종이류	소각	
	보양재(비닐계)	폐합성수지	소각, 처리업자	
	보양재(보온덮개)	폐천연섬유류	처리업자	
	이수(인조석, 테라죠)	오니류	처리업자	
	돌잔재	건설폐재류	처리업자	지정폐기물
내장목공사	석고보드, 각종 보드류	건설폐재류	처리업자	
	각재, 목재몰딩	폐목재류	소각	
	플라스틱몰딩, 걸레받이	폐합성수지	소각, 처리업자	
	각종 스틸바	금속류	재활용	
단열공사	스치로폴	폐합성수지	처리업자	
	석면, 암면	폐석면	처리업자	지정폐기물
목창호공사	각재, 목재, 보양재	폐목재	소각	

공 종	발생폐기물	분 류	처리실태	비 고
플라스틱 창호공사	파손창호	폐합성수지	처리업자	
	보양재(비닐계)	폐합성수지	처리업자	
철재창호공사 잡철물공사	각종철재 및 비철류	금속류	재활용	
	보양재(비닐계)	폐합성수지	처리업자	
코킹공사	코킹재 조각, 코킹통	폐합성수지	처리업자	
	시공테이프	폐종이류 폐합성수지	처리업자	
유리공사	유리파편	폐유리류	처리업자	
	각종 실링	폐합성수지	처리업자	
페인트공사	각종 보양재	폐종이류	소각	
	폐락카	폐락카류	처리업자	지정폐기물
	폐페인트	폐페인트	처리업자	지정폐기물
	폐인트통	금속류	재활용	
가구공사	보양재(종이류), 포장재	폐종이류	소각, 처리업자	
	각재잔재	폐목재류	소각	
도배공사	종이류	폐종이류	소각, 처리업자	
	각종 바닥재	폐합성수지	처리업자	
설비공사	철제파이프류	금속류	재활용	
	P.V.C. 파이프류	폐합성수지	처리업자	
	F.R.P., 고무류, 테이프조각	폐합성수지	처리업자	
	도기파편	건설폐재류	처리업자	
	덕트잔재	금속류	재활용	
전기공사	전선류	금속류	재활용	
	P.V.C. 파이프류	폐합성수지	처리업자	
포장공사	폐아스팔트	건설폐재류	처리업자	
	폐콘크리트	건설폐재류	처리업자	
	콘크리트 2차제품 파편	건설폐재류	처리업자	

대도시의 경우에는 관할권역 내 수집·운반업체가 건설현장으로부터 폐기물을 인수받아 자체 집하장에서 성상별로 1차 신별한 후, 재생가능한 폐기물은 중간처리업체에 위탁 처리하고, 잡쓰레기는 매립지로 운반 처리하는 형태가 많다.

중간처리업체에서는 건설폐기물을 파쇄·선별한 후, 철근이나 재생골재 등 유가물(有價物)은 회수하여 판매하고, 잔재물은 소각 또는 매립 처리하고 있다.

건설폐기물의 처리방식으로는 매립(Landfill), 소각(Incinerate), 재활용(Recycle) 등이 있다.

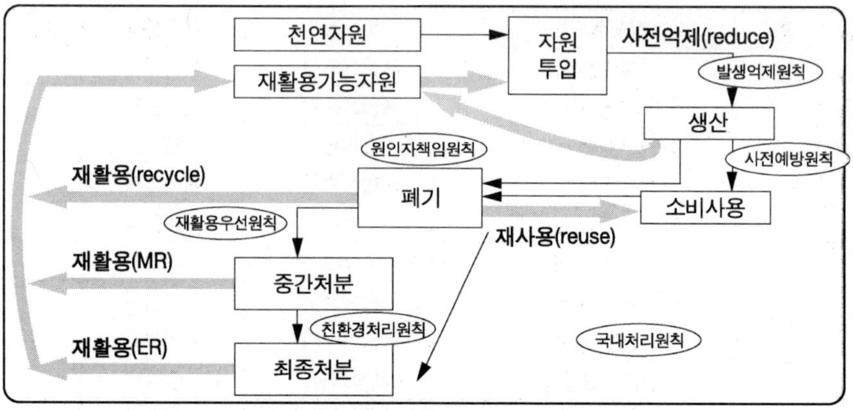

그림 4. 건설폐기물의 처리 흐름도

5. 건설폐기물의 수집 · 운반 · 보관

(1) 수집 · 운반

배출사업자는 건설폐기물의 배출시 반드시 입회하고, 전표(manifest)를 운전자에게 넘겨준다. 전표에는 폐기물의 종류 · 성상 · 구량 등 필요한 사항을 정확히 기재한다.

분리된 폐기물은 서로 혼합되지 않도록 각각 별도의 차량으로 운반한다. 단, 부득이 처분방법이 다른 복수의 폐기물은 같은 차량에 적재하는 경우에는 중간에 칸막이를 설치하는 등의 조치를 취한다. 또한 처분방법이 다른 폐기물을 각각 다른 컨테이너에 넣어 운반하는 방법도 있다. 그리고 처분방법 및 처분처가 같은 경우를 제외하고는 다른 현장의 폐기물이 혼재되지 않도록 한다.

건설폐기물의 운반에 있어서는 폐기물관리법에 정한 운반기준에 따라 폐기물이 비산 또는 유출하거나 악취가 새어나오지 않도록 해야 한다. 이를 위하여는 짐이 넘치지 않도록 적재상황을 확인하고, 운전 중에 비산 우려가 없도록 짐받이를 시트 등으로 덮는다.

(2) 적치 · 보관

적치 · 보관은 수집 · 운반의 한 가지 형태로 현장에서 폐기물을 수집하여 중간처리시설 또는 최종처분장까지 운반하는 사이에 일시적으로 폐기물을 보관하고 적치하는 행위를 말한다. 즉 최종처분장의 원거리화에 따라 수송효율을 높이는 것이다.

그런데 적치·보관시설을 경유하는 폐기물은 배출사업자가 불명확하게 되기 쉽다. 또 운반에 관계하는 사람이 다수가 되기 때문에 처리책임의 소재가 불명확하게 되기 쉽다. 그러므로 배출사업자와 적치·보관시설의 관리자는 이 점에 특히 유의해야 한다. 또한 적치·보관은 처분행위와는 다르기 때문에 간단한 선별에 의해 종이조각·철조각 등을 폐기물로부터 선별하는 행위는 가능하나, 파쇄·소각·압축 등의 행위를 해서는 안 된다.

6. 건설폐기물의 중간처리

(1) 건설오니의 중간처리

굴착공사에서 발생하는 건설오니의 성상은 굴착하는 지반의 토질조건과 굴착공법에 따라 다르다. 따라서 사전 토질조사에 근거하여 설계·처리계획단계에서 폐기물의 취급과 처분에 대하여 충분히 검토한다.

건설오니는 매립재료 등으로 사용할 때에는 각종 시방서에 품질이 규정되어 있기 때문에 그에 적합하도록 중간처리를 행한다. 또한 택지조성용으로 사용할 때에는 重機의 운행성, 유출, 기타의 안정성 등 시공상 필요한 최저한의 성상이 요구되기 때문에 그에 적합한 중간처리를 행한다.

재생이용을 도모할 경우에는 침출액의 pH 또는 부유물질량 등에 충분히 주의하고, 생활환경보전에 지장이 생기지 않도록 한다. 오니 가운데 '泥狀의 상태로서 유동성을 보이는 것'이 아니면 폐기물관리법에서 정한 용출기준에 적합하고, 건설오니의 침출액도 하수도법에서 정하고 있는 배출기준에 적합하다고 볼 수 없다.

오니를 매립처분할 때에는 안전성을 확보하기 위하여 유동성이 없어질 때까지 중간처리를 행한다. 반출시에 유동성이 보이지 않는 것도 운반중의 요동에 의해 유동성을 갖는 경우도 있다. 따라서 배출사업자는 최종처분장에 도착하였을 때의 오니의 성상을 운전자 또는 최종처분장 관리자로부터 확인하고, 매립처분에 사용되지 않을 경우에는 중간처리를 행하는 등 필요한 조치를 강구한다.

한편, 오니의 성상은 굴착지반의 토질조건과 굴착공법에 따라 다르다. 약액주입을 행한 지반의 굴착 또는 오수사용공법 등에 의해 생기는 오니는 성상을 충분히 파악하고 적절한 중간처리를 행한다. 중간처리방법에는 수분차단, 자연건조, 강제탈수 등의 물리적 개량방법과 시멘트계 개량, 석회계 개량, 고분자계 개량 등의 화학적 계량방법이 있다.

(2) 건설폐재의 중간처리

건설폐재는 발생량이 현저히 많은 편이므로 최종처분은 가급적 행하지 않도록 하고, 재생이용에 노력해야 한다. 건설폐재의 재생이용을 위해서는 중간처리를 계획하는 것이 특히 중요하다. 건설폐재의 이용방법은 표 7, 그림 5에 나타낸다.

시멘트콘크리트파편, 아스팔트콘크리트파편 등의 건설폐재는 도로의 노반재, 충전조절재 등 동일 구역에서 대향으로 이용될 수 있어 재생이용을 촉진하는 것이 용이하다. 더욱이 파쇄재의 입도가 이용목적에 따라 조성되고 있으며, 철근·목편 등의 이물질 및 유해물질의 혼입이 없는 경우에는 공사용 자재로서 인정되는 경우가 있다.

표 7. 콘크리트 재생재의 이용방법 선택의 표준

콘크리트 재생재의 분류			지반성토		노반 포장	토목구조물		RC조 건축구조물	비 고
			지반처리	매설		철근	무근		
건설현장 1차파쇄 조골재			△	△	○	×	×	×	낮은 가격, 품질편차가 큼
재생골재	조골재	저처리	△	○	☆	△	○	○	모르터 부착 많음
		고도처리	☆	☆	☆	○	☆	○	고가
	세골재		○	○	△	△	○	△	혼입물
폐기콘크리트 미분말			○	△	×	×	×	×	알칼리성

[주] ○ : 이용 가능, △ : 조건부 이용 가능, ☆ : 이용 가능하나 비경제적, × : 이용 불가
출처 : 日本建設省, 建設事業への廢棄物利用技術の開發報告書, 1987.3.

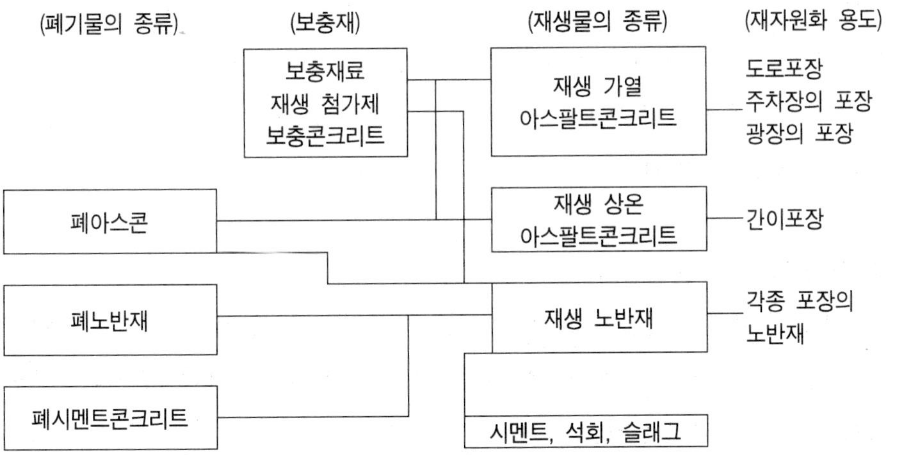

그림 5. 도로포장폐재의 재생이용 용도

(3) 건설 폐목재류의 중간처리

해체목재를 재생목재로서 기둥과 보에 이용하기 위해서는 세심한 해체와 못 등의 처리, 특히 박혀있는 못의 탐사기술과 빼내는 기술이 요구된다. 해체목재는 단면결손이 많은 재료라 할지라도 板材와 短材로 하여 집성재와 세로재로 이용할 수 있다.

해체목재의 다른 재생이용 방법으로 칩(chip)화가 있다. 칩은 제지용, 보드용, 연료용이 있는데, 그 경제적 가치는 순차적으로 저하한다. 기타 공중목욕탕 등에서 연료로 이용되는 경우가 있다. 해체재를 경제적으로 처분하기 위해서는 해체목재 종류별로 구별하여 두는 것이 필요하다(표 8).

표 8. 폐목재의 이용 가능성

용도 / 해체재의 종류	재생목재로서의 이용				칩으로서의 이용		
	건축용재		집성재	나무벽돌	제지용	목질보드용	연료용
	구조용	조작용					
대들보, 기둥, 보 등의 대형 각재	○	○	○	○	○	○	○
소형의 각재, 핀재	×	○	○	○	△	○	○
열화부를 포함한 소형의 각재, 판재	×	△	△	○	×	△	○

[주] ○ : 이용 가능, △ : 조건부 이용 가능, × : 이용 불가능

폐목재는 소각 후의 재는 지정폐기물에 해당하기 때문에 폐기물관리법에서 정

한 처리기준에 따라 처리해야 한다. 특히 이 재를 방치하여 생활환경에 지장이 생기는 일이 없도록 적절히 보관해야 한다. 소형 소각로에 의해 현장에서 폐목재류를 소각하는 경우에는 소각재를 드럼통에 보관하는 등의 조치를 취하여 비산유출에 따른 오염을 방지한다.

(4) 혼합폐기물의 중간처리

처분기준이 다른 폐기물이 혼합되어 있는 경우에는 직접 매립처분하는 것이 부적절한 경우가 많다. 혼합폐기물은 원칙적으로 선별·소각 등의 중간처리를 하여 감량화시킨 후 매립처분한다.

선별시설이란 혼합폐기물을 재생이용방법, 처분방법 또는 처분별로 분별하기 위한 중간처리시설로서 각종 파쇄기와 선별기기의 조합으로 구성되어 있다. 또한 선별시설에는 분별한 가연물을 감량화시키고 에너지 이용을 위해 소각로를 설치하는 곳이 많다. 선별시설에는 선별처리능력에 맞는 수용장비를 설치하고, 그 수용능력에 맞는 폐기물을 반입해야 한다.

선별 후의 건설폐기물의 처리는 적극적으로 소각·파쇄 등을 행하여 감량화에 노력해야 한다. 그리고 선별 후의 건설폐기물의 보관은 건설폐기물의 종류에 맞는 적절한 보관설비에서 행하여야 한다.

7. 건설폐기물의 최종처분

(1) 최종처분방법

배출사업자는 건설폐기물 처리계획에 근거하여 최종처분을 적정히 행하여야 한다. 또한 최종처분장의 관리자는 폐기물관리법에서 정한 기준에 따라 건설폐기물을 매립처분해야 한다.

폐플라스틱류는 매립지반을 안정화시키고 매립지의 이용을 용이하게 하기 위하여 중공의 상태로 해서는 안 되고, 최대 입경을 15cm 이하로 하는 것이 바람직하다. 건설폐재, 유리 및 도자기류 등도 같은 이유로 파쇄 또는 절단하는 것이 바람직하다.

오니는 함수율을 85% 이하로 하여 매립처분해야 하지만, 함수율이 85% 이하이더라도 유동성이 있는 경우에는 매립처분시의 안정성을 확보하기 위하여 유동성이 없어질 때까지 탈수해야 한다.

(2) 최종처분장

최종처분장의 설치에 있어서는 배수방류처, 반입도로, 지형·지질·지하수, 재해에 대한 안전성, 주변지역의 토지이용계획, 매립지 이용계획 등에 대하여 충분히 조사해야 한다. 또한 관계법령 중 해당사항에 대해서는 제수속을 행하여야 한다.

매립면적 30ha 이상의 최종처분장을 설치하는 경우에는 환경영향평가가 요구된다. 지방에 있어서도 조례 등에 의하여 최종처분장의 설치에 있어 환경영향평가를 의무화하고 있는 경우가 있다. 이 때에는 조례 등의 정해진 지침에 따라 환경영향평가를 실시해야 한다.

지정폐기물 처리시설을 설치한 배출사업자는 지정폐기물을 적절히 처리하기 위하여 처리책임자를 배치해야 한다. 면적이 2,000m^2 이상의 관리형 최종처분장에서도 처리시설의 유지관리에 대한 기술적인 업무를 담당하는 기술관리자를 배치하여야 한다.

8. 건설단계에서의 기술

건축현장 내에 발생한 폐기물 분리회수처리시스템의 개발목적을 대별하면 현장내에서 발생하는 폐기물의 감용화, 현장 내 폐기물의 분리회수 및 폐기물의 현장 내 재활용이 있다(그림 6).

현재의 건축현장에 반입된 건설자재는 소정의 설치 장소에 수직수평 반송되고, 대부분의 자재는 그 장소에서 어느 정도 가공되어 설치되고 있다. 이 가공에 의해 발생하는 잔재가 폐기물이다. 이 폐기물은 발생층에서 적하하여 층에 적하되고, 거기에서 품목별로 분리하여 각각 재자원화, 감용화, 폐기물의 처리 종류에 따라

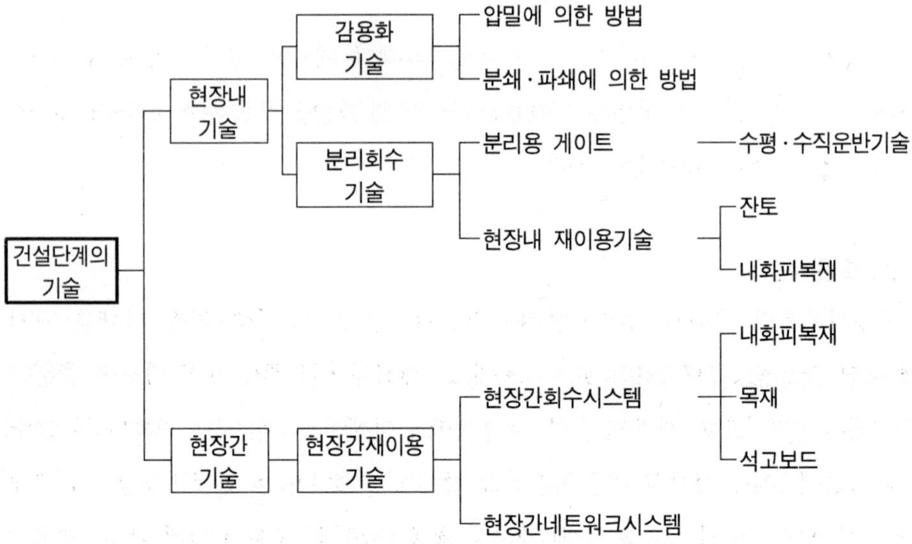

그림 6. 건설단계에서의 기술

현장에서 배출되고 있다. 건축현장에서는 자재의 반입·폐기물 발생층에서의 처리·발생층에서의 적하·적하층에서의 처리의 각 단계에서 개별로 대책이 도모되고 있는 것이다. 그런데 이들의 처리 각 단계를 전체 시스템으로 파악한 건축현장 내의 폐기물 분리회수처리시스템을 고려할 수 있다. 이 시스템의 목적은 현장 내에서 발생하는 폐기물의 발생층에서 적하층까지의 반송방법·감용방법 및 분리방법을 검토하여 어떻게 폐기물을 감용화하고, 재자원화하는가에 있다.

건설현장의 폐재처리기술에는 크게 2가지 기술이 있다. 폐재를 압밀하여 폐재의 용적을 줄이는 감용화기술과 재이용을 고려한 분리회수기술이 있다. 전자는 분리하지 않고 혼합폐재를 압밀하는 것으로 운반의 경감화를 도모한 것이다. 후자는 건설현장 내의 폐재는 현장에서 분리회수하여 제조공장에 운반하여 제조공장 내의 폐재와 마찬가지로 재이용할 수 있다.

폐재의 재이용이 성립하는 조건의 하나에 폐재의 발생량이 많은 것을 들 수 있다. 하나의 현장에서는 폐재의 발생량은 적지만, 분산되어 있는 몇 개의 현장을 네트로 연결하여 동일폐재를 회수하는 시스템 개발이 필요하다. 이와 같은 시스템은 건설회사, 건재 메이커가 일체가 되어야 한다.

앞으로 건축물의 라이프사이클을 통한 재료의 재이용성능의 평가방법의 확립이 요구된다.

부위·부재의 교환기술을 적극적으로 발전시키기 위해서는 주변환경의 정비·공급체제의 확립, 데이터베이스화의 정비가 이루어지면 기술 발전을 더욱 기대할 수 있다.

9. 해체단계에서의 기술

(1) 해체공사량의 예측

종래 해체공사량의 예측은 신축공사량과 철거공사량에서 추정되었다. 그러나 이 방법은 과거의 실적치를 바탕으로 한 회귀식에서 장래의 공사량을 추정하는 것이어서 실제와 반드시 일치한다고는 하기 어렵다. 최근에는「건물의 수명을 고려한 확률론」을 이용한 예측기법이 이용되고 있다.

앞으로 해체공사량의 추정은 환경보전·자원절약의 관점에서 이루어지고 해체에 수반하여 발생하는 폐기물의 양, 재자원화 가능한 유가물의 양이나 최종처리물로서 처리되는 양을 예측하는 것만으로 이루어지게 될 것이다.

(2) 해체공사에 수반하는 폐기물의 발생량 예측

해체에 수반하여 발생하는 폐기물의 정확한 양은 건설시의 설계도나 적산서에 의거하거나 해체에 앞서 사전의 실측조사에 의해 산출하는 것이 된다. 또한 반드시 정확한 발생량을 추정할 필요가 없는 경우에는 식 (1)에 의해 개산량을 추정할 수 있다.

$$De = Sd \times Mt \quad \cdots\cdots (1)$$

여기서, De : 해체에 수반하여 발생하는 폐기물의 개산량

Sd : 해당 구조물의 철거면적

Mt : 해당 구조물이 착공된 당시의 투입원단위량

투입원단위량은 건축물의 구조종별, 용도, 규모 등에 따라 다르지만, 「공사원가 제비율 적용기준(조달청)」에서 구할 수 있다.

마감재료에 대해서는 건물의 부위·부품으로 남는 양은 현장투입량에 비하여 작은 값이 되고 있다. 또한 공용의 동안에 개수나 리모델링 등에 의해 당초의 값과 다른 경우도 있다. 또한 마감재료의 종류는 다기에 걸쳐있고, 시대에 의한 변천도 심하고, 자료 등에서 추정하는 것은 개산하더라도 무리가 있다. 따라서 마감재료에 대해서는 사전조사에 의해 발생량을 추정할 수 있다.

10. 처리단계에서의 기술

(1) 현상대응형 기술

① 중간처분시설에서 처리기술의 흐름은 대체로 그림 7과 같다.

② 처리기술은 최종처분을 위한 감용기술과 재자원화가 가능한 것을 추출하기 위한 전처리기술로 대별할 수 있다. 또한 이들에 요하는 기술을 구성하여 시스템화하고 있다.

③ 처리에 있어 저공해성(소음·진동), 환경보전형, 저러닝코스트형 등의 기기 및 시설에의 요구도가 증가하고 있다.

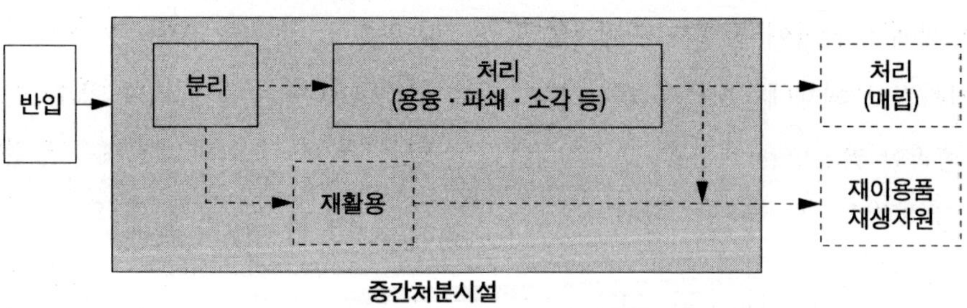

그림 7. 중간처분시설에서의 처리흐름의 현상

④ 소각에 대해서는 소각재의 재자원화를 목표로 하고 있는 것이 많다.

(2) 근미래대응형 기술

① 혼합폐기물 중에서 유가물을 추출하는 기술은 다만 재자원화율의 향상뿐만 아니라 최종처분량의 감용에 직결하는 기술이다. 대형 폐기물의 분리 및 선별은 현상에서도 비교적 용이하지만, 세립물에 대해서는 대부분의 경우 선별이 불가능한 점에서 최종처분되고 있는 현상이다.

② 폐기물을 용융 고화하는 기술은 감용화와 동시에 최종처분장의 안전화를 도모하고, 용융 슬래그는 각종 건재로 활용할 수 있는 점에서 유용한 기술이다.

(3) 각종 건설폐기물의 처리기술

1) 건설오니

건설공사에 수반하여 발생하는 폐기물로서의 오니(汚泥)는 함수율이 높고, 입자가 미세한 진흙형태이고, 장소항타공법(場所杭打工法), 이수(泥水)실드공법 등에서 발생하는 폐이수, 하수노 등에 쌓인 진흙형대 등이 있다. 한편 토사(잔토)에는 모래, 자갈, 암석을 파쇄한 것, 점토, 실트 등이 있고, 이들은 공사현장의 뒤채움(塡充) 등에 사용되므로 오물 또는 폐기물에 해당하지 않는다. 그러나 진흙형태에서 유동성을 나타내는 굴삭물 그대로는 뒤채움재료 등에 사용할 수 없고, 폐기물이 되기 때문에 오니에 해당한다.

건설오니를 수집·운반업자 및 처리업자가 탈수차를 현장에 반입하여 현장에서 탈수하고 그 케잌을 최종처분장으로 운반하는 현장탈수와 전문처리공장으로 운반하여 탈수 후 처리하는 공장탈수에 의한 처리방법이 있다(그림 8～9).

최근에 개발된 기술로 오니발생을 억제하는 공법으로 실드공법에서 흙탕물 대신에 가압재로 미세한 기포를 사용하는 기포실드공법이 개발되어 주목되고 있다. 이 공법의 원리는 일반적으로 0.05mm 이상의 미세한 기포의 집합체가 기체로서의 움직임이 없이 점성액체와 같은 움직임을 응용하고 있다. 이것을 이용한 굴삭토는 수송 후 이토통에서 다량으로 함유되는 기포를 소포제(消泡劑)를 이용하여 소포하여 이토를 신속하게 잔토화하는 공법이다.

또한 기초공사의 분야에서는 강제지중연속벽공법이 있다. 이것은 강제재와 현장의 흙을 시멘트에 의해 소정의 강도를 확보한 강화물을 복합화한 연속지중벽공법이다.

매립용, 성토재료로서는 불도저에 의한 반출과 다짐이 용이하며, 그 후의 흙의 지지력이 크고 압밀침하나 우수에 의한 침식이 적고, 흡수팽창이 작은 것이 필요하다.

시멘트계로는 보통시멘트나 고로시멘트 등 각종 혼합시멘트도 사용가능하지만, CSA($3CaO \cdot Al_2O_3 \cdot 3CaSO_4$)나 CaO를 다량 함유한 것을 이용하는 것이 적절하다.

석탄계로는 생석회(CaO)를 주재료로 한 고화재이고, 수화·발열, 소화·팽창과 탄산화, 점토와의 포졸란 반응에 의한 단립화 등에 의해 점토질 폐이(廢泥)를 개질한다. 반응시간은 일반 시멘트계 처리재보다 약간 짧다.

공사현장 ➡ 현장탈수 ➡ 운 반 ➡ 최종처분

그림 8. 건설오니의 현장탈수

공사현장 ➡ 진공탈수차량 ➡ 중간처분공장 ➡ 운반 ➡ 최종처분

그림 9. 건설오니의 공장탈수

2) 건설잔토

건설잔토의 발생량은 지하개발의 활발화에 수반하여 증가하고, 그 처리장의 확보가 어려운 상황에서는 발생량의 억제나 유효이용기술의 개발이 요구되고 있다. 그 중에서도 고함수에 슬러리 형태의 굴삭잔토의 취급은 흙이라기 보다 오니이고, 운반성의 개선과 아울러 현장처리가 과제이다.

또한 화학물질에 의해 오염된 토지에서 건설공사가 이루어져 그 토양이 잔토로 처리된 경우 지하수가 화학물질에 오염되면 지하수를 직접 음료수로 사용함에 따른 인체에의 영향 외에 잔토처리지의 부지를 농지로 이용하면 농작물이 화학물질에 2차오염될 가능성이 높고, 역시 인체에의 영향이 우려된다.

오염토양에서 유해물질이 용융하지 않도록 중간처분한 후 콘크리트를 고체화하여 관리형 처리장에 매립하여야 한다(그림 10).

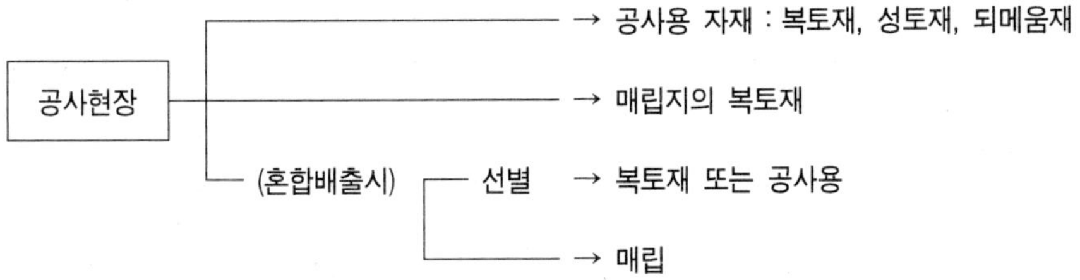

그림 10. 건설잔토의 처리

3) 폐목재의 재활용

현행 제도는 유해물질이 함유되지 않은 목재의 재활용을 허용하나, 페인트·기름 등 이물질이 함유된 폐목재의 재활용은 규제하고 있다.

파티클보드(Particle Board) 제작으로서는 약 857천톤/년의 원재료 중 건설폐목재가 96%를 차지하고 있다. 일부(4%)만 원목을 활용하고, 대부분은 폐목재를 활용하여 제조하고 있다. PB는 목재를 파티클로 잘게 파쇄, 접착제와 혼합·압착하여 만든 보드(저급용)이다.

열병합 발전시설에서 연료로 사용하고 있는데 현재 서대구 열병합 발전소에서 이물질이 없는 폐목재 10만톤/년 사용하고 있고, 향후 한국중부발전, 강원랜드, 동두천 염색단지, Norske Skog(구, 한솔제지) 등에서도 폐목재 에너지화사업 추진을 계획하고 있다.

4) 폐콘크리트의 재활용

건설과 해체의 현장에서 발생하는 주요 폐기물 중의 하나는 콘크리트덩이이다. 콘크리트덩이는 시멘트와 골재가 결합된 것으로, 골재는 쇄석이나 자갈, 모래로 되어 있다.

아스팔트 재활용에서의 경우처럼, 콘크리트도 재활용하는 방법은 두 가지가 있다. 즉, 현장 내에서 분쇄하여 다시 사용하는 것과, 재생플랜트를 이용하는 방법이다. 재생플랜트의 폐콘크리트덩이 재생시스템은 그림 11과 같다. 이 시스템에서 사용되는 크러셔는 임팩트크러셔이며, 분쇄된 골재는 자력선별을 거쳐 철근과 기타철물을 골라낸 뒤, 3번의 망선별을 거쳐 골재로 출하된다.

생산된 골재는 A, B, C 세 등급으로 분류된다. A등급의 골재는 직경이 3인치의 것으로 기초에 사용된다. B등급의 골재는 직경이 1.5인치로 도로나 외기조건에 노출된 부위에 사용되며, 직경 3/8인치의 C등급 골재는 기초아래의 지정(Footings)에 사용된다.

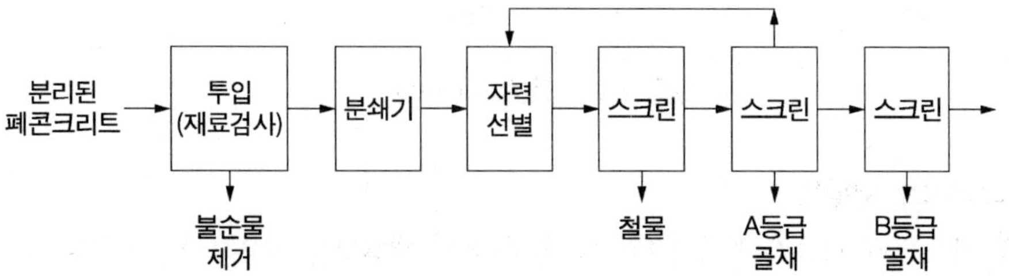

그림 11. 폐콘크리트의 재생시스템

5) 폐아스팔트의 재활용

아스팔트는 타르가 섞인 제품으로 95%의 골재와 5%의 타르로 이루어져 있으며, 고속도로나 주차장 등에 사용된다. 대부분의 아스팔트폐기물은 도로를 재포장할 때 발생되며, 일반적으로 기존의 도로에서 상층의 오래된 아스팔트를 제거하고, 새로운 아스팔트를 설치한다.

최근에는 아스팔트의 재활용을 위해 기존의 아스팔트를 다시 녹이는 재생과정을 거쳐 새로운 포장용 아스팔트에 10～15% 가량을 다시 사용한 실적이 있다. 그러나, 새로운 포장용으로 사용되는 것은, 일부 지역에서는 공사시방서의 규격을 만족하지 못하므로 콜드믹스(Cold Mix)라고 하는 노반재(Road Base)용으로 사용되기도 한다.

아스팔트를 재생하여 사용하는 방법은 두 가지로 나눌 수 있다. 하나는 발생현장에서 분쇄하여 도로노반재용으로 다시 사용하는 것으로, 이러한 방법은 건설현장에서 발생하는 폐기물의 양을 감소시킬 수가 있다. 다른 한 가지는, 건설현장(도로나 교량)의 근교에 위치한 재생플랜트에서 재가공하여 사용하는 방법이다. 재생플랜트에서 재가공하는 프로세스는 그림 12와 같다.

이 프로세스에 의하면 RAP(Reclaimed Asphalt Pavement)이라 불리는 폐아스팔트는 폐아스팔트에 섞인 콘크리트나 벽돌조각들을 함께 분쇄할 수 있는 분쇄기에 들어가기 전에 쓰레기를 제거하는 과정을 거쳐 작은 입도로 분쇄된 후, 자력선별기로 철물들이 제거된다.

스크린과정을 거쳐 사용용도에 따른 입도분류가 되는데, 3.3인치(노반재, Road Base), 1.5인치(노반재나 구덩이메꿈용), 3/8인치(구덩이메꿈용, Patching Pothole)의 3가지로 구분된다. 다음 공정으로는 아스팔트 싱글조각이나 기름 섞인 토사(Oily Soil)가 수요자의 요구에 따라 선택적으로 들어가고, 아스팔트에멀젼이 첨가되어 교반된 후 재생제품으로 출하된다.

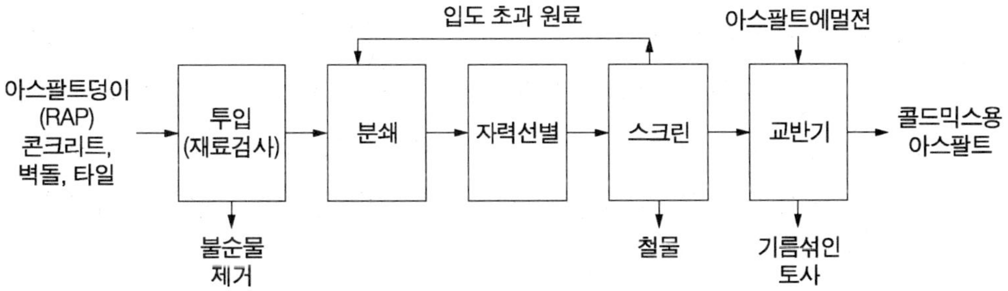

그림 12. 폐아스팔트의 재생시스템

6) 품목별의 재자원화 상황

각 품목의 재자원화 후의 용도 및 금후 이용촉진의 방향성은 다음과 같다.

① 콘크리트덩이

재자원화의 촉진으로 파쇄, 선별, 혼합물제거, 입도조정 등을 행하고, 재생노반재, 재생골재 등으로 재자원화를 행한다. 또한 현장에서 40km의 범위 내에서 재생골재 등을 채용할 수 있는 경우에는 이용되는 용도에 요구되는 품질 등을 고려하여 경제성에 관계 없이 재활용재의 이용을 촉진한다.

② 아스팔트·콘크리트덩이

콘크리트와 마찬가지로 파쇄, 선별, 혼합물제거, 입도조정 등을 행하고, 재생가열 아스팔트혼합물, 재생골재 등으로 재자원화를 행한다. 재활용의 촉진으로 현장에서 40km의 범위 내에서 재생가열 아스팔트혼합물 등을 재용할 수 있는 경우에는 이용되는 용도에 요구되는 품질 등을 고려하여 경제성에 관계없이 이용한다.

③ 건설발생목재

건축물해체 등에서 발생한 목재는 칩(chip)화하여 목재보드나 퇴비 등의 원재료로 재자원화한다. 또한 목질콘크리트형틀에의 재생목질보드의 적용이나, 사면녹화재, 잡초방지제 등에의 재생목질멀팅재(토양표면에서의 수분증발이나 잡초침입, 토양침식의 방지 등을 목적으로 식물의 뿌리부분을 덮는 재료)의 적용을 목표로 한다.

④ 건설오니

소성처리나 건조처리 등의 기술을 이용하는 것으로 골재, 블록, 성토재 등으로 재자원화를 행한다. 그러나 진흙은 질적 다양성에 따라 이용목적에 적합한 물질의 생성이 어려움에 코스트가 든다. 또한 진흙의 재자원화공법에는 통일된 평가기준이 없어 코스트나 품질 등의 비교가 어려움 등이 재활용을 촉진하는데 과제가 되고 있다.

11. 건설재활용기술

건설재활용기술로서 폐목재 및 건설오니의 재활용기술을 중심으로 살펴본다.

(1) 건설발생 목재의 재활용

건축발생목재는 주로 파쇄시설에 반입되어 열재활용(연료이용)되거나, 파티클보드, 재생지 등으로 재자원화(재료 재활용)된다. 그 이외에는 직접소각장에 반입되어 소각되거나, 그대로 최종처분되고 있다.

① 파티클보드, MDF

파티클보드란 목재의 작은 조각을 접착제와 혼합하여 열압성형한 목질보드의 일종으로 바탕재로 사용되는 외에 표면에 미장판을 붙여 가구 등으로 가공된다. 파티클보드의 재료는 약 2~6cm의 크기의 파쇄칩이다. 파쇄칩은 건설해체재나 제재폐재 등을 파쇄처리시설에서 선별·파쇄하여 이물질을 제거하여 제조되고 있다.

MDF(Medium Density Fiberboard : 중밀도섬유판)란 목질섬유를 접착제와 혼합하여 열압성형한 목질보드의 일종이며, 파티클보드와 마찬가지로 가구나 주택설비 등에 이용되고 있다. 가공성과 내구성이 뛰어나다. MDF의 재료는 파쇄칩에서 얻어지는 섬유이다. 크기를 체로 분류한 파쇄칩을 증기로 쪄서 섬유로 회수한다.

② 제지(pulp)

펄프의 원료가 되는 파쇄칩은 파티클보드와 마찬가지의 공정으로 파쇄처리시설에 의하여 만들어진다. 이것을 제지업자가 매입하여 이물질·사이즈를 체크한 후 수지의 분해, 세척, 탈수·표백의 공정을 거쳐 펄프가 된다.

③ 에탄올(Ethanol)

접착제나 금속 등을 제거한 파쇄칩을 가수분해하여 당분발효, 증류, 탈수하여 자동차 등의 연료용 에탄올과 보일러용 연료의 리그닌(lignin)을 정제한다.

④ 열재활용(연료이용)

물질로서의 재활용이 어려운 경우에도 폐재는 바이오매스 자원이고, 탄소중립(Carbon Neutral)이 되므로 지구온난화대책의 일환에서 열원으로 이용되고 있다.

민간기업에서는 파쇄칩을 연소시켜 爐의 열원으로 이용하는 사례가 있다. 시멘트공장에서는 CCA(크롬·동·비소화합물계 목재방부제)나 염소를 제거하여 약 1～5cm로 파쇄한 칩을 rotary kiln의 연료로 이용하고 있다.

(2) 건설오니의 재활용

건설오니의 주된 재활용방법과 그 용도는 다음과 같다.

① 소성처리

건설오니를 1,000℃ 정도의 고온에서 소성한다. 형상은 입상(粒狀)이 되고, 주로 배수재, 골새, 블록, 녹화기반 원예용토로 이용된다.

② 용융처리

소성처리보다 고온에서 처리하여 고형분을 용융한다. 형상은 입상이나 덩이

형태가 되고, 쇄석대체품, 모래대체품, 석재대체품으로 이용된다.

③ 탈수처리

함수비가 높은 흙에서 물을 짜 내어 탈수 케이크를 정제한다. 기계식 탈수처리와 자연식 탈수처리로 대별된다. 주로 성토재나 되메움재에 이용된다.

④ 건조처리

흙을 건조시켜 강도를 높인다. 자연건조법과 기계식건조법이 있다. 형상은 흙~가루(粉体)가 되고, 주로 성토재에 이용된다.

⑤ 안정처리

흙에 시멘트나 석회 등의 고화재를 첨부 혼합하여 개량토를 만드는 화학적 처리기술이다. 고화재의 첨가량으로 강도를 제어할 수 있다. 주로 성토재나 되메움재에 이용된다.

(3) 콘크리트, 아스팔트·콘크리트의 재활용

콘크리트덩이는 대부분 재생골재나 노반재에 이용되고 있다. 마찬가지로 아스팔트·콘크리트덩이는 재생골재, 재생아스팔트혼합재료로 재자원화되고 있다.

(4) 재생자재를 이용한 시공 사례

재자원화된 건설폐기물을 이용한 시공사례를 그림 13, 14에 나타낸다. 그림 13에서는 콘크리트덩이(Co)는 재자원화되고, 도로나 배수구, 도로의 자갈 등에 이용되고, 아스팔트·콘크리트덩이(As)는 노반재나 아스팔트포장에 이용되고 있다. 그림 14에서는 콘크리트덩이가 호안블록 등에 이용되는 외에 폐목재가 퇴비나 법면녹화재로 이용되고 있다.

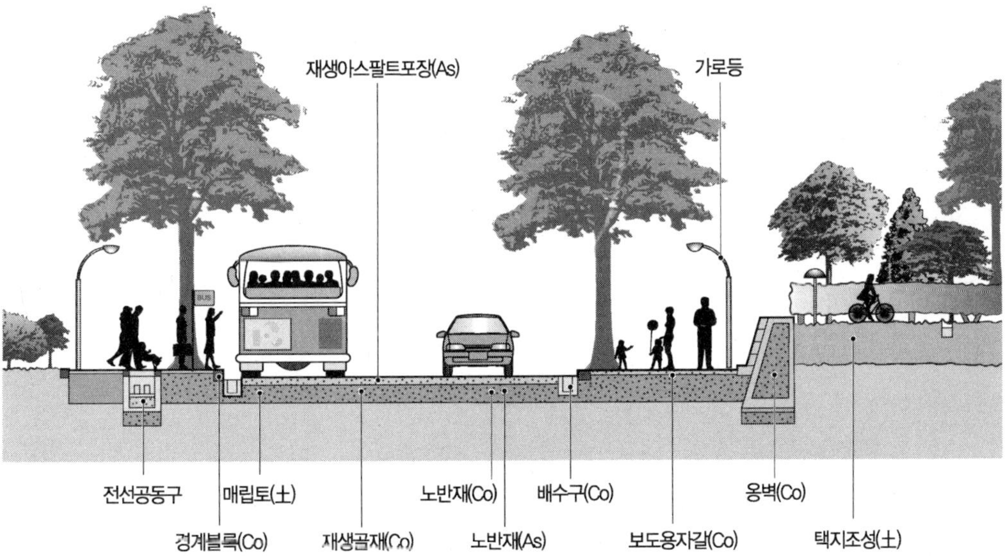

Co : 콘크리트덩이의 재이용 土 : 건설발생토의 재이용
木 : 폐목재의 재이용 As : 아스팔트·콘크리트덩이의 재이용

그림 13. 재자원화된 건설폐기물에 의한 시공사례(1)

http://www.mlit.go.jp/sogoseisaku/region/recycle/fukusanbutsu/genjo/zirei.htm

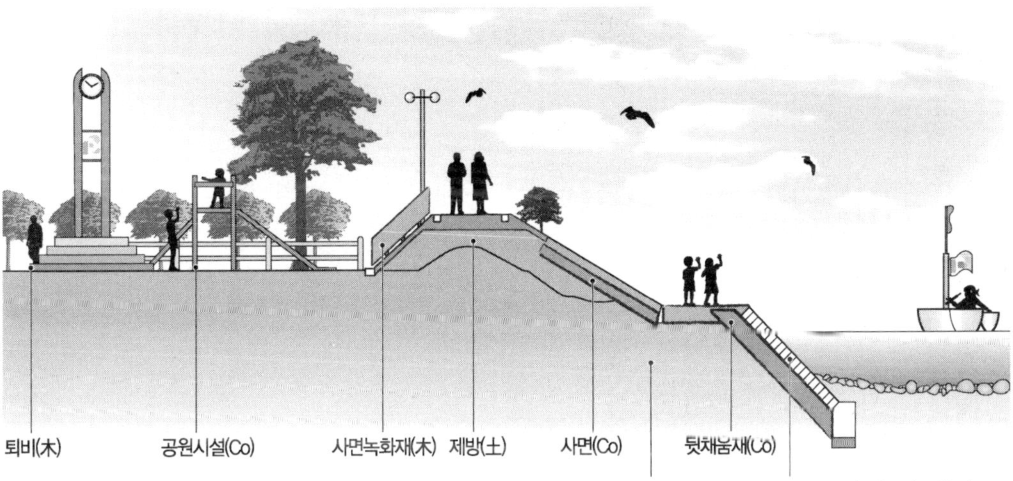

그림 14. 재자원화된 건설폐기물에 의한 시공사례(2)

http://www.mlit.go.jp/sogoseisaku/region/recycle/fukusanbutsu/genjo/zirei.htm

찾아보기

(ㄱ)
강산화수 437
건물 관리 185
건설폐기물 478
검은 물 431
고주파환원수 436
고효율기기 206
공조설비 211
공중가로 96
광전지 225
그레이워터 417
그린홈 37
급배수설비 203

(ㄴ)
내단열 130
노란 물 431

(ㄷ)
다중이용시설 155
단열공법 123
도시생태계 339

(ㄹ)
라돈 147
라이프사이클 68
리모델링 67, 73

(ㅁ)
먹는물 432
미네랄추출수 438
민가 57

(ㅂ)
바이오매스 239
바이오에너지 242
배수 정화 458
벽면녹화 413
붉은 물 427
비오톱 339
비점오염저감 447
빗물 417

(ㅅ)
사후보전 196
산성산화수 436
새집증후군 140
생태 디자인 318
생태건축 13
생태마을 372
생태면적률 100
생태설계 333
생태재료 21
생태통로 374
석면 146
선룸 41
선큰가든 41
세대 관리 187
소각열회수 299
소수력발전 264
솔라 폰드 223
수력발전 260
수변 비오톱 358
수생비오톱 347
수소 311
수혈주거 55
스켈톤 89
스킵플로어 93
습식외단열공법 133
식생 호안 382
실내공기질 155

(ㅇ)
아트리움 41
알레르기 143
알칼리이온수 435
암굴 주택 50
양수발전 266
에너지절약 20
에코톤 383
연료전지 267
열병합발선 300
열화진단 82
예방보전 195
옥상녹화 410

원형지 보존 95
유지관리계획 192
유지보전 82
이글루 60
인공지반녹화 387
인텔리전트 328
인필 89

(ㅈ)

자기(磁氣)처리수 437
자연채광 111
자연천 378
자연환경보전 365
자연환기 111
잔디지붕 49
장수명화 21
장수명화 65, 71
재래설계 333
전자수 437
절벽 주택 62
절수 시스템 208
점오염원 448
정보수 438
조력발전 286
조류 285
중질잔사유 279
지구환경문제 18
지속가능개발 13
지속가능성 13
지열 301
지열발전 307
직접정화법 460
진단업무 198

(ㅊ)

채광 107
천연석처리수 438
친환경건축 12
친환경주택 15

(ㅌ)

태양광 221
태양광채광시스템 118
태양열 216
태양전지 223
토양오염 464
통풍창 54
투수성 포장 97
트룰로 51

(ㅍ)

파력발전 289
폐기물 293
폐기물 476
포름알데히드 145
푸른 물 428
풍력발전 248

(ㅎ)

하도 381
하얀 물 430
해양에너지 283
해양온도차발전 290
호안 379
화학물질 143
화학물질과민증 148
환경경영 181
환경관리계획 183
환경기술개발 26
환경요소 22
휘발성유기화합물 145

(B)

BIPV 232

(F)

FM 191

(I)

ISO 14001 182

(기타)

4R 21